国家社科基金
后期资助项目
GUOJIA SHEKE JIJIN HOUQI ZIZHU XIANGMU

转型时期的
城市空间

Urban Space in Transition

王天夫　肖 林　著

社会科学文献出版社
SOCIAL SCIENCES ACADEMIC PRESS (CHINA)

国家社科基金后期资助项目
出版说明

　　后期资助项目是国家社科基金设立的一类重要项目，旨在鼓励广大社科研究者潜心治学，支持基础研究多出优秀成果。它是经过严格评审，从接近完成的科研成果中遴选立项的。为扩大后期资助项目的影响，更好地推动学术发展，促进成果转化，全国哲学社会科学工作办公室按照"统一设计、统一标识、统一版式、形成系列"的总体要求，组织出版国家社科基金后期资助项目成果。

全国哲学社会科学工作办公室

感谢：
北京市哲学社会科学"十一五"规划研究基金
清华大学自主科研基金
国家哲学社会科学基金后期资助项目（15FSH001）
黄廷方教育基金会
清华大学教育基金会

献给

我们善良、勤劳与坚韧的外婆们。

她们是平凡而又伟大的中国女性。

前　言

从 2003 年本书的一位作者第一次进入什刹海地区开展社会调研开始，什刹海的独特风貌就深深吸引了我们。在随后的无数次游历、观察、体验与调研的过程中，我们更进一步了解到，作为元代以来都城中心区域一部分的什刹海，在中国城市的发展中具有独一无二的历史与现实地位。它得天独厚的地理位置与自然环境资源，一直以来都吸引着王公贵族、雅士文人、商贾大吏、平民百姓、贩夫走卒等会聚于此，他们在此建成了高宅大院与平房巷屋、庙堂寺院与商铺摊位，由此形成了丰富多彩的城市场景，展示了特色鲜明的城市生活与城市文化。我们逐渐认识到，什刹海几乎浓缩了中国城市历史发展的所有过程与要素，包含了推动城市变迁的诸多动力机制，形成了璀璨斑斓的城市社会空间。对什刹海的研究蕴含了巨大而独特的现实意义与理论价值。

慢慢地，我们萌生了写作的想法。我们认识到，什刹海的历史与现实蕴藏着丰富的素材，能够展示过去几十年来中国城市发展的蓬勃生机和非凡成就，也能够产生符合各种理论视角对于城市空间变迁的阐述和解释。但是，我们认为，什刹海的个案更应该成为理论归纳与提炼的资料基础，支撑新理论的产生。事实上，无论是社会变迁实践经验的积累，还是学科知识生产的推进，都让我们意识到，转型时期城市社会学理论有进一步发展的潜在可能。

在扫描与梳理现有文献的过程中，我们发现，发达社会中发展出来的城市社会学理论与研究，对于城市内在的发展进程更多地采用了批判与揭露的视角，得出了更多消极甚至是悲观的描述与结论。这与我们在什刹海的所见所闻和调研思考并不一致。这从另一个层面也促使我们深入反思并决意另起炉灶。

在我们看来，四十年来什刹海的变迁过程，映射出来的正是整个中国社会飞速发展与急剧转型的历程，也正好契合民族崛起与文化复兴的步伐。从这个意义上讲，我们期望对于什刹海社会空间的描述能够展示出这种积极向上的勃勃生机。这也正是这么多年来什刹海给予我们的最鲜明最深刻的印象和感受。

在过去近四十年中（特别是 2000 年之后），什刹海地区从一个传统、拥挤甚至破败衰落的居住区，快速转变成一个风景旅游区和文化消费的空间，近年来又在首都功能核心区的建设中，正在成为城市民族历史文化的展示"名片"。在此基础上，本书旨在分析城市变迁的内在动力机制，试图回答城市社会学的基本问题：谁在建设城市，又是为谁建设城市，建成一个怎样的城市？更为具体的，本书探讨这样的城市变迁的过程所映射出来的理论内涵和后果影响：是什么力量和行为在塑造着转型时期的城市空间；如此建构出来的城市空间呈现什么样的特征；在此过程中，社会结构与社会关系如何施以影响；同时，城市中的人们又将如何受之影响。

对于上述问题，我们的简要回答是，转型时期推动中国城市变迁的是多元行动主体（包括国家与政府、开发投资商、规划建筑师、文化保护人士与当地居民等），他们的行为以及他们之间的互动是一个商讨合作、冲突竞争、博弈妥协以及协作共进的过程；而由此建构出来的城市社会空间，呈现鲜明的包含多元因素的"拼凑的镶嵌画"特征。

本书选取了什刹海地区这一个中国城市的地点作为研究对象。但是，无论是资料的收集，还是随后的分析过程，都展示了在不同时期和不同事件中，推动城市变迁的行动者本身以及行动者之间的行为都不尽相同，而这些有差异的行为导致的结果，还有它们对于城市空间最后呈现的影响作用也并不相同。在分析过程中，本书充分使用这些差异拓展了个案分析的数量，满足比较分析的要求。

在结构 - 行动（structure-agency）的两难选择中，本书选择从行动的立场来搭建解释框架。我们模糊处理结构因素，更多地将它们归于变迁的背景之中，而使用个体（或者行动者主体）自然能动的角度来叙述事件和过程。在我们看来，这样的叙述与我们田野工作收集的资料更相吻合，也更接近实际情形。我们坚信，这些微观层次的行为过程，通过詹姆斯·科尔曼所揭示的涌现机制，事实上建构了宏观层次的结构。

每本书的写作都是一个漫长的旅程。从 2008 年开始动笔到现在，我们的写作在时间上延伸得够长，在空间上更是记不清经历了多少书桌、电脑、办公室、宾馆以及其他形式的地点。其间所有的懒惰与拖延，都在师长亲朋的激励与敦促下一一克服了，因而才能够凝结成眼前的成品。

因此，我们要感谢所有在成书过程中帮助过我们的人。首先，感谢李强老师。他带领我们进入了什刹海调研，让我们能够有机会开始深入了解什刹海，并开启了这次漫长但充满收获的学术之旅。我们还要感谢在调研过程中提供了帮助与支持的什刹海景区管理处与什刹海街道办事处的同志们。我们感谢清华大学建筑学院的边兰春老师、邵磊老师以及其他同学，他们提供了社会学之外的知识与灵感。我们的感谢还要送给所有进入到我们调研过程的受访人与观察对象，他们给予我们的感受都成为我们体验什刹海社会空间不可或缺的经历，这是本书之所以成为可能的基础。

在调研过程中，我们得到了北京市哲学社会科学"十一五"规划研究基金、清华大学自主科研基金的支持。在后期写作过程中，本书还得到了国家社会科学基金后期资助项目、黄廷方教育基金会、清华大学教育基金会的支持。在此，一并表示感谢。

我们感谢本书编辑的宽容与耐心。他们是社会科学文献出版社的童根兴和谢蕊芬等。无论是他们因为工作繁忙所以有时忘记了我们也好，还是他们理解同情我们不忍心经常催促提醒也好，初稿完成出版立项之后两年多的等待确实让我们汗颜，也让我们感激不尽。

最后，感谢我们的家人。他们是我们最坚强最无私的力量源泉，没有他们的支持，所有的一切都没有可能，也毫无意义。

当然，我们认识到，经过漫长等待的书籍并不都是精品。事实上，即使怀着小心翼翼和近乡心怯般的心情完成最后的文字，我们还是能够发现书中有许多不足之处。也许，只有心中所思才是最美，一旦落笔成文皆有缺憾。

即便如此，我们早已心怀感恩。感谢友情，感谢岁月，感谢什刹海！

作者谨记
2021 年 3 月

目　录

第一章　城市变迁与城市社会学理论 …………………………… 1

一　日新月异的城市 ………………………………………… 2

二　快速的城市化进程 ……………………………………… 4

三　解释城市的变化 ………………………………………… 18

四　解释城市变迁的策略选择 ……………………………… 37

五　本书的基本内容 ………………………………………… 43

第二章　社会空间、地点与城市 ………………………………… 46

一　社会理论中的空间 ……………………………………… 47

二　地点与空间 ……………………………………………… 62

三　城市社会学中的地点 …………………………………… 75

四　个人、社会与地点 ……………………………………… 88

五　对城市社会治理的启示 ………………………………… 105

六　小结 ……………………………………………………… 108

第三章　城市变迁的行动呈现理论 ……………………………… 110

一　地点、行动者与城市变迁 ……………………………… 111

二　推动城市变迁的规划建筑师 …………………………… 120

三　城市变迁的行动呈现理论 ……………………………… 132

四　城市社会空间的形成 …………………………………… 149

五　小结 ……………………………………………………… 153

第四章　城市文化、消费与空间 ………………………………… 156

一　城市文化 ………………………………………………… 157

二　城市文化与消费 ………………………………………… 182

三　城市文化空间的建构 …………………………………… 196

四　城市空间的分化与区隔 …………………………………… 213

五　小结 ……………………………………………………………… 223

第五章　历史文化风景区什刹海 …………………………………… 225

一　水与园林 …………………………………………………………… 225

二　什刹海的地理位置 ………………………………………… 226

三　历史上的什刹海 …………………………………………… 228

四　风景名胜 …………………………………………………………… 239

五　文化传承 …………………………………………………………… 246

六　建成历史文化旅游风景区 ………………………………… 251

七　小结 ……………………………………………………………… 255

第六章　"打造"什刹海的地方政府 …………………………… 257

一　意识形态转变：从消费城市到生产城市 ……………… 257

二　市场经济转型：从生产的城市到城市的生产 ………… 259

三　西城区的整体规划和产业空间布局 …………………… 264

四　什刹海历史文化保护区：象征空间的生产和消费 …… 269

五　历史文化保护：从被动到主动的地方政府 …………… 285

六　小结 ……………………………………………………………… 301

第七章　"发现"什刹海的资本 …………………………………… 303

一　什刹海的商业与经营 ……………………………………… 303

二　"胡同游"：从"禁区"到"景区" …………………… 307

三　酒吧街的兴起：卖"文化"的酒吧 …………………… 320

四　高档会所："士绅化"与精英认同塑造 ……………… 331

五　文化、资本与空间再生产 ………………………………… 337

六　小结 ……………………………………………………………… 339

第八章　什刹海的居民与消费者 …………………………………… 340

一　居住在什刹海的居民 ……………………………………… 340

二　作为生活空间的胡同与四合院 …………………………… 350

三　参与建构城市空间的当地居民 …………………… 364

四　消费者与体验者 …………………………………… 386

五　小结 ………………………………………………… 395

第九章　科学理性与社会参与：什刹海的规划师 …………… 397

一　20 世纪 80 年代早期的什刹海整治工作 ………… 399

二　什刹海地区的规划历史 …………………………… 407

三　什刹海规划工作中的规划师 ……………………… 426

四　以烟袋斜街地区保护规划为例 …………………… 432

五　规划师的多重角色 ………………………………… 447

六　小结 ………………………………………………… 456

第十章　结论与讨论 ………………………………………… 459

一　城市空间中的行动与呈现 ………………………… 460

二　形塑什刹海空间的力量 …………………………… 467

三　什刹海社会空间的建构 …………………………… 473

四　反思与展望 ………………………………………… 480

第一章 城市变迁与城市社会学理论

[城市规模增长] 曲线的形态并不与人类发展的形态同步，但与文明发展的曲线同步。①

——阿诺德·汤因比

从 20 世纪 80 年代中期的城市改革开始，中国城市正经历着前所未有的变化。如果说更早时期的农村改革稳定了农业生产，解放了农村劳动力，那么，真正带来中国经济高速发展的显然是随后的城市改革。

可以毫不夸张地说，中国城市是中国经济的发动机，城市的改革发展是中国社会充满活力的显著表现。当越来越多的投资倾注到城市里来之后，城市不仅创造出新的产业、新的就业机会、新的资本市场等，而且其本身也在这样的变革大潮中被改造了。在中国经济以一马当先的气势往前发展提升的同时，所有的大中小城市都被城市建设的大潮覆盖了，更多更高的楼宇、更宽更远的城市道路、更密更长的轨道交通彻底改变了整个城市的地上表征。如今的中国城市，正是中国社会变迁最为显著的物理外在面貌的表现。

更为关键的是，城市不仅吸引了外来资本，还吸引了劳动力。作为人类构造出来的最为宏大的结构，城市从来就不仅仅由高楼、道路及其他附属物组成，在城市中生活着的人使得城市拥有勃勃生气与真实意义。人们在建设庞大的城市的时候，将自己与城市紧紧相连，建构了一个影响着城市本身，影响着他人生活，也影响着自己的行为与感受的社会实践过程。这一社会过程呈现出来的就是我们所看到的，也是我们生活其中，并时刻影响，也为之所影响的城市空间。所以说，中国社会变迁最为深刻最为活跃的显现也是在城市里。

面对这样的社会实践，一个自然的理论问题就是，城市变迁的动力

---

① 阿诺德·汤因比：《变动的城市》，倪凯译，上海：上海人民出版社，2021，第 132 页。

机制是什么？换言之，到底是什么因素与力量在塑造着城市，并使得城市呈现如此鲜明的特征？如今中国城市中风起云涌的建设大潮又将会把城市带向何方？社会结构与社会关系在这样的城市物理外貌的变化中又将如何施以影响并受之影响？用最为简单的语言，转型时期的中国城市中，是谁在建设（改造）城市？又是在为谁建设（改造）城市？

我们将选取北京市什刹海四十多年来的改建历程作为分析对象，通过分析这一地点与区域在地理外貌、社会功能以及文化特征等方面的变化过程，讨论其中各种政治、经济以及社会力量在这几十年来的此消彼长的变化过程，来尝试回答上述问题。本书有两个可以分开但又紧密相连的主题：一是在理论讨论中，提出一个转型时期城市空间如何构建出来的理论解释框架；二是在经验论证中，利用作为一个城市空间中颇具特色的地点——什刹海——几十年来的变迁过程，来具体说明这一理论解释框架的适用性。

一　日新月异的城市

走在中国城市的街头，不论是学习、生活、工作或是旅行的，人们到处都可以发现垂直矗立的长臂吊车与脚手架，机器的轰鸣声与建筑工人繁忙的身影一直是城市景象中不可缺少的因素，随着工程的完成而转战各处的他们仿佛成了城市生活中永不消逝的点缀。在 20 世纪 90 年代中期，有一段时间人们热衷于讨论"国花""国鸟"，有生活与访问中国的外国友人直接调侃，提议把中国的国鸟定为仙鹤（Crane）。因为在当时直至现在中国城市里最容易见到的，也许就是天际线上密密麻麻的起重机（Crane）。

四十多年来，整个中国城市是一个庞大的建筑工地，经历着也许是整个人类历史上前所未有的快速的建设过程。以下仅以笔者熟悉的北京为例，给出几个感触颇深的例子。

三十多年前的 1988 年，北京东三环的 CBD 区域还相当简陋，也没有修建立交桥实现无红灯贯通，整个东三环路上只有零星的高楼。京广中心作为向两年后的亚运会献礼的即将完工的当时北京最高的现代化建筑，显得格外突出。在那个年代，树立在还没有完工的京广中心楼顶的

"熊谷组"招牌，显示着来自国外的建筑团队的现代化技术的应用，让人心生敬意与向往；而其在当时少有的玻璃墙外立面折射出来的光芒更显其一览众山小的气势。除此之外，能够映入眼帘的另一座高楼，就是附近不远处的规模要小得多的兆龙饭店。这一大一小两座"高楼"基本上就构成了当初的东三环天际线。

再看看如今的东三环，京广中心早已不是北京城里最令人瞩目的地标建筑。几经风雨，几经更替，京广中心往南不到一公里处，拔地而起的高达528米的"中国尊"夺走了京城第一高楼的称号。而整个东三环从北到南已经找不到空隙，完全为密密麻麻的现代化高楼所填满。而更为现代、更能吸引注意力的崭新建筑如雨后春笋般建成，形成了相互竞争对比的情形。东三环的天际线成为诸多摄影爱好者的驻足取景之地，也成就了显示中国城市建设成就的诸多经典名片形象。京广中心不再孤单，兆龙饭店则更是被淹没在钢筋水泥的丛林中，变得并不显眼，很多人如今可能需要使用网上导航地图才能找到它。而2009年出台的CBD东扩规划，表明CBD的土地资源已经短缺，需要用更大规模的圈地来满足这样的高楼大厦的建设。可以预见，当年无可争议的城市地标京广中心，作为高大建筑获得的大众注意力只会越来越少。

约三十年前的1992年初秋，整个二环路完工，成为全中国第一条由高架桥跨越路口的、没有红绿灯的、全封闭的城市快速路。站在安定门城楼下的立交桥上，一眼望出去，漆黑平整的道路上画着的白皙行车线，展示出来的是无尽的一马平川的城市未来。当时的构想是让二环路成为城市的交通主干道，能够连接城市各个中心区域，缩短交通时间。城市的中心永远在二环以里，但各种功能区域的划分与事务的分区集中，使得城市的交通向着四面散布开去。随后的十几年里，三环路于1999年、四环路于2001年、五环路于2003年相继全线建成通车。而连接郊区各区县的高速公路也先后建成开通。但是，如今繁忙的交通使得没有交叉路口与红绿灯的二环路和三环路经常拥堵，而四环路与五环路也时常拥堵，并没有多年前所设想的一路畅通。即便如此快速的城市建设也跟不上人们工作生活发展的交通需求。但整个城市的物理面貌因为修建这些环路而永远改变了，城市居民的生活也永远改变了。因为修路而拆迁搬到其他地方的人们永远失去了往日熟悉的家园，整个城市居民的交通习惯也永远改变了——时常拥堵的环路承担了大量的交通流量。

如今的高科技公司密布的中关村（南）大街在三十多年前还被称为白颐路，连接着白石桥到颐和园之间的各个地方。它见证了 20 世纪 80 年代电脑在北京乃至整个中国的起步与发展，是一个充满了历史起伏的地方。那时的道路仅仅是左右共两条车道的小路，两旁是高大的梧桐树。夏季时节，梧桐树将整个道路都遮盖在斑驳的树影之下，令骑自行车的人感到非常惬意与悠闲；梧桐树的外面是排水沟；在排水沟之外是密密麻麻的设立在并不高大的、有的甚至就是平房的房屋里的电脑公司。南北贯通的 332 路公共汽车红白相间的身影成为道路上拥挤繁忙的承载者与见证者。如今的中关村大街是左右各有四条车道的大马路；站在过街天桥上往南北望去，尽收眼底的是滚滚的车流，没有了梧桐树与排水沟，只有夏季白刺刺刺目的阳光；两旁早已是高楼大厦。许多重返中关村的人根本就无法找到往日印象的痕迹，只有树立在黄庄路口北的小小街心的 DNA 双螺旋金属雕塑依然在那里独自等待。

整个北京城一直处于不断扩展与更新的过程中。

显然，这就是当前中国城市变化的主题。

城市的快速变化使得许多人有恍若隔世的感觉。20 世纪 90 年代早期出国、2000 年以后回到北京的人，通常有点不知身处何方。到了 21 世纪之后，北京城通常是每隔几年就有一个大变化。而这样的变化往往让人在短时间内难以适应。

二　快速的城市化进程

提及中国城市的变化，很多人直接使用了"革命"的字眼来表达对这样的快速变化的评价。无论从哪个角度来讲——城市人口的增长、城市地理范围的扩展、城市空间的拓展，甚至城市群（圈）的形成等，这个词语的使用都是准确的。当前中国的城市化过程完完全全是一个革命的进程。当然，这样一个快速城市化的情形也仅仅是最近 30 多年的事情。

通常来讲，城市化进程是农业生产大规模向工业化生产转化过程中的伴生物。然而，新中国成立后的工业发展并没有带来与之相随的城市化进程。在很长一段时期内，中国城市化的水平远远落后于工业化的水平。① 这样的城市化滞后的状况是由特定的政策选择与实施所造成的。这一时期的城市化受到了政府的强力左右，政府严格控制城市的成长。在城市与农村之间，国家使用户口制度与生活必需品供给制度建立起特殊的社会分隔，阻止农村人口向城市的流动，形成了对中国社会有着最为深刻影响的"二元社会"结构。因此，新中国成立后的差不多30年间，虽然中国经济的发展速度并不低，但城市化的速度则很低，城市的增长显得极为缓慢。而只有到了1978年开始的改革开放之后，城市化的进程才得到了加速。

数据显示，新中国成立初期，我国城镇化水平很低，城镇人口占总人口的比重仅为10.6%。1978年末常住人口城镇化率也仅为17.9%。改革开放以来，我国城镇化进程明显加快，城镇化水平不断提高。2019年末，我国常住人口城镇化率为60.6%，比1978年末提高42.7个百分点。党的十八大以来，随着户籍制度改革和居住证制度推进实施，农民工市民化程度不断提高。2019年末，户籍人口城镇化率达到44.4%，比2012年末提高9.0个百分点。② 伴随工业化和城镇化进程逐步加速，城市数量持续增加，城镇网络体系不断完善。1949～2018年，中国城市数量由132个增加到672个，其中地级以上城市由65个增加到297个，县级市由67个增加到375个；建制镇由2000个左右增加到21297个。③

（一）飙升的城市人口

正如前面提到的，中国城市化的加速始于改革开放之后，城市人口的快速增长也是从改革开放开始的。

新中国成立以后，城市人口的增长明显可以分成两个大的阶段：以1978年为界的之前的缓慢增长时期与之后的快速增长时期。中国城市人

---

① 白南生：《城市化与农村劳动力流动》，载李强主编《中国社会变迁30年：1978－2008》，北京：社会科学文献出版社，2008，第90～134页。

② 数据来源于国家统计局2020年2月28日发布的《中华人民共和国2019年国民经济和社会发展统计公报》，www. stats. gov. cn/tjsj/zxfb/202002/t20200228_1728913. html，最后访问日期：2020年6月10日。

③ 数据来源于国家统计局2019年7月1日发布的《国庆七十周年报告之一：沧桑巨变七十载　民族复兴铸辉煌》，http://www. stats. gov. cn/tjsj/zxfb/201907/t20190701_1673407. html，最后访问日期：2019年7月5日。

口占总人口的比例从 1952 年的 12.5% 缓慢爬升到 1978 年的 17.9%。这其中也包括 1952 年到 1957 年第一个五年计划时期的快速增长。在近三十年间，中国社会的经济增长较快，国民生产总值总量增长了 10 倍以上，人均收入增加了 3 倍以上。但城市人口的比例仅仅提高了 5.5 个百分点。与国际上其他国家同时期的城市化增长相比，中国的城市化进程显然滞后许多。[①]

如果以表 1-1 中没有给出的 2008 年城市人口比例 45.7% 为参照，以 1978 年的 17.9% 为起点，中国城市人口比例在改革开放的 30 年间上升了 27.8 个百分点。1978 年到 1980 年间的飞跃是由于返城知青在这两年里的集中回城。除此之外，直到 1995 年，城市人口比例稳步增长，但增长的幅度都在 1 个百分点之内。1995 年之后，每年城市人口比例的增长均超过 1 个百分点，这与经济的持续高速发展密不可分，也与前 30 年的缓慢增长形成鲜明对比。

表 1-1　1952~2019 年中国城乡人口对比

单位：万人，%

年份	总人口数	城市		农村	
		人口数	百分比	人口数	百分比
1952	57482	7163	12.46	50319	87.54
1957	64653	9949	15.39	54704	84.61
1965	72538	13045	17.98	59493	82.02
1970	82992	14424	17.38	68568	82.62
1975	92420	16030	17.34	76390	82.66
1978	96259	17245	17.92	79014	82.08
1980	98705	19140	19.39	79565	80.61
1985	105851	25094	23.71	80757	76.29
1990	114333	30195	26.41	84138	73.59

---

① 在对发展中国家 20 世纪 50~70 年代城市化进程进行考察之后，Preston 提出了 1：2 理论，即工业劳动力每提高 1 个百分点，城市人口的比例提高 2 个百分点。参见 Samuel H. Preston, "Urban Growth in Developing Countries: A Demographic Reappraisal," in Josef Gugler (ed.), *The Urbanization of the Third World* (Oxford: Oxford University Press, 1988), pp. 24-25。

续表

年份	总人口数	城市		农村	
		人口数	百分比	人口数	百分比
1995	121121	35174	29.04	85947	70.96
2000	126743	45906	36.22	80837	63.78
2005	130756	56212	42.99	74544	57.01
2010	134091	66978	49.95	67113	50.05
2015	137462	77116	56.10	60346	43.90
2016	138271	79298	57.35	58973	42.65
2017	139008	81347	58.52	57661	41.48
2018	139538	83137	59.58	56401	40.42
2019	140005	84843	60.60	55162	39.40

资料来源：国家统计局《中国统计年鉴1999》，北京：中国统计出版社，1999；国家统计局《中国统计年鉴2020》，北京：中国统计出版社，2020。

当然，这样的城市人口的增长是不均匀的。改革开放早期的城市化过程中，费孝通提出的"离土不离乡"发展小城镇的措施适应当时户籍制度下的国情，对当时城市化的发展起到了指导作用。[1] 一时间，在乡镇企业发展较快的南方沿海地区出现了大量新兴小镇。到了20世纪90年代以后，城市建设进入全面推广阶段，城市建设、乡镇发展与开发新区齐头并进。大型城市的人口进一步上升。以北京为例，改革开放30年间，城市人口差不多翻了一番，从800多万人增长到1600多万人。同一时期，非城市人口的绝对数与相对数都有了大规模的下降，而城市人口从479万人增长到1380万人，城市人口的比例从近55%增长到近85%。从2016年开始，北京城市人口没有了继续增长的势头，并且开始略有下降，而农村人口的比例基本维持不变（见表1-2）。这显然是北京市定位"全国政治中心、文化中心、国际交往中心、科技创新中心"，开始"优化城市功能和空间布局"，并"严格控制城市规模"与优化人口分布的结果。[2]

---

[1] 费孝通根据自己的实际调查，写出了《小城镇，大问题》《小城镇，再探索》《小城镇，苏北探索》《小城镇，新开拓》等文章，提出了契合20世纪80年代初期农村改革发展背景下的农村城镇化的发展路径。从一定意义上讲，这是费孝通早年在《江村经济》中展现出的应对中国社会经济变迁的思想的进一步延续。

[2] 参见《北京城市总体规划（2016年—2035年）》，北京：中国建筑工业出版社，2019。

表 1 - 2　1978~2019 年北京市城乡人口对比

单位：万人，%

年份	总人口数	城市		农村	
		人口数	百分比	人口数	百分比
1978	871.5	479.0	54.96	392.5	45.04
1980	904.3	521.1	57.62	383.2	42.38
1985	981.0	586.0	59.73	395.0	40.27
1990	1086.0	798.0	73.48	288.0	26.52
1995	1251.1	946.2	75.63	304.9	24.37
2000	1363.6	1057.4	77.54	306.2	22.46
2005	1538.0	1286.1	83.62	251.9	16.38
2010	1961.9	1686.4	85.96	275.5	14.04
2015	2170.5	1877.7	86.51	292.8	13.49
2016	2172.9	1879.6	86.50	293.3	13.50
2017	2170.9	1876.6	86.44	294.1	13.56
2018	2154.2	1863.4	86.50	290.8	13.50
2019	2153.6	1865.0	86.60	288.6	13.40

资料来源：北京市统计局、国家统计局北京调查总队《北京统计年鉴 2020》，北京：中国统计出版社，2020。

正是城市人口的增长，特别是进入 21 世纪之后经济的快速发展所带来的城市人口的暴增，使得城市在人口统计过程中的口径显得有些跟不上增长的节奏。从表 1 - 3 中可以看出，在 1980 年的城市规模类型划分中，根本就没有超大城市这一类型。然而，超大城市在 2014 年的标准中单列出来。对比表 1 - 2 中北京的人口数据，当年北京的城镇人口应该超过 1700 万人，已经无法用 1980 年的特大城市标准来度量了。事实上，就在 2014 年，还有另外一批城市的人口数量已经大大超过 1000 万。所以，超大城市这一类型的出现完全是实际城市人口的增长突破已有划分标准的结果。同样的，我们还可以看到，1980 年标准中的特大城市的人口规模从 100 万人扩大到 500 万人，其他规模类型的人口划分标准也都有显著的提高。这样的城市发展过程中，实际人口规模的增长倒逼国家城市类型标准的修改，既反映出城市人口的快速增长，也反映出当年城市发展的政策相当保守。

表 1-3　城市规模的人口统计划分标准变化

单位：人

城市规模类型	1980 年标准	2014 年标准
超大城市	—	1000 万及以上
特大城市	100 万及以上	500 万 ~ 1000 万
大城市	50 万 ~ 100 万	100 万 ~ 500 万
中等城市	20 万 ~ 50 万	50 万 ~ 100 万
小城市	20 万以下	50 万以下

资料来源：引自蔡继明等《中国城市化：功能地位、模式选择与发展趋势》，北京：中国出版集团·东方出版中心，2019，第 111 页。

（二）城市空间的扩大

城市人口的增长必然伴随着城市地理空间的扩大。这样的地理空间的扩大，已经超出以往单纯的平面面积的增长，而形成一个立体的三维扩张——在平面扩张的同时，向上向天空索要空间，向下在地下拓展空间。

1. 城市面积的扩张

城市化的过程毫无疑问伴随着城市面积的扩张。这是因为经济的增长、人口的飙升需要土地空间来承载新增的经济活动与生活活动。改革开放以来，中国经济快速增长，城市化人口飙升，城市空间面积的扩张也相当迅猛。

有数据显示，在 20 世纪 90 年代，中国东部地区城市总用地量与人均用地量分别增加 43% 与 10.2%。[①] 进入 21 世纪以来，城市发展占用周边农业用地的现象也越来越普遍。据统计，从 2000 年到 2005 年，中国城市建成区面积由 22000 余平方公里增加到 32000 余平方公里，年均增长 7.7%；其中，超大城市与特大城市的城区建成面积由 6600 余平方公里增加到约 11000 平方公里，年均增长超过 10%。

以北京为例，我们可以看到城市扩张的更长的历史。北京的城市扩张呈现一种所谓的"摊大饼"的过程——从城中心以环路作为主要标线，一圈一圈往外扩张。北京的城市内环早就成形。前面提及，20 世纪

① 谈明洪、李秀彬、吕昌河：《20 世纪 90 年代中国大中城市建设用地扩张及其对耕地的占用》，《中国科学》（D 辑）2004 年第 34 卷第 12 期。

90年代，北京就开始修建环路。据不完全估算，二环内的城市面积约为64平方公里，三环内的城市面积约为144平方公里，四环内的城市面积约为266平方公里，而五环内的城市面积约为600平方公里。如今，北京城已经扩到五环以外，与郊区相连。

从新中国成立以来70余年的发展来看，北京城市居民住宅区域的扩展与城市面积的扩展相一致（见表1-4）。人们生活生产活动的区域同样也是沿着这样一条路线扩展出去的。事实上，随着城市建设的进一步推进，北京城市居民的居住范围也进一步向外拓展。如今，在五环以外接近六环的地域也有了众多的居住小区。

表1-4　北京城市居民住宅区域1949年后的历史变化

时期	主要居住区域	新兴居住区域
1949年及之前	二环以内	
1950~1979年	三环以内	二环外的单位大院
1980~1989年	三环以内，三、四环之间	三环周边
1990~1999年	四环以内	三、四环之间
2000~2008年	全市建成区	四、五环之间
2009年至今		五环以外、周边郊区

资料来源：邓卫、张杰、庄惟敏《2009年中国城市住宅发展报告》，北京：清华大学出版社，2009，第59页。

显然，在这样大规模的城市扩张过程中，东部经济发达地区与大型城市显示了更强的活力，它们配置了更多的经济资源，吸引了更多的人口，其城区面积也更加膨胀了。

城市空间面积在扩张过程中，毫无疑问会侵蚀周围的农地，并将其转换用途，纳入城市的建设之中。现在的北京新移民也许难以想象三十多年前，如今的亚运村与奥运村完全是连成一片的农地，还种植了一望无际的庄稼与蔬菜。正是城市的扩张，使得城市周边的农民成为城市居民，失去了他们历代耕种的农地。

2. 城市建筑的高度延伸

除了平面上的扩展之外，城市的发展还向空中进一步延伸。城市在平面上向外的扩张，显示了城市土地的珍贵。因此，通过增加建筑的高度向天空索要空间也成为城市扩张的重要策略。

表 1 - 5 是一个不完全的、近百年来中国大陆高楼的第一高度列表。

表 1 - 5　中国大陆各个年份高楼第一高度

单位：米

年份	城市	建筑名	高度
1922	广州	南方大厦	50
1929	上海	沙逊大厦	77
1934	上海	国际饭店	84
1968	广州	广州宾馆	87
1976	广州	白云宾馆	120
1985	深圳	国贸大厦	160
1987	深圳	发展中心	165
1990	广州	广东国际	200
1990	北京	京广中心	208
1996	深圳	地王大厦	383
1997	广州	中信广场	391
1998	上海	金茂大厦	421
2008	上海	环球金融	492
2014	上海	上海中心	632

资料来源：综合整理网上数据，参见《"中国第一高楼"变迁史》，《城市开发》2019 年第 22 期，第 80 ~ 81 页。

在短短不到 40 年间，中国大陆城市的地标高度已经从百余米增加到超过 600 米。[1] 从表 1 - 5 还可以看出，这些第一高楼的城市变化遍及南北东多个大城市，形成一种遍地开花的局面。[2] 到了近年，有很多城市都在兴建高楼，甚至包括西部大城市。

前面提到过的兆龙饭店在 20 世纪 80 年代的北京东三环算得上是高楼大厦了。如今即使是开车路过东三环，不熟悉的人可能根本不会去注意这栋大楼，因为它被淹没在更高更大的楼群当中，真的一点也不起眼。

---

[1]　《"中国第一高楼"变迁史》，《城市开发》2019 年第 22 期，第 80 ~ 81 页。

[2]　事实上，中国香港 1990 年建成的香港中银大厦（367 米）、中国台湾 2004 年建成的台北 101 大楼（508 米）在当时一段时间内是中国最高大楼。

一个普通人可以感受到的显著变化就是居民住宅高度在这 30 年间的变化：以往六层无电梯的红砖楼房是很多家庭向往的居所；如今更高的板楼、塔楼已经让这些矮楼房看起来是那样陈旧甚至破烂。

3. 城市的地下交通

城市面积中，有很大部分被规划建设成为城市道路。这使得城市居民能够在日常生活与工作中实现空间移动，它们提供了"行"的功能。随着城市面积的扩大、人们生产生活活动的增多，城市道路在居民移动中变得越来越重要。深圳市 2011 年的人口数为 1046.7 万①，当年的市内公共交通客流量达到 30.6 亿人次②。到了 2019 年，深圳市的人口数为 1343.9 万③，当年的市内交通客流量达到 40.4 亿人次④。其中，深圳地铁营运线路达到 304.4 公里，日均客流量达到 523 万人次。⑤

城市建设中，道路建设的投入也越来越大。在各个大城市的旧城改造中，道路的拓宽也是一项重要内容。即使如此大规模的城市建设，大城市的道路建设仍然远远落后于人们对运输能力的需求。因此，城市地下铁路的建设成为必然选择。这是城市建设向地下延伸、向地下索要空间的具体表现。

北京市早在 1965 年就开始了第一条地铁的建造。到 1969 年 10 月 1 日，北京第一条地铁线路建成通车，北京成为中国第一个拥有地铁的城市。北京地铁的正式对外开放运营则始于 1981 年。从此，北京开始了大规模的地铁建造。如今，北京的地铁运营总里程达到 637.6 公里（见表 1-6），每天的客流量超过 1077 万人次。⑥ 与此同时，北京在建地铁里

---

① 深圳市统计局、国家统计局深圳调查队：《深圳统计年鉴 2020》，北京：中国统计出版社，2020。
② 深圳市交通运输局数据。https://jtys.gov.cn/zwgk/sjfb，最后访问日期：2021 年 3 月 8 日。
③ 深圳市统计局、国家统计局深圳调查队：《深圳统计年鉴 2020》，北京：中国统计出版社，2020。
④ 深圳市交通运输局数据。https://jtys.gov.cn/zwgk/sjfb，最后访问日期：2021 年 3 月 8 日。
⑤ 中国城市轨道交通协会：《城市轨道交通 2019 年度统计和分析报告》，2020 年 5 月 7 日。https://www.camet.org.cn/tjxx/5133，最后访问日期：2020 年 12 月 12 日。
⑥ 北京轨道交通单个车站最高日客流量是西直门站，2019 年 7 月 12 日达到 35.09 万人次。但是，这一单日客流量在全国仅仅排在第 10 位。跟上海与广州相比，北京的单日客流量相去甚远，这两个城市的最高单日轨道交通客流量分别是：2019 年 12 月 31 日的人民广场站，79.86 万人次；2019 年 12 月 31 日的体育西路站，86.06 万人次。参见中国城市轨道交通协会《城市轨道交通 2019 年度统计和分析报告》，2020 年 5 月 7 日。

程数达到 337.0 公里。根据规划，北京在 2020 年底，会成为全球地铁网路线最长的城市。①

表 1 - 6　中国各城市地铁运营情况（2019 年，里程≥100 公里）

城市	线路数	列车数	里程（公里）	客运人数（万人次）
上海	15	1001	669.5	386885.4
北京	20	898	637.6	394318.4
广州	13	510	489.4	328830.3
武汉	9	435	338.4	123959.2
深圳	8	384	304.4	178044.8
成都	7	410	302.2	139942.8
重庆	7	223	230.0	61034.4
天津	5	178	178.7	47037.2
南京	5	203	176.8	104165.7
苏州	4	173	165.9	36168.5
西安	5	203	158.0	94554.1
郑州	4	151	151.7	41120.8
杭州	3	174	130.9	63402.0

资料来源：中国城市轨道交通协会《城市轨道交通 2019 年度统计和分析报告》，2020 年 5 月 7 日。

中国内地地铁的建设在多个城市迅速展开。截至 2019 年底，有 37 个城市运营地下铁路，总计线路有 150 条，总计里程为 5179.6 公里。而新兴地铁城市的发展速度更快。上海轨道交通建设始于 20 世纪 90 年代初期，但建设效率很高。2010 年初，上海轨道交通路网（有部分为地上城铁）为 10 条线路，运营线路总长达到 335 公里，车站总计 223 座，线网规模位列全国之首、世界第三，每天的客运量超过 500 万人次。到 2019 年底，上海地铁共有 15 条线路，里程达到 669.5 公里，居全国之首，每天平均搭乘量达到 1057 万人次，占到整个市内公共交通客运量的 60% 以上，最高单日搭乘量超过 1250 万人次，成为上海市民出行最重要

---

① 中国城市轨道交通协会：《城市轨道交通 2019 年度统计和分析报告》，2020 年 5 月 7 日，参见 https://www.camet.org.cn/tjxx/5133，最后访问日期：2020 年 12 月 12 日。

的交通工具。① 上海地铁和轨道交通，几乎已经覆盖整个城市，并且延伸到城市以外郊区，甚至是邻近的城市。

城市交通的扩展是城市人口增加、城市面积扩张以及城市居民通勤需求扩大的必然结果。同样的，城市交通的发展——特别是轨道交通的延伸，也使得城市向外的扩张变得更快更有效率。

4. 城市圈

即使城市边界的扩展是如此迅猛，单个城市发展所占据的地域总是有一定限制的，城市圈的发展则将单个城市的地域限制扩展到更大的区域。在特定的地理区域内，以一两个特大城市为中心，周围聚集多个其他类型和等级的城市，各个城市之间交通便利，产业联系紧密，甚至生活休闲交流频繁，这就构成一个相对完整的、多个中心的城市圈。

经过几十年的发展，中国内地已经开始形成这样的城市圈。到目前为止，至少有长三角、珠三角以及京津三个城市圈。记得在 20 世纪 90 年代中期，沿着沪宁线坐火车，铁路的两旁都是密密麻麻的厂房或是住宅，几乎没有空隙，也没有农地和庄稼，仿佛就是连成一片的城镇。长三角历史上就是发达地区；到了现代，以上海为中心，向北延伸到苏州、无锡、常州、南京，甚至是扬州，向南延伸到杭州、宁波等地，形成一个多层次的经济、社会、文化城市群。在这些大中城市之下，还有更多的中小城市以及乡镇，形成一个全方位的区域发展态势。在这个城市圈内，城市间政府合作、企业区位与产业结构互补、信息相互渗透、社会活动交往密切、区域文化自成一体，形成一个类似于统筹规划、协调发展的格局。城市圈也成为当前中国经济发展的重要龙头。

珠三角的发展与形成和改革开放紧密相连。正是在改革开放之后的工业化发展过程中，珠三角城市化随之起飞。许多城市以前仅仅是村庄或是小镇。典型的是深圳，它由原来的小渔村，变成了如今的特大城市。其余的中山、东莞、顺德、番禺等都是由小县城演变成工业重镇。整个珠三角呈现全面开花、城市遍布的局面。在带来经济发展、城市人

---

① 数据综合自中国城市轨道交通协会《城市轨道交通 2019 年度统计和分析报告》，2020年 5 月 7 日；上海市地方志办公室《上海年鉴 2019》，上海：上海书店，2020。

民生活水平不断提高之后，城市化也带来一系列问题。进入 20 世纪 90 年代后期，工业化与城市化也带来生态环境恶化，城市发展规划被迫不及待地提上了议事日程。随着长三角的兴起和发展，随着产业升级的要求，珠三角如今的发展速度也许并不如以前。

北京与天津是两个紧邻的直辖市。前者一直以来就是政治、经济、文化中心，而后者是北方重要的港口城市。随着 2008 年奥运会的召开，北京的城市基础建设全面提升。如今北京正在建设成为一个包括金融中心在内的全方位的国际大都市。天津的发展随着滨海新区的设立，也迈入一个新的阶段。京津——特别是北京——对于周边甚至是整个中国的辐射能力是不可忽视的。随着京津冀一体化协调发展成为重要的国家战略，包括北京市、天津市以及河北省的 11 个地级市，成为以首都为核心的世界级城市群。这个城市群人口聚集超过 1 亿，GDP 总量也超过全国的 1/10，这将为中国创新驱动经济增长提供新的强力支撑。

除了上述传统城市圈的持续拓展并紧密联系区域内城乡社会经济发展以外，新的城市发展战略明确要求，在超大特大城市周围 1 小时通勤时间的区域范围内，大力培育这些城市的辐射能力，发展城市圈。事实上，有部门通过大数据监测研究的结果显示，当前的大都市圈"以 4.5% 的国土面积承载了约 32.1% 的常住人口，创造了约 51.6% 的生产总值"。[①] 在 2019 年，深圳、东莞与惠州三个城市间每天的平均通勤人口超过 50 万人次；而北京单个城市每天居住在城外的河北与天津的通勤人口数量也相当庞大，不仅带动了周边的房地产市场，也使得每日的平均跨省市通勤人口规模接近 60 万人。[②] 这些城市间每天上下班时间的繁忙人流车流显示着城市的吸引力与活力，也显示着城市版图的边界拓展能力。

显然，城市圈的培养与发展是未来中国城市化道路的一个重要战略方向。从一定程度上讲，当前已经形成一定规模的都市圈，初见成效。而接下来则是进一步在破解"大城市病"的基础上，调整结构，优化中心城市与周围中小城市的资源配置，同时扩大城市圈发展的范围，在更

---

① 国家发展改革委战略与规划司：《培育发展都市圈年度进展分析》，载何立峰主编《国家新型城镇化报告 2019》，北京：人民出版社，2020，第 53 页。

② 何立峰主编《国家新型城镇化报告 2019》，北京：人民出版社，2020。

多特大城市周围形成发展良好的都市圈。以成都为例，以半小时通勤时间的市域铁路为纽带，将成都、德阳、眉山以及资阳 4 个城市打造成面积达到 3.3 万平方公里，涵盖 16 个市辖区与 19 个县市行政单位，人口达到 2578 万人，2019 年产值达到 2.15 万亿元人民币的大都市圈。①

（三）城市的趋同与多样性

现代城市的发展既呈现相似的一面，也呈现各不相同的多样性。前者毫无疑问是因为现代科技的应用与推广所产生的一致性，而后者则是由于各个城市地理、历史以及文化的特殊性而导致的结果。当前的中国城市显示了既有趋同又有相异的趋势。

1. 城市的相似性

记得二十多年前，笔者曾经带着一个印度儿童坐车经过建国门，他看着大街两旁林立的高楼，告诉我说让他想起了孟买。我知道，据我在印度的经验而言，孟买的现代化程度在当时要落后北京数十年。而这个印度小孩更想要准确表达的是，这样的现代化都市给予他相似的心理感受。的确，不仅大都市给予人们一种趋同的感受，而且中小城市原有的各自的种种特色，也逐渐为现代建筑技术、现代审美标准以及好大喜功的目标所湮没。

不论规模大小，人口多少，经济活跃程度如何，好像所有城市都要将原有的老城重新翻新，要拓宽马路，要新建中心广场，要修高楼，要建地标建筑，要拓展中心商务区，要开发高新技术区等。所有城市中心都是高楼大厦鳞次栉比，都想标新立异，却又恰恰显出高度的一致性——很多城市的建设中都是"重建筑，轻艺术"，视觉中有的只是风格各异的建筑，紊乱之中并没有整体艺术的把握。

所有这些做法在政府官员学习交流（包括向国外的学习借鉴）城市建设的经验中，都被快速复制。在城市的趋同如此迅猛的当前，也许有很多怀旧的人分辨不出自己原来熟悉的城市，因为城市之间已经显示不出太多的不同了。

---

① 四川省发展改革委：《成都都市圈培育发展案例》，载何立峰主编《国家新型城镇化报告 2019》，北京：人民出版社，2020。

在这样的城市建设大潮中，"科学"也被引入其中，大小城市的建设规划都成为必需。所有的城市规划理论都十分强调规划与当地特征相匹配，这也正凸显城市规划过程中容易千篇一律的弊端。当政府与规划师共同以科学的名义来参与城市建设时，规划师的角色就有了根本的变化。而"科学"作为一个统一的名称制造出了所谓现代化的"标准"，同时也成为城市趋同的重要手段与过程。毋庸讳言，为数不多的规划设计院参加了很多城市的设计规划，在不同的城市里建造了名称不同、风格类似的项目，形成了城市建设中的一个特征。

2. 城市的多样性与城市内部的差异

毫无疑问，不同城市之间的差异也是显著的。人们讨论中最为常见的是比较北京与上海两个南北城市的不同。除去共有的高楼大厦，北京城市显得大气恢宏，格局直上直下，方方正正，道路笔直，环路四四方方，环环相包，层次分明，互无交叉；而上海城市更显细腻委婉，格局弯曲有致，交织成网，道路较窄，里弄纷繁复杂，交错无序，城市拓展依势而为，顺路成形。

当然，所有这些差异都与这两个城市地理位置、人口人群、历史文化紧密相关。北京城坐落在平原之上，水系并不发达，而上海的长江与黄浦江则是城市规划中无法跨越的势力。北京作为历史上几个朝代皇城的所在地，其政治标签一直是首要的，给出的气势也是威严的；上海作为近现代兴起的工商业中心，更多的是商务生活气息。因此，在两个城市生活的人也派生出差异显著的对于城市的要求以及由此而生的生活方式。比如，北京宽广的道路使得道路两边的距离显得过远，为了防止行人的穿行，道路中间还竖起了栅栏。由此而来的是，行人无法到达街道的另一面，道路两边的人行道成了单纯的行走通道。与此不同，上海城市内的道路并没有这样宽广，马路中央的栅栏也没有这样多。行人走在马路的两边与马路对面的距离并不远，穿行马路也因为道路不宽或是路口繁多而显得相对容易。人行道边的低层房屋可以变成商铺，因为这样很容易吸引到道路两边的人流。因此，道路两边的空间大多被改造成商铺，人行道不仅是人们通行的道路，也成为人们购物休闲的场所。而道路呈现的物理面貌也变得丰富多样了。所以说，不同城市里道路规划的不同，成就了不同城市人群的生活方式。更为广阔的，两个城市里人们的社会文化生活也显出相当的差异①：或许更多的人会感受到上海城市里更加强烈的商业、生活以及市井气息；也必然有更多的人会认为上海的精细化管理下沉得更彻底，而市民与游客的生活也更为便利。

与城市间的差异比起来，城市内部的差异性或许更加突出。在市中心或是商务中心的高楼大厦耸立起来的同时，城市中的"城中村"的物理与生活环境显得还是那样凌乱不堪；当"城中村"为大规模的城市改造所消灭时，相似的地域空间又因为城市边界的拓展，在城市的边缘出现并聚集了大量外来人口；而就在离这样的"城乡接合部"不远处，则是类似发达国家富裕阶层生活的乡间别墅社区。还不用讲，城市发展与规划过程当中，不同的空间被"分配"了不同的功能：中心商务区、高新技术发展区、住宅区、政务区、城乡接合部等。这样的物理空间上的差异，混合着工作生活在其上的人口人群的差异，当前中国城市内部的多样性显得格外触目惊心也更加丰富多彩。

或许我们可以这样来小结：在当前的转型时期，即使物理空间上的安排显示了越来越强烈的相似性，中国城市间以及城市内部由于地理环境、历史文化、生产生活以及更为重要的工作生活在其中的人口人群的差异，呈现了显著的多样性。

三　解释城市的变化

社会学家可能会一致同意，城市对于人类社会生活是非常重要的。许多社会学家的研究工作都或多或少与城市有关。而城市社会学家则是直接研究作为人们工作生活的场所的城市，而非人们在城市里的工作生活。在社会学的研究中，城市社会学家生产了大量的理论，这些城市社会学理论提高了我们对于城市变迁的理解。

对于城市社会学理论的梳理有着各种不同的框架，当然也就有着各种主题的整理。本书的文献梳理更多的是为了简要介绍已有的主要理论的基本观点，并提供引入基本问题的通道。更为重要的是，在给出这些

---

① 当然，另一个方向的因果关系也是成立的，即社会文化不同导致城市规划的差异。在这里，我们仅仅指出这一联系，并不深究因果关系的方向。

理论的基本要素之后，分析比较这些理论视角在回答这些基本问题中的异同与侧重，结合各种理论产生的社会经济背景，提炼出这些理论的核心要素，进而为解释当前的现实提供思路与框架上的借鉴。

通过比较多个已有的理论框架，为了方便起见，也为了不再做更为生僻新奇的整理，下面理论概述部分主要借用奥罗姆与陈向明《城市的世界》中整理的框架，并做一些调整，简略地回顾城市社会学的六派理论。① 显然，以下的基本理论观点的介绍显得相当简略，也与他们的介绍差异明显，更多的文字则用于对这些理论的评论、分析与比较。特别是本节的第二部分，比较的各个主题都是独立思考与总结整理的结果，也是城市社会学研究的重要主题。

（一）城市社会学的理论

1. 人类生态学

提及城市社会学的研究，芝加哥学派是绕不过去的历史经典。从20世纪20年代开始，帕克（Park）与伯吉斯（Burgess）以及他们当时的同事与学生，以芝加哥城市的新移民为研究对象，细致丰富地分析了这些新移民来到一个新的城市环境后，如何开始适应这一物理环境，与其他社会成员产生联系，并最终建立起一整套新的社会关系和社会结构。② 他们写出了大量的作品，形成了当时占统治地位的社会学学派。

借用生物学与生态学的视角，套用生物与环境的关系的框架，该派学者认为人们在城市中的行为与生物适应环境的过程是一脉相承且非常类似的。人们在城市这样一个区域地点之内，也需要争夺生存空间。这个过程就是一个人群战胜另一个人群，以获取某一区域地点的使用权和支配权，其可以被细分为竞争、入侵、更替、隔离、共生等过程。城市空间的变换也遵循生态更替的原则。当原来的区域迎来新的人群时，标志着这一人群侵入了这个区域。当新来人群势力逐渐扩大，最后将原有人群挤出该区域时，就完成了整个区域内的更替过程。如此形如生物占据生存空间的变动过程就成为城市里人口空间变动的过程。正是不同人

---

① 对于这六派理论更详细的综述，参见安东尼·奥罗姆、陈向明《城市的世界：对地点的比较分析和历史分析》，曾茂娟、任远译，上海：上海人民出版社，2005，第二章。

② Robert Park, Ernest Burgess, and R. McKenzie (eds.), *The City* (Chicago: University of Chicago Press, 1925).

群竞争能力——政治或者经济——的差异，使得不同的人群占据了城市的不同区域。因此，人类生态学研究者特别重视整个城市中各个功能分区以及占据这些区域的人群身份。

伯吉斯著名的芝加哥同心圆图（图 1-1）揭示了整个城市的地理区域分配。城市内环（Loop）的争夺是最为激烈的，因此往往只有最为强势的政府、新闻机构、火车站、金融机构以及大型商业区等能够有实力在竞争中获胜而占据这些地方。[①] 而其他功能区域只好占据内环之外的地方。一个更有说服力的例子是，在紧邻这些中心区域之外有一个过渡区，是贫穷人口聚居的地方。这是因为这些人群是为中心区域服务的清洁工人、保安人员以及其他服务业人员，他们聚居在此租金较为便宜，通勤也较为方便。

需要强调一下，这样的空间安排显然是由人流与资源流的集中趋势决定的。随着交通的进一步发达，特别是信息技术的飞速发展，人流与资源的空间安排得以重组，这样的同心圆模式的集中趋势变得不那么举足轻重了。因此，在后来的研究中，不断有学者提出同心圆的修正形式，包括城市空间分布的扇形[②]、多核心[③]，以及后来洛杉矶学派提出的城市扩张与分散布局[④]。与此相关，后续研究拓展到了城市土地的使用、城市区域的分析、城市的测绘与规划。[⑤]

芝加哥学派开创性地将生态学的视角引入社会研究中，开当代美国城市社会学研究的先河，通过细致的实证研究构建了城市社会学研究的框架，取得了丰硕的成果。更为重要的是，芝加哥学派的学者们第一次提出了地理学对于城市的界定是不足够的，城市中的社会关系与城市空间的相互作用才是更为重要的研究议题。[⑥] 但是，其缺陷也正来自他

[①] 在轨道交通是城市主要命脉的 20 世纪 20 年代，火车站的确都建在市中心。伯吉斯指的是至今依然在使用的芝加哥城市中心的联合终点站（Union Station Terminal）。

[②] Homer Hoyt, *The Structure and Growth of Residential Neighborhoods in American Cities*（Washington, DC: Federal Housing Administration, 1939）.

[③] Chauncey Harris and Edward Ullman, "The Nature of Cities." *Annals* 242, 2001, pp. 7 - 17.

[④] Michael Dear, *The Postmodern Urban Condition*（Malden, MA: Wiley-Blackwell, 2000）. Edward Soja, *Postmetropolis: Critical Studies of Cities and Regions*（New York: Wiley-Blackwell, 2001）.

[⑤] 显然，地理信息系统（GIS）可以看成是这一思想的延伸。

[⑥] 关于另一位代表人物沃斯（Wirth）的更详细的介绍在下一章。

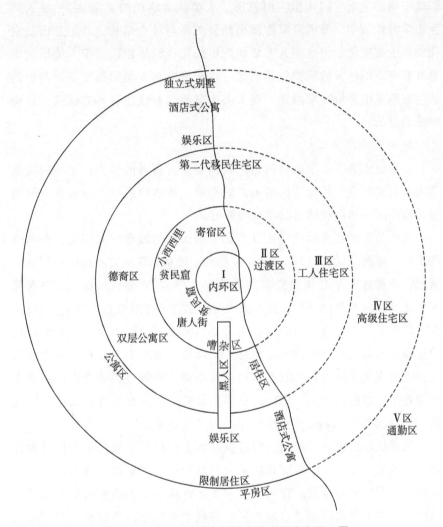

图1-1 伯吉斯的芝加哥城市的空间分布同心圆

资料来源：摘自R. E. Park，E. W. Burgess and R. D. McKenzie（eds.），*The City*（Chicago：University of Chicago Press，1967 version），p. 55。手绘稿原图现存于芝加哥大学社会学系斯摩尔厅。作者翻拍自张庭伟、田丽主编《城市读本》，北京：中国建筑工业出版社，2013，第147页。图中由北往南贯通的线条为密歇根湖湖岸线，右侧虚线的半圆扇形为湖面，中间偏下的矩形条为黑人区。在该书的中文译本《城市社会学——芝加哥学派城市研究文集》（宋俊岭等译，北京：华夏出版社，1987），第52页有一幅大大简化的图。

们过于借助生态学的比拟，而忽视了人类社会活动的复杂性。① 从人类生态学的框架中，我们可以推演出社会关系与社会结构，甚至是历史文化的产生与变化。但这些人类活动产生的社会结果往往对于人类活动本身又有着不可估量的反馈作用。这一点在城市与人类的相互促进与制约的生态联系中显得非常清楚。而人类生态学学者往往容易忽视这些社会结果的复杂性。

2. 新马克思主义②

如果说人类生态学强调的是区域地点中占领者的势力，那么新马克思主义则完完全全跳出了区域地点的约束，更多地强调占领者在空间构造过程中所显示的统治目的与统治势力。

经典马克思主义学说中甚少直截了当地讨论城市空间问题，奠基性的工作是由列斐伏尔（Lefebvre）开创的。他从哲学的高度提出空间这个概念，并将它用于对现代资本主义的分析。③ 在列斐伏尔看来，空间是人类活动必需的先决条件，同时人类活动也在不停地塑造着空间。因此，作为攫取了人类发展动力的资本主义必然将占领空间以及占领空间的构建过程作为其向前推进的重要目标。所以说，资本主义必将在城市里构建由它所直接表达的并对它有利的空间结构；而城市也成为资本主义生产与再生产过程的空间。因此，资本主义的生产过程包含商品生产推动的"初级循环"与城市空间生产推动的"次级循环"。

列斐伏尔更进一步指出，城市空间的生产过程中也蕴含人们日常社会生活的生产过程，而政府在此一生产过程中占据着至关重要的、管理着空间生产的核心位置。在列斐伏尔看来，城市是人类活动最为频繁的空间，资本主义将城市建造成为一个有利于资本家，并有利于资本家剥削劳动者的结构。例如，城市中心必然为主要的政治经济机构所占领，而这样的安排正是因为最富有的资本家可以在这里最为有力地控制其他机构。正如列宁指出的，资本主义国家是资本家实施专政的暴力机器，

---

① 最为严厉的批判是，芝加哥学派这种"放任自然的"生态主义视角完全忽略了人类活动中的权力与不平等因素。

② 通常，哈维（Harvey）的理论被放在这一标签之下。但他的确是从政治经济学分析出发来讨论城市的。所以，我们执意将哈维放到下一个部分介绍与讨论。当然，哈维的思想极为丰富，而我们在后面仅仅着重讨论他关于城市发展的两部著作。

③ Henri Lefebvre, *The Production of Space* (Oxford: Blackwell, 1991).

而现代城市则是资本家获取利润并控制其他社会群体的空间结构。因此，资本主义建设国家的逻辑与建设城市的逻辑是一致的，那就是为了推进资本主义的进一步发展，并在日常生活中限制规定人们的行为——前者通过法律制度，后者通过制定空间结构。

卡斯特尔（Castells）将马克思主义的基本理论框架与城市空间的构建紧密联系起来，认为城市的本质是资本主义生产与再生产的过程体现，而城市的发展就是资本主义社会中的根本矛盾——劳动力与资本以及工人与资本家之间的矛盾——推动。[①] 工人在城市里的所有生产与生活活动都受制于城市空间的安排。卡斯特尔强调城市工人的集体消费与社会阶级之间的对应关系，而资本家与政府正是操控工人阶级这一集体消费的另一个集团；工人阶级的所有社会化的公共福利，包括城市中所谓的公共住房计划也完全是由政府与资本家来提供规划与资金的。这样一来，工人阶级斗争的一个重要内容就是打破现有城市生活限制的城市社会运动，[②] 而这样的斗争也是马克思经典意义上的埋葬资本主义制度的斗争。随着全球化的推进以及全球性大城市的出现，反全球化运动可以在全球范围内更多的城市展开，形成以网络技术为基础的信息时代的阶级斗争新形式。[③] 全球性大城市为这样的运动提供了空间舞台。这样的全球性城市运动以当地工人阶级反对全球性大资本对地方空间的操控为目标，以当地民众共同的本地身份认同为基础，显示了资本在全球范围内的蔓延以及相应的工人阶级的斗争。

后来的城市社会学马克思主义者，通过一系列的实证研究，进一步拓展了列斐伏尔的理论。斯科特研究了全球性大企业在企业选址过程中的特殊考量，指出这样的大企业的选址决定着城市发展的命运[④]；戈特迪纳（Gottdiener）与其他社会学者研究了重新启用成为各种主题场景的、原本遭到遗弃的工业厂房、仓库、船坞等，认为这样的城市"空间

---

① Manuel Castells, *The Urban Question: A Marxist Approach* (Cambridge, MA: MIT Press, 1977).

② Manuel Castells, *The City and the Grassroots* (Berkeley, CA: University of California Press, 1983).

③ 曼纽尔·卡斯特尔：《网络社会的崛起》，夏铸九等译，北京：社会科学文献出版社，2005。

④ Allen Scott, *Metropolis* (Berkeley, CA: University of California Press, 1988).

循环"必然会消除人们的真实空间感受，并颠倒真实的风景。① 从这个意义上讲，到了 20 世纪末与 21 世纪初，由列斐伏尔开创的新马克思主义城市社会理论，不可避免地与接下来要介绍的全球化以及城市空间中的文化主义糅杂在一起。②

3. 城市的政治经济学

从某种程度上讲，哈维在城市研究中对于马克思主义理论框架的使用最为系统、最为深刻，也最具操作性，并引发了最多的后续研究。

在对巴尔的摩不动产市场的研究中，哈维天才似的将经典马克思主义的商品分析原则用于城市生产、城市生活与城市冲突中。在他看来，马克思理解资本主义的根本在于他的（剩余）价值理论：资本家追逐更大的资本利润是资本主义发展的原始动力；在此一过程当中，他们必然压榨工人并占有剩余价值；而劳动者因为不断地要出卖劳动力因而永远处于弱势地位并受到资本家的支配。资本主义社会中的商品有着使用价值与交换价值两种不同的价值取向。劳动者希望自己所拥有的劳动力能够满足自己的需要（使用价值），但劳动力在市场中被资本家购买成为资本家所有（交换价值）。这就构成劳动力使用价值与交换价值之间的冲突。城市空间中的土地与房产同样具有这样的两种价值取向：当房屋用于居住等目的时，房主实现了房屋的使用价值；当房屋用于投资并在市场上买卖时，实现的是其交换价值。因此在城市社会中，房地产开发商与屋主之间的冲突与斗争是内在而不可避免的。前者作为资本的代言人努力实现土地与房产的交换价值并在此交换过程中谋取最大的利润；而后者则要捍卫和维护房屋宜居和舒适的使用价值。对于开发商而言，土地与房屋是不断用于开发和交易的产生利润的商品，而屋主和居民则是希望使用自己的土地与房屋。③ 正是在这样的争斗中，列斐伏尔所言的城市的"空间生产"得以完成。

在与经典马克思主义更宏大的理论关联上，哈维拓展资本主义的生

---

① Mark Gottdiener, *The Theming of America* (Boulder, CO: Westview Press, 2001).

② 参见 Mark Gottdiener and Ray Hutchison, *The New Urban Sociology* (Boulder, CO: Westview Press, 2011)。

③ David Harvey, *Social Justice and the City* (Athens, GA: The University of Georgia Press, 2009).

产理论并提出了资本主义生产与产生利润积累的资本循环的三种模式。第一个循环是与生产和消费相连的传统意义上的模式。这也是马克思分析的资本主义制度的核心所在。第二个循环是城市建设中修建建筑、道路以及交通方式以营造生产生活环境。这也正是哈维等马克思主义者研究城市的对象。第三个循环是用于构建更加完善与高效的资本主义制度。这是资本主义发展的必然阶段。① 在哈维看来，与第一个循环相同，第二个循环中的资本同样能够创造利润并以此为目标。而这两个循环中的资本还可以相互切换：当经济危机来临时，经营实体经济的资本家为了躲避危机，可以将资本投入不动产，等待经济的好转。因此，哈维认为，城市成为资本家构建资本主义发展的地理与经济环境。它不仅是资本主义生产的空间场所，而且本身也成为资本产生利润的对象。所以，城市可以扩张。因为资本总是在追逐利润，哪里有利润，城市资本就扩张到哪里：从城市的中心到郊区，再到城市中心的再绅士化；从中心城市到周边卫星城，再到海外的全球性大都市。

在我们看来，洛根（Logan）与莫洛奇（Molotch）进一步将哈维的理论用于美国城市分析的实践当中。② 事实上，比较他们与哈维在 20 世纪 70 年代初对于巴尔的摩房地产市场的研究，可以发现有众多相通之处。只不过，他们着眼于城市空间更为微观的生产过程。哈维更关注作为宏观资本主义制度的城市空间生产过程；而洛根与莫洛奇则更聚焦于城市中的财富如何在各个利益群体之间的微观分配过程。

在洛根与莫洛奇看来，城市中的某些利益群体——包括拥有土地的食利阶层、房地产部门、金融部门甚至当地政府机构——组成了一个以推动城市发展为目标的联合体。③ 这就是莫洛奇在其早期论文中所说的，

① David Harvey, *The Urbanization of Capital* (Baltimore, MD: Johns Hopkins University Press, 1985).

② 更多的文献综述，将洛根与莫洛奇的理论脉络放到城市治理、城市政体以及城市精英的讨论当中。但在我们看来，除去宏观与微观尺度上的差异以外，他们与哈维的早期分析更为相近。

③ John R. Logan and Harvey Luskin Molotch, *Urban Fortunes: The Political Economy of Place* (Berkeley, CA: University of California Press, 1987). 中文译本可参见约翰·R. 洛根、哈维·L. 莫洛奇《都市财富——空间的政治经济学》，陈那波译，上海：格致出版社，2018。

城市事实上是一个经济的"增长机器"。① 只有城市不停地增长下去，这个联合体的各个群体才能够受益。而一旦城市停止发展，它很快将被资本抛弃，因为资本要转而开发其他能够增长的城市。这样一个联合体紧盯的必然是土地与空间的交换价值。在洛根与莫洛奇看来，这与屋主与居民所努力维护的使用价值是相互冲突的。② 这样的冲突成为多元利益群体博弈的美国城市政治生活的重要内容。因此，城市空间的建造就变成一个政治、经济与社会矛盾集聚与交织的焦点。

4. 文化主义③

前面的几种理论在解释城市变迁时，更多强调了城市外貌背后的政治、经济甚至人口的因素，而城市本身只不过是这些社会基本力量的外在表现。但对于文化主义者而言，城市的建筑以及城市外貌所折射出来的象征意义可以和前面所言的政治经济因素相提并论，可以影响城市的变化。换成更为直接的语言，城市本身的发展构建了它自己的文化体系，这样的文化体系对于城市中生活工作的人有着独立的影响，因而可以反过来持续地影响着城市本身的变化过程。正如芒福德所说，"城市是一个地理几何体、一种经济组织、一个制度进程、一座社会活动的剧场和集体创造的美学象征。城市培育艺术，其本身也是艺术品；城市创造了剧场，其本身更是剧场"。④

芝加哥学派另一个重要代表人物，沃斯（Wirth）在其经典文章《作为一种生活方式的城市主义》中指出，城市生活中聚集了数量巨大、密度较高以及异质性高的人群，呈现一系列鲜明的城市性。⑤ 而这些城市化过程中显现出来的包括城市中人们生活方式、人际关系、社会冲突、

---

① 莫洛奇早期最有代表性的文章当然是 Havey Molotch, "The City as a Growth Machine." *American Journal of Sociology* 82 (2), 1976, pp. 309 – 330。

② 从一定意义上讲，洛根与莫洛奇模型中的使用价值已经超越了哈维最初的想法，除了包含购房者所希望自己的住宅宽敞、明亮、舒适、生活设施完善、交通便利等之外，还包括房屋结构、大小、设计、地点、景观、附近娱乐以及其他满足购房者住房需要和偏好的特质。

③ 第三章对城市文化有更多更详细的讨论。

④ 刘易斯·芒福德：《城市是什么?》，载张庭伟、田丽主编《城市读本》，北京：中国建筑工业出版社，2013，第 94 ~ 98 页。

⑤ Louis Wirth, "Urbanism as a Way of Life." *American Journal of Sociology* 44 (1), 1938, pp. 1 – 24.

社会心理以及社会结构组织形式等各个方面的特征，都是城市社会学所要研究的重要内容。沃斯定义了城市的社会属性，他的论述也奠定了后来城市社会学研究的起点与中心内容。从一定意义上讲，城市特定的生活方式是沃斯所说的城市文化的体现。

城市文化的另一个重要含义是建构共同体与身份认同。不同的城市有着自身特定的标签，而城市内部不同的地域也有不同的特点。一个重要的城市社会学议题是关于亚文化的研究。城市成为聚集并繁荣亚文化的地点可能至少有以下几个方面的原因：首先，大城市能够吸引更多的不同文化背景的移民；其次，大城市能够有足够的社会分工，使得亚文化的专门生产能够得到机构与市场的支撑；最后，城市里的空间割据[亦即各种飞地（enclave）]给亚文化的生长与维持提供了场所。而费舍尔则认为，城市化的机制能够使亚文化在城市里得到整合，并发展起来影响城市。[①]

当然，当代的城市文化与资本主义的生产与消费联系得更加紧密，城市文化创造着各种象征符号以便激发人们消费的欲望。普通人的日常生活也充斥着算计如何能够获取以及花费更多的金钱，这也是工业化之后社会发展的基本要义。佐金（Zukin）代表作的题目《有力量的地貌》（*Landscapes of Power*）清楚地表达了上述观点。[②]她认为，城市首先是一种生活方式，是与城市外貌相连的人们日常生活的具体表现，而这些表现与城市的地理外貌特征紧密关联。在她看来，城市制造中心的衰落和金融消费中心的兴起，不仅是经济结构调整的必然结果，更是城市精英生活方式的必然选择。

20世纪下半叶开始的美国城市的"再绅士化"是对佐金理论的最好诠释。原有大多被废弃荒芜的城市中心工厂仓库，因为租金的低廉吸引了大量未成名艺术家。这些艺术家带来了全新的生活方式——对工厂仓库的改造、生产的艺术作品以及日常生活中浓厚的文化艺术氛围。这样的生活方式成为富人追逐的目标。在开发商的推动下，内城中心很快得

①　Claude Fischer, "Theories of Urbanism." in J. Lin, and C. Mele（eds.）*The Urban Sociology Reader*（2nd ed.）（London: Routledge, 2013）, pp. 42 – 49.

②　Sharon Zukin, *Landscapes of Power: From Detroit to Disney World*（Berkeley, CA: University of California Press, 1991）.

以翻新，富人重新回归城市中心，而发动这一运动的艺术家们却因为租金的上涨不得不搬离。这样的过程在世界各地的城市改建过程中不断出现。在本书讨论的什刹海周围也出现了这样的情况。类似的，城市外来移民也带来了风格迥异的生活方式：饮食、日常用品甚至语言等。这些生活方式不仅增加了城市的多样性，更重要的是将作为生产中心的城市逐渐改造成生活消费的城市。

而伴随上述所有这些改变的，是城市的物理变化——城市建筑的变化、城市道路的变化以及城市规划的变化。所以说，城市文化推动着城市的发展。

5. 历史主义

历史主义观点抛弃了普遍抽象理论中宏观政治经济因素对于城市发展的解释，认为每一座城市都有自己独特的历史与环境，而正是这些独特的因素造成了城市发展过程中的各种机会，使城市走上了各不相同的增长之路。事实上，早期的人类城市通常都是借助来自神灵的力量建立秩序的。那时的城市首先是一个祭祀的神圣之地，然后才是安全与繁荣之地。[1] 而罗马帝国时期的城邦在经历繁华之后，因为蛮族入侵或是贸易衰落，陷入长期的衰败之中。直到中世纪之后自治城市的兴起，才带来了欧洲城市发展的复兴。[2]

山西大同在古代被称为平城，曾经是北魏的都城，一直以来都是雁北地区的中心城市。它的发展事实上是鲜卑民族政权不断向南扩张的结果。大同处于桑干河谷上游盆地，有着适宜农业与牧业的自然环境，既可以成为游牧民族南下中原的跳板，也可以成为中原屯边戍守的重要基地。所以，在双边政权交替争夺守卫的历史过程中，大同成了谭其骧先生生前所讲的仅次于七大古都的重要古城。[3]

所有历史主义的研究都使用历史分析的基本方法，并关注公共机构

① 乔尔·科特金：《全球城市史》，王旭等译，北京：社会科学文献出版社，2014。
② 马克斯·韦伯：《城市（非正当性支配）》，阎克文译，载《经济与社会》（第二卷下册），上海：上海世纪出版集团，2010，第1375~1540页；乔尔·科特金：《全球城市史》，王旭等译，北京：社会科学文献出版社，2014。
③ 李孝聪：《中国城市历史地理研究的思考》，载《中国城市的历史空间》，北京：北京大学出版社，2015，第1~15页。

与其他社会部门在城市发展中的角色。在他们看来，虽然这些政府部门、工业部门以及社会组织的体系在不同城市都存在，但特定城市特定机构的活动决定了城市发展的路径，而这样的历史积累对于城市的后续发展又继续产生作用。例如，与其他城市社会学家在讨论美国城市郊区的大规模发展是因为城市中心的衰落、高速公路的修建、轨道交通使得通勤时间变短以及对于郊区大自然的钟爱等因素时的强调不同，历史主义学者更强调在此一变化过程中特定的二战后社会政策的影响。① 特别地，他们强调了二战后联邦政府给予老兵优惠的住房贷款，使得他们能够尽快安置下来并融入社会生活中。而开发商借这一机会在城市郊区兴建了大批新的住宅小区，使得荒无人烟的郊区开始吸引人气。逐渐地，郊区建设进一步发展，吸引了更多希望离开城市中心的中产阶级，郊区成为包含住宅与商业的新兴区域。

历史主义学派似乎拒绝一般意义上解释城市变迁的理论，而更多地强调城市的独特性，同时坚定地认为这样的独特性对于不同城市有着深刻的影响，而正是这些独特的影响才使得不同城市有差异、有自己的文化、有自己的特色，才使得不同城市有着自己的身份特征，不同城市的居民有着独特的身份认同。

从历史的角度来讨论城市，当然不能忽略韦伯关于中西方历史城市的比较分析。② 在韦伯看来，古代与中世纪的西方城市在经济上有贸易市场与自由的劳动力，在政治上有行政自治与独立司法，在军事上有安全堡垒与护卫军队，在社会上有市民身份与社会参与。这些城市特征的基本要素在中国古代城市中并不完全具备。事实上，韦伯认为，中国古代的城市更多的是作为君侯与官吏统治的场所，除了有着安全堡垒的特征之外，在政治上没有城市居民参与行政治理的可能，在经济上更多地依靠地租或俸禄支撑，在社会上依然是氏族纽带而无法形成市民身份。

---

① 参见肯尼恩·杰克逊《马唐草边疆》，王旭译，北京：商务印书馆，2017；王旭《美国城市发展模式从城市化到大都市区化》，北京：清华大学出版社，2006；王旭《美国城市史》，北京：中国社会科学出版社，2000。
② 马克斯·韦伯：《城市（非正当性支配）》，阎克文译，载《经济与社会》（第二卷下册），上海：上海世纪出版集团，2010，第1375~1540页。

总的来讲，韦伯的结论得到了历史资料的支持。① 在此结论之下，对于中国古代城市，也有研究讨论了活跃的经济及其对城市形态的影响，② 还有研究分析了宗教融合与宗教活动对城市日常生活的影响以及对城市空间规划的影响。③

6. 全球主义

全球主义从根本上改变了我们理解城市的角度。在前面的理论中，城市被看成是特定区域内与政治、经济、文化以及地理等相连的社会现象；而全球主义跳出了单一国家的界限，将城市放到一个以全球政治经济为背景的外部环境当中，认为城市实质上与全球化紧密相连，并为其所深刻影响。当然，我们也可以轻易地推导出，全球化反过来会对城市施加巨大的影响。

全球主义的研究可以简单地分成两大传统。第一个是以城市发展为主线的研究世界性大都市的全球城市学派，萨森（Sassen）是其中集大成者。在她的代表作《全球城市：纽约、伦敦、东京》中④，萨森详细比较了这三个城市，指出这样的全球城市聚集了大量的人才、信息、能源以及与之相配的生产服务性机构，成为全球经济活动中重要的纽结，控制着全球的生产与市场的扩张，是当前全球化进程中引领发展方向的排头兵。在提出全球城市的定义与指标体系的同时，萨森十分清醒地指出，全球城市的支配地位同时带来一系列连带后果。在全球城市光鲜的顶尖国际地位背后，也暗藏了城市内部令人吃惊的现象——社会阶层之间收入的巨大差异、城市不同区域兴旺与衰败之间的强烈反差等。同时，全球化进程也必然造成外来力量与地方力量之间的对峙。一方面，地方政治在操弄全球化进程时存在各种利益群体的博弈，使得全球化进程给

---

① 中国古代城市中市场与贸易的地位，可参见李孝聪《唐代城市的形态与地域结构——以坊市制的演变为线索》，载李孝聪《中国城市的历史空间》，北京：北京大学出版社，2015，第61～112页。

② 李孝聪：《唐宋运河城市城址选择与城市形态的研究》，载《中国城市的历史空间》，北京：北京大学出版社，2015，第113～155页。

③ 何蓉：《中国古代的城市生活与宗教：基于韦伯理论的反思和〈洛阳伽蓝记〉的考察》，《社会学评论》2019年第7卷第6期。

④ Saskia Sassen, *The Global City: New York, London, Tokyo* (Princeton, NJ: Princeton University Press, 1991).

地方带来多种冲突；另一方面，全球化进程在不同地方产生的后果也各不相同，呈现巨大差异。

第二个研究传统可以追溯到沃勒斯坦（Wallerstein）的世界体系理论。① 毫无疑问，这一研究脉络是对马克思主义理论的拓展并将之用于全球层次的世界城市的研究当中。事实上，在一个以城市为经济活动中心的世界体系中，各个城市因为在世界体系中的位置不一样，必然形成它们在全球性经济活动中不一样的位置。与前一个研究传统一致，世界城市体系研究也认为全球化已经使城市之间的联系变得相当直接和便利，形成了一个全球城市的网络。但这些网络中的城市在地位上并不是完全平等的，在支配全球政治经济的过程中有着中心城市与边缘城市的巨大差异，它们从全球化进程中获取资源的过程也大相径庭，因而形成了一个等级结构分明的世界城市体系。② 这样的结构特征对于我们理解城市的变化很有帮助。

全球主义的观点为我们提供了一个从外部世界理解城市的视角。但是，除了它内在必然地更多关注少数处于顶端的大都市以外，全球主义指出的这些外部因素几乎都不直接参与城市建设的实际操作中。换言之，全球主义关注的因素对于城市变化而言是间接遥远的，需要经过中介过程才能够作用于城市建设。

的确如此，在全球化过程中，在发达国家内部，有些城市成为引领全球经济发展的超级城市，而另一些城市却由于国际化的劳动分工以及跨国大企业的厂址选择而逐渐衰败下去③；作为故事发展的另一面，发展中国家的某些城市，因为承接了新兴产业，成为其所在国家率先发展兴旺起来的城市。从这个角度来讲，全球化的议题又涉及更大的"城市胜利"与"城市危机"的重要议题。显然，对这一议题的讨论必然是多样与复杂的，也只有在设定讨论范围之后才可以继续进行下去。

---

① Immanuel Wallerstein, *The Capitalist World-Economy* (Cambridge: Cambridge University Press, 1979).

② David Smith and Michael Timberlake, "Conceptualizing and Mapping the Structure of the World System's City System." *Urban Studies* 32 (2), 1995, pp. 287 – 302.

③ Doreen Massey and Richard Meegan, "Industrial Restructuring versus the Cities," *Urban Studies* 15 (3), 1978, pp. 273 – 288. Allen Scott, *Metropolis* (Berkeley, CA: University of California Press, 1988).

（二）理论的比较

城市社会学的理论相当丰富，同时也显示出相当的差异。我们不能简单地根据某些个案肯定一种理论而否定另一种理论。因为所有这些理论都产生于特定历史时期的特定城市，所有理论概括都具有研究者视角的限制。从某种意义上讲，这些理论的研究者在生产理论的时候，强调了他们所特别关注的因素。有些强调经济增长，有些强调政治博弈，有的强调文化的独立作用，有的则强调外部环境的决定性影响。因此，支持与使用什么理论的出发点，在于我们所面对的问题需要我们从哪个角度来理解城市的本质。

这些理论的比较可以给我们更多的启示。以下从多个方面比较上述提及的六派理论（见表1-7），旨在让读者能够更加透彻地理解这些理论的不同视角，也为我们后续讨论提供一个基础和准备。

表1-7　城市社会学理论流派的比较

	人类生态学	新马克思主义	城市的政治经济学	文化主义	历史主义	全球主义
城市变迁的动力机制	人口压力，类似生物占领物理空间与生存壁龛	资本的扩张、资本主义的发展决定了城市化的进程	资本的扩张、城市中固有矛盾以及解决这一矛盾过程中各个利益群体间的博弈	文化符号下的自我身份认同，以及与此相应的自我表达	特定历史文化环境，历史发展的路径依赖	全球化进程，外来因素的重要影响作用
地点的理论意义	个体或群体的生存条件	制度安排下的对象与产物	内含使用价值与交换价值矛盾的商品	是可视的，是生活的一部分	被历史长河淹没了	外来因素掩盖了地点
人们改造城市的主观能动性	强调本能、权力或者资本的力量	对地点的使用完全受制于资本主义制度	对地点的使用取决于矛盾冲突方之间的斗争与谈判	人被符号化、抽象化，需要认同与表达	人被抽象化，强调人的集合性、历史性	人被外界深刻影响了
城市的多样性	人口人群的多样性	对空间控制方式制度选择的不同	多种力量冲突博弈的结果不同	文化的多样性	历史传承、历史积淀不同	全球性与地方性的对峙结果

续表

	人类生态学	新马克思主义	城市的政治经济学	文化主义	历史主义	全球主义
城市内冲突的根源	人口压力、权力、金钱的标准	资本的逐利，对劳动力的剥削	资本的逐利，居民的居住目的	物质与后物质时代意识形态的差异	对历史的维护或否定	全球化与地方特质
对应的社会背景	竞争、发展、争夺，发展的初期阶段	成形的社会制度，资本家及其联盟的社会控制	资本主义的发展，资本家及其联盟利用土地来剥削工人阶级	温饱之后的后物质社会，更多的身份思考与表现	社会发展是按照历史次第推进的	世界是一个整体，牵一发而动全身
理论概括的层次	微观层次，个体或群体的生存	宏观层次，社会制度	宏观－中观层次，社会制度下社会群体的冲突	中观层次，群体的社会身份	宏观层次，城市的历史发展	宏观层次，全球化背景下的城市
话语体系的隐喻	生存与竞争	资本的控制与制度设定	资本的逐利、剥削与民众的抗争	消费与表现	历史与未来	无界限的地球村

1. 城市变迁的动力机制

工业革命以来，城市变化快速而迅猛。到底是什么样的因素促进了城市的变化呢？各个城市社会学理论揭示的城市变化的动力机制各不相同。

有的理论指出城市变化的动力机制来自内部——如人类生态学的城市人口压力，文化主义的人群的身份表达；有的理论则正好相反，认为外部力量是根本——如全球主义的外来因素；有的直接论及制度因素——如新马克思主义；有的讨论将城市土地与房屋当作商品后各个社会集团的争夺——如城市的政治经济学；有的则将城市的变化放在时间的维度上，讨论历史的积累和路径依赖——如历史主义。

2. 地点的理论意义

城市中土地的使用是根本。不同的理论对于土地在理论构建中的使用是不同的，也正是这样的不同使得不同的理论走向显示出独有的特征，形成特有的解释城市变迁的模型。

人类生态学将土地地点当成人们生存的空间条件，而对于土地的争夺也就是占有生产生存的空间。对于新马克思主义者而言，土地与地点仅仅是资本主义制度下的一个对象而已，它为资本家控制工人阶级提供了又一种手段和策略。城市的政治经济学将土地房产内在的两种类型的价值体系的矛盾作为分析的中心与起点，作为商品的土地与房屋是城市中各个利益集团争夺与谈判的筹码。文化主义认为土地与地点是可以观赏的，是人们生活中的一部分，是用来定义人们身份的一个重要符号。历史主义则刻意忽略土地，认为它是城市发展历史长河中的常数，而其中机构部门的特定行为才是塑造城市的历史力量。与历史主义相似，全球主义过分强调外来因素，以至于完全掩盖了土地与地点在城市中的角色。

3. 人们改造城市的主观能动性

城市的变化必然是由城市里的社会成员来完成的。那么，在城市发展过程中，这些直接参与城市建设的人发挥了什么样的作用？又是以什么样的方式发挥作用的？

人类生态学强调人或者人群的本能，在人们改造城市、竞争土地与地点的背后是权力或者资本的力量。新马克思主义突出资本在追逐利润的同时，强调人们改造城市行为的目的是维护资本主义制度，因而所有对于土地与地点的使用都是为资本主义制度服务的。城市的政治经济学以土地商品的内在价值体系为出发点，使用政治多元的分析框架，分析冲突各方在土地与房屋使用过程中的斗争与谈判。文化主义中的人们改造城市的动力来源于抽象化与符号化的城市身份，正是人们这样的身份认同才导致接下来的身份表达，亦即在城市物理外貌上表达出这样的认同。历史主义看到的更多是机构部门的特定行为与策略，城市中的人们被抽象化成机构，成为历史性的集合体。全球主义则几乎并不谈及城市内部的居民，因为他们是在外来因素影响下改造城市的。

4. 城市的多样性

城市显示了强烈的多样性，这种多样性既包括城市间的不同也包括城市内部的差异。正是这样的多样性才增加了城市的吸引力。不同的理论模型又是怎样来讨论城市多样性的呢？

人类生态学早期从研究移民开始，直接讨论人口人群的多样性，这也正是不同社会人群争夺城市空间并导致城市多样性的由来。虽然新马克思主义讨论了抽象意义上的资本主义制度对城市空间的控制，但具体到工人阶级的日常生活中，这些制度的操作显示了巨大的差异，而阶级之间的距离与差异也是城市多样性的表现。城市的政治经济学讨论不同利益群体间的博弈，而博弈的结果则根据具体个案背景大相径庭，因而形成城市的多样性。文化主义解释城市的多样性就显得举重若轻，因为文化的多样性，其物理表现的城市也必然是多样性的。历史主义本身就强调独特的历史机遇与环境，这样所建造出来的也必然是传承独特历史、形成独特历史积淀的多样性的城市。全球化的进程使得全球城市进入同一个政治经济体系，形成某些相似的特征；但它不仅没法强制性地导致世界各个城市的趋同，而且在与地方特性对峙的混合、冲突甚至扭曲过程中形成全球各地城市的多样性。

5. 城市内冲突的根源

城市的变迁必然涉及不同利益群体之间的利益分配与利益调整，进而导致群体间的冲突。城市社会学理论当然要关注群体间这样的特殊关系。那么不同的理论又是怎样来讨论城市内冲突的根源呢？

人类生态学认为人口压力导致人群对土地与地点的争夺，而冲突中权力与金钱是重要的标准。在新马克思主义模型中，城市资本的逐利本质必然以剥削工人阶级为代价，这其实就是资本主义制度所固有的矛盾。而城市的政治经济学剖析了作为商品的土地的内在价值体系矛盾，追求不同类型价值的城市各个社会群体因此产生冲突。城市在文化主义理论中是意识形态的体现，是人群身份的体现，不同的意识形态对应的城市形态也各不相同。而冲突的根源就是不同意识形态体系之间的差异。历史主义中的冲突显然是对待历史的不同态度与行为——维护或是否定特定的城市历史——导致的。全球主义中的冲突来自全球化与地方特质之间的对峙。

6. 对应的社会背景

不同的城市社会学理论都有其自身产生的历史年代。例如，人类生态学发端于20世纪初美国城市大规模接受移民并开始扩张的时代，而全球主义也只能产生于全球化进程如火如荼的20世纪末。所以，从一定意义上讲，城市社会学理论都有其特有的可对应的社会背景。在此社会背景当中，这些理论的解释力会有着不同的表现。

显然，人类生态学产生的社会背景是早期竞争和发展之初的城市，城市中的各个利益群体还在为城市中心区域的分配而争夺。新马克思主义对应的社会背景是已经成形的社会制度下的社会空间的控制，资本家是实施这样的社会控制的阶级，而工人阶级只能是受控制的人群。城市的政治经济学对应的社会背景是资本主义进一步发展的阶段，只不过在这一阶段中，资本家及其联盟以土地作为城市建设的手段来剥削工人阶级。文化主义对应的社会是一个已经解决温饱的后物质社会，人们更多地开始考虑城市中地点所表现出来的品位与层次是否与自身身份相符。历史主义没有特定的社会背景，而是将流动的社会发展作为城市变迁中的一个内在部分。全球主义所对应的社会背景是一个牵一发而动全身的整体世界，各个城市之间的关联与影响对城市相当重要。

7. 理论概括的层次

不同的理论所讨论的对象不一样，关注的焦点不一样，想要揭示的城市本质也不一样。这些理论所讨论的主题往往不是在同一个层次之上，这样就形成了理论概括的不同层次。

人类生态学讨论的是微观层次上个体或者群体的生存空间的争夺与分配。新马克思主义则是讨论宏观层次上的资本主义社会制度及其对社会中其他成员的社会控制。城市的政治经济学分析介于宏观与中观层次之间，既有对资本主义社会根本制度的剖析，也分析此一社会制度下不同社会群体如何看重土地的价值体系并为之斗争。文化主义概括了城市在中观层次，作为一个物理环境所肩负的城市居民身份的变现。历史主义显然是将城市放到宏观的更长久的历史进程中来描述城市的发展的。最后，全球主义也是将城市放到宏观的全球的环境中，讨论城市的特征与城市体系的结构。

8. 话语体系的隐喻

社会理论解释了实际的社会现象，其形式是抽象的，是与社会实际相远离的。但是，正因为社会理论对应着我们身边的社会实际，其抽象的形式背后一定暗藏着一种话语体系的隐喻，这就是理论呈现的话语影像（discursive image）。不同的理论从不同的立场出发，讨论的逻辑走向并不相同，整个模型的框架差异明显，结论也相去甚远，其中的话语隐喻各不相同。

人类生态学所描述的是城市里的人群类似生物竞争生存而相互争夺土地与地点的情形，权力与金钱赤裸裸地成为争夺的利器，而城市的空间安排所展现出来的正是某一个时刻特定群体或集团赢得竞争的结果。新马克思主义则深刻地揭示了城市背后是资本主义制度在运转，它的运转是为了资本家更为有效地控制社会，而资本主义制度具象化的正是城市的空间，运转的过程也正是城市空间的变迁过程。城市的政治经济学则更多关注城市里的冲突与博弈：资本逐利与民众抗争是不变的主题。城市则是一个相比实际空间更为抽象的聚焦利益的"增长机器"。文化主义呈现的是一个消费社会里，各个社会群体如何用城市中地点或地貌的外在特征，来表现与自己身份相符的意识形态，城市则是这些人观念与行为的具体体现。历史主义呈现一种历史与未来的长久延绵积淀的状态。城市是人类文明的载体，即使个人的生命是有限的，但人类社会是延续绵长的，而城市正显示着文明的前世今生，并昭示着未来。全球主义则将一定地域内的城市放到一个毫无界限的全球相连的地球村中，给出一个城市间环环相扣的城市网络的景象，但这样一个城市网络并非一个平面，而是有着上下之分的垂直等级结构。

四 解释城市变迁的策略选择

通过以上的比较，一方面，我们可以清楚地了解，各种城市社会学的理论流派各有所长，解释了不同的城市本质特征。如果我们尝试使用这些城市社会学理论，来讨论中国城市的转型变迁，应该能够得到众多启示，能够为我们理解中国城市变迁过程提供帮助，能够解释特定的城市变迁过程。

另一方面，从这些城市社会学理论的丰富内涵以及它们之间巨大的差异中，我们还可以了解到，城市作为人类文明迄今为止所创造出来的最为庞大的作品的丰富性与复杂性。因此，任何旨在解释城市变迁过程全貌的尝试，注定是徒劳而不可能完成的任务。通常来讲，特定的城市社会学理论只能够解释特定的城市变迁主题。阅读理论的一个重要任务，就是要厘清其适用的范围，充分认识到其意义，而不是将其拓展到更广大的范围，滥用其解释的能力。

这也为任何理解与解释城市变迁过程的尝试提出一个重要的启示：我们不得不选择性地有所取舍。如果我们想要借鉴上述城市社会学的理论，来试着解释当前中国城市的变迁，就必然感慨上述理论所涉及的因素繁多；如果无法做到面面俱到①，强调哪个，忽略哪个，都是研究者必须做出的不可避免的选择。因此，我们面临应该如何切入解释城市变化的策略选择的问题。

在做这样的策略选择时，我们也必须充分认识到，城市社会学的重心在于理解与社会结构和社会关系紧密相关的城市空间的变化。所有的城市社会学研究都揭示了一个中心假设：从城市空间的变迁中可以透视整个社会的变迁。因此，当前中国城市空间变化的背后是中国社会经济结构的变化，是从自身利益出发的中国各个社会群体间关系结构与互动模式的变化。

（一）　构建理论解释的策略

1. 理论与实际的要求

在我们看来，选择构建理论解释框架的策略时，至少有以下两点需要特别强调，既涉及理论，也涉及实际情况。

首先，解释城市变迁的各种理论，提出了繁多的因素。但这些因素有时并不一定是完全相互分隔开来的，它们对城市变迁的影响往往是各有重心。特别是，当我们运用这些因素来解释城市社会的实际情形时，会发现这些因素往往相互纠缠、无法分清。例如，如果我们将城市变迁的历史稍微拉长一点，这一结论就显得非常清晰。从上海城市发展的历史来看，在殖民时期，殖民列强推行的殖民政策与实践对上海城市的影响是重要因素。因此有了租界区，包括外滩的建筑群落。社会主义时期，则有了条块分割的大院式的城市化进程。改革开放以后，更丰富多彩的城市化进程显现出来了。在这里，外来因素（非全球化进程）、政治制度因素以及市场因素都分别施加了最为重要的影响，但又指向同一个城市变迁的历史过程，并且后面因素的影响通常也是叠加在前面因素的

---

①　坦率地讲，任何面面俱到的理论，早就失去了理论的简洁与优美，成为各种因素的堆砌，难以有助于理解与解释实际的社会情形。

作用之上的。再如，我们选择的什刹海，它本身就是一个历史文化风景区，有着悠久的历史，其周遭空间沉淀了众多的历史印记。当地政府从20世纪90年代开始决心将它打造成一个旅游胜地，这使得政府与其他有意促进旅游资源开发的主体必然对什刹海的发展施加更大的影响，各种资本也涌进这一地点。所有这些都表明，多种因素是相互交织在一起，共同来影响城市的发展变迁的。

其次，转型时期中国的城市化进程显然有着自身独有的特征，其中最为显著的就是涉及的因素纷繁复杂。在我们看来，这与中国城市化过程的社会背景密切相关。

第一，中国社会的人口从农村向城市的大量流动与迁移已经持续了三十多年，并且可以预计这一趋势还将在相当长一段时间内持续下去。

第二，转型时期的各种制度也在一步步逐渐建立，各种政策法规也在逐步实施完善。整个社会面对的是一个并不完善的、并不稳定的转型制度空间。

第三，市场的力量一直都在快速扩张。二十几年来的城市房地产业的发展为城市建设贡献了力量，改变了城市空间的显现形式，也形成了该行业在国民经济社会中的巨大影响力。

第四，中国社会开始走出单位制度，城市居民也正在逐步建立社会组织与团体，并参与到社会事务中来。[1] 结合此前的背景，市场中资本与居民群体之间的冲突也必然增加。[2]

第五，社会的转型也带动了文化、价值观念的转变。城市成为文化最为直接与显眼的承载者，也展示着城市社会中人群的丰富与活力。

第六，中国近几十年的发展正好赶上了全球化的浪潮。这样的趋势既为中国提供了发展的机会，也深刻地影响了中国社会。中国城市也不可能置身于全球化之外。

比较上述讨论的城市社会学理论，可以轻易地发现，已有的多种城市社会学理论都可以用来解释当前中国城市变化的不同方面，这也是这

---

[1]　孙立平：《博弈：断裂社会的利益冲突与和谐》，北京：社会科学文献出版社，2006。

[2]　王天夫、黄征：《资本与民众：房地产市场的社会冲突》，《国家行政学院学报》2008年第7期，第68～71页。

些理论的价值所在。

但是，如果理论的初衷是为了强调某一个因素在城市变化的某些特定方面的作用，那么进入这一理论流派的领域，详细论述特定方面变化的细节是一个很好的策略选择。如果理论的初衷是为了解释城市变迁过程中更为一般性的问题——正如本书在开篇所提及的理论目的，那么选择某一派理论作为主要参照与借鉴，则往往因为过于聚焦特定的主题而无法得到对所提出问题圆满的解释，而显得有些狭隘与短浅了。

2. 选择理论框架的策略

由于当前中国的社会变迁所涵盖的内容相当复杂，制度的转型、社会的重构、文化的变迁以及观念的重塑等都纠缠其中。在一定程度上可以说，在转型时期，政府、资本、民众都在变，都在适应这一伟大的社会转型时代。各种制度没有完全清晰地定型下来，还没有完全独立于各个群体之外，其本身还处于各个群体的博弈与争夺的过程之中。同样的，转型时期的中国城市变迁，能够折射出来的推动力量与推动机制也必然涉及繁多的因素。

因此，在讨论转型时期中国城市变迁过程时，强调任何单方面的因素——制度、群体关系、文化符号、外来因素等——都可能仅仅采撷整个变迁过程中的特定部分，难免过于聚焦而有失偏颇。同时，我们也十分清楚地知道建立一个大而全的理论模型没有任何意义，因为失去了简洁的理论毫无美感，同时对于实践毫无意义。在这种情况下，解释因素的取舍更显重要，这直接关系到我们建立的理论解释模型是否抓住了实际现象的中心与重点。所以，我们在建立理论解释模型时，有以下策略选择的考量。

首先，我们并不指望倚重任何一派理论就能够解释中国的城市变迁过程，也不希望使用当前的中国城市变化进程去证实或是证伪某一流派的理论，更不希望使用某一流派理论来讨论解释甚至剪裁中国城市的实际进程，而是以影响城市空间成形与城市建设过程的因素作为先导，进而讨论从这些实际进程中提炼出来的解释机制。

其次，我们将这些因素分成两类：间接遥远的（distant）因素与直接邻近的（immediate）因素。在承认那些间接遥远因素的影响作用以后，我们将只分析讨论那些直接邻近的因素，这样可以使我们的分析更为贴近实际的现象,也更能够揭示解释的机制。[①]

最后,我们的理论解释模型建立的过程与我们研究的个案也要密切相连。也就是说,影响城市变迁过程的因素直接从我们的个案研究资料中抽象提炼得出,而不是从任何已有的城市社会学理论中推演或是借用得出。同时,我们也期望这些个案材料能够支撑我们的理论解释模型,并能够为未来类似实际情形的解释提供借鉴与参考。[②]

(二) 找寻机制

在当前的转型时期,如果能够勾勒出城市变化的动力机制,将对我们理解城市化的进程大有裨益,不仅可以大大提升解释城市变迁的知识积累,更有可能提升我们讨论促成城市变化的各种政策的实施方案。因此,我们想回答,到底是哪些因素在直接推动中国城市的变化?是哪些因素直接促成了当前中国城市的一致性与多样性?

对照现有的城市社会学理论与中国城市的实际情况,对这些问题的回答可以是多个层次的。一些常规而又方便的答案包括:行政区划的改变、社会经济的发展、人口分布的变化、工业化推动以及全球化的扩张等。在我们看来,这些都是间接遥远的因素,它们必须要通过一些更加直接邻近的因素来实现它们的影响作用。而只有指明这样的直接邻近的因素,才可能勾勒出推动城市变化的动力机制的细节,而这些机制细节才是理解城市变化的根本所在。事实上,我们可以套用詹姆斯·科尔曼(Coleman)那个著名的连接宏观与微观机制的示意图(见图1–2)来表示上述的解释策略。[③]

显然,在图1–2的示意中,从那些宏观因素出发找寻城市变化的具体机制,是一项较为艰巨的任务,也很难找到确定清晰的机制,更不用说阐释清楚具体的机制细节(所以使用了带点的非实线箭头)。当改变一下解释的策略,从宏观层次下沉到微观层次的个人或群体的中间因素

---

① 这并不是说,我们认为那些间接遥远的因素不重要。相反,我们坚信人口压力、经济发展以及全球化等对于城市变迁具有不可忽略的重要影响。由于我们研究的对象仅仅是什刹海一个地点,所以我们在这里假定这些间接遥远的影响因素是给定的。从方法论上讲,多个分析直接邻近因素的比较研究可以得出非常有意义的关于间接遥远因素的结果。

② 从更为广泛的意义上讲,本书的研究可以成为以后城市比较研究的一个具体个案。

③ 詹姆斯·科尔曼:《社会理论的基础》,邓方译,北京:社会科学文献出版社,2008。

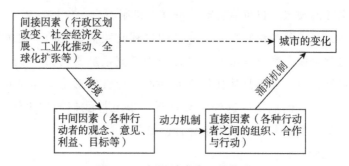

图1-2　解释城市变迁的策略

（包括观念与目标等）时，我们可以认为这些宏观层次的变化给定了一个中间因素变化的情境，促使个人在形成观念与目标时有了新的素材与基础。再进一步，从中间因素到直接因素的各种组织、合作与行动，是一个明显的动力机制过程——因为特定的观念与目标导引出特定的行为。我们这时再来观察城市的变化时，可以从行动者的行为后果中来理解城市变化的过程与结果。这是一个从微观层次上升到宏观层次的涌现机制。

　　从一定程度上讲，科尔曼的示意图对于理论建构中"结构-行动"的争论（structure-agency debate）[①]，给出了一个偏向行动的折中选择：一方面，结构对于具体社会事件应该有着不可忽视的影响，但我们在理解与测量这样的影响机制时，可能会力不从心；另一方面，我们能够较为容易地观察与分析行动者的行为对具体社会事件的影响，并且这样的影响机制涌现到宏观层次上与结构的影响作用是一致的。[②]

　　事实上，因为制度空间争夺激烈、结构还没有完全定型，使用这样的策略选择，我们认为是完全合适的。这样，我们完成了理解与解释城市变迁的因果关系的策略选择过程。

（三）回归到地点与空间的概念

　　本书的中心议题是挖掘那些直接推动城市区域变迁的动力机制，以

[①]　参见艾伦·哈丁·泰尔加·布劳克兰德《城市理论：对21世纪权力、城市和城市主义的批判性介绍》，王岩译，北京：社会科学文献出版社，2016。

[②]　事实上，在后面理论建构的讨论中，我们会直接认为城市空间的成形是一个社会行动与空间安排对应成形的关系，而这一人与物之间的关系性安排则在任何结构与制度产生之前。更多理论上的讨论见第二章，以及参见 Martina Low, *The Sociology of Space：Materiality, Social Structure, and Action*（New York：Palgrave MacMillan, 2016）。

及围绕城市空间变化的社会群体关系的变化。在讨论这样的理论话题的过程中，我们使用的实际素材是什刹海地区如何被重新打造成一个汇集外地与本地游客旅游和消费的历史文化风景区的过程。

在我们看来，城市的最本质特征体现了一种人与地点的关系，而城市中人与人之间的社会关系则是由此生发出来的。而城市社会学的研究必须回到关注这一根本的关系之中，并由此讨论城市空间的成形与变迁。

一直以来，无论是在哲学思想体系还是在经典社会学理论中，地点都是一个被忽略的研究概念。只是在现象学哲学流派兴起以及城市化大浪潮中，这一概念才逐渐获得研究者的重视。

这一概念的重新发现，给城市社会学提供了一个绝妙的机会。因为，城市社会学的中心内容就是讨论这一概念与人类社会的关系。所以，城市社会学应当回归土地与人的关系。而其他社会制度、文化符号以及历史积淀都是在这一关系的互动中逐步建立起来的，全球化等外来因素的影响也是通过这一根本的关系产生作用的。

从地点的概念出发，建立一个解释转型时期中国城市变迁的理论模型正是下一章的任务和内容。

五　本书的基本内容

在本章以上的篇幅中，我们简要讨论了改革开放以来，中国城市的快速变化。同时，我们回顾了城市社会学各个理论流派并详细比较了这些理论在多个方面的差异。通过这样的理论梳理，我们可以了解城市社会学理论在讨论对地点的改造时，哪些政治经济与社会文化的力量施加了重要的影响。我们已经知道城市的复杂性也导致城市理论的丰富，而我们的研究必然有所侧重和取舍，而理论建模的策略能够让我们直接关注城市变迁中的中心与重点。最后，我们指出要回到根本的人与地点的关系上来建立理论解释模型。

第二章的重点在于用社会空间与地点的概念重新梳理城市社会学的理论。城市空间本身就是"沉淀"与"合成"人与物之间的空间关系安排。从地点的概念出发，可以讨论人与区域地点之间的关系，并展示作为特殊地点的城市中这一关系如何推动城市的发展和变迁。而城市社会学也正是在这一主题的基础之上成为一个生机勃勃和推陈出新的研究领域。

第三章的目的是勾勒一个城市空间变迁的行动呈现理论框架。城市的建设永远是由占用城市地点的人发动并推进的。在我们看来，这样的社会群体包括政府、房地产开发商、居民、相关文化保护人士以及城市建设的规划建筑师。理论模型的主要内容就是描述城市中的这些社会群体如何运用制度、资本、舆论、政治机会、话语优势以及科学技术等策略与方法来共同塑造什刹海这一特殊的城市地点的。

第四章梳理城市文化的理论，分析讨论各种理论都根植于其本身发端时的社会经济背景。城市文化影响着城市中人们的行为并成为城市发展的动力。在后工业社会中，消费主义成为社会经济发展超越生产领域的必然。资本的力量将文化、空间与消费紧紧地捆绑在一起，将文化与空间直接当成消费的对象。正是由于文化与空间在城市消费领域的重要地位，建构文化空间成为城市发展的重要策略。人们居住的城市空间一直都具有分化的特征。

第五章简单介绍什刹海地区，包括它的地理位置、简要历史、风景名胜、文化传承以及被规划为历史文化旅游风景区的历史过程。什刹海位于北京城的中心地带，环境优雅，风光秀美。它周围文化古迹遍布，历史典故繁多。近年来，经过重新规划建设，什刹海及其周边地区重新焕发了古朴幽静的面貌，吸引了众多商家，成为众多游人休闲消费的常去之处。

第六章讨论政府在什刹海保护改造过程中的作用。最初，在政府与开发商对北京旧城的改造中，旧城风貌与历史文化价值遭到巨大破坏。在社会各界呼吁和干预之下，地方政府制定了历史文化保护等法律和规划。这使得历史文化保护区内景观和历史建筑成为稀缺资源，提升了旧城里传统四合院的市场价值，也促进了胡同旅游和四合院交易市场的发展。同时，地方政府从中也看到了旅游产业和文化产业的新机遇，大打"文化牌"，开发文化商业、旅游产业等。

第七章通过对胡同游、酒吧街和高档会所的分析，讨论文化在资本、空间与消费之间发挥的重要作用。正是通过文化这一媒介，资本才能顺利地将什刹海空间形态重塑为各类消费的载体和消费对象，空间才更为紧密地与消费联系起来。同时，资本运用文化策略对什刹海空间的重塑也无可避免地改变了什刹海的原有属性。

第八章讨论旅游发展给什刹海居民带来的双重影响。这些当地居民原来大多是社会经济地位较低的社会群体，旅游业和文化经济的发展给其中少数人带来了经济收益和就业机会，但同时也让更多的人承担了额外的社会成本。什刹海的"社区性"在旅游发展的影响下不断降低，什刹海的"东道主"逐渐丧失他们对空间生产的话语权。在消费旺季（特别是夏季的夜晚），外来的消费者实际上成为什刹海的"主人"。什刹海到底变成了谁的什刹海？

第九章描述什刹海景区的规划设计工作。在过去近四十年里，因为掌握了现代城市建设中所需的技术与知识，规划设计师一直是什刹海景区保护改造的重要参与者。在编制规划的过程中，规划建筑师们对于文化的理解与呈现也显示出一个变化过程。同时，他们利用自身有利的策略位置，拓展自身的职业范围，成为各方交流共同的中间人，也成为各方竞争、冲突、谈判、博弈、妥协与合作的平台。规划设计师在一定的社会文化结构中着手自己的规划工作，同时他们又在构建新的社会文化结构。他们是社会空间建构过程中的重要节点。

第十章总结全书，并讨论城市变迁中五个不同的推动者的行为策略、文化经济在推动城市空间变迁中的作用、城市变迁过程中构建的社会阶层关系以及这些社会关系所生成的社会含义。在特定社会转型的背景之下，多种社会行动者博弈妥协的城市空间的呈现，是一种丰富多彩的"镶嵌画"的呈现。这是中国城市空间最为显著的转型时期的特征，这也是中国城市活力的体现，同时昭示着未来无限变迁的可能与潜力。

第二章　社会空间、地点与城市

　　社会仅存在于时间与空间之中，因此，社会的空间形式紧密地与其社会结构相关，同时，都市变迁也与历史演化相互交织在一起。[1]

——曼纽尔·卡斯特尔

　　贾雷德·戴蒙德在《枪炮、病菌与钢铁》一书中，提出了一个不拘一格并引来众多关注的解释人类社会发展历程的理论：人类社会的发展之所以有各种不同文明的出现并且发展路径迥异，最重要的原因就在于，人们所赖以生存的当地及周遭的地理环境的差异，而与所谓的种族与文化上的差异并没有太大关系。[2] 在戴蒙德看来，初始的地理环境决定了生存资料与粮食生产的差异，这直接导致营养生产、人口增长、病菌免疫与人口聚集的差异，进一步形成文字产生与社会结构的差异。当然，后来的社会发展差异进一步拉大，科学技术也成为社会发展中带来差异的最大变数。从更为宏大的层次上，戴蒙德认为，人类文明的确是人的活动与环境共同作用的结果。

　　戴蒙德关于病菌的讨论尤其值得关注。他认为，欧亚大陆的优越地理环境，使得生活在这一地理环境的人能够较早地驯化家禽家畜，因此能够较早地产生因为接触动物而激发的应对病菌的免疫抵抗能力[3]。正是这样的抵抗能力，使得欧亚大陆的人口聚集能够发展起来，城市得以应运而生。也正是因为这种病菌免疫能力的缺失，即使拉丁美洲的印第安人建立起人口众多的帝国大城市，随着白人殖民者的入侵带来的陌生

---

① 曼纽尔·卡斯特尔：《一个跨文化的都市社会变迁理论》，载夏铸九、王志弘主编《空间的文化形式与社会理论读本》，陈志梧译，台北：明文书局，2002，第244页。
② 贾雷德·戴蒙德：《枪炮、病菌与钢铁：人类社会的命运》，谢延光译，上海：上海世纪出版集团，2006。
③ 贾雷德·戴蒙德：《枪炮、病菌与钢铁：人类社会的命运》，谢延光译，上海：上海世纪出版集团，2006。

病菌，整个帝国的人口也被消灭过半。

依据同样的逻辑脉络，归根到底，城市体现的是特定人群与特定空间地点之间的关系，并由此生发出一系列土地的使用、使用土地的人们之间的关系、使用土地的各种规范与制度的建立以及与空间土地使用相对应的社会结构的建立。这一切——包括空间地点本身——也处于不断变化的过程当中。因此，所有解释应当从空间地点出发。①

事实上，空间与地点的概念在相当长时期里，都被理论家们忽视了。只是在不久之前，空间与地点的概念才又重新进入社会理论的讨论之中，与时间一道成为另一个理解社会的重要维度。在我们看来，这样的空间与地点的概念为城市社会学的研究提供了非常有用的起点与工具。在本章的讨论中，我们从空间与地点的概念出发，最后也是紧紧围绕这一概念，提出我们的解释城市变迁的理论框架。

一 社会理论中的空间

（一）社会理论对空间的再认识

近现代批判性的社会理论发端于对资本主义社会制度的观察、剖析与毫不留情的批判，并由此生发出来的对未来深深的担忧以及各种探索思考所带来的可能潜在的拯救出路。当人文主义思想在社会科学的主旨当中转向，并开始试着去理解社会制度的优劣与探寻其发展规律时，一个不可忽视的取向必然出现，那就是对历史的强调。折射到时间与空间两种维度上来讲，时间以及由此延绵形成的历史成为理论家们思考的中

---

① 在更多的人文地理学的著作里，place 被翻译成"地方"。在奥罗姆与陈向明的书中，place 被翻译成"地点"。"地方"的含义是指一个区域，是空间的一部分；"地点"则是指所在的地方。显然，人文地理学以及城市社会学中 place 的概念，包含了情感、观念以及思想等主观性与社会性的内涵。因此从这个意义上讲，"地点"是对 place 更为准确的翻译，也是对此概念更为深刻的把握，是一个更为恰当的术语。另有较少的人，可能更愿意将 place 翻译成"场所"。其跟"场域"更为接近，也可能更有社会学理论的意味。但是，"场所"包含了边界的含义，带有封闭的特性；而"地点"则与空间的概念更为接近，更带有伸缩的特征，它可以是你在公共汽车上的站立点、用餐的饭店、居住小区，或者你上学的校园、生活的城市等。本书使用"地点"，而不是其他著作中使用的"地方"。在下面的讨论中，在少数日常指代的意义上，我们使用了"地方"；在更多涉及理论上的阐述时，我们使用"地点"。

心，而空间以及由此扩展形成的地理则被相对忽略了。

　　看起来，这背后的原因也许是浅显易懂的。这是因为在探寻社会规律时，需要根据现有的（历史）知识信息，对未来做一个有效的推理甚至猜测。不管这样的对历史发展规律的推理或是猜测背后的理论模型是线性的、螺旋形的或者其他什么形状，必定需要一个历史决定论的前提，这就决定了时间与历史在社会理论思想维度中的中心地位。在如此强调时间的背景之下，理论家们很容易将对社会的理解收缩成对社会历时性过程的理解，而忽略了社会在空间上的呈现。福柯那段被广为引用的评论清楚地显示了他的不屑，"空间被看作是死亡的、固定的、非辩证的、不变的。相反，时间代表了富足、丰饶、生命和辩证"。①

　　随着人们对知识生产过程思考的深入，更多的理论家认识到，概念化的过程（再现）事实上就是一个否定时间，转而空间化的过程。这是因为连续性的时间不可能被分离出来，无法完成抽象的本质性特征的描述。而空间非连续性的多样性正好提供了这样的机遇，形成理性与概念。② 当然，时间与空间之间的否定与被否定、替代与被替代的关系一直都是社会理论中争论的焦点。③

　　对于空间长时间在社会思想中被忽略，但最终又重新进入理论家视野的原因，福柯有过简要的涉及。④ 他认为有三个方面促进了空间作为一个重要因素进入到社会理论中来。

---

① 米歇尔·福柯：《权力的地理学》，载《权力的眼睛——福柯访谈录》，严锋译，上海：上海人民出版社，1997，第 199～213 页。

② 更多的讨论可参见多琳·马西《保卫空间》，王爱松译，南京：江苏凤凰教育出版社，2017，第二章，特别是其中的第 28～36 页。

③ 一个著名的例子是，在现代化的话语体系中，不同空间区域的不同状态，被用现代化的统一标准来衡量，得出一个时间的变化序列（发展阶段）：发达的、欠发达的以及未发达的社会。这显然是用时间替换空间，并施加权力地理学将多元世界并存描述成一个历史变迁过程的话语霸权，其政策与政治后果当然也是影响深远的。

④ Michel Foucault, "Texts/Contexts Of other Spaces." Translated by Jay Miskowiec, *Diacritics* (Spring. 1986 [1967]), pp. 22–27. 最早是根据福柯 1967 年演讲的法文出版 "Des Espace Autres". *Architecture/Mouvement/Continuité*, October, 1984. 中文翻译可参见福柯《不同空间的正文与上下文》，陈志梧译，载包亚明主编《后现代性与地理学的政治》，上海：上海教育出版社，2001，第 18～28 页。另一些观点也可参见米歇尔·福柯《权力的地理学》，载《权力的眼睛——福柯访谈录》，严锋译，上海：上海人民出版社，1997，第 199～213 页。

首先，哲学观念上的改变使得社会思想逐渐抛弃了历史决定论的限制。历史决定论的传统特别强调时间维度的社会变迁，并将空间排除在外。福柯自认为自我沉迷于空间对于理解社会的重要性，抱怨了自19世纪以来理论家对于时间的过度关注。同时，他认为进入20世纪后的当前，首先是一个"空间的时代"，而我们关于整个世界的经验，也是"连接节点与交互关系的延展的网络多于沿着时间发展出来的漫长生命"，① 由空间的变化而生成的个体体验要强烈得多。改变了观念的社会思想在历史（时间）、地点（空间）以及社会之间寻求解释。

其次，学科界限的拓展使得原来排斥空间因素的社会思想逐渐引入空间因素。空间因素因为具有强烈的自然属性，往往被认为是地理学的范畴，早期并不为社会思想所用。最早的空间概念起源于宇宙学的"定位的空间"，而伽利略的"日心说"将之拓展为无限的延展的空间。当位置成为表达空间中关系结构的重要概念时，它也成为各种科学技术发展的重要基础。随着学科进一步交流融合，位置（空间）这种直接表达关系结构的属性也就自然而然地进入社会思想的领域。

再次，将空间概念引入社会思想也是更具体地理解与分析社会的方法。在福柯看来，当我们思考人类社会时，人口的空间分布问题必然出现，这不仅仅是关于世界上是否能够容纳下人类的问题。"关于人类生活空间更重要的问题是，在给定情境下为了达成特定的目标，需要了解人类的亲疏关系、聚集、流动、标记与分类等。"② 这正是在特定的位置，空间呈现出来的人们之间的关系。

长期以来，空间并未进入社会理论的实质内容之中。在社会理论中，空间地点仅仅是社会的物理特征，是社会活动的容积性度量，并不参与社会活动，更不与社会中的群体有着不可分割的互动关系。改变人们对空间的简单认识，并将空间重新带回城市社会学理论之中的真正奠基性工作是由列斐伏尔来完成的。他不仅从哲学的角度将空间重新带入理论分析中；更重要的是，他提出了一整套完整的空间社会理论，并开创了

---

① Michel Foucault, "Texts/Contexts of Other Spaces." Translated by Jay Miskowiec, *Diacritics* (Spring. (1986 [1967])), p. 22.

② Michel Foucault, "Texts/Contexts of Other Spaces." Translated by Jay Miskowiec, *Diacritics* (Spring, 1986 [1967]), p. 23.

一个分析传统。

当然，我们也要清晰地看到，时间与空间在社会理论中的讨论一直就存在，并将持续下去。事实上，"地点－过程"的争论（place-process debate）也是城市社会学理论建构过程中无可回避的议题①。到底有没有特定地点的空间特征决定着当地的社会事件？还是有一种跨越空间的特定的宏观过程能够决定不同地点的社会事件？孰重孰轻，在理论建构过程中的空泛争论也许并没有任何结果。更有可能的是，在不同的经验研究进程中，这两者之间的适用性可以更为清晰地显现出来。

（二）列斐伏尔：社会空间②

列斐伏尔是从剖析资本主义社会对空间的使用来引入空间概念的。如果说马克思主义经典理论对于资本主义社会制度的批判与否定是最为彻底的话，那么列斐伏尔则是利用空间概念来批判资本主义制度发展最为透彻也最为经典的社会理论家。列斐伏尔的思想激发并引领了后来的"激进"的城市社会学理论。

1. 资本主义的生产与空间的生产

事实上，资本主义的发展与对空间的利用是密不可分的。从"圈地运动"开始，资本的目的就是一方面要将农村劳动力与土地的关系打破，迫使劳动力成为市场上可以买卖的商品；另一方面也是为大规模的工业生产获得土地。

等到工业生产兴起后，资本主义对于空间的利用更进一步。规模化以及集约化的生产就是要将大量的资源集中到统一的地点，加工生产后又通过消费过程回笼资本完成一个完整的生产消费的循环。随着资本主义的发展，消费的集中也成为可能。因此需要一个更宏大的空间来完成生产与消费的集约化。而跨越国家边界的资本主义的发展又将整个资本运作的区域进一步扩展到全球范围。

---

① 艾伦·哈丁、泰尔加·布劳克兰德：《城市理论：对 21 世纪权力、城市和城市主义的批判性介绍》，王岩译，北京：社会科学文献出版社，2016。另一个理论建构中的"结构－行动"的争论，在上一章讨论理论建构的策略选择（套用科尔曼的理论机制示意图）中，已经有了更多的讨论。

② 很显然，列斐伏尔的社会空间概念与物理学或地理学上的空间概念有很大差别。从某种意义上讲，列斐伏尔的空间概念包含空间以及空间之内的内容（亦即社会、政治、经济、文化甚至是符号等关系）。更多的讨论与比较，参见本章第二节的论述。

　　在列斐伏尔看来，空间从来就是生产过程中的重要部分。在经典马克思主义思想当中，空间是物质生产的容器，它为物质生产提供了场所。换言之，资本主义生产是在特定空间之中的生产。而列斐伏尔直接将空间纳入生产之中，认为空间不仅参与商品生产的全部过程，而且它本身构成生产关系与生产力之中不可或缺的部分。[①]

　　更进一步的是，空间不仅仅参与生产，不仅仅被用来生产剩余价值；它本身也是资本主义生产的对象，它本身也是资本逐利的对象，也能为资本家带来超额的剩余价值。上一章提到的哈维关于资本的第二个循环就直截了当地指出城市空间的这一特质。[②] 而城市空间的生产直接连接了城市的集体消费，城市居民在城市中的居住、交通以及其他公共和私人的工作生活都离不开城市里建成的空间。[③] 这样生产出来的城市空间不仅完成了生产过程中的剩余价值的实现，而且完成了劳动力的再生产。

　　空间的生产随着资本主义的发展逐步扩大。具体表现包括帝国主义对于其他区域的剥削，殖民地与半殖民地对于资本主义发展的资源贡献，城市作为人类文明最为宏大的产品急速扩张，城市权力的扩张，城市对于整个社会的统治的扩张等。自 20 世纪下半叶以来，全球化已经将大都市的触角伸到民族国家以外的全球各个角落。而网络社会的兴起，可以看成是资本主义在地理空间之上，又生产出一个虚拟空间来。

　　一直以来，空间与资本主义的发展是息息相关的。在列斐伏尔看来，对空间的不断生产与重组，成为资本主义持续的发展动力和化解危机的能力。他一针见血地指出，资本主义"能够存续并获得增长"的能力来自其"生产和占有空间"[④]，空间才使得它能够进一步控制并延续它在理论上已经问题多多、注定消亡的历史性的制度结构。毫无疑问，这要求社会理论的建构必须将空间纳入其中。

---

①　Henri Lefebvre, *The Production of Space* (Oxford：Blackwell, 1991).

②　David Harvey, *The Urbanization of Capital* (Baltimore, MD：Johns Hopkins University Press, 1985).

③　Manuel Castells, *The Urban Question：A Marxist Approach* (Cambridge, MA：MIT Press, 1977).

④　参见 Edward Soja, *Postmodern Geographies：The Reassertion of Space in Critical Social Theory* (New York：Verso, 1989), p.105, 或者，爱德华·苏贾《后现代地理学：重申批判社会理论中的空间》，王文斌译，北京：商务印书馆，2004，第 159 页。

2. 空间与社会

虽说列斐伏尔讨论的是资本主义社会中空间的生产过程，但是抽出特定的资本追逐利润的商品生产过程，空间生产可以轻而易举地推论到其他社会制度之中。只不过不同的社会形态之下空间所融于其中的生产关系与生产力各不相同，但这种空间融入其中的本质完全一致。因此，任何社会，任何一种生产方式，都有它生产出来的空间，而这样的空间又包含了社会关系与制度。庙宇或教堂并不仅仅是一座建筑物，它是人们为了祭祀与信仰建设出来的，也是人们集聚礼拜的场所，是一切与宗教相适应的社会心态、社会观念、社会关系以及相关联的社会制度的体现。空间其实就是社会的一部分。所以说，哪里有空间，哪里就有社会的存在；哪里有社会，哪里就有社会的空间。如果用最简单的话来概括空间与社会的关系，那就是"社会的空间性与空间的社会性"。这两者是不可分割的。

在列斐伏尔看来，空间与人类社会中的政治、经济、消费、符号、文化以及意义等各个范畴紧密相连。他概括了社会空间在各个范畴之中的具体体现。

第一，作为生产力的一个部分直接进入生产过程当中，替代并补充了以往由自然所扮演的角色；

第二，作为单一的产品——作为大众商品在旅游、观光或是闲暇活动中简单消费掉了，或是作为诸如机器一样的生产工具在生产过程中消耗掉了；

第三，显示了政治上的重要性——在其发展而成为生产方式的同时，被用来促进社会控制（已经建成的城镇与都市并不仅仅是产品，它们同时也是提供住宅与维护劳动力的生产方式）；

第四，支撑着生产关系与财产关系的再生产（即是，土地、空间的所有权，地点的等级分类体系，作为资本主义功能的网络组织，阶级结构，实际的需要等）；

第五，实际上来讲，等同于一系列没有表达出来的制度性与意识形态性的上层建筑（在此，与之同行的是符号与意义的系统），或者是中性、无意义、符号学的贫乏、空洞（虚无）的外在表现；

第六，包含了作品与滥用的潜在可能，它开始于艺术领域但是首先是对将自身"转移"到空间之中的实体要求的回应，这一实体通过对抗开启了另一个不同的空间（或是反文化的空间，或是实际存在的"真实"空间的乌托邦似的替代意义上的反空间）。[①]

在列斐伏尔眼中，社会空间是一种生产资料，是一种消费产品，是一种政治工具，是一种财富等级（阶级）关系，是一种符号象征体系，是一种社会变迁与（阶级）冲突的源泉。在讨论空间与社会关系的再生产的联系中，列斐伏尔给出了依次递进的三个层面：首先是个体生理意义上的再生产，包括劳动力本身及其亲属；其次是作为工人阶级的劳动力与生产资料的再生产；最后则是作为更宏大的社会生产关系的再生产。因此，列斐伏尔的社会空间之中弥漫着各种社会关系，充斥着各种社会制度。更为简单的总结则是，社会空间其实就等同于社会本身。有着自身物理属性的空间已经与人类社会不可分割。

3. 社会空间的体验与日常生活的空间

列斐伏尔的分析更多是关注人类社会与空间之间哲学意义上的关联，并没有给我们提供一个可以直接用于分析人类与空间之间具体活动的操作性框架。但他在其理论中也给出了分析不同社会空间的具体表现形式的方向，并激励后来者沿着他所开创的思路不断挖掘与拓展。[②]

既然社会空间深入到了社会结构的肌理当中，它必然影响人们的日常生活。那么，列斐伏尔的理论中，社会成员又是如何融入社会空间当中的呢？换言之，社会空间是通过什么样的方式被体验的呢？他提出了社会空间的三分内容。[③]

第一，空间的实践，包括生产与再生产，以及各种社会形式的特定的位置与空间特征。空间的实践保证了连续性与一定程度的连

---

① Henri Lefebvre, *The Production of Space* (Oxford: Blackwell, 1991), p. 349.
② 不可否认地，后来的研究者在列斐伏尔开创性理论的启发下，开辟了众多具体的、富有意义的研究领域并取得了丰富的研究成果。例如，卡斯特尔、哈维、苏贾以及其他追随他们的研究者都一直将学术上的灵感与激励部分归功于列斐伏尔。
③ Lefebvre, Henri, *The Production of Space* (Oxford: Blackwell, 1991), p. 33.

贯性。就社会空间以及与此空间社会关系相关的社会成员而言，这一连贯性暗示了确定的一定水平的能力与特定水平的表现；

第二，空间的再现，与生产关系以及这些关系生成的"秩序"相连，进而与知识、符号、编码以及"先锋"关系相连；

第三，再现的空间，表现为编码或未编码的复杂符号系统，与社会生活的隐含或是未知部分以及艺术（最后可能被更多地定义为再现空间的编码而非空间的编码）相连。

空间的实践（spatial practice），是指人们在社会空间之中意在生产与再生产的实践活动，包括工作、去办公室的通勤、下班回家的家庭生活等，是感知的空间（perceived space）。空间的再现（representations of space），是指人们通过自己的思维将实践中的空间通过编码重新建构出来的形式，包括地图、旅游指南等，是构想的空间（conceived space）。再现的空间（representational spaces），是指社会生活中的文化意义与象征意义，是普通人的生活空间，也是艺术家用艺术表达出来的空间，还是哲学家从中进行哲学思考的空间，也包括普通人用自己的对生活与生命的理解所装点的家、建筑师用自己的理念设计的房屋等，是生活的空间（lived space）。[①]

空间的三分是社会空间的三个维度，它们相互交错，而个体的社会成员可以在这三个层次上熟练地来回变换。[②] 正是这样的自由变换，成就了空间在社会中为人们所体验。同时，空间进入了社会的日常生活。对这样的社会空间的描述与分析则可以成为后来者对社会空间的具体表现形式的丰富研究。[③]

使用列斐伏尔的空间三分，可以通过案例来说明社会空间是如何进入日常生活的。一个普通人，其一天的生活从早晨离家去上班开始。首先，他需要通过公共交通完成通勤，抵达办公室。这一过程就是空间的实践。在通勤过程中，他清楚地知道从由城市规划师、交通设计师所制

---

① Lefebvre, Henri, *The Production of Space* (Oxford: Blackwell, 1991), pp. 38 - 39。

② Lefebvre, Henri, *The Production of Space* (Oxford: Blackwell, 1991), p. 40.

③ 也可以参见戴维·哈维《后现代的状况：对文化变迁之缘起的探究》，阎嘉译，北京：商务印书馆，2013。

定的城市网络图形中找出自己的交通路线。① 这个过程使用了空间的再现。而他在城市中行走时，可能关注某些城市建筑的新奇，感叹繁华绚丽的城市中心中根本就没有自己安家立户的空间等。这完成了再现的空间的过程。而这样的三个过程可以在这一天的生活中，在这个普通人的心里十分清晰且不可混淆地来回变换，构成他丰富的日常生活。

从上面的分析中可以看出，虽然说列斐伏尔对于社会空间的讨论起源于他对于资本主义制度的批判，但他的理论对于社会空间的具体讨论则可以深深地植根于人们日常生活的过程当中。这也呼应了列斐伏尔早期对于资本主义社会中日常生活的批判分析。当然，对于列斐伏尔来讲，这样的日常生活也是裹挟或是镶嵌于更为宏大的资本主义制度与空间的生产过程之中的。从这个意义上讲，列斐伏尔的社会空间的概念不仅提供了一种理论的框架，也提供了一个理解日常生活的视角。②

（三）其他社会理论中的空间

如果说列斐伏尔从哲学上将空间重新领回到社会理论的中心地位，并提供了一个社会空间的辩证概念，让社会的空间性与空间的社会性无可置疑地确立起来的话，其他的社会理论家则是从另外的维度，将同样的哲学思想运用到具体的社会研究的领域当中，使得社会空间在社会理论中的位置越来越显著。即使他们或许没有有意为之，但这一过程显然是一个集体并且有效的努力，并将社会空间推到一个显著的理论高度。

1. 福柯：社会空间与权力

对于福柯而言，权力的来源与运用是社会运行的根本，是其理论关注的中心议题。在福柯的思想体系中，权力并不体现在传统意义上的利益－冲突层次的社会关系，而是一种微妙的社会互动策略，是在微观层次实现的社会关系，是通过对心灵的震慑与驯服确立起来的。权力在社会中的延伸以及权力对于社会的控制和操纵也是通过类似神经体系这样的网络而显得无处不在。福柯考察了一系列极端的社会例子之后——包括考古知识、法律刑罚、疯癫判定，甚至身体性欲，总结出相应的权力

---

① 在如今的网络社会生活中，手机 App 使用广泛，人们更多地从网络中获取生活所需的信息。空间在网络中以导航地图的形式再现出来，也容易理解了。

② 这一点在德·塞托的讨论中可以更为清晰地看出来，即使德·塞托并不赞同列斐伏尔关于资本主义日常生活分析的主要观点。

关系的建构与体现。福柯指出知识、话语甚至身体等都具有不可割裂的社会属性，都成为权力运作的过程，都体现了丰富而又细微的权力关系。

除此之外，福柯同时也表现出对于空间的额外迷恋。在他看来，在所有微观权力的运作过程中，空间是一个不可忽略的因素。空间是社会实践的基础，也是权力实践的基础。显然，福柯并不过多深究空间与社会之间的辩证关系，而是从空间的政治范畴来剖析空间与权力的关联。空间成为一种政治工具和统治技术，成为权力的具体体现。在福柯的论述中，权力借助空间发挥作用并进行实践的具体体现就是使用特定的空间安排来分配与分割个体占有的物理空间，在这样的分配与分割过程中，一种无言但是威严的权力等级体系得以形成。因此，对于福柯而言，整个空间结构形成的过程本身就是一种复杂的权力关系。

在《规训与惩罚》中①，福柯起篇引用了残忍得缺乏人性的一个公开行刑的场景：在格列夫广场公开对企图谋杀国王的达米安施以酷刑、残忍处决并最后焚烧尸体。在这个具体案例的描述中，我们可以了解到这样的行刑是一种有意建造出来的公共景观，其中的行刑与观众都置身于开阔的地点，共同完成旨在用最残酷的方式来震慑任何违反王国法律的意图与行为的过程。在这里，通过公开对罪犯肉体的摧残与毁灭建构起一种不可动摇的权力观念。在随后一百年里，这样的公开制造肉体痛苦的表演，逐渐为远离大众日常生活的隐蔽的监狱监禁所取代。空间幽闭的监狱成为改造心灵的场所。福柯在后面的章节中详细讨论了监狱的设计与建造。对于圆形监视塔（Panopticon）所对应的格子式的监狱，福柯不惜笔墨描述，将这种空间上的分配与分割清楚地剖析出来，指出监狱里的罪犯的所有行为都毫无躲避地呈现在圆形监视塔里的监视者眼前，鲜明地阐释了监视者与被关押者之间的权力关系。在福柯看来，这是一个对身体与心灵控制的转变过程，而这一过程一定是在特定的空间完成的。这一空间中，罪犯、行刑者或是看守者、法律行业的相关者、旁观者，或是看不见罪犯但时常被提醒的普通人，都是不可或缺的。他们之

---

① 米歇尔·福柯：《规训与惩罚：监狱的诞生》，刘北城、杨远婴译，北京：生活·读书·新知三联书店，2003。

间的控制与被控制、震慑与被震慑、改造与被改造、监视与被监视的角色位置体现得清晰鲜明和淋漓尽致。在这里,福柯明白无误地指明了,这样的空间关系,无论显示出来的是对身体的惩罚(公开的展示),还是对心灵的规训(深刻的隐蔽),其实都是弥漫在社会之中的权力关系赤裸裸的体现。

2. 布迪厄:社会空间与阶级

布迪厄对于空间与地点的讨论与社会关系紧密相连。而社会空间在布迪厄的理论中有着两重含义:一个与物理空间混合在一起,另一个则仅仅是一种类比的非物理性的空间。①

对于前者,布迪厄花费详细的笔墨,分析了阿尔及利亚北部沿海地区的卡比拉人(Kabyle)房屋外部与内部的空间安排,认为这样的设定对应着巴巴里人(Berber)宇宙起源说中的基本二分原则,例如性别中的男女、环境中的干湿等。② 在这里的分析中,布迪厄展现了其结构主义视角的一面。在他看来,卡比拉以及更广阔的社会范围内,亲属关系的结构与作为行动者的个人关系不大。而空间安排作为社会结构的一部分,清晰地显示着个人在社会结构中的位置以及整个社会的等级关系网络。事实上,也许更能让中国读者理解布迪厄在这里阐述的空间安排与社会结构之间紧密对应的关系的是,富裕的中国传统大家庭居住的院落结构四合院:北屋通常因为阳光通风更好,是留给长辈居住的地方;晚辈住东西两侧的厢房;后院是女眷与女佣的住处;而南屋则留作储藏或是帮佣的住所。③

当然,布迪厄一定会强调其建构主义视角的一面。在他看来,一方面,卡比拉人的社会实践也要遵循这些空间结构的安排;另一方面,他

---

① 更多的理论化的阐述参见皮埃尔·布迪厄《社会空间与象征权力》,载夏铸九、王志弘主编《空间的文化形式与社会理论读本》,王志弘译,台北:明文书局,2002,第429~450页。

② 卡比拉人是聚居在阿尔及利亚北部多山沿海地区卡比拉(Kebulia)地区的巴巴里族人的分支,占阿尔及利亚总人口的40%。

③ 更详细的描述,可参阅李孝聪《北京城内的四合院民居与会馆建筑》,载《中国城市的历史空间》,北京:北京大学出版社,2015,第258~267页。清晰的图示,可参见那仲良《图说中国民居》,王行富摄影,任雨楠译,北京:生活·读书·新知三联书店,2018,第33页。

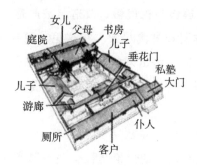

图 2 - 1　历史上四合院的房间分配

资料来源：曲蕾《居住整合——北京旧城历史居住区保护与复兴的引导途径》，
博士学位论文，清华大学建筑学院，2004，第 74 页，原作者自绘。

们在实践中不断地塑造和建构这样的空间结构。① 在这里，布迪厄强调
了空间与社会实践以及社会关系的你中有我、我中有你的关联，强调了
空间结构与社会结构的契合。从这个意义上讲，布迪厄这里的社会空间
概念与列斐伏尔的社会空间概念是一致的。

在布迪厄的理论框架中，还有一个社会空间的概念。在他看来，社
会中的行动者的"空间"位置直接反映了他的社会位置。在这里的空
间位置是指行动者根据他所拥有的各种资本的总量以及资本的结构——
包括经济资本、文化资本、社会资本以及符号资本，相对于其他行动
者所占据的社会位置。行动者的集合就形成了一个社会的型构（configu-
ration），而整个社会又将占据不同位置的行动者划入相应的社会空间之
中。② 事实上，这里的社会空间的建构就是由社会群体关系与社会制度
所决定的；人与人之间的空间距离其实就是他们之间的社会距离。而个
人被划分到不同空间的原因就是他所拥有的资本（包括各种类型）多少
是不同的。也正是因为这样的"区分"，才形成了社会阶层。这样的社
会空间结构也为劳动力与社会的再生产奠定了结构性的基础，使身处其
中的人们在毫不自知的状态下进行着各种各样的日常生活的实践，并形

---

① 具体参见 Pierre Bourdieu, *The Logic of Practice* (Stanford, CA: Stanford University Press,
1990), Appendix, pp. 271 - 283.

② Pierre Bourdieu, *Distinction: A Social Critique of the Judgement of Taste* (Cambridge, MA:
Harvard University Press, 1984)。后来的中文译本见皮埃尔·布尔迪厄《区分：判断力
的社会批判》，刘晖译，北京：商务印书馆，2015。

成代际的再生产过程。显然，布迪厄在这里讲的是一个社会的空间影像（spatial image），与前面他所提到的充斥着社会关系的空间完全不同。

在布迪厄看来，空间的区隔与社会的区隔是相似的、可以类比的。地理空间与社会空间只是相同社会关系在不同维度的体现。事实上，我们知道，特定社会位置的人一定会在空间位置中占据特定的地点，并以此维系和强化社会位置之间的区隔。①

3. 吉登斯：社会空间与社会建构

吉登斯对于空间的论述也相当明确。在《社会的构成》中②，他认为时间与空间是社会行为产生与社会结构形成的基础，所有的社会实践都发生在一定的时空限制之下，而时间与空间也是在社会实践中体现出来的。对于吉登斯而言，时空的延伸正是社会建构的中心形式，正是由于时空的不同形式的延伸，在社会中形成各种形式的时空差异与时空隔离，成为社会结构形成的基础。借助一系列与时空相关的概念——在场、不在场、共同在场、在场可得性、区域化等，吉登斯推论出社会行为在时空结构下的各种延伸形式。而这样的延伸过程导致社会资源的分配机制，引领着社会成员的各种行动——个人行为、群体聚集、结成联盟、正式组织等，从而进一步形成社会的运行机制。他甚至强调，为了理解当今全球化时代，时空的变换甚至比经济上的相互依赖更为重要。现代技术的发展——包括现代通信、因特网、快速交通等——使得身体与信息能够轻松地跨越原有的时空局限，更使得人们与时空可以相互分离。在这样一个过程中，空间与场所也相互分离。在场的因素正在被越来越多的不在场的因素替代——正是这样的时间与空间的持续延伸，使得人们的社会行为与社会实践不断产生变化，而社会也被不断重组与建构。因此，对于吉登斯而言，空间是社会形成的必不可少的元素。

4. 苏贾：社会空间与现代性

吉登斯将时间与空间带入社会理论的初衷，在苏贾的理论建构中得到

---

① 在城市居住分异的文献中，有更多的讨论和分析。一个经典的著作是 Douglas S. Massey, and Nancy A. Denton, *American Apartheid: Segregation and the Making of the Underclass* (Cambridge, MA: Harvard University Press, 1993)。

② 安东尼·吉登斯：《社会的构成》，李康等译，北京：生活·读书·新知三联书店，1998。

充分讨论。只不过，苏贾是沿着列斐伏尔开创的社会空间理论往前推进的。

在列斐伏尔社会空间概念的基础上，为了回击社会批判理论中过于僵化的历史决定论，并准备挽救社会空间这一概念遭遇扼杀的趋势，同时也是为了区隔地理意义上对于空间因素的过度强调以至于抽取出空间决定论，苏贾明确地提出"社会－空间辩证法"（socio-spatial dialectic）。

> 社会与空间关系是辩证地相互作用、相互依存的；生产的社会关系是依空间而构成的、依空间而生成的（正如我们认为结构性的空间是社会性地建构的一样）。①

显然，苏贾的上述总结是对列斐伏尔"空间的社会性，社会的空间性"社会空间概念更为清晰、更为理论性的阐释。

在他后来的研究中，苏贾进一步推进这一思想，提出另一个饱含后现代味道的"第三空间"。② 在苏贾的论述中，"第一空间"是具有物理性质的可感知并可以用经验描述的空间，"第二空间"是人们认知形式下的再现出来的空间；前者是具象的空间，后者是构想的空间；意识观念中的后者控制着前者在实际活动中真实运转，因而体现着一种空间关系上的权力控制秩序。"第三空间"是空间知识的另一种创造模式，它在范畴与意义上出自前两种空间，但又超越了"真实的"与"想象的"空间，成为一段通向"真实和想象"地方的理解与建构的"旅程"。从哲学意义上讲，第三空间已经包含前面两个空间；从行动意义上讲，第三空间是一个理解社会空间，并积极投身改造与重构空间的召唤：我们生活在社会空间之中，我们的行动也在不断地为空间所限制，但在我们生活与想象的过程中，我们理解了社会空间，同时也塑造着社会空间。虽然苏贾与列斐伏尔都期待着，空间建构能够成为人们从社会权力关系的控制秩序中解放自己的过程，但是苏贾作为后来者阐释得更为清晰、

---

① Edward W. Soja, "The Socio-spatial Dialectic." *Annals of the Association of American Geographers* 70 (2), 1980, pp. 211.

② Edward W. Soja, *Thirdspace: Journeys to Los Angeles and Other Real-and-Imagined Places* (Cambridge, MA: Blackwell, 1996). 中文译本参见爱德华·W. 苏贾《第三空间：去往洛杉矶级其他真实与想象地方的旅程》，陆扬等译，上海：上海教育出版社，2005。

更为彻底。"第三空间"的概念建立在"历史－社会－空间"的三元辩证关系之上，颠覆了以往的二元对立（历史－社会，空间－社会），超越了列斐伏尔的社会空间的三分。在苏贾的眼里，"第三空间"既是生活的空间，也是想象的空间，既是开放的空间，也是斗争的空间。它将现实的生活与政治、意识形态紧紧相连，是理解我们置身其中的现代社会的一个社会构建的空间。[①]

上述社会思想家都无一例外地将空间与社会行为、社会关系连接起来。他们都反对将空间与地点简单理解成脱离社会的仅仅含有自然属性的等待人们填充的"容器"。在他们看来，空间不仅仅是社会结构与关系中不可缺少的因素，任何社会思想上的建构都离不开空间。同时，他们还认为，空间事实上就是社会关系的体现，甚至就是社会关系本身。要理解社会关系，就必然要分析它所处的空间。更进一步，空间结构对于身处其中的个体与社会组织的行为又有着影响作用。从这个意义上讲，空间关系其实参与到社会关系之中了。

（四）社会空间与社会行动

需要特别指出的是，苏贾在讨论其"第三空间"的概念时，非常明确地将人们积极主动的行动纳入社会空间的构建过程与内涵之中。虽然列斐伏尔也专门讨论了空间中人们的感知、再现、生活等实践与象征活动，但毫无疑问他更多是在抽象的概念上讨论这些人类活动对于社会空间形成的意义。而苏贾的社会空间概念中，当他强调"生活的空间""斗争的空间"，强调"与政治相连"并构建社会空间时，显然认为人们的行动更具有主观能动的性质，甚至包含行动的社会干预的意义。

这一点在新近的社会空间理论的拓展中，有了更进一步的发展。马汀娜·洛直接认为社会空间是行动造就的社会中人与物之间的关系性安排，是一个形成结构与制度的过程。[②] 显然，与苏贾的概念相比较，马汀娜·洛对于社会空间的概念更进一步也更明确地靠近人们的行动；从某种程度上讲，后者的社会空间对应的更多是个人层次的行为，是一种

---

① 显然，苏贾的第一空间与第二空间和列斐伏尔的社会空间的三分有些类似。但苏贾的第三空间则完全跳出了前两者的二元对立逻辑。

② 参见 Martina Low, *The Sociology of Space: Materiality, Social Structure, and Action* (New York: Palgrave MacMillan, 2016)。在本章后面还有更为具体的讨论。

跟"结构"相对的、更为具体、更为微观的行为。从一定意义上讲，马汀娜·洛的空间的概念与苏贾的"第三空间"有着特别的联系，都强调"行动"的要素是社会空间中不可或缺的内涵；只不过，马汀娜·洛更强调这样的"行动"对于人与物之间的关系性安排的基础性与决定性的角色，而苏贾则更强调"行动"的政治性色彩，以及社会干预及参与构建社会空间的积极含义。

所以，我们从以往的理论中，特别是从列斐伏尔到苏贾再到马汀娜·洛的理论拓展的脉络中，可以看出社会空间的概念本身就包含社会行动（或行为）的要素；同时，我们还可以看出他们将社会行动放在社会空间概念的不同理论位置。从列斐伏尔更为抽象与更为泛化的社会活动的含义，到苏贾更为积极与更具政治性的含义，再到洛更为具体与更为微观个体的含义，这一理论脉络的拓展过程或许在一定意义上丧失一些理论上的包容性，但却在与现实世界的连接上显示了更为明确与更为清晰的内容，也使得社会空间的概念与相关理论能够与更多的实证研究相连接。从这个意义上讲，这样一个理论拓展的过程是一步步深入阐释的过程，也是社会空间理论进入"真实"社会并参与"构建"社会的理论后果的展示；同时，它也是社会空间理论走向明确、走向多元、走向实证的重要步骤。

在本章的以下内容中，我们借用社会学理论中关于地点概念的发展，将地点与空间的概念连接起来，并且用地点的概念来具体化社会空间与城市空间。然后，在此基础之上，构建一个城市空间变迁的行动理论。从一定程度上讲，本书的重要目的是用当代中国城市变迁的实践，来讨论城市空间的含义，讨论城市空间的变迁过程，从而能够直接回答我们在本书最初提出的问题：谁在改造城市？又是在为谁改造城市？在回答这些问题的同时，我们希望展示的答案，既能够在理论上给出城市空间变化的过程描述与机制讨论，也能够给出具体的实证材料的呈现，还能够对上述社会空间理论与概念做一个具体的探讨与展示。

二　地点与空间

地点（place）与空间（space）在概念上有着密切的联系，也有着巨大的差异。前面提及的空间（或是社会空间）概念事实上与我们日常生活中所使用的空间概念相去甚远。在普通的话语体系中，空间是指在某一地点之上的没有任何填充的空洞的实在。如果更进一步，空间是指人们不可把握的无限实在——例如，城市的空间、宇宙的空间等。从空间是一种空洞的实在这个意义上讲，空间与人们的社会活动是不可交融的。因此，上述社会理论家体系中的空间与我们日常生活中使用的空间的意义完全不一样。

如果说列斐伏尔与苏贾的社会空间概念更加抽象，那么福柯、布迪厄以及吉登斯的社会空间则并不是远离人们日常生活的遥远的概念了。福柯分析的医院、学校、监狱、工厂等，布迪厄描述的家庭屋里屋外的各种物件的安排、个人空间的分配等，吉登斯讨论的时空构架下的在场、不在场、区域化等，无一不是与人们自身的具体活动密切相关。但是，细细品味这后三位理论家的社会空间的概念，它们与日常生活中地点的概念更为接近。因为在监狱这样一个地点中，才有各种特定的建筑物的形式，才有监视者与犯人之间的这种权力关系的对比；也只有在家庭这样一个地点当中，才有家庭中的各种装饰与布置，才有家庭成员之间的各种依据自身角色而划分的活动区域；也只有在某个地点之上，人们才有在场与不在场的区分。所以，或许地点才是一个更为准确的与社会关系、社会结构以及社会实践相互交融、互为因果的对应物。

如果说空间概念是被列斐伏尔等理论家重新纳入社会理论之中，而地点概念一直在社会理论中占有重要位置（例如，人类生态学关于城市的研究似乎更是关于地点的研究），只不过社会学家几乎并不明确表明他们的研究就是关于地点的研究。所以说，地点的概念是被重新强调了。

（一）哲学对地点的重新强调[①]

哲学家凯西（Casey）对地点被重新系统性地带回哲学给出了详尽回

---

① 在人文地理学领域，段义孚从跨学科（包括哲学、生物学、心理学、宗教与神话、文学、人类学等）的角度讨论了空间、地点、时间等多个理论命题，提出了空间与地点不仅仅是个体作为经验性的知识，也是学术研究中不可忽视的主题。参见 Yi-Fu Tuan, *Space and Place: The Perspective of Experience* (Minneapolis, MN: University of Minnesota Press, 1977)。中文译本见段义孚《空间与地方：经验的视角》，王志标译，北京：中国人民大学出版社，2017。

顾与评论。① 在凯西的论述中，地点（place）、空间（space）与时间（time）等概念是纠缠在一起的。它们紧密相连又各有区别。关于地点的思想最早开始于对"空白"的避免。正是由于无法想象一个完全的空白，所以在存在之前就有了存在之处的"地点"。所以，地点是所有一切的前提。但是，由于地点的具体性，而思想中的抽象特征倾向于使用无限的概念，因而空间逐渐成为哲学中的替代概念。这一概念跨越了具体存在与现实。哲学思想强调空间，而忽略地点。进入近代社会以后，人们移动的频率与距离增大了许多，这使得表示"定居"的地点这一概念完全为空间所掩盖。地点永远是一个相对于无限延伸的空间的位置，而没有本身的属性。这一点在使用数学工具（例如，坐标体系或者是经度纬度等）来精准描述空间的语言中得到了充分的体现。也正是对这一概念的钻研，科学中取得了一系列的长足进步。但是，思想上的代价是对地点几乎完全忽视。

真正开始关注地点概念是从现象学哲学开始的。只有当讨论以主体为核心时，地点才逐渐成为思想体系中重要的概念。人们以基本感知来感受主体，而主体的位置成为我们所感受到的一切的参照。例如，与主体相对的位置、距离以及方向都是我们确定主体的因素，它们是不可交换的，因为它们与主体的关系并不是等价的。因此，我们所感知的主体必须具有具体性与延展性。同时，主体还总是处于运动的状态，它的位置、距离与方向等特征就是用来测量其运动的状态的。所以，主体在时间与空间中的状态使得主体必须在其中占据一个位置。一旦我们意识到主体的位置，那么主体就必然存在于某一地点之上。通过对主体的讨论，凯西勾勒出了地点如何重新被引入思想体系中。而对于主体这样的讨论使得思想家们还可以讨论其他社会差异。

（二）经典社会学家眼中的地点

地点不仅仅对于作为个体的人们的存在非常重要，对于整个社会的运行也是必不可少。但研究社会的社会学家对于地点却并没有一开始就

① 参见 Edward S. Casey, *The Fate of Place*: *A Philosophical History*（Berkeley, CA: University of California Press, 1998）。Thomas F. Gieryn, A Space for Place in Sociology."*Annual Review of Sociology* 26, 2000, pp. 463 – 496。安东尼·奥罗姆、陈向明:《城市的世界:对地点的比较分析和历史分析》，曾茂娟、任远译，上海:上海人民出版社，2005。

将它列为核心概念之一。总的来讲，经典社会学家对于地点的论述并没有形成体系，① 显得较为稀少与零散。地点作为一个重要概念开始渗透到社会学各个领域中，也仅仅是 20 世纪以后的事。

经典社会学家的出现是社会巨变造就的。以工业生产为推动力的资本主义社会制度带来了前所未有的社会问题。对于这一历史变革所导致的社会变化，经典社会学家都显示了步调一致的担忧。但是，不同的思想家对于这些社会问题有着不同的解读。他们观察社会变革的角度不同，关注的焦点不同，解剖的起点不同，因此给出的解释以及开出的药方各不相同。他们对社会结构与社会制度的讨论，都不同程度地涉及空间与地点。

1. 马克思与恩格斯

对于马克思而言，在社会化的大生产过程，同时也是社会变革过程的冲突中，形成了两大对立阶级——剥削和压迫的资产阶级与被剥削和被压迫的无产阶级。这两个阶级间天然的不可调和的矛盾，必然导致最终代表着生产力发展方向的无产阶级埋葬资产阶级。从根本上讲，马克思关注的是整个人类社会的历史发展趋势及其动力机制，资本主义社会仅仅是其中的一个终将成为过渡的历史阶段而已。所以，在马克思的理论框架中，时间是最为重要的坐标，② 而空间显然不是一个影响发展的变量。从一定程度上讲，马克思的阶级理论是跨越空间限制的。对于马克思而言，不同地点的人类社会历史的发展在具体过程中或许有差异，但整个发展的方向与趋势是依照历史唯物主义预测的体系推进的。而无产阶级的最终解放是整个人类社会的解放。显然，无产阶级的解放使命是没有空间限制的，也只有打破空间限制，无产阶级的解放才能够真正完成。因此才有了马克思在《共产主义宣言》中所号召的，"全世界无产者，团结起来"。简言之，空间在马克思的历史唯物主义中并不是一个被强调的维度。

在马克思主义的体系中，明确提到地点概念的是恩格斯对于曼彻斯特工人阶级生活状况的描述。在这一经典著作中，恩格斯细致入微地刻

---

① 安东尼·奥罗姆、陈向明：《城市的世界：对地点的比较分析和历史分析》，曾茂娟、任远译，上海：上海人民出版社，2005。

② David Harvey, *The Condition of Postmodernity* (Oxford：Blackwell, 1990).

画了整个曼彻斯特城市中不同的贫穷工人阶级与富裕资产阶级的居住区域。工人阶级居住地的贫穷、脏乱与衰败，与资产阶级居住地的奢华、舒适与堂皇形成刺眼的对比。① 通过对这两种地点的物理特征的直接描述，恩格斯揭露了作为两个对立阶级，其中一个阶级的富裕生活建立在对另一个阶级的残酷剥削与压迫之上。他笔下自然流露出来的对工人阶级的同情以及对资产阶级的愤恨直接激励着一代又一代无产阶级革命者。

2. 韦伯

韦伯在资本主义兴起的时代关注的是新的社会制度的基本内涵以及推动制度变迁的要素。在韦伯看来，对理性主义的追逐是推动社会制度结构化的动力。与马克思的出发点一样，韦伯并不认为在理解社会制度的过程中值得强调地点这个概念。但韦伯在考察不同时代的城邦之后，认为城邦的出现首先是建立一个商贸活动的经济中心，并将城市与乡村隔离开来，为城市居民与乡村农民间的经济交换提供一个地域上的市场。当然，这一市场必然存在于某一特定的地点（"要塞"）。② 随着经济交换的扩大，作为社会制度的城市已经不能满足整个经济的交换。这时更为复杂的现代民族国家出现了。与城邦一样，现代民族国家首先需要在一定的"领地"之内，确立合法的、其他民族承认的占领权。

对于韦伯来说，不论城邦还是现代民族国家——前者强调经济功能，后者强调更广范围内的政治、法律、税收、治理等各项功能——都在一定物理区域内能够有效实施其管理功能。换言之，韦伯认为，占有地点的城邦与民族国家是这些社会制度在物理空间上的具体体现。因为，只有在确定的空间范围内，城邦与民族国家才能够实现其目标。因此，韦伯讨论的核心并不是地点，而是建立在地点之上的社会制度。③

有一点值得特别指出。如果拓展上述韦伯的理论脉络，我们可以推

① 弗里德里希·恩格斯：《英国工人阶级状况》，载《马克思恩格斯全集》（第二卷），北京：人民出版社，1956，第 269～587 页。

② 马克斯·韦伯：《城市（非正当性支配）》，阎克文译，载《经济与社会》（第二卷下册），上海：上海世纪出版集团，2010，第 1375～1540 页。在第 1390 页，韦伯给出了城市的基本特征。

③ 马克斯·韦伯：《城市（非正当性支配）》，阎克文译，载《经济与社会》（第二卷下册），上海：上海世纪出版集团，2010，第 1375～1540 页。在第 1490～1504 页，韦伯讨论了从中世纪城市自治到现代资本主义国家之间的共同功能特征。

论，当前的全球化趋势也正是韦伯所担忧的理性主义在空间上进一步渗透与拓展。正如当初规模较小的城邦由民族国家所替代一样，全球化正在穿越民族国家的边界，确立一个涵盖整个人类社会的庞然大物。而伴随经济全球化的还有与其一致的政治、军事、社会与文化趋势。或许，这样的趋势更能够体现韦伯对资本主义的预言。

3. 涂尔干

涂尔干关注的是社会之所以成为社会而非独立个人的集合的社会凝聚因素以及社会运行的秩序问题。所以，他的研究对象是能够促进或限制社会团结的社会"黏合剂"——例如，法律制度、宗教制度、社团群体、文化语言等。涂尔干对于地点的论述是镶嵌于他所讨论的作为社会现实的宗教表现形式之中的。在他看来，只有理解事物间位置的不同，才能够形成对秩序（ordering）的理解；所以，空间与地点成为产生秩序或者象征体系的分析性基础。① 社会现实总是需要一个象征体系才能够产生社会行为，而这一象征体系正是将社会整合在一起的"团体意识"。作为地点的社会现实被神圣化之后，其与能力无限的神以及能力微小的人等宗教因素的联系进一步巩固，就具有特殊的意义。例如，孔庙之于国学绝不仅仅是一座庙宇建筑而已，而是象征着追本溯源思想正统的地点。毫无疑问，这样的象征是由历史延续与社会力量造成的，是高于任何个体的私人的社会现实的。

涂尔干的思想可以直接推导出地点的文化功用。因为，处于相同社会位置的人对特定地点的象征意义的理解是相似的，这也是文化形成的过程与定义。正是由于人们在地点上附加了这样的象征意义，地点从一个简单的空间概念转化成影响涵盖社会群体的社会行为的重要因素。从这种意义上讲，对应于地点的是社会结构中人们的组织形式。

4. 齐美尔

齐美尔是经典理论家中唯一系统明确提到空间的作者。他甚至写下了《空间社会学》，来探讨空间如何影响人与人之间的社会互动。② 在日

① 爱弥尔·涂尔干：《宗教生活的基本形式》，渠东、汲喆译，上海：上海人民出版社，2006。

② 奥盖尔格·齐美尔：《空间社会学》，载《社会是如何可能的：齐美尔社会学文选》，林荣远编译，桂林：广西师范大学出版社，2002，第290～315页。

常交往中，人与人之间的距离为各自安全感所必需。这种交往主体间的空间距离由包括文化在内的多种因素决定。在《社会的空间和空间的秩序》一文中，他强烈反对将空间仅仅当成一种自然条件。① 在他看来，空间的社会属性高于自然属性。一定程度上讲，空间因素甚至可以归结为人的心理效应。因此，空间的物理形态并不重要，它必须通过人的心理转换才能产生效应，对人们的互动产生影响。

齐美尔对空间的社会属性进行了具体分解，开创性地给出了五种空间的基本属性：空间的排他性、空间的分割性、社会互动的空间局部化、空间上的距离与邻近，以及空间的变动性。齐美尔还特别指出，处于社会互动过程中的个人都占着一定的空间位置，而人与人的关系在这时转换成空间与空间的关系。

虽然从严格意义上讲，齐美尔更多是关注微观层次上个体与个体间社会互动过程中的空间关系。但如果我们赞同社会制度与社会组织也正是在这样的相似的社会互动过程中产生与发展出来的，那么就可以轻易地从齐美尔的论述中推论出空间关系体现了占据这一空间位置的社会关系。而这也正是后来芝加哥学派的出发点。甚至一定程度上讲，芝加哥学派对生物世界的借喻也直接体现了齐美尔关于个体与个体间的空间距离与位置的论述。②

总的来讲，除了齐美尔以外，经典社会学家对于地点没有系统性直接的论述。在他们的思想体系中，社会与地点之间的关系更多是在论述其他社会制度或是结构的过程中涉及的。即使是齐美尔关于空间的讨论也局限在微观层次的社会互动过程中，并没有上升到社会结构与社会制度的层次。但是，他们许多关于地点的思想成为后来理论的出发点。一旦社会思想中引入了地点的概念，社会学家们就可以从经典理论中吸取营养，发展出丰富的关于城市社会的理论。

（三）地点的概念及与空间概念的比较

从上面的讨论中可以看出，即使是经典社会学家，他们对于空间与

---

①　奥盖尔格·齐美尔：《社会的空间和空间的秩序》，载《社会学：关于社会化形式的研究》，林荣远译，北京：华夏出版社，2002，第459～530页。

②　事实上，帕克在德国学习期间，的确出席过齐美尔的课堂。

地点的使用也是比较混乱的。在我们看来，如果讨论人类社会，空间是一个相对应的概念（例如，列斐伏尔对于资本主义制度的讨论）；但如果讨论城市社会这样一个具体的对象，地点则应该是更为恰当的对应概念（例如，城市社会学人类生态学学派对于城市土地使用的讨论）。我们赞成在社会学中给地点概念一个重要位置，[①] 城市社会学也应当以地点概念来组织各种理论与观点。

因此，我们认为有必要在此讨论地点的概念，并更进一步比较地点与空间这两个概念。

1. 地点的概念

正是因为地点与我们的生活如此贴近，要给地点一个明确的定义，是有些困难的。

奥罗姆与陈向明给出了一个简洁富有人文气息的定义："空间内我们定居下来并能说明我们身份的具体位置。"[②] 在这里，他们强调地点从属于空间，并认为地点是空间的具体表现形式。更重要的是，他们强调人们从地点中获取身份标签的重要性——既突出人们对于地点的不可或缺性，也突出地点对于人们的影响作用。

奥罗姆与陈向明的地点定义毋庸置疑地点明了地点的社会性：一方面，地点的空间物理性质如果没有人们的社会性的叠加，就没有任何意义，仅能作为自然界的一部分而已；另一方面，地点是参与社会活动的，它特有的属性对于人们理解自己、理解社会有着不可分割的作用。这也是为什么所有的名人故居从外观上看起来，可能与周围同时代的建筑并没有太大的差异，但一旦被考证发掘出来并赋予名人的标签，人们看到它必定生发更多的联想。

在海德堡大学附近，有一条"哲学家之路"，显然这个非官方的命名是在纪念曾经在此留下足迹的众多思想家。穿过这条大路，在城堡的对岸位置，可以找到现在被用作海德堡大学国际学生中心的巨大别墅。如果不看建筑的介绍，在此办理事务或者上课的国际学生可能会慨叹这

---

① Thomas F. Gieryn, "A Space for Place in Sociology." *Annual Review of Sociology* 26, 2000, pp. 463 – 496.

② 安东尼·奥罗姆、陈向明：《城市的世界：对地点的比较分析和历史分析》，曾茂娟、任远译，上海：上海人民出版社，2005，第5页。

座建筑的宏伟。但是，如果是学习社会学或者政治学的学生与学者，知道这里就是马克斯·韦伯故居，一定会肃然起敬。即使在 2020 年新冠肺炎疫情期间，值此韦伯逝世一百周年，仍然有众多线下的朝圣者争相一睹大师的故居，而线上的视频播报也为数众多。

但这一定义也无疑是狭窄的，更侧重地点对人们心理上的影响。这一点从他们在其书的介绍章节中讲述人与地点的关系时体现甚为明显。[①]从这个意义上讲，奥罗姆与陈向明的地点概念更具有齐美尔主义的味道。如果真的需要将他们的定义扩展到更广阔的社会进程，则我们需要将身份的概念做一个过于夸张的抻拉——身份意味着社会组织，意味着社会行为，意味着社会冲突等。[②]

或许，要给地点下一个定义本身就是一个几乎不可能完成的任务。如此一来，或许总结地点这一概念在各种学科中的研究结果，给出它所包含的必不可少的要素，是一个较好的策略选择。这样的尝试已经有人做过。在吉尔林的回顾性文章中，他总结了地点概念的以下三个要素。

第一，地理位置。地点是宇宙中独特的一个地方，它区分这里和那里，并让人们理解近与远。地点是有限的，但由于其边界（在分析上与表现上）是弹性的，所以它在逻辑上是嵌套的。

第二，物质形式。地点是物质的。不管是建成的或是天成的、人工的或是自然的、街道、房门、岩石或是树木，地点是事物。它是宇宙中东西或是物件在特定地方的组合。

第三，含有意义与价值。如果没有普通人的命名、区分或是再现，地点不能成其为地点。地点是双面建构的：大部分是建成的，或是部分为物理作用成的。它们同时也被转述、表达、感知、感觉、理解和想象。宇宙中的一个物理事物构成的地方，只有在它蕴藏历史或是乌托邦，危险或是安全，身份或是记忆时，才能成为地点。除了它悠久与坚固的物质属性以外，同一地点的意义与价值是恒变

---

①　同时，也可以参看本章下一个小节的总结与讨论。
②　这样的解读身份，的确有些夸张。奥罗姆与陈向明的阐述，并没有使用这样的解读方式。在特定的情境下与一定意义上，这样的解读也是可以理解的。在本章的后面，我们将在这个维度上讨论扩展地点概念。

的——在不同的民族与文化手中传递,在历史中呈现不同状态,同时也不可避免地被争夺。①

地点的范围是可以伸缩的,因此是相互嵌套的。一个地点可以是一间房屋、一个公园、一个小区、一个城市、一个省份、一个国家,甚至一个大洲等。这样的伸缩性使得研究者在确定研究对象时可以任意选择,并可以将其邻近的外部世界轻松纳入研究之中。社会学对于地点的浓厚兴趣显然在于城市、乡村、社区等生态学中的环境与社会活动紧密相连。

需要特别指出的是,以上地点概念的三个要素是紧紧捆扎在一起的,它们不能相互分割。不能因为强调地点对于社会生活的意义,就可以忽略它物质性的一面;也不能过于强调其地理环境的一面,忽略社会活动对它的影响。因此,关于地点的概念一定要反对一切的简约论(reductionism),包括地理推崇论(geographical fetishism)、环境决定论(environment determinism)以及社会建构论(social constructivism)。② 对于任何一个地点而言,物质与社会两个领域的因素都自然而然地起着作用并相互依存。③

2. 地点与空间的区别

即使地点与空间这两个概念有着密切的联系,它们之间也有着根本的差别。④

在给出地点的三个要素之后,吉尔林认为空间更应该被理解为“从物质形式与文化转述中分离出来的一种抽象的几何概念,包括距离、方向、大小、形状以及容积”。⑤ 他继续使用一个对比,认为空间是抽空了其中所有社会因素的地点,而地点就是填满了人、人的活动以及人对空

---

① Thomas F. Gieryn, "A Space for Place in Sociology." *Annual Review of Sociology* 26, 2000, pp. 463 – 496.

② Thomas F. Gieryn, "A Space for Place in Sociology." *Annual Review of Sociology* 26, 2000, pp. 463 – 496.

③ Pierre Bourdieu, *The Logic of Practice* (Stanford, CA: Stanford University Press, 1990).

④ 到这里,细心的读者应该已经很清楚,列斐伏尔的社会空间的概念包含太多的非物质的社会内容在里面,因此可以认为非常不同于前面所讲的地点的概念。可以理解的是,列斐伏尔的目标是构建一个抽象的关于社会制度的理论,所以使用更为抽象的社会空间。而另一些理论家则认为空间是抽空了物质、意义与价值的地点。

⑤ Thomas F. Gieryn, "A Space for Place in Sociology." *Annual Review of Sociology* 26, 2000, pp. 465.

间的再现等社会因素的空间。

如果使用更多的对比，我们认为空间与地点的概念有如下区别。空间是无限的，地点是有限的；空间是抽象的，地点是具体的；空间是空洞的，地点是充满（人、事等）的；空间是不可充满的，地点是向内填充的；空间是不可穿越的，地点是可以被穿越的；空间是哲学的，地点是日常的；空间是知识体系的，地点是工作生活的；空间是意识形态的，地点是实际实践的；空间是建构的，地点是建设的；空间是可感受的，地点是可触摸的。①

如果说空间是一个抽象的、跨越了任何个体存在实在的概念；那么，地点是一个具体的场所，是个体与群体存在与活动的前提。如果说空间不可触摸，地点则实实在在，是相对于人们的物质对象。人们在空间之内移动，不可能逃脱掉空间的限制，无论怎样的移动都发生在空间之内；但是，人们却从一个地点移动到另一个地点，地点是不可限制人们的。人们与空间没有直接的互动，但与地点却时时刻刻不可割裂。因此，人们对于空间的感受是模糊与淡然的，但对于地点的感受则是清晰与熟悉的。

对于空间与地点的比较，可以用德塞都的观点来总结。在他看来，"地点是一种秩序……各个组成部分被安排到共存的关系之中"。② 而空间则"是被在空间里发生的活动的整体所激活的"，③ 所以说，"空间就是一个被实践的地点"。④

从上述比较中，我们可以毫无疑问地认为，城市是一个地点而非空间。城市的变迁其实就是城市地点的变迁，而非城市空间的变迁。而城市就是在人的社会活动中被改变的。

---

① 这些区别是提示性的。因为空间与地点的概念之间有太多相互交叉的内容，因此不可能被完全清晰地区分开来。

② 米歇尔·德·塞托：《日常生活实践1：实践的艺术》，方琳琳、黄春柳译，南京：南京大学出版社，2015，第199页。

③ 米歇尔·德·塞托：《日常生活实践1：实践的艺术》，方琳琳、黄春柳译，南京：南京大学出版社，2015，第200页。

④ 米歇尔·德·塞托：《日常生活实践1：实践的艺术》，方琳琳、黄春柳译，南京：南京大学出版社，2015，第200页。

即使我们确定了地点在城市社会学中的中心位置，地点的使用也有它本身的缺陷。在我们看来，地点在概念上可以伸缩，但它在日常生活用语中有时所对应的地理范围过于窄小。因此，有时我们会在本书的行文中使用区域或地区来替代地点，交换使用地点、区域和地区。①

　　3. 被超越的地点？

　　在当今科技高度发达的时代，"时空压缩"已经是人们日常生活中稀松平常的经历②。有些人已经在慨叹地点重要性的丧失——"被超越的地点""无地点的地点"等。

　　城市之间的趋同性，也使得城市所特有的物理外貌以及由此所反映出来的独特的历史文化，都湮没在现代都市中一致的钢筋水泥的丛林里。特定的城市"地点"正在被趋同的城市建设过程改变。正如上一章所提及的，所有的城市都要修建地标建筑、超大广场等，让人感受不到原有的个性特色。又如，北京城市大规模的旧城改造，将原有的胡同逐渐拆除，改建成千篇一律的高楼大厦。而老北京人早就开始在叹息：没有了胡同的北京城就不是北京了。

　　更具冲击力的则是网络社会的崛起，使得信息可以在瞬间传递到世界的各个角落，将世界各地的人紧密相连。时间已经被浓缩了，空间被超越了，形成了"信息流的空间"（space of flows）③。事实上，空间并不仅仅是距离，它更多包含异质性的共生，亦即不同地点上的多样性的同时存在④。从这个意义上讲，网络社会的压缩针对的是时间，它反而拓展了空间。这是因为，网络使得以前人们可能根本无从了解和知晓的、其他地点之上的多样性能够瞬间呈现在面前。

　　网络社会里还建起了虚拟空间。由于虚拟空间的兴起，人们开辟了另外一个崭新的领域，并在此领域中生成了一系列虚拟关系与虚拟社区，

---

① 地域、地区或区域所指代的范围或许比地点要大一些。但是，地点作为概念的伸缩性或延展性显然要比地域、地区或区域更大。

② 大卫·哈维：《时空之间：关于地理学想象的省思》，王志弘译，载夏铸九、王志弘编译《空间的文化形式与社会理论读本》，台北：明文书局，2002，第47~80页。

③ 曼纽尔·卡斯特尔：《网络社会的崛起》，夏铸九等译，北京：社会科学文献出版社，2005。

④ 参见多琳·马西《保卫空间》，王爱松译，南京：江苏凤凰教育出版社，2017，第11、13页。

而虚拟的组织与虚拟行为也并非不常见。想一想有多少办公室白领加入网络游戏中，建立自己的网络社交圈；想一想有多少人通过交友网站找到自己的终身伴侣；想一想现在网络舆论风起云涌的势力，往往可以将曾经被认为是"普通"的事件变成政治或是社会事件；想一想"人肉搜索"的不可阻挡似的暴力和令人窒息的后果；而现在的粉丝经济与粉圈行为已经成为任何一个特定产品与特定偶像所不能忽视而必须迎合的对象。所有这些表明，这些虚拟的关系与社区在某些特定的情形下直接影响到了人们实实在在的生活。从一定程度上来讲，虚拟空间使得人们的社会交往并不一定完全需要特定的地点。而虚拟网络空间与现实社会空间往往会交织在一起，现代技术使得人们可以自由地穿行于这两个空间之间，其间的社会力量也往往互相促进，而有些人甚至组织则往往会迷失在这两个空间的来回穿行之中。

当我们越来越多的社会生活可以挪入虚拟的网络空间之后，网络是不是也可以成为一个摒弃了物质形式的地点？空间与地点之间的差异是否就会变得越来越微不足道了？

比照前面地点的构成三要素，虚拟的网络空间完全脱离了地点的物质形式，也没有一个确定的地理位置，但投射其中的意义和价值却又是独立清晰的。或许，在目前，我们只能说这一空间对人们实际社会生活影响的范围与程度还有一定的限制。因此，即使现在主宰着因特网建设与发展的设计师们大量地借鉴和模仿了物理空间与人类社会的组织构架，网络社会仍然与现实生活中的地点有一定距离。在能够预计的未来，即使普遍意义上虚拟空间替代实际物理空间的可能性还有待进一步证实，虚拟空间中的意义与价值对现实社会的影响无疑越来越大。

另外，越来越多的研究也显示，虚拟的网络空间是瞬时性的，也是选择性的。网络空间的连接或者信息流的接收（例如，由谁发起？给定的选择有哪些？能够连接到哪里？最终接收到什么样的信息？），往往成为一种权力分配过程，从来也不是一个自在自发的过程。这种分配的权力与现实空间中的权力结构紧紧纠缠在一起。人们希望从虚拟的网络社会里找到不受约束的自由，却反过来发现网络本身变成一种更隐晦、更微妙的控制自由的工具。更有可能的是，人们将发现虚拟的网络将成为一种放大器，放大权力分配的不平等，放大现实空间中的不平等。

三　城市社会学中的地点

地点一直是城市社会学研究的主题。而城市社会学在 20 世纪下半叶的推进与空间和地点的概念重新为社会思想家所发现并阐释密切相关。因此，城市社会学家显示了对地点的浓厚兴趣。

(一) 地点与城市

人类总是聚居在一起。从分散的院落到规模较小的村庄，到聚集数千上万人的小城镇，到百万千万人的超大型都市，人类的聚居地越来越大，内部的构造也越来越复杂。在规模较小的村落中，几乎没有什么公共设施。散落在不同地方的房屋院落，以及连接这些房屋的羊肠小道就可以构成一个村落的物理面貌。而大型城市里，仅下水道线路就构成一个复杂交错的体系。这一体系的维护与疏通需要具有特殊技能拥有特殊工具的职业技术工人来完成。

在从聚居地到城市的发展过程中，人们总是与地点这一物理空间的概念紧密地纠缠在一起。在生产力水平低下时，人们聚居在靠近采摘果实与水源的地方；后来的农垦时代人们又发现河谷冲击地带的土地肥沃，因而在此播种农作物并聚居成村落；随着交易与非农产品的发展，人们又发现水路与陆路交通的重要性，因而集结在交通枢纽。这样一个扩展聚居地的过程一直延伸到城市。

城市的生长过程是从社会分工开始的。[1] 在芒福德看来，这样的聚集过程是一种有外力参与的"城市革命"[2]：人们的组织变得更加复杂，职业变得更加多样，制度创新加强了人们的交通与交往，集体的宗教活动也发展起来，军事防御与统治结构逐渐形成等。城市生长的假说包括由城堡开始建立防御体系的防御说、由市场交换扩展起来的集市说以及由家族祭祀中心生长出来的宗教中心说。[3] 或许，单个城市的生长同时涵盖了以上多个过程，而不同城市的起源又体现了对某一过程的侧重。

---

[1]　顾朝林：《中国城镇体系》，北京：商务印书馆，1992，第 6 页。

[2]　刘易斯·芒福德：《城市发展史：起源、演变和前景》，宋俊岭、倪文彦译，北京：中国建筑工业出版社，2005，第 31～33 页。

[3]　顾朝林：《中国城镇体系》，北京：商务印书馆，1992。

从城市的生长就是人与物在地点上的聚集来看，城市其实就是地点最显著的体现。

与此同时，虽然人类历史长河中有着众多城市兴衰甚至是消亡的故事，但现世的大多数城市并不是横空出世的，它们总是在原有城市的基础上逐步发展起来。换言之，如今众多的城市都有着各自或长或短的历史。即使是崭新如深圳这样历史并不长久的城市，也是在原有靠近香港的特定渔村的基础上发展起来的。可以说新的深圳的发展与原有的渔村没有太多的关联，这完全是一次外在政策的转向使得深圳作为改革开放的门户快速发展起来。而原来的渔村早已了无踪迹，城市里的人口组成与当初渔村的人口构成已经有了天壤之别。但是，如今大都市所占领的空间地点却正是当年的渔村。从这种意义上讲，作为城市的深圳与作为渔村的深圳在空间地点上有着不可割裂的历史传承。

在大城市的内部，各种地域的功能分化也逐渐出现。人们到中心商务区上班，到大型商场购买商品，到医院看病检查身体，到公园晨练甚至跳广场舞，到图书馆看书查找资料，到美食街品尝佳肴等。各个不同地域有着自己特定的功能。提到特定的地区，城市居民就知道这个地区的特点是什么，到这个地区能够得到什么。城市就像是一个满足人们生活与工作需求的大格子空间，人们在各个细分得更小的格子之间来回移动，摄取自己所需。因为有各种新的需求出现，城市也不断地得以扩大发展。

城市是在特定地点上由特定人群建设起来的，城市所体现出来的就是人们与该特定地点的互动关系。城市是人类发展迄今为止建造出来的最宏大的作品，是人类改造自然界最为彻底的地点，是人类与自然界交融最为密切的地点，是人类活动最为频繁、最为激烈，也最为丰富多彩的地点。当然，城市也体现了最为繁杂最为有效的社会关系。

城市本身就是一个特定的地点。

（二）现代城市社会学对地点的钟爱

城市社会学理论必然要将地点置于整个解释城市变化框架的基础位置。如果说经典社会学家对于地点的重视不够，那么现代城市社会学家在讨论城市与城市生活时，几乎根本离不开地点。

当然，在我们看来，这样的差异有着特殊的社会历史背景。经典社会学家们首先关注的是社会制度带来的巨大冲击，并为此忧心忡忡。而在一个半世纪以前，城市的发展还没有达到今天的高度。因而，他们将自己更多的思考投射到其他基本问题上。而到了 20 世纪之后，作为人类最为集中的聚集地，城市规模得到极大扩大。现代科技使得城市的建设可以容纳更多人口，集约化的生产也需要大量人口的聚集，交通的发展也使得城市的地域范围可以轻易扩展。所有这些都昭示着 20 世纪的现代城市与 19 世纪的城市大不相同。

列斐伏尔发现，这样的城市扩张也是资本主义制度向前发展的一个不可分割的部分和策略。在列斐伏尔眼中，即使是在制度层面忧心资本主义发展的经典社会学家，也应该并且必须关注城市空间，因为它正是制度所引发的，它也呈现了所有制度所能引发的问题。在列斐伏尔以后，不管是赞同或是反对他的理论，对资本主义制度的讨论已经离不开讨论由他提出来的社会空间的概念。① 即使是看起来较为价值立场无涉的文化主义、历史主义以及全球主义视角，统统都要将地点的概念纳入理论讨论的核心内容。

正是由于城市的发展如此迅速，城市对于人类社会的影响如今已经占据压倒性的位置。根据联合国人居署的报告，1990 年全世界 43% 的人口（约 23 亿人）居住在城市里，到了 2015 年中期，这两个数字分别达到 54% 与 40 亿人，预计 2045 年将近有 60 亿人的世界人口居住在城市里。② 在不远的未来，这一比例还要快速增加，甚至超过六成。在地域庞大、人口众多的现代化都市里，人与人之间的问题被成倍放大，而原来并不突出的人与地理空间之间的问题也越来越引人注目。城市里的问题，有些是人们之间的问题，有些是人与地点之间的问题，而在很多时候，前一类问题的产生有着后一类问题的根源。这一点，使用列斐伏尔的理论就可以轻易理解。

由于城市集聚了主要的人类活动，城市问题也就变成人类社会中的主要问题。面对这一系列问题，空间与地点作为重要的理论维度与对象，直接进入社会学家的视野，并成为他们思想体系中的重要组成部分。

---

① 再次提醒读者，列斐伏尔的社会空间与地点的概念几乎是重叠的。

② UN Habitat, *Urbanization and Development*：*Emerging Future*（World Cities Report 2016）.

1. 城市社会学理论中的地点

毫无疑问，随着社会的进步，人们对于周遭环境的要求与索取急剧增多。这必将导致人与自然之间的关系发生变化。而城市正是人类与自然界碰撞最为直接也最为剧烈的场所。

或许，社会学家对于这样的自然界因为人类的变化而形成的变化兴趣不大，或者这并不是他们的研究主题。但是，这样的自然界的变化不仅仅是因为人类的活动引起的，它也将人与人之间的互动带入一个新的境界。换言之，在城市里，人们最为彻底地改造着作为物质形式的城市，然而就是在这样的改造过程中，人们也为自己与城市所改造。这也是城市社会学家对于城市有着这么浓厚兴趣的原因。

进入 20 世纪后，城市快速扩张，社会学家对城市显示出前所未有的热情。具体表现是，在城市社会学这个讨论城市空间与地点的次级学科里产生了层出不穷的学术流派与学术成果，使之成为一个充满活力与吸引力的领域。

在上一章，我们简单比较过城市社会学里六个主要理论流派对于地点的看法。总的来讲，在这些理论中，城市的空间安排都是根本的出发点，其理论的整体构架也由此发展出来。需要强调的是，即使我们可以从这些理论中抽取出它们各自是如何看待并使用地点这个概念的，但这些理论并没有特别明确地将地点作为它们理论建构的开始。同时，我们还应该清楚，这些理论看待地点的视角并不一样，理论的立场也大相径庭，所以地点在整个理论中的位置与功用各不相同（参见表 2 - 1）。

表 2 - 1　城市社会学理论流派中地点概念的比较

	人类生态学	新马克思主义	城市的政治经济学	文化主义	历史主义	全球主义
地点的本质	生态场所	资本主义制度的生产过程	特殊的商品	本身就是生活	历史的积淀	连接世界的端点
地点的功用	生存条件	生产资料	有价值资源	生活资料	历史积累的媒介	相连世界的端点
人与地点的关系	占领地点，并从中获得生存的资源	用于生产，获取剩余价值	占用地点，并获得交换价值或者使用价值	占用地点，并用来表现自己的身份	用来传递历史	用来传递信息、资源等

续表

	人类生态学	新马克思主义	城市的政治经济学	文化主义	历史主义	全球主义
导致的人与人的关系	竞争、丛林法则、权力、金钱	剥削与被剥削阶级的对立	利益集团的谈判、冲突	身份争夺、身份等级的划分	围绕历史的维护或否定的冲突	围绕全球化、地方化的冲突
地点在理论框架中的位置	出发点，反映各个群体的势力对比	核心地位，反映资本主义制度	中心，所有利益群体间关系的纽带	基础，身份象征与表达的物质基础	主线，历史延绵的载体	重心，信息资源的集结地

（1）人类生态学

地点在人类生态学的理论中为人们的生存提供一个生态的场所：人们相互竞争，夺取更为有利的位置，并从中获取生存的资源。在人们争夺的过程中，赤裸裸的权力与金钱是标准。人与人之间的关系就是胜利者留下、失败者退出的竞争关系。整个理论由地点的争夺出发，而竞争的结果则直接反映出各方的实力对比。

（2）新马克思主义

地点在新马克思主义的构架中处于核心位置，它作为生产资料直接参与资本主义的生产过程。在资本主义发展的一个新阶段，它又成为拯救资本主义近乎垂死的制度的产品，将资本主义的生产引向直接的空间生产，并持续让资本家能够榨取剩余价值。地点反映了资本主义制度的结构，反映了资本家与工人阶级之间的剥削与被剥削关系。

（3）城市的政治经济学

地点在城市的政治经济学中处于中心位置，它勾连起社会中的各个利益群体——资本家通过实现地点的交换价值从中追求剩余价值，政府通过经营城市地点获得城市发展的政绩和财政收入，而当地居民则希望享受地点的使用价值。在不同的群体眼中，地点成为一种有着多种类型价值的资源。而各个群体之间的冲突也正是围绕地点开展的。

（4）文化主义

地点在文化主义理论中被置于物质基础的地位。正是地点所表现出来的文化象征意义，才使得地点的占有者能够清楚地知晓并表达自己的身份。这样一来，地点直接成为人们生活的一部分，是人们消费的过程。

而对于地点的争夺则变成对自己身份急切的表达，而身份的等级划分（品位的等级或是先锋文化的代表）则成为占领地点的有力武器。

（5）历史主义

在历史主义理论看来，地点是历史过程中各种社会活动的沉淀。社会成员一代又一代更替，社会制度也随着时间演变，而地点则是记录这些变化的媒介，人们的历史可以借着地点传递下去。因此，从城市中可以看到社会制度与社会群体的各种行为与互动。地点成为串接人们社会活动的历史长河中的主线。

（6）全球主义

全球化使得更大范围内的信息与资源可以在相隔遥远的地点之间流动，而作为地点的大都市就是这些信息流与资源流的纽结点——既接收又发送，同时还要将这些信息与资源传递到它所涵盖的附近的次一级城市与乡村。这样的大都市成为将世界连接起来的必不可少的端点。而地点成为整个全球化理论框架中的重心——许多学者细致研究的就是这样的全球性大都市。

（三）城市社会学关于地点的实证研究

城市社会学中有着广泛大量的实证研究，讨论分析地点对人们行为的影响。这是因为，讨论特定的地点对人的影响本身就具有不可替代或是不可抽象的具体细节，而这些细节必然是通过田野工作的实证研究才能够被揭示出来。所以，有些研究直截了当地使用特定的地点作为主题。这些研究中，最为著名的是聚焦于街头/街边社会小群体的民族志研究。从理论意义上讲，这样的研究继承了齐美尔的传统——空间（地点）对于人们之间的互动关系有着不可忽视的影响。

1. 对街边地点社会功能的研究

威廉·怀特在其经典著作《街角社会：一个意大利人贫民区的社会结构》中，描写了通过在邻里街角交往组成的意大利裔青年人的亚社会结构与文化。[①] 正是由于居住在这样的少数民族地区，他们能够结交并形成群体。这群年轻人选择街角而非自己的家中作为他们集中与活动的场所。在街角这一交通便利又有空闲空间的地点，通过自己特有的行为

---

① 威廉·怀特：《街角社会：一个意大利人贫民区的社会结构》，黄育馥译，北京：商务印书馆，1994。

方式，他们将自己呈现给其他社会群体，划分与其他社会群体的界线，以求谋得一定的社会空间，成为一个独立的社会群体。这个被称为"科纳维尔"的亚群体形成自己特殊的价值观、社会组织结构、日常生活方式等。他们与其他社会群体也发生冲突，在融入主流社会的过程中困难重重。所有这一切的产生都与这个群体形成的街角地点息息相关：他们居住在意大利裔聚集的社区，结交的朋友都是低人一等的同族青年；他们常年出没于街角，活动场所就是附近的咖啡馆、保龄球馆等；在参与这些活动的过程中，他们形成了日常生活的行为方式，形成了社会群体中的社会结构，也造成他们与外界的隔离。所以，街角作为一个地点对于这样的社会结构是至关重要的。

　　雅各布斯在其《美国大城市的死与生》中强烈抨击了城市发展过程中禁止城市街边商业活动的政策。[1] 她认为，这样的做法使得原有城市生活所必需的喧嚣消失了。而正是这样的街边市场构成了城市中人与人交往、交流的地域场所。取消这样的街市等于割断了人与人交流的纽带。[2] 显然，在雅各布斯的眼中，城市的街边显示了人与空间的特殊社会关系，它能够促进人与人的交往。这与城市公共空间的主题相一致。同样的，佐金将雅各布斯的观点更推进一步，集中讨论了城市的"原汁原味"（authenticity）。[3] 在她看来，城市的"原味"既在其城市建筑中，也在城市的社会肌理中。如果城市化或是城市改造的过程中要创造性地保护城市的建筑文化，那么更应该保护构建"原味"城市文化所必不可少的社会结构与社会人群关系。[4] 卡斯特尔在批判城市社会学的过程中

----

① 简·雅各布斯：《美国大城市的死与生》，金衡山译，南京：译林出版社，2006。

② 比较这一观点与上一章提到的北京与上海在城市道路建设上的对比。北京宽广的城市道路，使得街边商业变得没有那么多的人流；而上海较窄的城市道路使得两旁的商店能够吸引到更多的人流。这样的差异导致两个城市的人行道的功用有着巨大的差异，而整个城市也呈现完全不同的生活气息与文化风格。

③ Sharon Zukin, *Naked City*：*The Death and Life of Authentic Urban Places*（Cambridge：Oxford University Press, 2009）. 中文译本，莎伦·佐金：《裸城：原真性城市场所的生与死》，丘兆达、刘蔚译，上海：上海人民出版社，2015。

④ 事实上，贩夫走卒、引车卖浆是中国古代早已有之的底层民众养家糊口的谋生手段，也是城市中市井平民"烟火气"的重要体现。2020年的新冠肺炎疫情使得整体经济受到严重影响，而城市中的小摊小贩再次出现，成为渡过难关的补充手段，也增添了现代化城市里的市井生活气息。

也抱怨当前的许多研究忽视了将公共场所作为比社会机构更为重要的社会沟通方式，而加强这方面的研究对于现在兴起的城市象征主义的研究有着重要的意义。①

2. 芝加哥学派对于地点的强调

前面讨论过的人类生态学理论，最根本的主题其实就是地点。其在分析解释城市变化中，使用了竞争、入侵、更替、隔离、共生等概念。这些无一不是在描述特定地点或区域内人与人之间的互动过程。对于地点的特别聚焦，一直都是芝加哥学派的核心关切。

从20世纪20年代开始，派克与伯吉斯带领学生开始了对芝加哥城市各种社会现象的田野调查研究。这些研究中，有众多聚焦于特定地点/区域的实地调查研究。其中，至今仍然为城市社区研究时常引用的是佐尔鲍（Zorbaugh）的《黄金海岸与贫民窟》。② 与此相关的一条研究脉络，是关于青少年犯罪行为的地理描绘，帕克从一系列经验研究结果中，得出这一行为与城市不同地区的成长发展过程紧密相关。③ 这些直接开创了一直持续至今的关于芝加哥城市 "邻里效应"（neighborhood effect）的研究。④ 这一延续芝加哥学派的研究传统在20世纪80年代，又进一步从青少年犯罪研究拓展到种族不平等、健康不平等其他更广阔的领域，赢得了更多的声誉。⑤ 这些研究集中的结论就是，以地域划分的社区间的不平等显示了超强的稳定性，并渗透到各种社会现象当中，产生了持

---

① 曼纽尔·卡斯特尔：《21世纪的都市社会学》，刘益诚译，《国外城市规划》2006年第5期。

② Harvey Zorbaugh, *The Gold Coast and Slum*: *A Sociological Study of Chicago's Near North Side*. (2nd ed.)（Chicago, IL: University of Chicago Press, 1976）.

③ 帕克、伯吉斯、麦肯齐：《城市社会学——芝加哥学派城市研究文集》，宋俊岭等译，北京：华夏出版社，1987，第五章《社区组织与未成年人犯罪》，第96～108页。

④ 更多的关于此一研究传统的文献梳理，可参见罗伯特·桑普森《伟大的美国城市：芝加哥和持久的邻里效应》，陈广渝、梁玉成译，北京：社会科学文献出版社，2018，第二章。

⑤ 毫无疑问，其中的代表作包括 William J. Wilson, *The Truly Disadvantaged*: *The Inner City, the Underclass, and Public Policy*（Chicago, IL: University of Chicago Press, 1987），以及 Douglas S. Massey, and Nancy A. Denton, *American Apartheid*: *Segregation and the Making of the Underclass*（Cambridge, MA: Harvard University Press, 1993）。前述桑普森2012年的著作（中文译本2018年出版），则可以算是21世纪继续重申与深化此一传统的代表作。

久的邻里效应。

近期另有两本社会学著作，均为芝加哥大学社会学系毕业生所写，也清楚地继承了上述芝加哥学派的田野工作传统，艰辛地收集了详尽的一手资料，生动地展示了城市生活中极其丰富多彩的另一面现实，深刻地揭示了城市作为一个地点所能产生并容纳的特定社会关系与社会行为，完整地体现了列斐伏尔人与地点的社会空间的辩证关系，当然最终也成就了城市社会学研究领域新的经典。

（1）邓奈尔的《人行道王国》

在另外一个与怀特《街角社会》研究非常相似，但是关注城市中底层无家可归者的研究中，邓奈尔通过深入纽约格林威治村的一个社区，与这些在社区中以零星贩卖书籍与杂志或是其他工作的人一起生活，写出了另一部城市街头社会生活的经典著作《人行道王国》。[①] 在邓奈尔看来，街边人行道是这些无家可归者赚取食品、钱物的地方，也是他们栖息的地方，更是他们相互交往的地方，是构成他们亚文化与亚社会结构的不可或缺的空间地点。简言之，街边人行道是他们整个生活的全部。该研究从这些无家可归者与街边人行道的关系揭示出人与地点之间的关系是何等密不可分。

在一定程度上讲，邓奈尔完整地继承了芝加哥学派的传统。这些无家可归者没有任何资源能够在纽约这个大都市拥有自己的房屋；但他们在城市中能够争取到一个社区里的街边人行道，并将这里“改造”成他们全部生活的空间。正如人类生态学家所使用的生物学的类比，无家可归者在人行道边上找到了他们生存的生态位（niche）。或许他们无法在这个权力与金钱的世界中与其他人进行生猛的竞争，但他们能够在没有人在意的公共空间的边缘——街边人行道——找到得以生存的空间。所以，在邓奈尔的眼中，街边人行道是这些无家可归者的生态空间——生活、经济、社会等所有活动的地点。而在这个意义上，无家可归者离不开街边人行道，街边人行道也因为无家可归者而变成超出道路的狭窄意义的无家可归者的家园。这二者在这里完整地重合在一起而无法分割。

---

① Mitchell Duneier, *Sidewalk*（New York：Farrar, Straus and Giroux, 1999）。新近出版的中文译本，参见米切尔·邓奈尔《人行道王国》，马景超、王一凡、刘冉译，上海：华东师范大学出版社，2019。原著作标题直译应该是“街边人行道”。

所以，列斐伏尔及其后来的社会理论家所讨论的社会空间的概念也在这里得到清晰的体现。从某种意义上讲，邓奈尔的研究是最直接与最完整的关于列斐伏尔社会空间概念的经验研究。

邓奈尔的研究也隐含着对现代都市无情的批判。城市的一个重要功用就是为人们提供更好的远离自然界风吹雨打的栖息地。但是，对于这些无家可归者而言，城市的这一功用与他们至多只是边缘性地相关。城市与人们的关系是如此紧密——正如前面提及的社会理论家所断言的你中有我、我中有你的不可分割。而人类生态学理论也断言不同的人群一定会占据与他们社会经济关系相适应的生态位。邓奈尔的研究也证实这些理论所能预测的结果。但令人感到无限反讽的是，邓奈尔用来揭示这种关系的素材，是在现代社会中可能会招致不屑与歧视的、没有自己私人栖息地的无家可归者所占据的街边人行道！

（2）文卡特斯的《城中城》

《城中城》是素德·文卡特斯关于自己六年多与黑帮生活在一起的田野笔记式著作。[①] 在此书中，作者描述了自己因社会学调查来到著名的贫民窟——罗伯特·泰勒公寓区，在经历生死考验后得到当地黑帮大佬 J. T. 的信任，开始与黑帮团伙生活在一起的田野工作，由此通过日常经历与所见所闻了解了作为底层黑人青年的日常生活、团伙组织、欺行霸市、社区暴力、毒品交易、帮派火拼以及与他人和政府代表的关系与交往，勾勒出繁荣城市之下的生机勃勃且危险重重的地下生活。

在文卡斯特的著作中，地点是一个核心的概念。在田野工作的这六年多的时间里，他本身是芝加哥大学的一名博士研究生，生活在海德公园安全的校园区——一块坐落在一面临湖、三面被黑人区包围的区域；并且被严正警告走出安全区将是危险的。而他与黑帮团伙生活的泰勒公寓位于芝加哥中心城区往南的第 35 街与第 47 街之间的著名的贫民窟里。在这里，大街两旁充斥着门窗玻璃破碎的空置房屋，没有什么行人或是游玩消费的人群，是典型的被抛弃与荒废的内城区域。也正是在这样的社区里，文卡特斯所经历的黑帮生活才可能运转下去。事实上，在后来

---

① 素德·文卡特斯：《城中城：社会学家的街头发现》，孙飞宇译，上海：上海人民出版社，2016。该书的英文名为 *Gang Leader for a Day*。

泰勒公寓拆迁之后，整个黑帮团伙的组织行为就难以为继了，而曾经在大学毕业后担任过公司销售人员的黑帮大佬 J. T.，也不得不放弃这样的地下生活。一个重要的原因就是，他们再也找不到一个距离繁华城市中心较近、交通便利并且社区破败的、适合从事地下黑帮团伙行为的地方了。

文卡斯特的研究不仅让我们了解，城市中的某些特定区域生活着与主流社会制度和社会结构格格不入的另一群人，而且是对光鲜亮丽的现代化都市的生动嘲讽。

（四）场景理论及其评论

上述有关城市地点的研究，更多地聚焦于在特定社会关系与社会制度的安排下，如何在某一地点形成特定的人们的行为，进而建构特定的城市空间特征。从某种意义上讲，这些研究也描述了较为完整的亚社会与亚文化的重要特征及其与外界的交流互动。

在一些研究者看来，上面的研究可能需要弥补另外一种考量。从另一个角度讲，这样的研究囿于社会学的基本学科概念，着重讨论人们在城市中的行为如何推动与建构城市。通常来讲，经济学与地理学的视角，将更多地参与到整体城市发展（特别是人口与经济增长）过程的讨论，也会更多地分析土地、资本、劳动力、位置、交通、基础设施等因素对于整个城市的发展有着决定性的影响。即使前面提及的城市政治经济学的"增长机器"与全球主义的"全球城市"的讨论，也是着重关注这些经济与地理的核心因素如何推动建构了城市的空间结构。因此，从最终理论建构的角度严格地讲，所有这些研究的推进路径无一例外是从人们的行为到城市空间，缺乏从城市空间到人们行为的考量。

场景理论则提供这样一个研究路径，并且确定地认为，给定特定的城市地点的空间特征，其中的人们有着与这些空间特征一致的行为模式。

在场景理论看来，全球化、第三产业以及文化知识经济的兴起，后物质、后工业、后现代社会的到来，使得社会中的多种要素发生了深刻而又影响深远的变化。人们更多地在意自身的"偏好"及其实现，因而对于日常生活中的差异更为敏感，也更为挑剔。这直接导致经济、社会、文化以及政府行为等宏观因素与设定，对个体与群体的差异性与包容性更为专注。① 反映在城市发展的空间上，其蕴含的文化与美学特征以及由此生发出来的城市增长与城市创新的动力，就成为决定性的因素。

按照这些学者的定义，场景包含多重含义，包括有着突出特点的特定地点（可以是邻里社区或城市），有着共同旨趣的特定活动以及该地点所显示出来的美学含义。作为这些含义更具体的分析性内容，场景可以包括特定地点之上的人们的各种活动与互动，其中的生活方式、精神意义、情绪情愫，以及该处在整体意义上的文化呈现与美学风格。②

巴黎左岸的圣日耳曼大街可以成为一个阐释场景的恰当例子。圣日耳曼大街在 16～17 世纪就开始成为贵族兴建住宅的地方，与那些后来新兴的资产阶级所在右岸的香榭丽舍大街等社区不同，这里逐渐开始聚集各色艺术家与知识分子，构成一个具有鲜明文化与审美意义的地点。事实上，围绕圣日耳曼大街的附近大学校园也为该地区注入源源不断的青年人资源。整个大街两旁的古老建筑，拥挤的餐馆、酒吧、咖啡馆、时尚饰品店等，以及附近的博物馆、大学校园、广场空地等构成这一场景的重要舒适设施。再加上源源不断的都市传奇典故，诸如笛卡尔安葬之地的巴黎最古老教堂、萨特与波伏瓦经常带领哲学家朋友与学生讨论的双猴咖啡馆（Les Deux Mogots）与花神咖啡馆（Café de Flore）等，所有这些，构成圣日耳曼大街的场景，成就了其成为自由、叛逆、艺术、批判、思想、创新等各种文化象征的发源地。

场景理论认为，这样的场景设置有着不可辩驳的社会、经济与政治后果，影响设置并决定着人们在此场景之下的行为，既带来了特定人口的增长与特定社会关系和社会文化的建构，也带来了当地文化与符号经济的增长，同时也决定了当地政策决策与政治行为的特定过程。③ 正如圣日耳曼大街吸引着一代又一代年轻学子与希冀走上学术和艺术之路的人们聚集在此，它也成就了一个以文化与创新作为符号的旅游与经济的蓬勃发展之地，当然也是左派进步政治思潮与动员的重要发源地。

---

① 可参考丹尼尔·西尔、特里·克拉克《场景：空间品质如何塑造社会生活》，祁述裕、吴军等译，北京：社会科学文献出版社，2018，第 9 页图示。

② 丹尼尔·西尔、特里·克拉克：《场景：空间品质如何塑造社会生活》，祁述裕、吴军等译，北京：社会科学文献出版社，2018，第 1～2 页。

③ 丹尼尔·西尔、特里·克拉克：《场景：空间品质如何塑造社会生活》，祁述裕、吴军等译，北京：社会科学文献出版社，2018，第 13～24 页。

从上面的概念界定中可以看出，场景与前面讨论的地点以及社会空间的概念几乎完全重叠，没有太多截然不同的新意。当然，场景作为一个理论上的概念，也提供一个富有创意的视角。比较起来，场景也许可以被看成是城市空间"截取"出来的一个"片段"，其中却包含了原来的所有要素，并将它们直接映照到地点之上的舒适设施及其文化与美学含义之中。正是这样的具体化过程，使得关于场景的研究可以操作化，可以通过数据资料的收集达成统计与空间分析。从这个意义上讲，场景研究提供了一个可以将城市空间的研究推向实证的方法途径。不得不说，与以往社会空间的概念性抽象研究，以及以个案研究为核心资料收集方法的都市民族志研究相比，场景研究显示了完全不同的思路与方法论考量，也将推动城市作为一个工作与生活空间的实证数量研究。

除了其为城市研究带来的具体性与建设性的概念和方法以外，场景研究当然也有着自身内在的不足。首先，场景研究设置了边界①。这是因为，场景的设定至少需要辨识出包含在其中的舒适设施，因而必然要设定边界并认定边界之内的设施。这与社会空间以及地点最起始的概念有些矛盾，也与人们日常工作生活的流动性相悖。即使场景理论不厌其烦地强调，场景是关于整体性的文化与美学品质；但它本身显然是划定"边界"之内的整体性而已。

其次，场景的研究方法论建构在不变（不灭）的原子隐喻的基础之上。两位作者甚至设想了元素周期表的类比，将3个方面的15种场景维度（元素）的不同排列组合当成构成场景的最为基本的元素。② 这样的类比，显然有些没有领会社会空间本身的基本思想：社会空间是历史性的，其中的某些含义是必然有变化的，甚至有的社会空间本身也会死亡。③ 更为根本的，社会空间在其本质上是由其中的人类活动与周遭物质环境本身通过辩证活动"生产"出来的，而不是由场景中的特定不变

①　在场景理论的实证研究中，两位作者使用了美国邮政编码区域作为边界。参见丹尼尔·西尔、特里·克拉克《场景：空间品质如何塑造社会生活》，祁述裕、吴军等译，北京：社会科学文献出版社，2018，第84页。

②　丹尼尔·西尔、特里·克拉克：《场景：空间品质如何塑造社会生活》，祁述裕、吴军等译，北京：社会科学文献出版社，2018，第26~28页、第44~78页。

③　且不说历史长河中有多少文明或者部落灭亡，事实上历史变迁的过程一定会涉及社会中的各种力量或要素的此消彼长的变化。

的元素"组合"而成的。

再次，场景研究操作化过程过于急躁与简单。在给出具体操作化研究方式的贡献背后，是将对社会空间的研究简化成对边界之内的舒适设施的计数、分类与评分。① 而那些丰富多彩，显示多样性、差异性以及包容性的生活方式、感受与情绪等，都埋在了研究者对于这些舒适设施的解读之中。这显然是城市民族志研究方法所能够揭示的丰富城市生活内涵的极端简化。

最后，场景研究给出的是一个静止的意象。正如前面的评论所言，场景是对一定边界之内的舒适设施的数量分析，给出的是一个时刻流动的社会空间截面（cross-sectional）研究。在一定程度上讲，社会空间中的活力与动力机制生成的源泉——人的活动——成为被舍弃而不可见的部分。这的确是一个巨大的遗憾。

四　个人、社会与地点

（一）作为资源的地点

在我们看来，从分析的角度出发，人与地点这样密切的关系，完完全全是因为人必须生存在一定的地点之上并从该地点寻求赖以生存的资源。用最为简单的话来讲，人们因为地点才能够生存。

其实，这样的观点在人类生态学使用生物学的类比中，就可以清楚地看出来。在特定的生物生存的生态位之内，所有物种或是同一物种的个体，都是在此一地理环境之中摄取自身生存所需的资源——雨水、阳光、食物或者其他形式的营养成分。这些生物种类之间以及个体之间显然是一种你死我活，或者是互利共生的互为因果的相互联结的竞争与联合的关系。在人类生态学看来，城市中的各种人群，也在城市这个地点之上争夺位置，而特定的位置能够导引出不同的资源。这样一个争夺地点上的位置及其所匹配资源的过程，显然需要一种动力机制。如果说生物竞争营养成分资源的动力机制来源于各种物种的生命力，那么城市中

---

① 丹尼尔·西尔、特里·克拉克：《场景：空间品质如何塑造社会生活》，祁述裕、吴军等译，北京：社会科学文献出版社，2018，第三章。

社会群体争夺地段位置的动力机制则是各自手中可以带来资源的权力与金钱。[1] 而使用这些社会制度之下的权力与金钱的过程，显然就会引起各个社会群体间的互动关系。[2]

在贾雷德·戴蒙德的另一本书中，他详细讨论了多个特定的文明社会因为错误的选择，造成与当地资源环境的紧张关系，最终走向衰亡的命运。[3] 显然，在这里，戴蒙德希望建立的一个讨论人类社会兴亡的理论前提，就是人类文明赖以生存的资源基础就是它所存在的地点与区域，一旦这里的资源因为环境保护不当濒临枯竭，则整个文明也必将面临灭亡的命运。

如果考虑到列斐伏尔社会空间的六个范畴，作为资源的地点的特性就更加清楚。[4] 在列斐伏尔看来，地点本身就是一种可以进入生产过程的资源，是可以为人们直接消费掉的产品，也是政治控制过程中可供利用的资源，同时是社会上用来显示财富和阶级差别的标志性资源，还是一种富含符号和意义的文化资源，甚至是社会动员与社会对抗的有效资源。可以看出，地点在列斐伏尔的理论框架中，成为几乎涵盖政治、经济、日常生活、社会等级、文化甚至阶级斗争等一切社会活动的资源源泉。如果说生物学中的物种竞争完全为了从它们所在的生态位中获取生存资源，那么列斐伏尔理论中的社会空间几乎成为整个社会资源的源泉。

在其他城市社会学理论中，也可以看到将地点作为社会资源的基本观点。城市的政治经济学建立在地点的两种不同类型价值间的冲突之上，

[1]　这里有一个类似的循环——更有生命力的物种在某个生态圈内获得了有利生态位，因此能够获得更多存活的机会；而城市里更有权力与金钱的社会群体占据了更好的地段位置，因而可以从中攫取更大的权力和更多的财富。"适者生存"与"强者恒强"在两个不同的社会中都是通用的法则与规律。

[2]　Robert Park, Ernest Burgess, and R. McKenzie (eds.), *The City: Suggestions for Investigation of Human Behavior in the Urban Environment* (2nd ed.) (Chicago, IL: University of Chicago Press, 1967)，中文翻译见帕克等《城市：有关城市环境中人类行为研究的建议》，杭苏红译，北京：商务印书馆，2016。

[3]　贾雷德·戴蒙德：《崩溃：社会如何选择成败兴亡》，江滢、叶臻译，上海：上海译文出版社，2008。

[4]　列斐伏尔使用的是社会空间的术语。但我们指出过，他的这一术语与平常语言中的空间概念相差甚远，而与地点更为接近。

而包括政府、房地产开发商以及当地居民在内的各个群体就是通过各种策略与手段来实现占有地点的不同价值。文化主义理论直接突出强调地点的文化意义，认为各个群体通过占有带有符号意义的地点来表达自己的身份，并划分与其他群体之间的差异，使地点成为群体间差异的标志物。全球主义则直接描述作为全球化大都市的地点的基本功用就是集中整个世界的信息与资源，成为全球资源的中转站。

需要特别强调，在以上各种理论流派中，地点所体现出来的资源并不仅仅是它作为物质参与人类社会的一面。正如列斐伏尔列出的地点渗入的各个社会范畴，作为资源的地点包含了明确的社会资源的概念。因为，不仅仅人们从地点上攫取资源，同一地点之上的人与人之间通过互动建构出来的社会关系，也成为获取资源的手段与工具。这样的社会关系可以发展成为确定的社会组织与社会制度，可以对人们的行为与生活产生重要影响。

如果上述强调合乎逻辑的话，人们与地点的互动带来了双重的关系——人与地点的关系以及由此派生的人与人的关系。这两者之间的差别仅仅是分析上的，在理论与实践上二者都是相互重叠的。① 更进一步来讲，如果人们从他们所处的地点获取资源的同时就改造着地点，那么在这样的过程中，人们自身也为之改变。而人们自身关系的改变也与地点联系紧密。换言之，地点的改变与人们自身的改变是统一的。因此，我们又回到了苏贾的"社会空间辩证法"，可以将社会与地点之间的关系表示为：相互作用，互为因果（见图 2-2）。

图 2-2　社会与地点互为因果的关系

---

① 这样的结论与列斐伏尔所讨论社会与空间的合二为一的观点是极为接近的。事实上，没有了人与人的关系，人与物质地点的关系没有任何社会意义（成了只有生物意义）；同样的，没有人与地点的关系，人与人的关系则成了没有物质基础的空洞的概念，成了不可理解的抽象的概念。

（二）个人与地点

事实上，人们与地点的关系非常复杂。前面提到过面对城市的快速变化，许多人会慨叹他们已经不认识城市了；而许多北京人经常会讲没有了胡同的北京就不是北京了。如此等等，不一而足。所有这些说法都包含了对城市深深的依恋。之所以会让人产生这样的感受，是因为地点在人的生活与成长过程中有着极其重要的地位。我们通常在时隔多年以后，依然会记得童年时期游玩过的街角院落或是田间地头，并常常充满感情地回忆这些地方以及与那个时代相连的那些玩伴与事情，人们对于他们生活的地点有着天然的心灵连接。① 也正是个人与地点的关系之中掺杂着浓郁的个人情愫，所以才生造了一个词语"恋地情结"来表示这样的连接。②

地点不仅在连接人们的个人情愫上至关重要，而且是建构抽象社会性"真相"的基本要素。在其充斥着众多故事性知识的著作中，吉尔林列举了八个可读性极强的案例，分析了包括瓦尔登湖如何成为人们心中的文学创作与哲学思想的胜地，孔波斯特拉的圣地亚哥如何成为宗教信仰者们的朝圣之地，超级纯净实验室如何成为特定科学研究的公认基本条件等，揭示了特定的地点通过跨越时间、连接人与物（或者分隔）、强制实施秩序、透明化过程（或者掩盖）等方式，成为人们建立信仰与知识的不可或缺的"真相之地"。③

如果用更具空间性的描述，这样的人地之间的关系，可以生发出一种"不可见"的"氛围"（atmosphere）。④ 这样的氛围产生于置身其中的人们的感知之中，虽不可见，但确实是实实在在的、可作用于个人的

---

① 段义孚举了一个小孩上学的例子，走过几次上学之路后，小孩对于方向、距离以及途中的各种建筑景观都还没有完整的理解，但他就是依靠自己的经验，可以模糊地顺着从学校到家的路自己摸索着走回去。参见 Yi-Fu Tuan, *Space and Place: The Perspective of Experience*. Minneapolis（MN: University of Minnesota Press, 1977）。中文译本，段义孚：《空间与地方：经验的视角》，王志标译，北京：中国人民大学出版社，2017。

② 段义孚：《恋地情结：对环境感知、态度与价值》，志丞、刘苏译，北京：商务印书馆，2018，第136页。

③ Thomas F. Gieryn, *Truth Spots: How Places Make People Believe*（Chicago, IL: University of Chicago Press, 2018），总结性结论在第171~177页。

④ Martina Low, *The Sociology of Space: Materiality, Social Structure, and Action*（New York: Palgrave MacMillan, 2016），pp. 172–177.

"外在效应"。如果是集体感知的氛围，则会唤起这同一群人的共同感受。这样的氛围，无论是对个人还是群体来讲，都有直接导致行为的可能。从这个意义上讲，这与列斐伏尔"再现的空间"的概念紧密相连。[1]所以，规划建筑师在规划建造特定的地点时，往往要结合社会与环境的因素，特别会考虑当地的个性与特征，给出一个与原有的地方氛围相契合的方案，保护当地居民的依恋情感。[2]

奥罗姆与陈向明概括了人与地点联系的四个方面：个人身份认同感、社区归属感、过去与将来的时间感以及家一般的感觉。[3] 以下将简要论述这些个人对地点的理解与认同。

1. 个人身份认同感

人们生活的地点往往是定义个人身份的重要参照。住在什么地方，能够让我们了解"我们是谁"，能够提醒我们从什么地方来。[4]

举一个简单的例子。在遇到初次见面的人时，通常我们的谈话在简单问候与礼节似的聊天之后，会将话题引到"你是什么地方人"这样的问题上。因为这样的转向可能会打开另外一个有着更多共同点的话题——可能是同乡，也可能互相认识对方的同乡等。

这样的说法对于中国人来讲或许更有意义。费孝通先生在《乡土中国》中强调中国人的亲属关系正如一个同心圆的差序格局一样，其中地缘关系是非常重要的一个指标。在各种社会关系中，"同乡"一直是一个十分重要的既带有功利性又充满感情色彩的指标。人们通过"同乡"身份可以认识更多的人，可以拓展更多更深厚的社会关系。

同乡身份能够具有这样的功能，一个重要原因就是人们对个人身份

---

① Henri Lefebvre, *The Production of Space* (Oxford: Blackwell, 1991), p. 33.

② 参见加文·帕克、乔·多克《规划学核心概念》，冯尚译，南京：江苏教育出版社，2013，第 162 ~ 168 页。

③ 安东尼·奥罗姆、陈向明：《城市的世界：对地点的比较分析和历史分析》，曾茂娟、任远译，上海：上海人民出版社，2005，第 16 ~ 19 页。

④ 有人曾经做过这样的绘画测试，让进入北京的农民工二代小学生画出他们心目中最亲近的影像。即使已经在北京生活了不短的时间，但他们无一例外地全部画出了他们远在农村的祖父母或是外祖父母的家及附近的房子或是山水。显然，这些小孩对于原来农村的身份认同超过了对城市的认同。这也直接反映出城市提供给这些农村孩子的接纳远远不够。所以，从人与地点的角度来理解农村流动人口在城市里是否能够很好地融入其中，其实是人的城市化进程中一个当然的理论与实际的议题。

的定义在一定程度上与他们成长和生活的地点相关，个人与这个地方也有一种天然的感情纽带。来自同一个地方，或是在同一个地方生活与工作过，都可以成为个人了解自己、了解对方的重要参数。这样的天然感情往往能够轻易地转化成同乡间的信任。

文化主义提出，城市所包含的文化象征符号给予不同人群不同的身份表达，这样的身份表达就是通过城市里各个地点的物理外表所蕴含的意义来定义的。因此就有了城市中心苏荷（SOHO）区域吸引城市新富阶层。当更多的人认同这样的生活方式，希望加入这个社会趋势，并获得这样的身份时，一个已经荒芜废弃区域的再绅士化过程（regentrification）就开始了。[①]

2. 社区归属感

生活在某个地区的人往往对这个地方有着一种特殊的感情，觉得自己是属于这个地区的。这当然是因为居住在该地区的人，对于该地点以及其他的生活群体（包括家人、朋友等），有着强烈的归属感。

因此，我们经常遇到"谁不说俺家乡好"的情况。对于诋毁或是贬低所居住区域的情形，所有人都有一种天然抵触与反感的情绪，并且在多数情况下会做出尽力反驳的回应。而对于某一地点的物理环境不加讨论地盲目改变，往往也会导致居住在此的居民的强烈反对。一个重要的原因正是对于该地点的改变同时也不可避免地改变了这些居民对于该地点的记忆，因而改变了他们心目中对于该地点的归属感。

这种对于地点的归属感往往在与外界的冲突中爆发得更为激烈。正是与该地方之外的冲突，才使得这种归属感显得更为清晰与重要，才使得对于该地点的维护显得更为迫切。同样的，对于同乡身份的认同往往在生活在家乡之外的人中显得更为珍贵。"他乡遇故知"与"老乡见老乡，两眼泪汪汪"，正表达了这样一种情感。这种维护与保卫家乡地点和从小一起成长起来的朋友亲戚的情绪是如此强烈，可以表现得十分惨烈。巴黎公社的国民自卫队队员在街巷对抗资产阶级军队的战斗中，所体现出来的寸土必争毫不退让，正是一种保卫家园的气概（详见本小节后面

---

① Sharon Zukin, "Gentrification: Culture and Capital in the Urban Core." *Annual Review of Sociology* 13, 1987, pp. 129 – 147.

的讨论)。①

3. 时间感

对于居住与生活过的地方,我们大多有难以磨灭的回忆。而正是这些回忆时常提醒我们时间的流逝,让我们感受到我们的过去、现在以及未知的将来。

这些地方,由于不断受到人们的改造,总是处于变动之中。我们童年时经历过的地方的各种景象与当前我们所看见的并不完全一致。正是在比较记忆中的景象与当前所见中,我们有了时间的感觉。对于故乡,我们总有一种"少小离家老大回"的感觉。回到故乡,总会发现以前童年时期的蛛丝马迹,同时又实实在在地意识到当前所见到的与童年时期的景象完全不同。记忆中的,已经远去,属于"过去";而当前的正在眼前;未来则是我们即将经历的。

相对于记忆,我们毫无疑问地意识到时间的变化:过去的地点在记忆中,我们已经不在其中,而过去的地点也永远无法重现,已经逐渐长大与衰老的我们也仅仅在记忆中才能够想起地点原来的面貌。而未来我们将要到的地方又是一个崭新的我们没有见过的地方。正是在对地点这样的回忆、思考与比较中,我们了解到了时间之于我们的运动与流逝②。

4. 家一般的感觉

熟悉的地方还给人一种安全的感觉。当我们到一个新地方时,往往有一种陌生感。这时,我们有一种取向,就是尽快熟悉整个环境——包括这里的位置方向、道路建筑、风俗人情以及实实在在的个人。比较起来,当我们来到熟悉的地方时,往往会放松很多。因为,我们知道在哪里可以买到生活必需品,在哪里能够吃到可口的食物,在哪里可以获得喜欢的娱乐,甚至知道在哪里可以找到朋友等。因此,对于熟悉的地方,我们会觉得已经知道了需要知道的信息,会觉得亲切,也可以生活得平

---

① Robert V. Gould, *Insurgent Identities: Class, Community, and Protest in Paris from 1848 to the Commune* (Chicago, IL: University of Chicago Press, 1995).

② 段义孚特别讨论到空间与时间在地点上的相互印证,也正是人们的经验感受使得主体之外的空间与实践能够为我们所了解与理解,并进入到我们的日常生活时间之中。参见 Yi-Fu Tuan, *Space and Place: The Perspective of Experience* (Minneapolis: University of Minnesota Press, 1977)。中文译本,段义孚:《空间与地方:经验的视角》,王志标译,北京:中国人民大学出版社,2017。

静而舒适。正是对我们所处地点的熟悉可以宽抚我们疲惫的身躯与心灵。这些正是家所能够给予我们的。

反过来，对于陌生的地方，我们往往缺乏安全感。在这样的地方待上一段时间，通常会有想家的情绪出现。这也可以解释，为什么城市里的农民工总是认为在城市难以安家，因为各种制度条件使得他们很难融入其中，很难变得如鱼得水般的熟悉。所以，在每年的中国春节期间，会有全世界最大的季节性人员移动。这从另一个侧面也提出了城市化的最终方向是，要让农村流动人口真正融入城市，将城市当成他们自己的家园。那时，这些人的城市化进程才算完成。

（三）社会与地点

上面讨论了个人与地点之间的密切联系。但我们可以清楚地看出，这样的论述仅仅局限在个人层次。当然，这样的概括已经足够勾勒出个人对地点的强烈感情与依恋心理。从这些描述中，我们可以毫无争议地推论出，任何改变地点的行为，都将在与这一地点紧密相连的人心目中产生巨大的影响。有的甚至可能导致许多非利己无功利的忘我的行为——正如我们经常看到的许多有志于保护北京老城胡同的人愿意为此目标付出额外的、没有回报的人力、物力与财力。因此，地点成为人们社会活动的基本要素，甚至决定着人们的行为。[①]

但我们必须注意到，在当今高度组织化的社会中，个体在很大程度上镶嵌于社会组织之中。诚然，人们依然是以个体的形式生活与工作着，但个体的行为在很大程度上受到社会组织以及由这些组织所构成的社会制度的制约。[②] 通常意义上，个体的选择与行为仅仅在社会制度界定的范围内起作用。

与个体需要物理空间的存在形式一样，这些社会组织也是以占据特定的地点，作为其存在形式的。只有聚集在一起的人群才能够生成社会组织。[③] 所以说，地点也是人们集合起来、形成社会互动、成立社会组

---

① 这也是上一章讨论科尔曼宏观微观机制链接中的从观念到行为的动力机制的体现。

② 这里所指的社会制度是社会运行的规章制度、风俗人情以及其他所有的、由人类社会生成的规范人们行为的组织、机构、制度、文化等。

③ 在这里我们先不讨论诸如粉圈等网络虚拟空间中的社会组织。

织、生成社会制度、推动社会运行的基本物理空间前提。只有在特定的地点，人们才能够遇到特定的其他人群，形成特定的社会关系，生成特定的社会结构，并导致特定的社会行为。

因此，地点对社会的影响巨大。在吉尔林的总结中，地点"使得社会结构的范畴、差异以及等级趋于稳定并延续下去，使得面对面的互动生成网络体系和促进集体行为，体现并实现那些缺了地点就无法感受到的规范、身份与记忆"。① 以下，我们进一步讨论分析这些影响。

1. 社会关系的地点化

人们是生活在一定地点之上的，他们的活动就是在一定的空间地点之内，由此而产生出来的人与人之间的互动与社会关系也一定是在特定的地点。早在沃斯 20 世纪 30 年代的经典文章中就已经详细讨论了城市社区的社会关系与农村有着巨大的差异，城市的社会交往中充满了匿名性、短暂性与片段性，而没有了田园时代的那种亲密性。② 从另一个角度，费舍尔将城市的特点归纳为多样性、宽容性、都市性、复杂性、专业性、参与性等。③ 这样的讨论说明城市地点之上的社会关系与以往农村生活完全不同。

在前面，我们已经指出布迪厄在描述卡比拉人室外室内空间的安排时，明确指出社会关系（包括亲属关系、性别关系等）与空间地点的分配紧密相关。④ 中国北方传统的四合院民居也体现了家庭内部严格的亲属关系。与布迪厄不同，福柯更明确地关心各种深入空间的权力关系。事实上，这样的例子随处可见。地点对于权力的物化也可以从建筑物的形式上看出来。故宫的午门墙高城厚，已经具有相当的威严。而整个午门的"凹"字形更是将这样的威严显示出来：这种两侧的阙形突出而形成的合围似的建筑形状给予身处其中的人一种不安全感和压抑感，而整

---

① Thomas F. Gieryn, "A Space for Place in Sociology." *Annual Review of Sociology* 26, 2000, p. 473.

② Louis Wirth, "Urbanism as a Way of Life." *American Journal of Sociology* 44 (1), 1938, pp. 1 - 24.

③ Claude Fisher, *To Dwell Among Friends: Personal Networks in Town and City* (Chicago, IL: University of Chicago Press, 1987).

④ Pierre Bourdieu, *The Logic of Practice* (Stanford, CA: Stanford University Press, 1990).

体建筑的朱红色也彰显了午门不可侵犯的神圣。因此，处于旧王朝皇宫朝南的宫门在它所处的位置上将皇权的威严实实在在地物质化了。

地域的设置也可以将权力显示出来。例如，谚语"强龙难压地头蛇"，说的就是在一定区域内，在当地长期经营并形成的、已经地点化的权力关系很难被外来的势力所消解。地头蛇与龙相比差距显著，但由于其深耕地方，在当地的社会空间中游刃有余，因此可以获得与龙相匹配的势力。所以，政治权力对于某个特定地点的渗透往往也是一个借助当地现存权力结构的过程。

事实上，行政区域的划分本身就是一个权力分配在地点上的显示。这样的划分，一方面将这一区域内的行政权力合法化；另一方面也将该区域内的行政权力与管辖权限制在这样的区域之内（jurisdiction）。因此，行政权力与地点在此重叠了。如果超出了界限，这样的权力管辖权就会失去效力。

从一定意义上讲，社区的建立就是建设一个包含各种社会关系的地点：不仅是房屋、道路、花园等的物理安排，而且是社会管理、居民间关系等的建立。

在新中国成立以后，城市社区的安排以工作组织为分割的单位，而不是单个社会成员的散居。这样的分割并不是以成员本身的财富，而是以工作组织的归属作为辨别标准。同一单位的成员，不论级别，不论家庭收入，混居在同一家属院里。各个单位有着完整的社会生活服务部门和设施，同一单位的所有成员均使用和享受这些服务和设施。当然，单位外的成员是被排除在外的。因此，在社区生活的同单位成员既有工作关系又有日常生活上的邻里关系，社会互动相应来讲密切又深入。单位大院正是工作关系与邻里关系的地点化。

随着社会的多元化、私有经济的兴起、城市住房体制的改革，单位制及其特有的单位大院逐渐开始瓦解，取而代之的是城市新型社区。这样的社区往往依据货币购买力来筛选进入社区的居民。这些居民本身没有现存的社会关系，进入社区之后往往要重新建立社区交往模式。通常，这样的邻里交往与单位制度下的交往相比更为肤浅，同时也更为功利化。这样的社区往往还成为一块飞地。社区物业服务的一个中心任务，就是保障社区成员的人身及财产安全。普遍的做法是树立全封闭的围墙，在有限的进出口设立全天候的执勤保安，并在各个角落装置监控摄像头。①
这样的安排使得当今城市居民的社会交往变得冷漠与疏离。

2. 社会结构与社会制度的地点化

前面提到的大院社区，事实上有的有着完整的各种机构，成为一个
实际的"小社会"。例如，全国各地的大学校园，有着完整的科层制的
行政管理机构，有着处理各种社会事务的机构与社会组织，有着完整的
完成商品交易的商铺市场，还有着国家强制性权力的派驻机构，当然还
有各种生活服务的设施与机构等。总之，一个人在社会上生存生活从生
到死所需的方方面面，都可以在这样的大院里完成。这显示了更宏大范
围内的社会结构与社会制度也是在地点上存在的。

另一个例子是基托所讨论的希腊城邦。② 基托直截了当地驳斥了希
腊城邦的出现是由地理分隔导致的观点，认为希腊城邦是由希腊人的
"个性"建造出来的。这样的城邦是希腊人成为公民的重要空间基础，
是希腊人公共生活的具体空间体现。而整个城邦并不是没有区分，它排
斥女性、奴隶、外乡人。从一定意义上讲，希腊人的城邦是希腊公民政
治、文化和道德的总体社会生活，是社会结构与社会制度构筑起来的共
同体。这个共同体 Polis 有时被翻译成地点味道非常强烈的要塞与城堡。

韦伯在讨论城市的时候，认为城市发展起来的最重要的因素是人们
聚居之后市场的兴起，每个城市本质上就是"市场的聚落"。但韦伯显
然认为，一个城市能够真正确立并运转起来，单有建立在堡垒之上的市
场是不足够的。事实上，历史学家往往为因贸易而繁荣的古典城邦（诸
如腓尼基、克里特、雅典甚至罗马等）以及中古帝国的城市遭受外来武
力入侵或是瘟疫等而中断感到遗憾。③ 在比较欧洲各个不同地区不同时
代的城市之后，韦伯坚持认为城市兴起发展的重要推手是西方氏族群体
的瓦解、市民共同体的兴起。在此基础上，城市自治的各种机构与制度

---

① 单位大院通常也是有围墙的。但是，由于同单位内部成员之间的熟悉程度与交往亲密
程度都远胜过现在的新型社区，再加上背靠单位所带来的安全感，原有的单位大院与
外界的隔离远没有现在这些小区强烈。

② 汉弗莱·基托：《城邦》，载理查德·勒盖茨、弗雷德里克·斯托特编《城市读本》，
中文版由张庭伟、田丽主编，并另外收入了多篇中文文章，北京：中国建筑工业出版
社，2013，第41~45页。

③ 乔尔·科特金：《全球城市史》，王旭等译，北京：社会科学文献出版社，2014。

建立起来，并最终成为政治自治、军事自治、法律自治、社会组织机构化的城市实体。① 显然，韦伯关注的重心是，一个在堡垒地点逐渐生长出来的社会制度与社会结构。当然，这一切都是市场推动下资本主义理性逻辑胜利的过程。

另一个将城市空间居住结构与社会结构紧密结合的研究传统，是当代美国社会学家对黑人社区与黑人社会生活的研究。在讨论美国黑人在社会经济乃至犯罪等各个方面处于社会全面劣势的研究中，社会学家通常认为这并不仅仅是个体的问题。一系列重要的研究发现，造成这样的社会问题的起源与空间上的种族不平等关系密切。正是在社区这个城市空间单位上的种族不平等的社会结构的聚集，形成生态集中的社会空间效应——邻里效应，导致结构性阻碍与文化上不适应等问题，集中体现在黑人中的群体社会控制的崩溃，最终反映出来的就是黑人社区里普遍的贫穷、辍学、犯罪等社会问题。② 这样的空间上的居住聚集，并不是一个简单的个人选择的过程，而是一个结构性筛选的过程，是一个社会结构经过"过滤"与空间结构重合的过程。③

3. 集体社会行为的地点化

地点对于社会组织的形成以及以社会组织为行动单位的集体行为有着重要的影响或制约作用。④ 在城市规划与发展过程中的"邻避"现象，就是指因为周围的潜在建设项目可能影响环境、身体健康、生活质量、

① 马克斯·韦伯：《城市（非正当性支配）》，阎克文译，载《经济与社会》（第二卷下册），上海：上海世纪出版集团，2010，第 1375~1540 页。

② 可参见 William J. Wilson, *The Truly Disadvantaged: The Inner City, the Underclass, and Public Policy* (Chicago, IL: University of Chicago Press, 1987) 以及 Douglas S. Massey, and Nancy A. Denton, *American Apartheid: Segregation and the Making of the Underclass* (Cambridge, MA: Harvard University Press, 1993)。新近中文版的著作包括，迈克尔·怀特：《美国社区与居住分异》，王晓楠、傅晓莲译，北京：社会科学文献出版社，2017；罗伯特·桑普森：《伟大的美国城市：芝加哥和持久的邻里效应》，陈广渝、梁玉成译，北京：社会科学文献出版社，2018。

③ 罗伯特·桑普森：《伟大的美国城市：芝加哥和持久的邻里效应》，陈广渝、梁玉成译，北京：社会科学文献出版社，2018。

④ 奥巴马总统在 2013 年 1 月 20 日第二任期的就职演讲中提及 3 个地名。吉尔林详细阐述并进行了分析，这些地点分别是当时的女性（1848 年）、黑人（1965 年）以及同性恋（1969 年）等社会边缘群体开启的平权运动的起源地。Thomas F. Gieryn, *Truth Spots: How Places Make People Believe* (Chicago, IL: University of Chicago Press, 2018) pp. 122 - 147.

房产价值等，所在地的居民自发组织起来抵制这样的建设项目的实施落地。当外来的事件涉及集体公共利益的时候，地点上的特殊安排使得整个集体行为的动员机制具有鲜明的地点化的色彩。

在当前城市新兴社区里，由于各种原因，作为小区产业所有权当前拥有者的业主与前期拥有者的开发商之间的冲突与矛盾并不少见。由于个体业主无法在法律上与实力上和开发商对抗，更多的情形是小区业主以选举或是其他方式成立业主委员会，通过集体的形式与开发商谈判，或使用其他手段来维护与保障自己的权益。显然，除了小区业主共同的利益使得他们有了动力能够组织起来以外，他们居住在同一个小区这样的事实使得他们组织起来的过程更为简单。正是这种空间上的近距离使得居民间的互动变得更为方便与成本低下，因而能够高效地组织起来。

更为著名的一个例子是古尔德关于两次巴黎工人阶级运动的比较。①在古尔德看来，1848 年的雾月事件与 1870～1871 年的巴黎公社事件在动员机制上有着根本区别：前者动员的基础是同行业、同阶级的工人；而后者则是不同行业、不同阶级的邻里之间的社会成员——既有工人也有其他社会阶级成员。造成这样巨大差异的是整个巴黎中心在这两次工人运动之间的城市改造。在这项著名的改造计划（豪斯曼重建，Haussmann's Rebuilding）之前，巴黎城市中心的工人们以行会与职业为界线分片居住，同时他们的社会网络以这些区域内的工作作坊与酒馆、饭店、商铺等为主要场所。因此，1848 年的工人运动是一场严格的依据阶级界线来动员的工人阶级运动。而豪斯曼计划在这些社区中划出大马路分割原有的社区，并将这些社区彻底改建。更重要的是，在改建之后，工人们被排挤到了离巴黎市中心更远的郊区。与工人一起来到郊区的还有另外一些阶级的人群。在 1870～1871 年的巴黎公社运动中，动员机制更多是依靠邻里间的关系网络。因此，不同的地点特征造成这两次运动的动员过程的显著差异。

4. 社会文化的地点化

前面提及个人与地点之间的那种心灵的连接。这种对于特定地点的

---

① Robert V. Gould, *Insurgent Identities: Class, Community, and Protest in Paris from 1848 to the Commune.* (Chicago IL: University of Chicago Press, 1995).

依赖情感产生于人们生活在此地点而累积起来的个人经历，而这样的经历构成了个人对于自身的认识与表达。这样的经历成为一种共同的记忆时，就成为社会文化形成的雏形，同时也将进一步成为社会行动的基础。① 场景理论直接将当地的各种舒适设施、人们的工作与生活活动整体性地合成到文化呈现与美学含义之中。②

唐诗是中国古典文学的一座丰碑。许许多多的优美唐诗吸引了大批文学艺术爱好者和研究者开展理解和解读。唐诗中有很多是借物咏怀、借景咏情的诗句与诗作。新近有一种研究方法，叫作"现地研究"，即通过找寻、确定并理解唐诗中的当地场景来理解并解释当时诗人心中的感受与情怀。一个重要的例子，是杜甫晚年在长江三峡一带写出了包括《秋兴八首》在内的众多"夔州诗"，成为杜诗的高峰之一。③ 而实地考察三峡一带的地理地貌、山川草木，可以加深对这位伟大诗人当时晚年的萧索境况与悲凉心情的理解。④ 即使有学者可能会认为，诗人的借景咏情很多是意象中的景色，但这些现地研究的学者也通过现代技术（包括全球定位系统 GPS）找到了众多唐诗中实实在在对应的地点，提高了人们对特定诗句与整体诗歌的理解。从这个意义上讲，自古以来，地点就可以直接激发人们的文学想象力，成就代代传承的伟大的文化艺术作品。在同一事物的另一面，应景的伟大诗句与诗作通常也可以使某一地点成为富有文化气息的名胜之地。

当前的城市改造中，拆迁经常带来一系列社会问题。如果说对私有房产的拆迁涉及的主要是对利益补偿不公的不满与抗拒，那么城市中对文物以及标志性地貌的拆迁所引起的公共性冲突就显示出这些居民对于

---

① 文化主义已经明确将地点的文化意义当成当地居民身份表达的重要内容。而研究身份的其他社会学家在性别、阶级、地域甚至性取向等身份标签之外或许可以借鉴城市社会学家的这一视角，将与人们成长经历密切相关的地点也作为一个可以定义人们身份的重要因素。

② 丹尼尔·西尔、特里·克拉克：《场景：空间品质如何塑造社会生活》，祁述裕、吴军等译，北京：社会科学文献出版社，2018。

③ 可参见冯至《杜甫传》，北京：人民文学出版社，1980，第 121～122 页；叶嘉莹《论杜甫七律之演进及其承先启后之成就：〈杜甫秋兴八首集说〉代序》，载《迦陵谈诗》，北京：生活·读书·新知三联书店，2016，第 56～131 页。

④ 对现地研究简单的理解，可参阅简锦松、安天鹏《简锦松：现地研究是"人"的研究》，《数字人文》2020 年第 2 期。

集体记忆的留恋。在北京的胡同拆迁过程中，一直有一群活跃的人，他们并不身居在这些即将或是正在拆除的胡同之中，但他们却积极投身到反对胡同拆迁的运动当中：他们撰写历史回忆文章记录胡同的典故，上书呼吁保护胡同的历史文化意义，积极寻求更大范围内的社会支持，建立网站公布信息，甚至集体动员并身体力行地现场阻挡拆迁等。

所有这些行为都是为了他们心目中对胡同的美好的历史记忆。在他们看来，不仅仅他们的历史记忆与胡同不可分割，胡同本身也是整个北京城历史文化中不可分割的一部分。其实，他们的北京城就是他们历史记忆中的北京城。

佐金讨论了文化机构在某个地点的建设可以促使房地产升值，也可以带动周围人们生活方式的改变。从 20 世纪 50 年代开始，纽约市又开始了一轮新的文化机构的建设。在完成林肯表演艺术中心以后，在 20 世纪 70 年代，大财团（包括洛克菲勒家族以及其他银行家与开发商）希望将附近的旧的制造业建筑拆除，并修建新的快速干道、体育馆、高层商业大楼与公寓。但是，一大批生活在此地并已经将很多建筑改造成居民楼与艺术设施的艺术家、艺术品收藏与经营者、中产阶级私有房主联合一些社会精英人士，通过将这些建筑认定为历史性标志建筑与艺术设施，并将整个区域认定为历史街区，从而否决了这些大财团改变当地地理地貌的计划，保全了曼哈顿下城邻近华尔街的早期货物集散中心地区。[①]显然，这是当地人士以文化之名，维护城市历史文化、保护当地生活方式的胜利。之后，这一片区域成了艺术经济的大本营。

需要指出的是，除了以上提到的地点对于社会行为的这些影响以外，还有其他影响。这是很容易理解的。因为地点参与了人类社会的所有活动，也就必然要影响到其他社会行为，包括列斐伏尔一直着重强调的生产、社会冲突（例如，地形对于战争的重要性是不言而喻的）、日常生活（例如，街边店铺给居民提供的方便）等。

除了这样的对于人们的行为有正面或是促进的影响以外，地点上的接近当然可以给人们的行为带来负面的或是抑制性的效果。一方面，通

---

① Sharon Zukin, *Loft Living: Culture and Capital in Urban Change.* (Baltimore MD: John Hopkins University Press, 1982). 莎伦·佐金：《城市文化》，朱克英等译，上海：上海教育出版社，2006，第 119~120 页。

常有"远亲近邻"的说法，是指在困难的时候，真正能够携手共渡难关的是居住在附近的关系较好的邻居，他们比住在远方的亲人更能够提供帮助。另一方面，紧邻的居民间也会由于各种原因产生一些纠纷。这也正是因为人们空间上共享一个地点，互动频繁，在某些涉及各自利益的情形下，可能产生冲突。因此，比较起来，居住得较远的亲人与朋友反倒容易交往，并且不容易产生相互间的矛盾。

（四）费孝通《乡土中国》中的空间与地点

行文至此，不得不提及费孝通先生的《乡土中国》。其实，从这本书的书名上就可以看出中国传统社会的地方性特征。

仔细研读《乡土中国》，会发现费孝通在不同的篇章中，都使用了空间与地点的概念来描述中国传统乡村社会的特征，并从这个角度系统阐述了他对中国基层社会肌理的理解。

第一，费孝通所讨论的乡土社会是确定在一个特定的区域空间的。《乡土中国》在开篇即概述，"从基层上看去，中国社会是乡土性的"[①]。在这里，"乡"是指乡亲、故乡以及与此相连的情绪与感情；"土"则是指土地、地点以及与此相连的农业生产。所以，对于费孝通而言，中国的基层农村社会是坐落在一块特定的土地之上的充满人情世故的因农业而聚居的人群。联系到书中讲的其他内容，可以看出费孝通认为，这样的中国传统社会是一个时间上相对静止、空间上完全确定的存在。

第二，乡土社会的一个重要特征就是社会生活长久地落地生根在特定的地点之上，很少有迁移的情形。人们的生活"像植物一般的在一个地方生下根，这些生了根在一个小地方的人，才能在悠长的时间中，从容地去摸熟每个人的生活"[②]因此，迁移的人很少，"不但个人不常抛井离乡，而且每个人住的地方常是他的父母之邦。'生于斯，死于斯'的结果必是世代的黏着"[③] 其他资源的变动也很少，"乡土社会是安土重迁的……不但是人口流动很小，而且人们所取给资源的土地也很少变动"[④] 在费孝通看来，作为故乡的土地，是生长生活直至死亡的地点，

---

① 费孝通：《乡土中国》，北京：生活·读书·新知三联书店，1985，第1页。

② 费孝通：《乡土中国》，北京：生活·读书·新知三联书店，1985，第6页。

③ 费孝通：《乡土中国》，北京：生活·读书·新知三联书店，1985，第18页。

④ 费孝通：《乡土中国》，北京：生活·读书·新知三联书店，1985，第51页。

是代代相传世代守候的地点。

第三，这样的一代代乡民交替着对于地点的守候，既是一种血缘上的传递，也派生出社会关系。"血缘社会就是想用生物上的新陈代谢作用，生育，去维持社会结构的稳定。"① 在更大范围的社会关系中，则显现出地缘关系在很大程度上与血缘关系的重叠。"在稳定的社会中，地缘不过是血缘的投影，不分离的。'生于斯，死于斯'把人和地的因缘固定了。"②

而在此基础之上的社会互动与社会关系，也十分强调空间与地点的关联性，并具有稳定的特性。"空间本身是混然的，但是我们却用了血缘的坐标把空间划分了方向和位置。当我们用'地位'两字来描写一个人在社会中所占的据点时，这个原是指'空间'的名词却有了社会价值的意义。这也告诉我们'地'的关联派生于社会关系。"③ 与此同时，在社会管理中，"籍贯只是'血缘的空间投影'"。④

第四，乡土社会的社会结构与社会制度是在一个狭小的空间地点中产生与维系的。《乡土中国》中最为生动与最为深刻的概念可能就是"差序格局"。费孝通使用这一概念形象地勾勒出中国社会的关系结构，同时也详细地阐释了维系这些结构并为这些结构所支撑的社会伦理规范、宗法制度、治理过程等。在讨论这些主要的议题时，费孝通明确指出其空间与地点的先决条件，"乡土社会是靠亲密和长期的共同生活来配合各个人的相互行为……只有生于斯、死于斯的人群里才能培养出这种亲密的群体，其中各个人有着高度的了解……空间的位置，在乡土社会中的确已不大成为阻碍人了解的因素了。人们生活在同一的小天地里，这小天地多少是孤立的，和别群人没有重要的接触"。⑤ 很明显，只有在这样一个规模且高度孤立浓缩的空间之中、社会关系高度充盈拥挤的地点之上，费孝通所讲的这样的乡土社会结构与社会制度才能够得以生发出来并延续下去。

---

① 费孝通：《乡土中国》，北京：生活·读书·新知三联书店，1985，第71页。
② 费孝通：《乡土中国》，北京：生活·读书·新知三联书店，1985，第72页。
③ 费孝通：《乡土中国》，北京：生活·读书·新知三联书店，1985，第72页。
④ 费孝通：《乡土中国》，北京：生活·读书·新知三联书店，1985，第74页。
⑤ 费孝通：《乡土中国》，北京：生活·读书·新知三联书店，1985，第44页。

第五，地点的拓展意象也是乡土社会里最为重要的社会结构意象之一。费孝通简明形象地勾勒出中国社会中个人关系结构的"差序格局"："以'己'为中心，像石子一般投入水中，和别人所联系成的社会关系……而是像水的波纹一样，一圈圈推出去，愈推愈远，也愈推愈薄。"[1] 而与这个关系结构相对应的是社会伦常，也是以个人为中心，"推己及人……从已到家，由家到国，由国到天下"的"富于伸缩性的网络"。[2] 这样一个社会关系与社会伦理的结构，显然就是一个可伸缩延展的地点的比拟，其中扩展的就是相对于个人为"中心"的"距离"，而这里的"距离"则指的是乡土社会中的关系的亲疏。

我们知道，《乡土中国》是一部费孝通讲授"乡村社会学"的讲义所集结而成的著作。但是，费孝通在此书中对于空间与地点的理解与使用，完全超越了乡村社会学的范畴。在更大的理论意义上，费孝通在勾勒中国社会"乡土性"的基本特征的过程中，展示了空间与地点对于社会而言，是其存在的先决条件，同时也是相互建构的过程——从作为农业生产聚居地点的"土"生发社会结构与制度的"乡"，又因为富有情愫的"乡"，所以成为不可分离的"土"。

五　对城市社会治理的启示

在我们看来，城市是在特定的地点由特定的人群建设起来的，而城市所体现出来的就是人们与该特定地点的互动关系。城市是人类发展迄今为止建造出来的最宏大的作品，是人类改造自然界最为彻底的地点，是人类与自然界交融最为密切的地点，是人类活动最为频繁、最为激烈，也是最为丰富多彩的地点。当然，城市也体现了最为繁杂、最为有效的社会关系。

在作为地点的城市中，人们还建构了最为复杂的社会结构与社会制度，动员形成规模宏大影响深远的社会行为，同时也生产出最为繁复多元的城市文化。所有这些，也反过来影响着人们的生活以及他们生活其

---

① 费孝通：《乡土中国》，北京：生活·读书·新知三联书店，1985，第25页。
② 费孝通：《乡土中国》，北京：生活·读书·新知三联书店，1985，第25~26页。

中的城市空间。因此，人与地点的关系不仅应当成为城市社会学研究重要的出发点，而且应该是理解城市里人们日常生活与实施有效社会治理的重要考量因素。

（一） 恋地情结与社会治理参与的 "搭便车" 难题

社会治理的事务通常具有公共性，因此在动员社区成员参与的过程中往往要面对 "搭便车" 的难题：很多公共事务的参与人员并不多，实际事务推进时常面临人力不足的问题。

事实上，人们与地点的关系中掺杂着浓郁的个人情愫，所以才有将这样的联结用一个生造的词语 "恋地情结" 表示出来[①]。有的学者更进一步将这些情愫具体地概括为四个方面：个人身份认同感、社区归属感、过去与将来的时间感以及家一般的感觉[②]。从这个理论意义上讲，人们对于自身社区的事务应当非常关注，并在各种事务的推进中投入更多的热情，有着积极的参与。

但我们也发现，人与地点之间的关系包含太多内容，不同的人对于不同社区事务的事实关注与潜在投入都不尽相同。所以，在动员社区成员参与公共事务的过程中，应当充分利用人地关系中的紧密联结纽带，更为明确地了解区分社区成员对于特定事务关注的优先层级的差异，分事务分层级地动员更关注更投入的社区成员，更为精准地动员骨干成员参与到其优先关注的事务中来[③]。只有这样有效利用人地关系的社会治理措施才有可能有效解决 "搭便车" 的难题。

（二） 人地关系与城市治理中的区域划分

当前城市社会治理通常以居住社区来划分。这至少带来两个方面的问题：一是，各个社区变成相对独立的孤岛，社区外以及社区间共有问题的协调与治理变得无人参与；二是，除了关注社区内的事务外，另有一些与本社区居民相关的事务则因为治理区域的限制，无法被纳入相应

---

① 段义孚：《恋地情结：对环境感知、态度与价值》，志丞、刘苏译，北京：商务印书馆，2018，第 136 页。
② 安东尼·奥罗姆、陈向明：《城市的世界：对地点的比较分析和历史分析》，曾茂娟、任远译，上海：上海人民出版社，2005。
③ 唐有财、王天夫：《社区认同、骨干动员和组织赋权：社区参与式治理的实现路径》，《中国行政管理》2017 年第 2 期。

的社区治理参与的过程。

因此，城市社区治理区域的划分不应当以行政归属的便利为原则，而应当从人地关系的角度出发，以居民的日常生活及其他活动的完整区域出发来划分。这样的居民生活与活动覆盖的范围，对于居民自己而言有着内在的联结；相反，如果使用居住区域及行政归属的方式来划分治理区域，则将这样的内在联结生硬地割裂开来了。顺应居民生活与活动完整区域的社会治理动员与参与，也变得更为完整，更为合理。

更为具体而言，某个社区的公共事务治理区域的划分，既应考虑到居住社区之外的因素，也应将周围邻近居民的商业活动、日常娱乐活动、锻炼活动甚至停车等相关区域纳入范围。这是因为这些区域都与社区居民的自身生活密切相关，能够轻易地转化形成与更多居民相关的公共事务。

（三）有机城市文化与城市街边的治理

在当前的城市治理中，有关城市环境与整洁街道的治理一直是一个难点且充满争议，有时甚至可能产生具有广泛影响的社会舆情事件。一方面，放开搞活城市街边活动，则有无序的活动扰乱城市环境、导致城市街道脏乱的潜在可能；另一方面，严格管理则又有可能扼杀城市活力，使城市生活变得了无生趣。

城市是人们聚居生产生活的地方。从这个意义上讲，人们对城市街边所期望的，既有整洁优美的需求，也有亲切充满生活气息的需求。这两方面都应该通过相应的治理措施得到满足。也许，整洁的城市街道能够让行走、生活在其中的很多人赏心悦目、心情愉快；但另一些人则可能从凌乱的广场舞活动或是街边小摊中找到生活气息与内心联结。事实上，对某些特定群体来讲，后者不仅仅是生活气息、城市烟火气以及社区归属感的问题，甚至可能是他们可以从中找到生存机会的问题。

因此，从不同群体的人地关系以及城市文化的角度来讲，更好的应对方法可能是，分出特定的区域街区，满足不同的需求；同时，针对不同的区域，给出更有针对性与精准的治理方案。举例而言，将更能增加街边活力的各种活动划到特定的街区，同时给出更有针对性的服务管理措施，在确保增加有机城市文化的同时，也大体保持城市环境的整洁与有序。

（四）特定社会群体、城市亚文化与城市的空间治理

城市治理通常会遇到特定社会群体居住的特定城市区域，具有鲜明的空间特征。这样的空间地点可能是乱象丛生的城中村，可能是基础设施落后的历史街区，也可能是外来移民聚集的外来群体社区，还可能是单位已经不复存在、相对封闭并处于衰落中的大院等。从城市现代化的角度来讲，这些空间地点都应该被拆迁改建。但事实证明，一旦启动这样的程序，又必然带来一系列的利益冲突，形成更大的社会矛盾，有时甚至可能产生具有较大负面效果的社会事件。

从人与地点的关系出发，城市可以被看成大量人群聚集的地点，这些人群的主要特征就是异质性较高。不同的群体有着不同的亚文化特征，与这些亚文化相对应的则是城市空间相应的划分。特定的城市空间对应着特定的人群及群体文化，而正是这样的人群与亚文化的差异，才推动着城市的丰富多彩的生活与生产。在面对这样的多种群体、多种文化、多种问题的复杂局面时，不应当采用大拆大建的城建计划，而应当在维护原有的多样性与亚文化特质的基础之上，加以改造使之能够适应现代化城市的生活方式。

当然，这其中的改造需要更多的耐心与创意，这也正是城市演化过程中最为可贵的品质。这样的城市治理才可能更包容，更开放，也更有活力、更有创新。

六　小结

在上文中，我们详细讨论了城市中空间与地点的概念，以及它在城市社会学研究中的中心地位。一直以来，无论是在哲学思想体系中还是在经典社会学理论中，空间与地点一直都是被忽略的概念。只是在现象学哲学流派的兴起以及城市化甚至全球化的大浪潮中，这一概念才逐渐重新获得研究者的重视。

事实上，人们存在的具体表现是生活在一定的空间地点之上。在这一空间地点之上，人们获得生活的必需，并建立各种社会关系，实施各种社会行为，发展出各种社会制度。在很多情形中，人们以这一地点来定义自我的身份与感受。地点的物理外貌的变化将给人们的生活带来相

应的变化。人们对于这一地点的感情也发生变化。所有这一切都显示出地点对于人们生活的重要性。

同样重要的是，在给定的空间地点之内，物理空间上的安排也反过来对人们的生活形成巨大的影响。从这个意义上讲，人们在改造着空间地点的同时，也改造着本身的日常生活与社会关系。而正是空间地点对人这样的影响，又进一步推动人们去接受、改变或是另起炉灶重新规划建设新的空间结构。这就是社会与空间地点之间相互依存、相互决定的辩证关系。

城市是人类迄今为止建造出来的最为宏大、体现上述社会空间辩证关系最为显著的地点。影响城市地点变迁的因素层次丰富、复杂多样，相互之间的关系也丰富繁杂。在我们看来，当前的城市社会治理应将人与地点的关系当作理解城市居民日常生活与实施有效社会治理的重要考量因素，而具体的社会治理方式也应由此出发。

第三章　城市变迁的行动呈现理论

> 都市并非像农业或工业社会那样被生产出来。然而，作为一种聚集与分配的行动，都市确实是创造性的。[1]
>
> ——亨利·列斐伏尔

正如我们在最初的文字中所描述的那样，当前的中国城市的确是一个巨大的建筑工地。而谈及城市建设，我们自然而然想到的就是烈日炎炎之下挥汗如雨的建筑工人。他们基本上都来自异地的乡村，却为了自己没有归属感的城市的建设付出了艰辛的劳动。但我们也很清楚地看到，随着城市化的快速推进，如果不是他们自己，他们的子代也很有可能将生活在他们双手建设起来的城市里。

事实上，这些建筑工人在社会理论家的眼中也的确是城市空间的直接缔造者。福柯在讨论城市空间的建构时，谈及路桥学院的角色，明确指出，"工程师和桥梁、道路、管线、铁路的建造者以及技术员——他们专职控制着法国的铁路——这些才是构想空间的人"[2]。在这里，福柯也许只是希望强调，掌握了科技知识的工程师与技术员在城市空间的建构中有着重要的权力，但他也罗列出了包括建筑工人在内的城市空间直接建造者的名单。

即使在第一章的研究策略的讨论中，我们强调了本书的理论目的是搜寻建构城市空间的直接邻近的因素，但我们也并不会走到如此具体的、直接的层次，而是需要停留在一定的抽象与概括的理论层次。

在前面讨论城市社会学的理论脉络时，我们也详细论述了社会空间与地点的概念，其中的夹叙夹议也有较多我们自己的想法。但这样的讨

---

[1]　亨利·列斐伏尔：《都市革命》，刘怀玉、张笑夷、郑劲超译，北京：首都师范大学出版社，2018，第198页。

[2]　米歇尔·福柯、保罗·雷比诺：《空间、知识、权力——福柯访谈录》，陈志梧译，载包亚明主编《后现代性与地理学的政治》，上海：上海教育出版社，2001，第6页。

论终究是为了接下来提出我们自己解释城市空间变迁的理论框架做准备。从一定意义上讲，前面的讨论立足于原有的关于城市空间的知识，还没有形成新的知识积累。可以预见，提出一个新的城市空间变迁的解释框架，一定有着各种各样的不足。但在我们看来，这不仅是产生新知识的唯一途径，也是一项非常有益的尝试。

一　地点、行动者与城市变迁

（一）社会空间辩证法与城市地点的变迁

从前面的讨论中，我们可以看出，人与地点之间的关系是非常密切的。个人不仅仅从他自己熟悉的生活的地方得到身份上的认同以及对于该地方的感情归属。这样的感情归属在某些特定的情形下显得非常深刻，并导致一系列因该地方而起的个人行为。同时，人们组成的社会关系、社会组织以及完成的集体行为往往也是在特定地域之内发生的。更宏观的，社会制度与社会结构也是在这样的地点之上构建起来的。因此我们可以说，地点其实是人与人类社会本身存在的不可或缺的部分。

另外，人们生活其中的地理区域又经常为人们的行为所改变，甚至重新塑造——改造原有的地貌、修建新的建筑物等。除去自然力量的侵蚀以外，人们聚居的地点还要受到更多的社会、政治、经济与文化力量的影响，他们在地理空间上留下了重重的痕迹——这些社会制度与组织一直都是改变地点的推动者。

这就是社会与地点之间的辩证关系：人们生活在某个特定的地点，在各种社会组织、社会行为与社会结构受到这一地点的地理空间制约的同时，人们的行为与社会制度也对该地理空间有着反馈作用。也就是说，在接受地点影响的同时，人们也反过来影响着地点，并改变着空间地点的呈现形式。

前面已经提到过，人类社会迄今为止在自然界建造的最为宏大的产物就是城市，社会与空间地点的对应关系表现得最为明显的也莫过于城市。

城市社会学具体研究了城市的扩张过程与背后的动力机制、城市社区的建设、城市生活方式、各个社会群体对于城市土地的争夺、城市规划的决定过程、作为公共空间的城市区域、城市的消费主义、城市的象征意义等①，涌现了大批经典的著作，产生了各种理论流派，为我们了解城市的生长以及理解人们与城市之间、社会与空间之间的转换过程提供了重要的帮助。但不管研究者声称自己的立场如何，也不管研究者的研究方法与理论架构如何，前面讨论的社会与地点的辩证关系已经成为城市社会学研究中最为基本的视角与出发点。

城市社会学家认为，城市的变迁是社会经济重构与社会文化推动的结果。而具体在城市化的过程中，社会制度以及参与社会制度构建的各个社会群体是实际的推动者。地点作为社会制度与人类使用空间的交结点，正是体现这些群体间社会互动的场所。地点作为一个独立的因素影响着社会成员的社会行为。在很多时候，地点功能或是物理特征的变化将带来与它相关的人群的社会关系与社会行为的变化。因此，一直以来对地点的研究都是城市社会学重要的议题之一。

在下文中，我们将着重讨论作为凝结了社会关系的城市地点是如何在社会行为与社会互动中变化的，并提出一个以行动者为中心的解释城市地点变迁的理论框架。

（二）影响城市地点变迁的因素

当看到城市中一座座高楼拔地而起、一个个崭新的社区从无到有的时候，在惊叹城市变化的日新月异的时候，我们往往也要注意到所有这些都是建造在原来的地点之上，因此不由得要提出疑问，原来在同一地点的其他建筑到哪里去了？占有原来地点的那些人群有没有变化？新的社区的功能是否有了彻底的改变？崭新的社区是否真就形成了与以往不同的生活方式与社会关系，并重构了社会结构重建了社会制度？最为重

---

① 需要特别指明的是，除去城市社会学以外，社会学的其他分支领域的研究也涉及地点。但并不是研究城市里发生的事情就可以称为城市社会学的议题。没有考虑到地点因素的研究仅仅是城市里发生的社会学研究的议题，而非城市社会学的议题。事实上，城市社会学的研究对象一定是以地点因素作为一个重要变量的议题。在城市社会学的研究中，城市绝不仅仅是一个社会事件发生的背景、环境或其他因素的地理意义上的对应，而是实实在在地参与社会事件发生过程并起到独立的、能够为研究者测量与研究的影响作用。因此，只有我们研究的议题中，地点因素作为一个独立的变量——自变量或是因变量，只有当社会与地点（城市）的关系是研究的中心时，才能够被称为城市社会学的研究。

要的问题则是，促成这种改变的因素有哪些？换言之，到底是谁改变了城市？城市变化过程中的动力机制是什么？

只有对这些问题做出清楚的回答才能够进一步揭示，城市的建设从何而来，又要到哪里去？才能够厘清城市为何而建，又是为谁而建？

由此建造出来的城市对生活于其中的人又有着广泛的影响。城市空间安排的改变使得整个社区的社会关系也随之改变，使用社区空间的社会人群也有变化。而由此引发的社会群体之间的行为模式也将改变。城市空间的变化必然伴随着城市聚居人群的变化。

在第一章中，我们就提出过，影响城市地点变迁的因素繁多，我们不能也不可能面面俱到。如果要揭示城市地点变迁的细节机制，或许我们更应该着眼于那些直接邻近的因素而非间接遥远的因素。所以，以下的讨论并不回到第一章以及其中论及的六个城市社会学理论流派，而是直接从影响城市地点变迁的因素出发。

从理论概念上出发，吉尔林在以往研究文献中发现了三个改变地点的主要因素——权力、职业技术以及对地点的感受[1]。这里的权力指的是那些创建地点的政治权力、经济权力以及由此引起的一系列社会联盟与他们合力或是抗拒的社会冲突力量。人类生态学中的自然竞争就是在追逐自身利益的权力的推动下对于特定地点的自然占有；而新马克思主义并不觉得这样的权力使用是一个自然过程，资本追逐利润的动力结合资本主义制度使得整个城市地点的建造就是一个资本主义发展的策略。城市的政治经济学则认为城市政治的多元使得权力分散了，地方的社区居民与其他社会成员会对抗资本与制度，城市的发展就是这些复杂的政治经济过程的结果。

由于城市的建造需要一系列拥有技术的职业人员——包括建筑师、规划师、景观设计师，甚至是室内装潢设计师等，他们经常在中间调和政治、经济、社会以及自己的职业愿望等各种力量，最后落成一个各方利益妥协的物理建筑或是景观。而这些职业有着自身的运行逻辑，使得

① Thomas F. Gieryn, "A Space for Place in Sociology." *Annual Review of Sociology* 26, 2000, pp. 463 - 496.

职业化的后果可以直接影响到城市地点的最后面貌。

对于地点的感受是指人们怎样来看待某一特定的城市地点。这样的感受可以帮助人们来辨识特定城市地点的特征，使得人们可以找到熟悉的地点，从地点中抽取出人们赋予这些地点的意义和价值。毫无疑问，这种感受的生成必然是历史的和文化的过程，也必然会影响到当前人们的社会行为，影响到城市地点的建造与发展①。

到了这里，进一步阐述马汀娜·洛的社会空间的构造理论是一个合适的总结。在她看来，空间是一系列人和物的关系安排。这样的安排其实就是连接彼此并确定相对位置。"人的定位是由其他人的行动完成的，同时他们也积极主动地确定自身的位置。"② 所以，城市空间就是由相互连接的人们的行动所导致的、各种人与人之间以及人与物之间的关系安排，而其中流动的建构过程其实就是人们之间的互动过程。

（三）搜寻行动者的考量

上述各种因素都是影响城市地点变迁的直接邻近因素。在我们看来，这样的概念性的总结有助于我们理解城市地点的变迁过程。但是，它对于理解城市地点变迁细致的动力机制也有局限。我们认为上述概念性因素不能简单地对应到我们的日常生活当中，无法直接揭示城市地点变迁过程中"城市为何而建，为谁而建"的问题，更不能直接回答城市地点变迁过程中"谁在建设，谁又在怎样建设"的问题。

城市的建设从来就不是因建设而建，也不是因规划而建。究其根本，隐藏在城市建设背后的一定是占用城市空间的人。只有人们以及由人们组成的社会组织与制度，才是推动城市变化的原始动力。

在我们看来，上述勾勒出来的影响城市地点变迁的因素都不是一些抽象的概念。在实际的世界中，它们完全可以被归结到实实在在的生活工作着的人们，他们有自己的实实在在的目的，有着实实在在的行动策

---

① 举个非常恰当的例子，就是一个城市地点的人气影响到各个社会人群对于这个地点的关注，影响到这个地点未来的走向。如果人气旺盛，意味着更多的人会涌到这个地点来——消费、居住以及投资。而未来的改建也随即提上议事日程。这样就将一个人气极旺的地点从物理到地理到社会的面貌彻底改变了。

② Martina Low, *The Sociology of Space*: *Materiality*, *Social Structure*, *and Action*（New York: Palgrave MacMillan, 2016），pp. 131 – 132.

略和手段。[①] 虽然他们的行为受到已有的社会结构和社会制度的制约与影响，但所有这些制约与影响都可以由这些行动者的行为来表现出来。因此，分析这些行动者的行为可以揭示背后那些结构性与制度性因素。

从方法论的角度来讲，我们可以将那些结构性与制度性因素看成是间接遥远的因素，我们可以将这样的因素当成给定的，而行动者的行为成为直接邻近的因素。从因果关系链的角度来看，那些结构性与制度性的因素是前置变量，它们的效应是通过行动者的行为来表达的。当然，这样的出发点忽略了单独寻找行动者对于城市变迁的因果效应（causal effect），而是将结构性与制度性因素通过行动者的前置变量的虚假效应（spurious effect）与因果效应合二为一。单就从讨论城市变迁这个角度来讲，不分清这两种效应是完全可以接受的。事实上，重返在上一章我们借用的科尔曼的社会行动的结构示意图，也可以认为，行动者导致的后果通过涌现机制在城市呈现中体现出来，而这一呈现也显然包含结构性与制度性因素的影响。

因此，需要特别强调，在"结构－行动"（structure-agency）的争论之中，我们没有压倒性的一致立场。我们完全赞同在制度限度之下的行动者的自为行为；我们完全赞同在不同的特定情境下，结构或者行动可能会成为各自占据主导地位的影响因素。但我们坚信，在转型时期，应该将行动放在更为重要更为显眼的地位。这是因为，在我们看来，转型时期的制度空间本身还具有相当的弹性与可塑性，还处于形成的过程之中。

（四）以往的研究

面对中国风起云涌的城市化进程，学者也积极地推进着城市研究。他们关注的议题包括城市的扩张与郊区化及其动力机制、资本的进入与争夺、城市间的地区差异、城市居民居住地的隔离、城中村、城市各社会阶层在城市过程中的冲突与争斗、失地农民的城市化过程与挣扎、流

---

① 同样的，读者也可以参见洛根与莫洛奇对于人类生态学以及新马克思主义类似的批判。John R. Logan and Harvey Luskin Molotch, *Urban Fortunes: The Political Economy of Place* (Berkeley, CA: University of California Press, 1987)。中文译本可参见约翰·R. 洛根、哈维·L. 莫洛奇《都市财富——空间的政治经济学》，陈那波译，上海：格致出版社，2018。

动人口在城市中的融入与被排斥等。在他们看来，城市地点变化的背后是社会经济结构的变化，是各自从自身利益出发的社会群体间的关系的变化。

国内学者也尝试归纳影响城市变迁的动力机制。主要结论是三个不同的推动力合力在促成当前中国城市变迁的过程：政策力量、经济力量以及社会力量。① 这三种力量分别指向政府的政策制度，城市建设的资金准备，以及社会领域的意义、价值与心理。②

这些学者的研究，也较多地关注推动城市变迁的行动者。例如，多位学者将当前的城市化迅速扩张的过程解读为一个资本投资转向城市发展与开发土地的过程。在这一过程中，企业家毫无疑问成为主力。③ 正是他们的企业家精神以及商业行为成为推动城市化过程的直接微观动力。与此同时，政府在各种压力下，也成为吸引与争夺资本的另一股力量。④因为，城市建设往往是最为直接也最为简捷的显示执政效应的工程。因此，优先发展城市开发项目以及吸引外来资金投入都是必不可少的。而在此过程中，失去土地的农民以及被迫遭到拆迁的居民成为被动城市化的代表。⑤ 他们失去了生活多年的熟悉的住房与社区，居住地点的改变给他们带来一系列生活情感方面的问题。而对于新近迁入的居住地点，他们需要重新适应。另外一点值得指出的是，进入城市并成为城市建设主要劳动力的，是从其他农村迁移到城市的农民工。所有这些问题都涉及围绕城市空间变化的社会政治制度与社会关系，它们都是城市社会学首先关注的议题。

---

① 耿慧志：《论我国城市中心区更新的动力机制》，《城市规划汇刊》1999 年第 3 期；张庭伟：《1990 年代中国城市空间结构的变化及其动力机制》，《城市规划》2001 年第 7 期。

② 有的直接归纳为三种行动者的积极性：市长的积极性、开发商的积极性以及老百姓的积极性（耿慧志，见上）。另一些提法稍微不同：政府力、市场力与社会力（张庭伟，见上）。

③ Fulong Wu, "The (Post-) Socialist Entrepreneurial City as a State Project: Shanghai's Re-globalisation in Question." *Urban Studies* 40 (9), 2003, pp. 1673 - 1698.

④ 例如石发勇《城市社区民主建设与制度性约束：上海市居委会改革个案分析》，《社会》2005 年第 2 期。

⑤ 例如张汝立、蓝宇蕴《城市化与农民工进城的方式》，《社会科学辑刊》2005 年第 3 期；张海波、童星《被动城市化群体城市适应性与现代性获得中的自我认同：基于南京市 561 位失地农民的实地研究》，《社会学研究》2005 年第 2 期。

在我们看来，所有这些研究都或多或少地强调了城市变迁过程中某个或某些行动者的社会行为以及他们被其他行动者所影响的方面。从原有研究目的来看，这样的视角无可厚非。但从构建一个完整的解释框架来看，我们认为上述研究缺乏规划建筑师与文化保护人士的视角，而他们的行为对于现在城市变迁的影响是完全不可忽视的。以下我们讨论文化保护人士的作用。

因为规划建筑师在城市社会学讨论中几乎完全被忽略，所以我们专门单列一个小节做更为详细的分析与讨论。

（五）作为行动者的文化保护个人与组织

为了让城市建设变得更为经济、有效与合理，系列的区域与城市科学知识体系逐步兴起，规划与建筑在城市建设中的地位与话语权被逐步赋予并扩展。对于斯科特而言，这"意味着现代社会的空间基础，其社会需要的集体经理特性是为科技理性，它确保着特定资源之有效分派与空间部署"。①

对于理性的过度追逐往往会带来它的对立面——情感——的对抗。斯科特继续讨论：

> ……［技术理性的成功］大刀阔斧地解决了实质与经济规划的课题后，却激发掺杂人性、个人和主观的问题。所以，这些新问题现在也将本身投射为论述形式，并且在关于价值、主观意义、相关性等理论和哲学式思考的伪饰下，产生意识形态的效果……出于这些感受，凝结成各式各样激进的都市政治运动。②

在这里，斯科特特别指出，作为城市建设中科学理性的对立面，一定有关注人们感情、价值的意义与价值体系的兴起，而这往往会形成一

---

① 艾伦·斯科特：《社会的空间基础之论述的意义和社会根源》，蔡厚男、陈坤宏译，载夏铸九、王志弘编译《空间的文化形式与社会理论读本》，台北：明文书局，1993，第6页。

② 艾伦·斯科特：《社会的空间基础之论述的意义和社会根源》，蔡厚男、陈坤宏译，载夏铸九、王志弘编译《空间的文化形式与社会理论读本》，台北：明文书局，1993，第7页。

股社会文化思潮，并转化成真实的城市中的集体行为过程。这样一股社会力量也成了城市变迁中的行动者。

以新加坡的城市重建过程为例，江莉莉非常清晰地给出了上述讨论的实际案例①。作为一个城市国家，新加坡往往被当成一个成功的经济起飞的标版，成就一个发达的全球性"花园城市"。但在江莉莉看来，在这个过程中，有两种来自不同价值体系的意识形态推动力，形成了巨大的价值冲突，并导致民众的身份重构，也形成特有的新加坡城市景观。这两种推动力量，一种是"建立在经济过程和经济理性基础之上的现代主义和国际主义"，另一种是"建立在象征价值体系前提下的遗产、文化和传统"。前者得到的显然是发展与重建特权，而后者则付诸对传统文化的继承与保护。在点名具体的冲突团体时，江莉莉明确列举了其中包含"城市规划者与文物保护组织"之间的冲突。在文章的结论部分，江莉莉不无遗憾地总结道：并不是所有的历史文化地点都能够存续下来，即使那些存续下来的，通常在经过保存与修缮后，也被纳入支撑经济发展的全球城市项目之中。

很多人认为，北京的胡同是北京历史文化最为重要的载体之一。在他们看来，保护胡同，就是在保护传统的北京历史文化。有统计称，1949年，北京的胡同有3050条，1990年有2250条，到2003年大约只有1600条；另有数据称，2004年北京存在直接称为胡同的只有1300多条②。根据2002年一项研究中的卫星影像技术提取的信息显示，除北京历史文化保护区和主要文物建筑外，支撑北京旧城风貌的老胡同、四合院只占旧城总面积的14.14%，③北京旧城的原有肌理在大拆大建过程中已经损害殆尽，面目全非。

华新民是一位在21世纪初积极投身于北京胡同历史文化保护的人

---

① 江莉莉（Lily L. Kong）：《价值观冲突、身份建构以及城市变化》，载加里·布里奇、索菲·沃森编《城市概论》（*A Company to the City*），陈剑锋、袁胜育等译，桂林：漓江出版社，2015，第376~388页。

② 章剑锋：《北京胡同濒临"灭绝"想保护的大多不能幸免》，中国新闻社北京网，http://www.bj.chinanews.com/news/2005/2005-11-10/1/7503.html，最后访问日期：2020年8月10日。

③ 李艳：《北京历史文化名城保护经历的几个阶段》，《中国文物报》2005年4月29日，第B05版。

士，她出生于建筑世家，从小生活在内城四合院中。在近十年中，她几乎全身心投入反对历史街区的成片拆除的旧城保护中。她游走胡同，勘访胡同内建筑，寻访各个主管部门，撰写提交给各个机构的报告，接受媒体采访，有时甚至直接赶往拆迁现场，希望身体力行地保存胡同古建筑。同时，她还参加各种论坛，出席各种演讲场合，期望传播保护历史文化的观念。事实上，也有越来越多的有识之士加入她的行列，一大批像华新民一样的文化保护人士也参与其中，这样的文化保护人士提供了另一种来自民间的看法与声音。从一个更广泛的角度来看，显然这是一个由社会人士、专家学者、志愿组织等参与的胡同保护运动。经过多年的努力，如今保护传统文化建筑已成为城市规划建设的任务之一。像华新民这样的文化保护人士，以及他们的呼吁与第一线的看法和建议都是其中起到推动作用的重要力量之一。

事实上，还有一些机构与个人以数字记录的方式，加入这样的北京城市文化的保护过程中。[①] 在 2006 年的田野走访中，我们采访了一位致力于"老北京"文化记录的行动者。在西四一个三层楼招待所的筒子楼房间里，我们看到了一个当时只有 20 多岁的年轻人和他的一位同龄朋友。两个人组成核心团队，志在建设维护"老北京"网站。作为一个献给北京城市的公益项目，他们希望将更多的正在消失的北京传统文化收集整理记录下来，这些传统文化包括历史城市景观、民风民俗、非物质文化等。在当时简陋的条件下，他们志向远大，踏实肯干。非常令人敬佩的是，他们的网站一直坚持着，到现在仍然作为一个公益项目在运营中。[②]

（六）城市变迁中的五个行动者

因此，我们提出的理论是一个弱化结构性与制度性因素后的解释框架[③]（具体的理论与实际理由，详见下文进一步的讨论）。在我们看来，推动城市变迁的直接行动者包括以下五个部分。[④]

---

① 北京城市实验室有专门的数字化的北京城市历史的项目。https://www.beijingcitylab.com/projects-1/0-historical-beijing/，最后访问日期：2020 年 8 月 10 日。

② "老北京"网站，http://cn.obj.cc/，最后访问日期：2020 年 8 月 8 日。

③ 需要特别提醒，我们并不是认为结构性与制度性因素在城市地点变迁过程中不重要，而是认为它们本身就是在这些行动者的互动中一步一步建立起来的。对于当前转型时期而言，这一逐步建立的过程占有压倒性的趋势。

④ 请参见下文将规划建筑师作为一个重要行动者的详细理论讨论。

◆国家与政府。从理论上和法理上，国家是城市土地的直接所有者，当地政府也控制着土地的使用。在城市建设过程中，国家与政府有着自身独立的一系列目标和构想。同时，它也要考虑到其他一些约束因素。

◆开发商与投资商。开发商与投资商具体投资建设城市地点。毫无疑问，他们的主要目的就是要从城市建设中获取收益。他们也是城市地点中商业经营活动的主要提供者。

◆规划建筑师。规划设计师与建筑师是城市地点建设的具体实施者。他们具有专业知识与技能，成为改变城市地点物理外貌的职业人士，成为政府、开发商与投资商所雇用的对象，来完成城市地点的具体改建方案设计与实施。

◆文化保护人士。城市变化是一个历史过程，新的改变总是在原有的基础上做出的。文化保护组织与个人就是要保存城市的历史文化（包括建筑、景观以及与此相连的人文现象），使之能够在城市改造过程中不被摧毁与流逝，能够传承下去。

◆当地居民。在城市改建与变化过程中，当地居民的切身利益直接受到影响。他们通常积极表达诉求寻求利益补偿。但是，除了本来占有地点以外，他们手中与其他群体讨价还价的筹码较少，甚至在话语权上都不占优势。

正是这五个行动者在城市地点的改造过程中，相互影响，相互制约，形成一系列推动城市地点变迁的动力机制。在他们的争夺、谈判、博弈、冲突以及妥协并最终达成一致的过程中，城市景观改变了面貌，呈现一个新的、体现了这种社会力量相互作用的城市地点。

二　推动城市变迁的规划建筑师

回顾前面讨论过的城市社会学的各种理论流派，可以发现一个非常令人遗憾，同时也难以让人相信的结论：这些理论几乎都没有讨论城市规划建筑师。

即使我们可以理解这些社会学理论分析城市变迁成长，聚焦在其过程之中的人们之间的利益分配、争夺与协调，规划建筑师在此过程中往往是看似价值无涉的局外人。但是，如果回归到城市变迁的核心本质，关注城市如何变迁，就应该考虑到，城市中各个群体之间的利益分配结果，最终都需要通过空间形式表达出来，这个表达过程一定需要拥有专业技术知识的规划建筑师。首先，这些规划建筑师并不一定完全价值无涉；其次，这样的表达过程与群体间的利益分配并不完全一致，并且一定不会完全按照设计图纸来建造。所以，在城市变迁过程中，规划建筑师一定会留下清晰明显的自身印记。因此我们坚信，任何解释城市空间变迁的社会学理论，必须也必然要将规划建筑师纳入分析讨论；我们还坚信，规划建筑师的具体行动也必然是构建城市空间的主要因素之一。

　　城市社会学之所以有意无意忽略规划建筑师的重要作用，探其原因可能有二。一是学科之间的界限使得学科知识上相互交叉，研究人员有交往，但不能让对方进入本学科的理论模型中，以免学科体系的崩解。二是正如前面有的社会理论家所抱怨的，城市社会学研究也许根本就是有意降低甚至是忽略了"空间"因素，因此将以设计城市空间为业的规划建筑师摒弃在自身狭窄的理论分析之外。

（一）　城市空间的直接构想者

　　事实上，即使是对城市社会空间特别关注的社会理论家，在理论建构中如何对待规划建筑师，也有着不同的立场。在肯定城市建设中工程师、技术员与建筑工人的贡献之外，福柯明确认为，建筑师根本不是城市空间的构想者，也不是"空间的主宰"（masters of space），因为他们对于空间的三个要素（领土、交通和速度）都无可掌控[①]。他更进一步明确否认了作为建筑师的柯布西耶对于城市空间的任何积极作用。

　　与之相悖的，有着城市规划工作经历的列斐伏尔则认为，规划师的工作是将城市空间展现出来的过程。在他看来，城市规划既有艺术性又有科学性，既有技术又显得知性，展示出来的是一种"幻象"；城市规划分为三种：主张抽象的乌托邦的人道主义规划、兜售生活风格与社会身份的开发商的规划，以及体现国家活动的国家与技术官僚的规划；而

---

① 米歇尔·福柯、保罗·雷比诺：《空间、知识、权力——福柯访谈录》，陈志梧译，载包亚明主编《后现代性与地理学的政治》，上海：上海教育出版社，2001，第1～17页。

这些规划活动的根本目的与意义，是人道主义与技术决定论之下的对于城市空间的"控制"①。因此，在列斐伏尔的理解中，规划建筑师对于城市空间的整体性构想过程有着至关重要的作用。

事实上，规划对于构建城市空间的重要作用自古有之。从中国唐代长安与洛阳两座都城的城市布局图（见图3-1），可以看到整体布局井然有序，条块分割安排清晰。以长安城为例，宫城位于正北，其南为皇城，宫城与皇城的东西南三面则是郭城，东市与西市分别位于皇城的东南与西南方。在传统中国，"筑城以卫君，筑郭以居民"。唐代的长安都城沿用隋代的大兴都城，并在此基础上整理扩建。完全可以推断，这样一个城市的建设过程，一定是经过先期规划，然后逐步建设。事实上，大兴都城的兴建过程就是先期制定了规划方案，然后"先建宫城，再建皇城，最后建成郭城"。② 大明宫则是唐太宗后来在宫城的东北高地另行建设的更为宏大的宫城。

"匠人营国"，唐代长安都城的建造淋漓尽致地显示了皇权的威严与封建等级的秩序。这样的传统哲学思想也成为中国城市规划理论思想的重要来源之一。③ 当然，即使规划过程在长安都城的建设中有着不可否认的重要作用，但也许还是有人认为这一作用与现代规划思想的使用有着重大差别，甚至认为传统中国的规划思想根本没有理性思维，而这样的城市建设过程甚至还导致当代中国城市规划实践中理性思维的缺失。④

这样的批判显然是"关公战秦琼"似的错位。正如第一章讨论的韦伯关于中西城市历史发展的差异，中国古代城市是包围在广大亚细亚自给自足的农业生产腹地之中，并没有西方城市市场贸易的推动力，其更

---

① 亨利·列斐伏尔：《都市革命》，刘怀玉等译，北京：首都师范大学出版社，2018，第198页。
② 杨宽：《中国古代都城制度史研究》，上海：上海人民出版社，2016，第168页。
③ 张庭伟：《转型时期中国的规划理论与规划改革》，载理查德·勒盖茨、弗雷德里克·斯托特编《城市读本》，中文版由张庭伟、田丽主编，并另外收入多篇中文文章，北京：中国建筑工业出版社，2013，第394~409页。
④ 孙施文：《中国城市规划的理性思维困境》，载理查德·勒盖茨、弗雷德里克·斯托特编《城市读本》，中文版由张庭伟、田丽主编，并另外收入多篇中文文章，北京：中国建筑工业出版社，2013，第423~435页。

重要的目的是对农业生产领土的政治性统治。因此，城市空间的意义与目的在于构建君臣等级与官僚治理的森严秩序。从唐代的长安都城以及洛阳东都的城市布局来看，匠人营国的技艺在城市建造过程中得到恰如其分的应用，其先期的城市规划方案也非常圆满地达成城市空间的目标，其规划理性与现代西方规划思想中的理性完全一致。也许，呼唤改革规划理性思维的声音应该转换成调整明晰规划目标。

事实上，传统中国哲学思想对于规划理论中平衡科学理性与情绪感性有着重要启示。怎样合理使用传统哲学思想，并将之在现代规划思想中推进深化，是一个很有意义的理论探讨问题。

因此，规划建筑师的工作事实上就是构想城市空间，并将之用空间语言描述出来，通过工程建造出来。

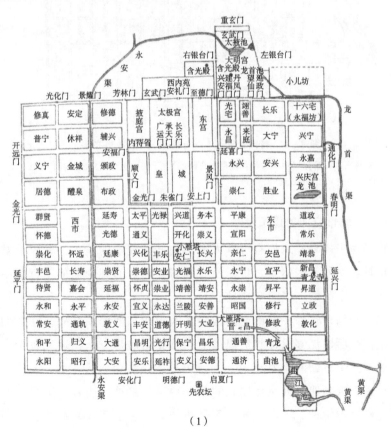

（1）

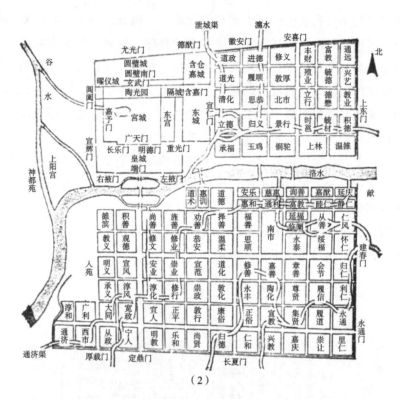

（2）

图 3 - 1　唐代长安（1）与洛阳（2）城市布局

资料来源：杨宽《中国古代都城制度史研究》，上海：上海人民出版社，2016，第 171 页（长安），第 180 页（洛阳）。

（二）城市空间的建造者

正是由于规划建筑师有着巨大的影响城市建造的能力，其应当被纳入城市社会学的思想体系之中，没有规划建筑师的理论框架不可能很好地解释城市空间的形成与变迁过程。

除了规划建筑师在城市空间构建实践中的重要作用之外，在我们看来，他们之所以能够成为我们模型中的重要组成部分，在理论考量上至少有以下三个方面的原因。

首先，规划建筑师通常代表的是一种科学精神，或者说至少声称代表了这样一种精神。城市化的过程是随着大工业生产而兴起的，是资本主义商业与理性主义的科技推动的。在整个过程中，合理与有效一直都是城市建设的重要考量要素。与此相应的就是城市建设过程中的科学性。

一直以来，城市规划师与建筑师都是城市建设的重要力量。

这样的理性在制度化以后，形成了机构、法律以及与此相适应的程序、职业与文化。即使城市建设过程中政府与开发商更为强势，但这些制度往往可以为其他社会群体所使用来增加自己的话语权与谈判筹码。规划师与建筑师正是使用这些制度工具的重要群体。因此，城市规划师的权力根源于其对城市建设中科学理性话语的掌握，借助现代社会中科学化的名义，他们无可争议地成为设计城市的代言人。

在讨论发达国家中城市规划科学的兴起时，斯科特指出，因为20世纪20~30年代的经济危机催生了政府深度介入经济的凯恩斯主义与社会福利主义，直接导致大规模的"区域发展方案、高速公路规划与建设、新镇的开辟、公共住宅方案"等，使得规划学科及其他相关学科的实际需求迅速提升，并得到快速的发展[1]。规划科学的话语权也随着城市建设的推进逐渐积累提升。

在城市建设过程中，技术与知识的要求越来越高。规划建筑师们在此过程中不断发现他们的话语权受到各种挑战，他们不断向其他学科借鉴知识与技术。这样的交叉融合，有着形象的比喻，"如果规划师过分关注于物质性规划，而忽略政治、经济、社会、生态等相关学科对规划的影响，那么他就是聋子；但如果他只关注相关学科的研究而忽视规划的空间本质，那么他就是瞎子"[2]。随着后现代浪潮的兴起，城市规划师与建筑师又开始困惑。因为这样的"科学化"设计并不能换来消费者完全的认同。后现代社会中，文化的弥漫使得规划建筑师也开始重新考虑，他们也开始学习文化、思考文化，开始将其他学科引入他们的领域。

在第九章的讨论中，我们将看到规划建筑师将其他学科的知识与方法体系引入自身的工作中，极大地帮助自己，也极大地推动了城市规划设计工作。

其次，城市空间的物理属性决定整个城市建设过程中路径依赖的重

---

[1]　艾伦·斯科特：《社会的空间基础之论述的意义和社会根源》，蔡厚男、陈坤宏译，载夏铸九、王志弘编译《空间的文化形式与社会理论读本》，台北：明文书局，1993，第1~18页。

[2]　吴志强：《城市规划学的发展方向》，载理查德·勒盖茨、弗雷德里克·斯托特编《城市读本》，中文版由张庭伟、田丽主编，并另外收入多篇中文文章，北京：中国建筑工业出版社，2013，第410~422页。引文摘自编者导读，第410页。

要特征。这是因为，完成的建筑物对于以后的改造、翻新都会有重要影响。而这些建筑物的社会属性与社会特征进一步增加了路径依赖的因素——所有建筑的拆迁与改建都不可避免地吸引正反多方面的意见及表达。所以说，建筑师与规划师对于城市的影响是相当重要的。

一个有趣的例子是北京西直门立交桥的不断改造，及对北京市民交通生活的影响。在20世纪80年代初刚建成时，西直门立交桥非常雄壮，并成为一大景观。但随着城市化的进一步推进，西直门立交桥的交通变得越来越繁忙，以致不堪重负成为二环路西北角经常堵塞的节点。西直门立交桥一直处于不断改造过程中，整个桥梁越来越高，而层数也越来越多。即便如此，如今的西直门立交桥仍然是北京城最为拥堵的交通节点之一。由于整体桥梁结构过于复杂，交通路线也相应变得非常繁复，交通指示路牌很难直截了当清晰显示出来。即使有了行车导航的帮助，该立交桥仍然让不熟悉的司机们感到前路的迷惑，经常走上错误的道路。由此演化出来的诸多交通设计的建议、批评举不胜举。甚至还有大量平民化的幽默与网络文化随之而起，形成具有强烈后现代意味的特殊的西直门现象。因此，西直门立交桥实实在在地影响了城市建设、空间规划、交通工作、通俗文化以及人们的日常生活。

最后，规划建筑师有着自身的目的。艾琳指出规划建筑师至少有两个目标——个人的艺术理想抱负与社会经济的理想抱负。[①] 一方面，因为规划建筑师建造的城市中的地貌与建筑，往往会长时间保存；而规划建筑师个人往往与他们的作品紧密相连。一旦完成一项地标性的设计，规划建筑师往往可以声誉鹊起甚至青史留名。因此，规划建筑师往往有着理想主义的抱负，也就是列斐伏尔提及的有着"抽象的乌托邦"思想的人道主义城市规划。[②] 另一方面，规划建筑师往往受雇于政府或是开发商，完成雇主提出的建设目标是他们不得不面对的，因此其作品中也必然体现了雇主的意愿。

不论这两者是否重叠或是矛盾甚至不可调和，规划建筑师自身有着可能与其他城市建设参与者不同的目标，这构成他们独特的行为模式。

---

① Nan Ellin：《后现代城市主义》，张冠增译，上海：同济大学出版社，2007，第128页。
② 亨利·列斐伏尔：《都市革命》，刘怀玉等译，北京：首都师范大学出版社，2018。

另外，在城市建设过程中，实际工作的推进往往不可能按照最初设计的图纸一板一眼地进行，规划建筑师经常有着因地制宜的即兴之作。他们在城市空间的建造过程中往往积极主动地提出带有个人色彩的方案。他们随后也尽力促成这些个人的考量能够顺利地体现在最终的建成作品之中。

让规划建筑师能够更有自信与能力参与到城市建设中去的，不仅仅是其本身的科学知识与技能。更重要的是，他们成为城市空间建设背后的群体。特别是当规划建筑成为一个职业，有着职业的基本科学训练与行业的基本制度之后（例如文凭与证书制度、行业执业证书、行业协会等），他们甚至有着相同或者相似的行业行为规范。英国皇家城市规划协会甚至为规划师们列出了，从发达的政治技能到发达的沟通技能，再到经营和商业技能等详细的 15 项技能清单，细心地规范培养未来的规划师。[1] 这样一个群体往往包括城市规划设计者、建筑师、地理学家、土木工程师、交通专家、环保专家等，他们成为城市建设过程中不可或缺的重要力量。

在现代城市建设的机构中，规划建筑师往往成为官方授权机构、半官方机构以及多种民间组织的技术标志，成为这些组织中提供专业技术咨询与顾问的专门人才，成为将政府、开发商以及民众间各种要求、目标以及诉求糅合在一起并编制各方均可接受的规划建筑方案的力量。

（三）规划建筑师角色的拓展

在城市建设实践过程中，规划建筑师并不完全受限于技术人员的狭窄职业领域，他们往往拓展自身的职业范围。[2] 他们能够这样做的动力不仅来源于他们学习或是引入其他学科体系，掌握更多的话语权，还在于他们在很大程度上没有直接的相关利益，处于一个比其他城市建设行动者相对更为超然的地位。

规划建筑师的角色变化过程与城市规划的历史发展紧密相连。推动

---

① 参见加文·帕克、乔·多克《规划学核心概念》，冯尚译，南京：江苏教育出版社，2013，第 24～25 页。

② 可参见 Andrew Delano Abbott, *The System of Professions: An Essay on the Division of Expert Labor* (Chicago, IL: University of Chicago Press, 1988)。中文译本见安德鲁·阿伯特《职业系统：论专业技能的劳动分工》，李荣山译，商务印书馆，2016。

　　现代城市规划发展的理论思想大致有四个阶段：一是早期城市规划以物质设计为基础的规模扩大过程，将建筑设计扩大到城镇的一部分甚至整个城市；二是二战以后社会变迁带来的社会问题促成规划设计向科学理性分析与系统工程转型；三是社会公正与平等价值观推动城市规划转化成平衡群体利益的政治过程；四是从注重效率与功能为主的现代主义朝向注重历史、本土、包容、差异的多元文化主义的后现代主义转型。[①]

　　而彼得·霍尔对在这样的转型过程中，规划设计师的角色任务有着非常形象的描述。"1955年，典型的刚毕业的规划师是坐在绘图板前面的，为所需要的土地利用绘制方案；1965年，他或她正在分析计算机输出的交通模式；1975年，同样的人正在与社区群体交谈到深夜，师徒组织起来对付外部世界的敌对势力。"[②] 泰勒也概括了规划建筑师的角色从富有创意的设计师转变成作为技术专家的理性决策者，再转变为作为管理者与协调者的规划设计者。[③]

　　在规划建筑师角色任务的变化过程中，有一条主线引人关注，那就是与其他社会群体的互动变得越来越必不可少。这在达维多夫的倡导主义规划理论中特别清晰。有着律师从业经历的达维多夫，十分关注城市规划过程中弱势群体的利益表达及其是否被纳入城市规划之中。在他看来，不同的群体有着不同的利益，会进而导致不同的规划；因此，如何确定公共利益并将之落实到规划方案中就成为一个政治过程，并且具有挑战性。规划建筑师显然应当成为政府、社会组织、其他机构、特殊群体与个人在城市空间构想中的多元利益代言人，积极参与规划的决策制定过程。[④] 达维多夫甚至发动一系列实际行动，成立实体机构，实践他的倡导主义

① 奈杰尔·泰勒：《1945年以来的英美城市规划理论：非范式转变的三大进展》，载理查德·勒盖茨、弗雷德里克·斯托特编《城市读本》，中文版由张庭伟、田丽主编，并另外收入多篇中文文章，北京：中国建筑工业出版社，2013，第382~393页。

② 彼得·霍尔：《明日之城：一部关于二十世纪城市规划与设计的思想史》，童明译，上海：同济大学出版社，2009，第380页。

③ 奈杰尔·泰勒：《1945年以来的英美城市规划理论：非范式转变的三大进展》，载理查德·勒盖茨、弗雷德里克·斯托特编《城市读本》，中文版由张庭伟、田丽主编，并另外收入多篇中文文章，北京：中国建筑工业出版社，2013，第382~393页。

④ 保罗·达维多夫：《规划中的倡导主义和多元主义》，载理查德·勒盖茨、弗雷德里克·斯托特编《城市读本》，中文版由张庭伟、田丽主编，并另外收入多篇中文文章，北京：中国建筑工业出版社，2013，第371~381页。

城市规划。但实际情况是，并非所有人都关注周围的规划设计过程。因此，动员参与成为规划建筑师在实践倡导主义规划中需要克服的难点。

回到城市变迁的实际过程，可以发现这种规划思想的变化与规划建筑师角色的变化，是对应城市空间变迁的特定历史进程的。在大规模城市建设完成之后，城市建设从"增量时代"进入"存量时代"，城市空间的构建必然采用吴良镛先生提倡的小规模、渐进式的"有机更新"的方式，强调对城市肌理的整体性保护与延续，在破败衰落地区实现多种功能更新与环境品质提升。[①] 相应的，在城市里将出现以综合整治与缝合织补的方法及手段激活的混合功能区和混合社区，展现衰退困境中更新的城市空间。[②] 西方国家的城市更新进程则早在20世纪60年代就已经开始，并在90年代得到大规模推广[③]。

面对这样的规划任务与目标的变化，规划建筑师所需要的知识技能结构发生了重要变化，承担的角色也有了重要变化。在城市更新过程中，规划建筑师必须在已有城市空间的基础上小规模地重新设计自己的规划方案，而原有社会空间中的各个群体都会涉及其中，他们差异显著的原有利益与未来的收益期望都需要被规划建筑师细致考量。这种背景下的城市更新计划往往涉及更多更杂的，与政府、机构以及居民沟通的工作。所以，福雷斯特总结了规划建筑师应当成为规范执行者、谈判人兼协调人、资料收集人以及擅长沟通交流的外交官。他还根据自己的规划实践归纳出规划建筑师解决冲突完成规划方案的六种技巧与策略[④]。

在城市更新提升生活品质的背景下，规划建筑师更多地与其他社会群体互动，动员更多的社会成员参与到规划过程中来，并且更加积极主动地包容文化差异实施倡导主义规划。一个规划建筑工作的新方向产生了，这也是城市空间构造的一种新的方式。社区规划逐渐成为规划建筑

---

① 吴良镛：《北京旧城居住区的整治途径：城市细胞的有机更新与"新四合院"的探索》，《建筑学报》1989年第7期，第11~18页。

② 张杰：《存量时代的城市更新与织补》，《建筑学报》2019年第7期。

③ 董玛力、陈田、王丽艳：《西方城市更新发展历程和政策演变》，《人文地理》2009年第10期。

④ 约翰·福雷斯特：《面对冲突的规划》，载理查德·勒盖茨、弗雷德里克·斯托特编《城市读本》，中文版由张庭伟、田丽主编，并另外收入多篇中文文章，北京：中国建筑工业出版社，2013，第464~479页。

师深入城市社区基层，了解普通居民日常生活需求与困难，联系基层政府管理部门，连接各个相关社会群体，沟通协调各方利益与资源，最终完成更新社区空间，达成城市社会治理与空间治理的同步发展。

社区规划过程中，最重要的工作也许是动员社区居民参与到规划工作中来。这是因为，居民的异质性带来的立场利益的差异性较大，同时也因为居民处于权力的末端，他们往往很难有机会从容地表达自身的需求与想法。所以，从一开始，社区规划师都特别强调采用特定的流程机制让居民有效地参与到规划工作中来（见图 3－2）。从这个意义上讲，社区规划师的工作真正体现了达维多夫的倡导主义城市规划。

有学者归纳了社区规划师的当前工作模式，主要包括：统筹各级政府与规划部门目标的"规划统筹型"，协同多个社区主体了解需求形成规划方案的"社区协动型"，以确定的项目带动的"项目介入型"，搭建公共参与平台动员社会力量共同研讨规划方案的"事件参与型"等。[①]显然，社区规划师以一个相对独立的代表着科学理性的角色，在基层政府、市场与社会之间起着沟通协调的作用。

从更高的理论层次上讲，社区规划师的工作在实践层面体现了列斐伏尔的城市的社会空间辩证法。在城市基层社区，除带入科学理性的规划方法之外[②]，社区规划师特别强调整个社区规划的合法性更多地在于当地社区居民的参与，希望清晰了解当地居民的日常生活所需，并与其他相关群体（包括政府、机构、其他居民）沟通，形成确定的公共利益解决方案，最终使用他们所擅长的物质空间的重新塑型表达出来。在这里，构建出来的新的城市空间包含特定地点上的特定社会关系与物质空间关系，是一种构建出来的人与物的相对关系的安排[③]。

在第九章的讨论中，我们将看到，作为科学理性代言人的规划建筑

---

① 刘佳燕：《开篇：基层治理视角下的社区规划师制度》，载刘佳燕等主编《社区规划师：制度创新与实践探索》，北京：中国建筑工业出版社，2020，第 1～13 页。

② 可以跟有些学者对于当前中国城市规划过程中缺失科学理性的抱怨相比照。参见吴志强《城市规划学的发展方向》，载理查德·勒盖茨、弗雷德里克·斯托特编《城市读本》，中文版由张庭伟、田丽主编，并另外收入多篇中文文章，北京：中国建筑工业出版社，2013，第 410～422 页。

③ 可以与马汀娜·洛的空间的概念相比较。参见 Martina Low, *The Sociology of Space: Materiality, Social Structure, and Action* (New York: Palgrave MacMillan, 2016)。

师有时成为政府、开发商、文化保护人士以及民众沟通互动的中间人，致力于搭建这四者谈判、博弈以及协调的平台，并以此为基础来完成自身规划方案的制订与实施。

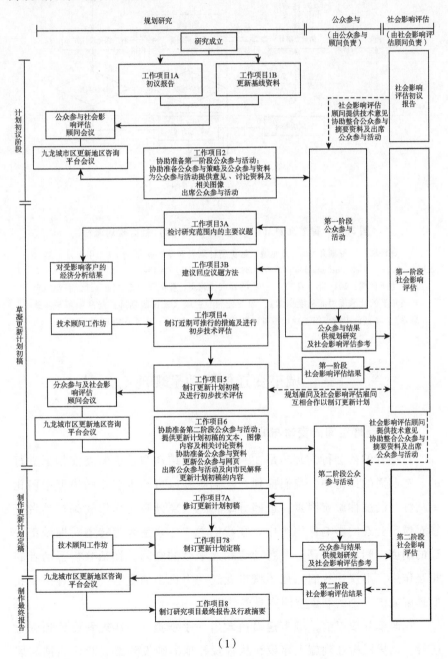

（1）

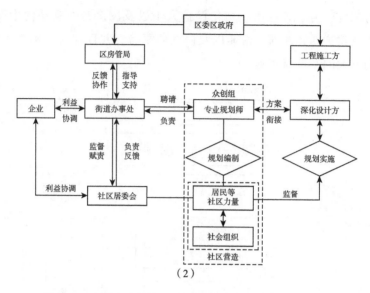

（2）

图 3 - 2　香港九龙（1）与武汉 B 区（2）社区规划流程

资料来源：香港九龙，《九龙城市区更新计划规划最终报告》，2014 年 6 月，第 16 页，https://www. durf. org. hk/pdf/20140812_ KC_ DURF_ FinalReport（portrait）_ sc. pdf，最后访问日期：2021 年 1 月 11 日；武汉 B 区，郭炎、张露予、李志刚《武汉：组织模式视角下的社区规划师制度探索》，载刘佳燕等主编《社区规划师：制度创新与实践探索》，北京：中国建筑工业出版社，2020，第 65～83 页，图示在第 74 页。

三　城市变迁的行动呈现理论

（一）制度空间的变动与成形

行动者的社会行为必然是在一定的社会结构与社会制度安排下进行的。在前面的讨论中，我们提到在我们解释城市地点变化的模型中弱化结构性与制度性影响因素，也部分地将这一部分影响作用放到行动者直接对城市变迁的影响作用当中。在我们看来，这是因为转型时期城市变迁的制度空间本身就是一个行动者相互争夺的空间。详细分析行动者的相互作用，不仅让我们抓住了城市变迁动力机制的重心，而且有助于我们理解城市变迁的制度空间本身的建立。

在改革开放以前，城市建设由政府一手承担——从规划设计到资金统筹，从居民搬迁到施工建设，从景观绿地的铺设到最终商业店铺与居民的迁入。在这个阶段几乎没有任何其他行动者参与，所有都是政府行为。而政府按照整个国民经济的发展和意识形态的目标来安排城市建设计划，整个制度空间显得十分统一。

随着市场改革，城市建设也加快了步伐，引入了市场机制，开发商与投资商应运而生。他们不仅仅是城市建设中的出资方，还承担了项目管理、市政城建等配套建设功能。政府的角色逐渐隐退，除了继续把持规划与审批的权力，其余功能已经完全让给市场。规划设计师慢慢也从政府的下属部门独立出来，成为另一个参与城市建设的力量，他们利用手中的知识与技术待价而沽。而居民的房产也成为家庭私有财产的重要组成部分，在拆迁过程中成为与开发商讨价还价的重要筹码。对于其他社会群体而言，政府与社会给予了更大的空间，他们可以因为不同目的发表意见、动员谈判，甚至见诸法庭。

当前社会转型时期，围绕城市变迁的各个行动者都逐渐清晰可见，他们似乎都急不可耐地加入了城市变迁的话语权与道德制高点的争夺当中。国家与政府要加快城市建设，改善人民生活；开发投资商要为改变城市面貌贡献资金与管理；规划建筑师也要让城市变得更合乎科学原则，更加人本主义，更加美观高效；而居民则希望生活更加舒适方便，其他社会群体成员则希望城市变化过程中的集体记忆以及其他价值原则能够被维护与保留。

在我们看来，至少有以下几个原因使得当前的社会结构与社会制度在城市变迁过程中显得较为混沌，而各个行动者都竞相争夺制度空间以期获得对自身更为有利的局面。

首先，政府的部分退出使得原来完全由政府掌控的城市建设的领域变得更加多元。其他行动者的加入必然带来各方目标利益的差异以及冲突。

其次，在转型时期，各种制度的建立都是在摸索中形成的，城市建设领域也不例外。而这样一个摸索渐进的过程就是一个行动者各方相互争夺、谈判妥协的过程。在《物权法》出台的过程中，城市房产的业主提出了很多修正建议，后来颁布的《物权法》正本也采纳了其中的某些建议。另一个例子就是《城市拆迁条例》的出台，由此来规范保障地方政府、开发商以及当地居民在城市建设过程中涉及的利益。而在此之前这几乎完全是由上述三方近乎无规则的谈判、冲突、妥协甚至流血事件而告终的博弈过程。

最后，在新的行动者加入城市建设的领域之后，整个领域变得目标多元，这使得各个行动者为了自身的目标必然要加入博弈①。而这些行动者以自身目标为基础的博弈，经过一系列讨价还价并达成相互认可的结果，这些流程逐渐定型下来就构成一个制度建设的过程。

所以，转型时期城市变迁过程中的结构性与制度性因素本身就处于逐渐形成的过程，而推动城市变迁的行动者也正是这些制度的建构者。

（二）推动城市变迁的五个行动者的比较

我们认为，一个分析讨论城市变迁动力机制的理论框架，上面五个行动者缺一不可。他们之间相互影响，互为因果动力机制，共同推动城市变迁的过程。当然，我们也应该充分理解到，这五个行动者有着各不相同的目标与行动策略，不可能做到完全步调一致。所以在分析过程中，我们还需要至少做到以下两点。

第一，详细比较这五个行动者在各个维度的特征，因为这些特征决定了他们各自行动选择中的决策过程。

第二，详细分析这五个行动者相互影响的机制，这样可以揭示城市变迁的具体过程，也有助于理解城市变迁制度的建立。

显然，我们提出的推动城市变迁的五个行动者，各自占据城市社会的不同位置，掌握不同的资源，在城市变迁过程中起到不同的作用。以下，我们分别从多个维度来比较他们的特征（见表3-1）。

表3-1　推动城市变迁的五个行动者的比较

	国家与政府	开发投资商	规划建筑师	文化保护人士	当地居民
成员列举	中央政府、当地政府	开发商、商铺老板	规划师、建筑师、装潢师等	城市文化保护组织与个人	当地居民
使用地点的目的	推动城市改建、改善城市环境、保持GDP增长	获取利润、树立品牌	美化城市、建立风格、留下个人作品	保存与维护传统文化	生活与休闲的地方、集体记忆的地方

---

① 对于各个行动者的目标，参见下面的讨论。

续表

	国家与政府	开发投资商	规划建筑师	文化保护人士	当地居民
权力类型	政治权力	经济权力	知识权力	文化权力	社会道义的力量
权力来源	政治合法性、行政权力	经济实力	技术垄断、现代审美的话语权	社会利益	个人与社会利益
权力体现	制定城市发展规划，启动城市改建，审批各种方案	投资改建、开设商铺	设计城市改建方案、设计建筑方案	保护历史文化	维护社会公平
权力约束	保持居民心目中的合法性；上级政府的约束	符合法律法规的经营	雇佣关系；资格准入；大众与行业评价	相对匮乏	资源匮乏
话语体系	改善人民生活	促进城市建设	美化城市环境	保护传统文化	维护社会正义
行动类型	政治性、行政性	经济性	职业垄断	社会大众性	社会大众性
行动策略	招商引资、安抚居民	强调资本的贡献	强调知识技术的重要	强调历史文化	强调社会正义
潜在联盟	开发商与居民都有可能	政府	联合其他学者、文保人士	政府、规划师、居民	政府，或是更高层级的政府
行动内容	政府行为	投资或撤资	对设计规划的垄断	制造舆论、说服政府与规划师	制造舆论，寻求广泛的社会支持，寻求更高层级政府的支持
行动目标	社会和谐、经济增长、环境美好	利润与其他经济收益	美化城市、圈内圈外的声望；个人印记	保留城市景观、保护集体利益	保护私人权益

1. 成员列举

由于有多级政府，而中国的行政体系也决定下级政府从属于上级政府，因此，国家与政府包括各个层级的政府——从当地政府向上一级延伸，直到中央政府。开发投资商既包括投资土地房屋开发的地产商，也包括当地商业环境建成以后进驻的各种店铺老板，他们构成从当地商业活动中寻求利润的主要资本方。规划建筑师群体包括所有参与该地点地理外貌规划设计的从业人员——规划设计师、建筑设计师、景观设计师、房屋装潢设计师、公共设施设计师等。文化保护人士的群体相当复杂，有的是集体记忆的记录者，有的是环境保护的拥护者，有的是历史文化建筑的维护者；具体到组织形式，有的有明确的组织，有的则是松散的群体，有的干脆就是个人。当地居民有的是当地原有的居民，有的是外来租住当地的移民，有的是弱势群体的代言人，还有的是政府与开发商行为的监督者。

2. 使用地点的目的

地点是政府控制与生产的对象，是开发商获取利润的资源对象，是规划建筑师空间实践的对象，是文化保护人士确认的传承文化的载体，是居民居住并获得归属感等其他情况的对象。不同层级的政府使用地点的目的并不一定完全重合，但总的来讲，他们都希望推动城市建设，改善城市的各项环境，并促进经济的繁荣。开发投资商则目的明确，就是要在此投资获得回报，即使不能快速获得利润，至少要建立品牌效应。规划设计师在完成某一地点的功能设计之外，总是要留下包含自己个人风格的作品。文化保护人士则希望地点大致维持原有的传统面貌，能够成为体现他们集体记忆的地方，而地点对于民众而言是他们生活、休闲、消费等的地方。

3. 权力类型

政府控制的是政治力量；开发投资商手中握有的是经济力量；规划建筑师拥有的是知识力量；文化保护人士则可以挥舞历史文化的大旗；而居民手中的权力最具有伸展性，可柔弱单薄也可强大无比，是一种社会道义的力量。

4. 权力来源

政府的权力来源在于其政治合法性，而地方政府的权力则又是中央政府逐级授予的行政权力。开发投资商的力量源泉就是其经济实力，这也是城市发展过程中必不可少的。规划建筑师垄断技术技能，并且掌握现代城市建筑审美体系的话语权，能够引导其他人对建筑规划的审美品位。民众力量的源泉是从个人或者社会利益引申出来的。

5. 权力体现

政府权力体现在对涉及城市地点的全局掌控——从制定发展规划到启动改建工程、从招商引资到审批各种设计方案、从动员搬迁当地居民到安抚有意见的各方。开发投资商显示其实力的时候就是他们投资进入当地改建工程或是商铺的时候。在设计城市规划与建筑方案时，规划建筑师充分运用自己特有的知识技术，显示了独特的力量。文化保护人士能够利用价值观认同，动员保护历史文化的社会行动。而居民的力量显示在他们维护社会公平的社会行动当中。

6. 权力约束

政府权力的约束来自民众对其合法性的质疑，所以政府时时要注意将民众的利益作为行政考量的重要变量；而地方政府还有来自上级政府行政权力上的制约。开发投资商的制约来自政府对其经营活动是否符合政策法规的审查。规划建筑师的权力约束来自雇用他们的开发投资商，资格准入制度与资格证书的获取也是约束他们的力量之一，他们还受到大众与行业内部评价的影响。而文化保护人士与当地居民的力量的约束在于他们手中握有的资源并不多，仅是一些柔性的策略性资源。

7. 话语体系

对于政府来讲，最为响亮的口号就是要改善城市环境，让民众过上更好的生活。而开发投资商则积极响应政府的号召，他们的话语就是在这一号召之下积极促进城市建设。规划建筑师则要在此号召下将城市建得更加美好，让民众的生活更加方便。文化保护人士则广为传播他们保护传统文化的理念。在此之下，居民则理所当然地高举社会正义的大旗来引导他们的行为。

8. 行动类型

政府的行为显然是政治性的，地方政府的行为也是行政性的。开发投资商的行动是经济性的。规划建筑师的行为则是职业垄断性的。缺乏资源的文化保护人士与居民的行为只好是社会大众性的。

9. 行动策略

在上述目标与约束之下，各个行动者的行动策略也清楚呈现出来。政府一方面要招商引资促进当地的环境改造与经济发展，另一方面也要安抚民众，使他们不要过于对抗城市改建所带来的负面影响。开发投资商则强调他们对于城市改造的贡献以及他们合法经营应当得到的收益。规划建筑师则要守住他们对于技术与审美话语体系的垄断，使其他行动者不能轻易侵犯他们的专属领地。文化保护人士从人们的记忆与感情出发，强调历史文化对于社会的意义，动员最为广泛的社会力量。而居民则只好强调更基本的社会正义的原则，希冀这一原则可以超越其他行动者的所有行为准则，为他们带来社会道义上的制高点。

10. 潜在联盟

有了上述行动策略，各个行动者在行动中也要联合其他行动者一起完成自己的行动，并达成自己的目标。对于政府而言，他们潜在的联盟并不是完全确定的，在不同的情形下他们可能与开发投资商或民众结盟①。由于开发投资商受到的政府约束是决定性的，所以他们的潜在联盟只能是当地政府②。规划建筑师潜在的联盟是没有参与当前改建项目的其他本职业的同行，这样的联合可以排斥职业之外的其他群体。文化保护人士的盟友最为广泛，因为他们需要说服政府以便落实他们的文化保护目标。另外，在某些情形下他们也可以成为规划建筑师的盟友，用来对付其雇主开发投资商的干预。居民的盟友可能是当地政府，也可能是更高层级的政府。

11. 行动内容

政府行为包括各种涉及政治、经济、行政以及社会等方面的政策与实施。开发投资商的行为主要就由投资或撤资组成。规划建筑师则是在完成各种含有自己风格的设计的同时，保持对整个设计过程的技术垄断。最没有资源的文化保护人士与当地居民更多依靠舆论的力量，寻求更广泛的社会支持，或者寻求政府的支持，有时甚至向更高层级的政府求助。

12. 行动目标

对于政府而言，保持一个稳定而繁荣的社会，保持城市环境的进一步改善，保持城市经济的进一步增长就是他们的目标。开发投资商的所有行为都是围绕能够获得经济或其他收益展开。规划建筑师则是希望在美化城市的同时，在同行与民众中赢得好的口碑，能够在城市建设过程中留下个人印记。文化保护人士的目标是保留原有的城市景观，保护历史文化传统，维护社会公共利益。而居民的目标就是要保护好个人利益。所以看得出来，政府的行动目标涵盖众多，与其他行动者的目标有重叠

---

① 在其他地方，读者也可以看到类似的观点。可参见 Fulong Wu，"Beyond Gradualism：China's Urban Revolution and Emerging Cities." In *China's Emerging Cities：The Making of New Urbanism*，edited by Fulong Wu（London：Routledge，2007），pp. 3 – 25.

② 需要指出，更高层级的政府与开发投资商没有直接联系，从来也不是他们的潜在盟友。

之处。

（三）推动城市变迁的五个行动者之间的互动机制

这五个行动者到底是如何对城市地点产生影响作用的？他们之间的相互影响关系又是如何？他们又受到其他什么因素的影响？简言之，我们是怎样来解释城市在行动者的作用下产生变化的？为了回答这个问题，我们提出一个显示这五个行动者互动机制的模型（见图3-3）。

前文中我们详细讨论过城市地点与社会互相影响、互为因果的辩证关系。这一关系也是支撑我们模型的根本要素。毫无疑问，推动城市变革的行动者是塑造城市地点的直接原因，他们直接制订城市改造计划，负责这些改造项目并具体实施，在实际实施过程中或配合或对抗。另一方面，城市地点本身也对行动者的以上改造行为有着重要的影响。比如，什刹海本身特有的历史文化沉淀使得整个政府在制定改造方案过程中采取了特定计划，开发投资商也根据这样的计划来投资，规划建筑师也设计相应实施方案，文化保护人士积极地将保护传统文化的任务添加进去，而居民的合作与对抗也是以这样的计划为基础的（见图3-3中城市地点与五个行动者之间双向的箭头）。

这些推动城市变迁的行动者不仅受到城市地点的影响，而且受到其他更为宏观、更为间接的因素的影响。这些因素并不直接作用于城市地点，而是通过影响这些行动者来改造着城市地点（见图3-3中各个行动者之外并指向行动者的虚线箭头）。这样的间接因素包括：人口规模的变化、人口结构的变化、经济的发展、全球化的渗透、文化价值的变化等。

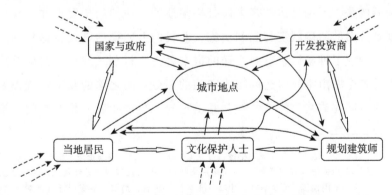

图3-3　推动城市变迁的行动者之间的互动机制

我们认为这些因素对于当前城市地点的变迁有着不可估量的影响。但我们也认为它们的影响需要通过也能够为五个行动者体现出来。所以在本书中，我们并不详细讨论这些间接因素的影响作用。

这五个行动者两两之间都有着密切的相互影响（见图3-3中行动者之间的六个箭头）。由于他们各自手握的资源不同，目标各异，他们之间的互动关系显得多种多样，甚至复杂多变：有相互依赖的，有控制处罚的，有雇佣关系的，有相互对立的，有施加压力的，有结成联盟的（结成联盟的时机也是有选择性的）等。

行动者之间的互动关系则是构成整个城市变迁过程的主轴。首先，他们之间相互影响。许多行动者本来的意图往往在与其他行动者的互动过程中得到改变。政府提出的城市改建计划需要征求居民的意见，也会随着招商引资的过程不断修订，规划建筑师的具体方案或许已经与最初计划有很大的差别，文化保护人士通常也希望他们保护文化传统的诉求能够体现在城市改建计划中。其次，行动者之间的相互影响直接作用于城市地点之上，城市变迁的最终呈现就是这种相互影响作用的体现。再次，这五个行动者之间的互动形成一个相对封闭的体系，其他外来因素通常也需要通过他们才得以进入这个互动体系。最后，这些行动者互动的过程也是城市变迁制度空间构建的过程，这一过程对未来他们之间的互动、城市变迁的走向都有重要的影响。

达维多夫的倡导主义规划理论模型以及福雷斯特的规划实践策略，都强调规划建筑师应当与政府、开发商、社区居民紧密沟通①。需要特别强调的是，不论是达维多夫还是福雷斯特，他们的出发点在于确保最终规划方案的明确制定与顺利实施；而我们上述模型则强调这样的互动模式，构成了推动城市空间变迁的根本动力与机制。规划方案的落成也仅仅是整个城市空间构造的物质空间的部分；而之前的互动过程以及在此物质空间建成之后的新的社会互动过程，与这新建的物质空间一道构

---

① 参见保罗·达维多夫《规划中的倡导主义和多元主义》，载理查德·勒盖茨、弗雷德里克·斯托特编《城市读本》，中文版由张庭伟、田丽主编，并另外收入多篇中文文章，北京：中国建筑工业出版社，2013，第371~381页；约翰·福雷斯特《面对冲突的规划》，载理查德·勒盖茨、弗雷德里克·斯托特编《城市读本》，中文版由张庭伟、田丽主编，并另外收入多篇中文文章，北京：中国建筑工业出版社，2013，第464~479页。

成了完整的城市社会空间。

1. 国家与政府的核心影响

在当前城市变迁过程中，国家与政府毫无疑问处于核心地位。他们几乎是城市变迁唯一的启动者，也是城市改造计划的制订者、审批者、统筹者。他们的角色无可替代。这是因为城市土地的所有者是全体人民，而国家与政府是土地所有者的唯一代理人。即使与改革开放前政府承担所有城市建设的工作相比，现在的政府角色似乎要简单很多，但是，国家与政府强大的行政权力仍然决定其在城市改建中处于支配其他行动者的核心地位，政府对于其他行动者的影响是决定性的。

政府与当地居民之间的关系显得相当复杂。这是因为政府本身有着自己的目标，而这一目标有时以更大范围内民众的利益为考量，例如整个城市的环境改善以及经济增长。而这样的考量有时与个体或更小范围当地居民的利益有冲突。这一点在某些政府的城市改建计划涉及当地居民的拆迁时就显得格外突出。

除了这样的对立关系以外，政府与居民的关系有时又是相互合作的。当开发投资商的逐利行为过火，侵犯到居民的利益，同时也与政府的根本目标并不一致的时候，政府将以居民利益为借口，联合居民，压制开发投资商，以获得居民的支持、社会的稳定，并保持政治上的合法性。

不同层级政府的目标并不一致，因此他们各自与居民的关系也有差别。当地基层政府有着经济增长的压力，而高层级的政府对于社会稳定问题更为关注。因此，当地居民可以借助这样的行政目标的差异，通过给更高层级的政府施加压力，间接地让高层级政府约束当地政府①。

政府与开发投资商的关系也并不是单一的。一方面他们相互依赖，当地政府需要开发投资商的资本改造城市地点，促进经济的增长，保证地方财政收入，而开发投资商也需要政府计划与后期政策的支持。另一方面，政府除去经济增长的目标以外，还有一系列更复杂的社会目标。这在某些情形下与资方单一的经济利益相互对立。在这种情形下，政府通常要衡量利弊，有时他们与资本结成同盟，有时又会放弃这一同盟，

---

① 王天夫、黄征：《资本与民众：房地产市场的社会冲突》，《国家行政学院学报》2008年第 7 期。

转而寻求与居民的结盟，成为严格的执法者，控制并处罚资本的越界行为①。需要指出的是，出于当地经济增长与个人寻租可能的目的，当地政府与开发投资商结盟的可能性更大；而更高层级的政府与开发投资商结盟的可能性要小得多。

政府与规划建筑师的关系相对而言要简单得多。政府引进规划建筑师的一个重要目的就是要利用他们的专业技术知识，为整个城市改造计划增加科学的色彩。事实上，很多情况下规划建筑师对于政府的依赖取决于两个方面：一是政府资格准入证书的发放权力，二是设计方案的审批权力。但是，由于规划建筑师掌控的是行业垄断的技术知识，政府没有办法从细节上干预他们的工作。因此，从一定意义上讲，这也给予了规划设计师相对较大的独立的可操控空间。

政府与文化保护人士的关系相对来讲较为复杂。政府并不希望所有城市文化景观都保存下来，而是希望有选择地保留通过改造可以整合到城市经济发展或是城市现代文化的那一部分。而另外一些无法完成这样改造的旧有景观部分，则最好是腾出地点空间，彻底被改造。

2. 开发投资商与当地居民的冲突

开发投资商与当地居民的冲突是不可避免的。前者将城市地点当成商品与商品生产的对象，并占有其交换价值，而后者则将城市地点当成生活与休闲的场所，并占有其使用价值②。这样的结构性冲突是根本性的，不可调和的。

给定当前的社会、经济与法制环境，开发投资商与居民在冲突过程中各自掌握的资源力量对比相差悬殊③。开发投资商掌握大量的资源，可以强势地压制居民，以达到他们追逐利润的目的。比较而言，居民由于资源的匮乏，更多情形下则是采用其他手段来解决他们与开发投资商的冲突。

---

① 也可以参见 Fulong Wu, "Beyond Gradualism: China's Urban Revolution and Emerging Cities." in *China's Emerging Cities: The Making of New Urbanism*, edited by Fulong Wu (London: Routledge, 2007), pp. 3 - 25。

② David Harvey, *The Urbanization of Capital* (Baltimore, MD: Johns Hopkins University Press, 1985).

③ 王天夫、黄征:《资本与民众：房地产市场的社会冲突》,《国家行政学院学报》2008 年第 7 期。

正是由于开发投资商与居民在根本利益上的差异，这两者之间的冲突通常是一个冲突—妥协—再冲突—再妥协的循环过程，并不是一个可以简单一蹴而就的事件。但从另一个方面来讲，这样的冲突的解决就是城市地点变迁的过程，也是制度建设的过程。

需要指出的是，政府的角色在解决这样的冲突过程中不可或缺。通常政府成了居中调解的中间人。同时，政府也在此过程中摸索着寻求城市变迁中各种政策法规的制定与颁布。两个明显的例子就是《物权法》与《城市拆迁条例》的出台过程。

3. 文化保护人士与当地居民的灵活策略

文化保护人士与当地居民手中并没有太多可供利用的资源，因此他们必须在行动中采取更为灵活的方式。首先，他们在与其他行动者的互动中，就要充分强调更广泛的社会公共利益与社会道义的话语体系。他们必须将自身的行为转化成维护社会正义、寻求社会公平、保护历史文化的公共行为。其次，他们要制造社会舆论，寻求更大范围的社会对他们话语体系的认同，以期在整个社会上获得最大的道义与实际行动上的支持。最后，他们一定要善于发现与利用政治机会。对于政府来讲，发展经济与城市改造仅仅是其目标之一，维护社会稳定、保持社会和谐也是其重要目标。文化保护人士与当地居民在这两个并不一定完全重合的目标之间，经常能发现可以利用的政治机会，与政府结盟，来制约开发投资商。

在与开发投资商的冲突中，文化保护人士与当地居民通常很快发现，组织起来的集体行为才是他们能够与对方抗衡的可行方式。就单个个体而言，他们所拥有的资源与开发投资商不可相提并论。他们在冲突中提高自己力量的有效并且可能是唯一的途径就是组织起来，把个体层次的诉求与怨气转化为一个集体行为的态势。对于文化保护人士与当地居民而言，这样的集体行为有着以下三个优势：第一，集聚了资源，增加了他们与开发投资商斗争的砝码；第二，可以借助更多的行为模式向媒体和大众进行展示，并呼吁舆论的支持；第三，也是更重要的，可以利用当前的政治结构为居民提供政治机会。通过有组织的集体行为，他们可以向更高级别的政府或官员申述自己的怨气。更高一级的政府更加注重并致力于维护社会稳定，因而它们倾向于向地方政府和开发投资商施压以安抚愤怒民众的不满。总的来讲，文化保护人士与当地居民组织起来的集体行为大大提高了他们与开发商斗争的力量。

在与开发投资商的冲突中，文化保护人士与当地居民可使用的行动类型，既包括体制内的斗争方式也包括体制外的斗争方式。体制内的斗争方式是指，在现有的政策法规的框架内寻求解决的方案，例如谈判、调解、抗议、召开媒体发布会、诉讼，甚至到当地政府主管部门上访等。体制外的斗争方式则是，在认为体制内的方式成效有限且无法达成目标时，使用现有政策法规框架许可之外的手段，例如到上级政府上访、串联、静坐、游行，甚至小规模的暴力冲突等。

所有这些斗争方式都有着一个策略上的目的，就是寻求更多的社会支持——包括其他民众、新闻媒体、各级政府等的支持，并将这样的支持转化成对开发投资商的压力，让资源匮乏的己方在与开发投资商的博弈中获得更大的优势。因此，如何制造社会舆论、利用社会舆论，就成为文化保护人士与当地居民重要的策略工具。在特定的城市地点变更事件中，对于文化保护人士与当地居民来说，首先，他们要提炼出可供更广泛民众参与讨论的议题；其次，他们需要在这一议题中，突出强调他们代表的公共利益与社会道义的话语体系，而贬低对立面的纯粹经济利益的话语体系；再次，他们需要将这样对立冲突的话语带到民众激烈的讨论中，引来更多的关注；最后，当然是将这样强大的社会舆论转化成在博弈中对他们更为有利的社会压力。

在前面讨论地点与集体行为的关系时，我们已经提过，当地居民在居住位置上的邻近使得民众的动员过程显得相对容易，花费的资源也少一些。另一个值得特别强调的动员过程是，互联网为民众之间的信息交流、公告发布，甚至直接的动员过程提供了一种成本低廉但十分有效的工具，也是展开激烈的话语论战形成强大社会舆论压力的重要战场。所以，在民众的集体行为中，实际的物理地点与虚拟的网络地点都为他们提供了便利。

4. 规划建筑师有限相对独立的地位

规划建筑师对于技术知识的垄断，使他们处于一种超然独立的地位，他们与其他行动者也有着密切关系。在城市变迁过程中，规划建筑师首先要强调技术知识的重要性，这划分了他们自身的职业与其他行业之间的界限①以及与其他行动者之间的界限。此外，他们还要高举现代审美的话语体系，强调他们美化城市环境的能力与动机。他们使用这两种策略保持自己相对独立的地位，并从中获取在制定具体城市改造方案中的相对自由的空间，留下带有自己独特风格的作品。规划建筑师与其他行动者之间的关系都显示了这样的特征。

政府对于规划建筑师而言，是他们资格准入的看门者，也是他们设计作品的审批者，在某些项目中政府也是他们的雇主。因此，规划建筑师在一定程度上有求于政府。但另一方面，他们也利用政府在城市改造过程中对于技术知识的渴望，获得充分的有利地位，在设计过程中获得相对的自由。

规划建筑师受雇于开发投资商。一方面，他们要完成开发投资商向他们提出的规划建筑的设计要求，只有这样他们才可能得到服务报酬。另一方面，他们也希望在此基础上充分展示自己独特的技术优势，在规划设计中加进自己特有的风格元素。

表面上，规划建筑师与文化保护者以及当地居民没有直接的联系。但他们设计的最终使用者是当地居民，也会受到文化保护人士的直接评价。因此，虽然他们受雇于开发投资商或是政府，但在一定程度上他们为当地居民服务。正是利用这样一个背景，规划建筑师可以联合文化保护人士与当地居民甚至假借这两个群体之名，来抵制开发投资商，与政府展开策略性对话，并加入自己认为符合民众需求、符合现代审美的东西。

因此，规划建筑师有着自己特有的行动模式，一方面他们需要恪守职业边界，牢牢掌握科学理性的规划技术与方法，这是他们在重新构建城市中的物质空间所不可动摇的权威权力的来源。另一方面，规划建筑师积极动员当地居民与文化保护人士，了解他们的各种有差异性的想法，勾勒出这些群体的空间利益。同时，他们还要积极与政府和开发投资商沟通。事实上，最终的城市规划建筑方案是这四方千差万别的群体利益综合形成的公共利益的表达。而其中的沟通过程则是规划建筑师必须要完成的。所以，通常来讲，规划建筑师在揉搓各方思路时，搭建了沟通

---

① Andrew Delano Abbott, *The System of Professions: An Essay on the Division of Expert Labor* (Chicago, IL: University of Chicago Press, 1988). 中文译本见安德鲁·阿伯特《职业系统：论专业技能的劳动分工》，李荣山译，商务印书馆，2016。

交流协调综合的机制与流程，与其余四方都有密切的互动，并且扮演了最终与大家一道提出解决问题方案的角色。在实践中，只有这样，规划建筑师才能够完成制定规划方案的任务；也只有这样，他们才能够运用科学理性的知识与技术，实施规划方案，完成城市物质空间的构造。

（四） 城市的空间秩序安排：拼接的"镶嵌画"

推动城市变迁的行动者各有各的利益，各有各的策略，也各有各的具体实施方案。那么，作为最终为这些社会力量所改变的城市呈现是什么样的呢？换言之，这些社会关系以及它们之间的互动过程，本身就是城市空间变迁的内容，其沉淀到城市地点之上的表现到底是个什么样子？显然，这是一个自然而然的、在讨论了上述推进城市变迁的行动者模型之后，需要追问的理论问题。

在城市文化研究中，甘斯提出了城市"镶嵌画"（mosaic）似的不同生活方式与亚文化的拼接情形①。而我们则认为，在转型时期的社会空间，从物理空间的建设到社会关系的建构，都呈现这样的特征。而其建设与建构的过程，也远比简单的拼接要复杂得多。

在我们看来，既然整个城市变迁的过程，是一个行动者自身以及潜在联盟所形成的各种力量导致的合作、冲突、博弈、谈判、调解、妥协等形式的过程，那么城市呈现出来的一定是这些过程的投影——体现了利益与矛盾共存的、外在特征高度混合的城市空间外观，是一幅拼接而成的丰富多彩的镶嵌画，是一套五彩斑斓的马赛克。

前面的讨论已经提及，不同的行动者在推动城市变迁的过程中有着不同的目的，所期望的城市呈现出来的空间外观也不相同。政府计划中的城市不仅要有活力促发展，而且要便于管理；开发投资商期望投资的楼宇与店铺能够带来更多的人气与人流，进而能够带来更多的收益；规划建筑师希望自己的作品能够为多方接受，满足各方的需求，并且能够成为标志性的地貌地标，享有崇高的声誉；而当地居民则盼望自己的生存生活的环境能够变得更加美好。

① Hebert J. Gans, "Urbanism and Suburbanism as Ways of Life: A Re-evaluation of Definitions." in *People, Plans, and Policies: Essays on Poverty, Racism, and Other National Urban Problems* (New York: Columbia University Press, 1991), pp. 51 – 69.

毫无疑问，各自不同目标的达成都需要这些行动者全力推进自己的策略。但是，转型时期的制度空间本身还处在持续变化亟待成型的过渡阶段，各方都在其中展现自己的企图谋求自身的利益，任何最终的结果都是一个各方相互协商、相互妥协的结果。各个行动者都没有完全的把握，能够将自己的设想不做任何修改的实现，往往要么是在某一事件中相互各让一步，要么是在不同事件中各取所需。所以，城市变迁的过程不是一个"赢者通吃、输者全失"的过程，也不是一个"东风一定要压倒西风"的过程，而是一个在城市地点之上，行动各方的设想在有限空间安排之内，如何分配到自己能够接受的份额的过程。在此过程中，城市物理外貌也变成各方根据当时的情境，相互展现实力、使用策略、讨价还价、博弈妥协的过程的结果。

谁赢得某一地点的竞争，谁就将在此地点之上的空间构建过程中掌握决定权或者主动权。这当然会产生不同的地点得到不同的空间外貌呈现的差异。除了本身利益的差异以及最终谁赢得竞争以外，不同的行动者对于城市的理解以及城市空间的呈现也各不相同。换言之，即使不同的行动者集团赢得同一地点（显然这是一个假设性的设定），因为他们对城市文化价值的理解不同、对什么样的空间形式能够体现这些文化价值的看法不同，他们在构建该地点之上的社会空间时也必然选择不同的实施方案，也会导致最终体现他们各自文化价值体系的城市物理建筑形式的差异①。

由此可以推论出，这样一个城市空间安排最终沉淀成型的结果一定是各方目标部分实现的拼接。政府方面可能在某些区域获得大片平整的土地，用于未来经济发展的起点；也有可能在另一些区域仅仅将环境做了整治，以便于未来的城市管理；当然还有可能在另一些区域根本无法推动既定的计划。同样的，开发投资商有迅速推进项目完成楼宇建设，并获得资金回笼赚取大量超额利润的；也有因为项目停顿无法推进只能烂尾，无法回收投资的。而规划建筑师有时可以意气风发地完成作品；

---

① 更多关于城市文化价值的冲突与竞争，可参见第四章关于社会空间政治的城市文化的讨论。

有时也心有不甘地妥协接受开发投资商的建议将原有设计改得面目全非的。作为弱势的民众一方，有时他们能够借助外力达成自己置换、赔偿或是阻止拆迁的结果；但更多时候，他们不得不接受现实黯然离场；还有少数时候，他们铤而走险地选择鱼死网破，成为引人注目的钉子户。

因此，我们在特定的城市地点，通常可以看到可分割的拼凑：在不大的地域之内，既有商务办公的摩天大楼，也有高档豪华的住宅公寓，还有局促逼仄的街心花园以及设立在其角落的地铁出口；可能也有树立着文物保护碑文的文化古迹，还有网红打卡的必备景点，还有设置公共汽车以及出租车停车站的宽阔的道路，甚至还有一直无法完工的建筑工地；也有充斥着小摊小贩的背街小巷，以及显得跟前街环境不相称的破败衰落的老旧住宅小区等，呈现各种各样的城市地理外貌。

当然，这些空间呈现的形成过程是各种各样行动者展示自身能量的结果，而这样的空间安排也成为司空见惯的情形，即使是可分割的拼凑，在我们的眼中也并不违和，并非不合理。从这个意义上讲，它也是符合人们的认知，符合社会关于城市空间安排的结构与规范前提的，是可以被人们了解、理解、认知、呈现并传播的。

与此相对应的，是在这样的空间安排中人们的日常工作与生活活动。就是在这样的特定空间呈现中，人们的工作与生活相互交叉重叠。在此之中的人们的互动，不仅仅是工作上的同事、生活中的邻居之间的互动交流，也有社会阶层差异显著、工作与生活内容并不相交的人们的互动。这是因为，空间安排的拼凑特征，将他们的活动空间与路线设定在此，使得看似理应毫不相干的人群可以在此相遇并互动。

这样就造就了转型时期城市空间的一个完整过程。人们的各种考量与行动形成特定的城市空间安排，通常来讲这是一个妥协过程导致的拼凑画的形态；而这样的空间安排又必然导致特定的生活与工作的安排，过着不同生活、从事不同工作的人能够在此拼凑的空间安排中形成特定的社会活动与社会结构。

所有这些，都在城市地点之上——显现出来，组成转型时期的城市空间，展现出拼接、混杂、有反差、有纵深、有时甚至是杂乱无序的特征。但不可否认，这也是最有生机、最有活力、最丰富多彩的城市空间。

四　城市社会空间的形成

在我们看来，在一个关于城市变迁的行动呈现（action-presentation）理论模型之中，国家与政府、开发投资商、规划建筑师、文化保护人士与当地居民都是不可或缺的行动者。他们特征各异，有着并不相同的目标，握有不同的资源，采取不同的行动策略，结成不同的行动者联盟，相互影响，竞相争夺城市变迁的制度空间，达成城市变迁的具体实施方案，并最终呈现拼接的镶嵌画似的城市面貌与形象。他们还接受其他诸如经济发展、全球化趋势等间接因素的影响，通过转化这些影响，直接作用于城市地点。当然，他们在推动城市变迁的同时，也为城市地点所影响，形成特定的社会关系与联盟结构，制定出城市变迁的相关政策与制度。就是这样一系列行动者之间的互动机制，产生了城市变迁的动力，构建了城市变迁的制度，造就了城市变迁不停的循环。

（一）城市变迁的行动者与行动过程

究其根本，这样一个解释转型时期城市变迁的行动呈现理论框架的出发点，是一个强调国家与政府中心地位的多元主义的立场。首先，这五个行动者都参与到城市变迁的过程中。即使国家与政府权力更大，能力更强，但在转型时期，其他四个行动者也都各自占据城市社会空间的位置、话语以及实际行动能力，是城市变迁过程中不可缺少的部分。

其次，特定地点的改造变迁过程，通常也是一个谈判冲突的过程，是一个从博弈到妥协的过程，没有任何一方可以将另一方完全从谈判过程中移出去。一方无论在多大程度上能够在博弈中达成己方的目标，都将或多或少在一定程度上满足对方的条件。

最后，这些行动者的自身利益、期望目标、行为动机、行动逻辑、使用策略、潜在联盟都各不相同。聚合在一起，是因为城市地点对于他们来讲各自的用途与意义不同，改变地点的最终实施方案达成基本一致，的确是一个经过多阶段、多层次的多元主义的讨价还价的过程。

（二）城市空间的形成

或许，在理论分析的层次上，我们可以将城市变迁过程中人们的行动过程分离出来，如上所示加以细致深刻的描述分析。但在概念上，社会的行动（social action）与空间的安排（spatial arrangement）是无从分离的。城市空间的形成，绝对不能被理解成以下的过程：有一个前提存在的空间（可能是荒芜的、自然的，也可能是衰败的），然后人们开动自身的积极性，改造这一片地域，形成人们所设计规划的形态，完成空间的改造与建设。

正如空间社会学中的核心观点所提示我们的，城市空间的形成过程，本身就是一个"合成"（synthesis）的过程，是一个在特定地点之上建立人与物之间关系安排的过程。① 在这样的二元性讨论中，没有前提存在的空间，也没有独立于空间之外的抽象的人们的行为。而是，城市空间是人们的行为实践（安排了人与物之间的关系）所"创造"出来的。②这一形成过程，在理论分析意义上，体现了任何社会制度与社会结构形成之前的空间关系与空间结构。

事实上，我们可以尝试使用图 3-4 中城市空间形成的图示，做进一步的阐释。

我们用两层图示，显示城市空间形成过程中理论分析上的两个方面。上层是熙熙攘攘的人们在从事着各种各样的活动。他们中有城市里从事各种职业或没有工作的人，包括商务人士、服务人员、政府官员、学者教师、普通居民、产业工人、建筑工人、学生、游客、行人、跳广场舞的老人、餐馆中的食客等。他们可以被大致分到前面详细讨论的政府、开发投资商、规划建筑师、文化保护人士，以及当地居民的群体中。他们生活与工作活动的背后都隐含了具体行动的各种逻辑。这些行动逻辑以及这些行动的日常实践，就是安排城市空间秩序的过程，也是创造城市空间的过程。

这些行动是人们计算自己的相关利益收获，感知周遭环境氛围，联合邻近其他成员或群体的互动行为，通过沟通、谈判、妥协等过程，在日常生活与工作中体现出来的。因此，有学者将这样的行为标识为"表

---

① Martina Low, *The Sociology of Space*: *Materiality*, *Social Structure*, *and Action* (New York: Palgrave MacMillan, 2016).

② 非常类似的理论讨论，也可参见米歇尔·德·塞托《日常生活实践1：实践的艺术》，方琳琳、黄春柳译，南京：南京大学出版社，2015。

图 3 – 4　城市空间形成

说明：图示设计王天夫，图示制作炜文。下层图形资料来源于谷歌地图（中国香港九龙半岛局部）。

演性的行动"（performative act，performance of action），包括目的明确的、有意为之的行动，也包括目的并不明确、有时甚至是无意为之的行动。①

图 3 – 4 的下层是城市三维地图的局部，显示出在这个城市局部区域里，有港口、商务区、会展中心、公园、剧场、商场、工地、学校、住宅小区、游泳池、桥梁、道路等。这些城市里的建筑与其他物理空间实物，都是前面提及的城市中的人们各种行动安排的空间秩序，也是人们开展日常生活与工作活动的场所。

城市社会空间的形成，既不能被理解成人们的社会活动（见图 3 – 4 上层），那样就变成悬浮无根基的、抽象的社会关系；也不能被理解成单

---

① Martina Low, *The Sociology of Space*：*Materiality*，*Social Structure*，*and Action*（New York：Palgrave MacMillan，2016），p. vii，p. 189. 自然而然地想起，欧文·戈夫曼：《日常生活中的自我呈现》，冯钢译，北京：北京大学出版社，2008。

纯物质意义上的城市建设物（见图 3 - 4 下层），那样就变成了无生气的、缺乏变迁动力的物质性的排列。城市社会空间只能被理解成上述两层秩序的"重叠与合成"。图 3 - 4 两层图示中间的连接虚线，表示两层内容的"有机合成"才能够生成城市的社会空间。

（三） 从行动到呈现

图 3 - 4 给出的是三维立体透视图，除去可以很好地显示分析性的社会秩序与空间安排之间的对应关系以外，还平添一种"俯瞰"的视角与感受①，让我们能够清晰地将自己作为分析者与城市空间的具体形成过程相互分开，能够帮助我们更加透彻地理解这两层分析性过程是如何叠加合成的。

分析意义上的分割，并不能表示理论意义上的可分割。事实上，社会行动与空间安排，这两个过程是合二为一、共同推进的。即使分析意义上，有时我们含糊其词地可以承认前者可能的起因地位，但我们坚持认为社会行为与空间安排之间，仅仅是同一城市空间形成过程中的分析意义上可分割的两层含义而已。

从任何意义上讲，人们的社会行动即使不是全部具有明确的动机，也一定是由特定的制度与结构支撑的。这些行动在安排人与物的空间关系的过程中，一定会在特定的地点"沉淀"下来，由此形成的表现形态就是城市的社会空间。当然，我们也可以毫不费力地推演出，支撑城市中人们社会行动的制度与结构安排，也必须是空间秩序的，只不过是脱离了个人层次的、合成为群体性的空间秩序。这也是进一步阐明列斐伏尔与苏贾的社会空间的辩证法。

在强调社会行动对于城市社会空间形成的重要性的过程中，理论家们尝试使用了"生产"（produce）、"制造"（create）、"建构"（construct）、"表演"（perform）、"合成"（synthesize）等词语。这样的目的，显然是强烈地提醒人们，城市不仅仅是一个物理性的空间，更包含社会行为以及人与物之间所有关系性安排的内涵。从学术推广的意义上讲，使用这样的目的明确、主动性意味强烈的词语，的确有助于改变人们使

---

① 参见米歇尔·德·塞托《日常生活实践 1：时间的艺术》，方琳琳、黄春柳译，南京：南京大学出版社，2015。在下一章的讨论中有更多的阐述。

用日常意义上的空间概念来分析讨论城市的社会空间。从结果看，在过去几十年阐释与论战过程中，至少在相当一部分学者中间形成了这样的思想。

但从另一方面来讲，过于强调社会行动的作用，一定程度上损害了社会行动与空间安排的一致性。因此，我们的模型名称及相关讨论，使用了"呈现"（presentation）而不是别的术语。① 在我们看来，从城市变迁的角度，不论是城市建筑、城市道路等物理形态，还是人与物共同的秩序安排，都是人们行动的"自然而然的显现"（natural emergence），而不是特定个人（或群体）可以将个人层次的意志直接当成社会制度与规范。这两者之间有着明显的层次与过程的分别，跨越这一差异需要更为长期的维持性与持续性的社会行动，并由此将个人层次的行动更为常规性地加以合成。② 即使特定的个人（或群体）拥有更大的权力与话语权，也需要一个争取"合法性"的过程，而这一过程必然需要社会行动的"合成"。

从这个意义上讲，城市社会空间是社会行动导致的空间安排的关系性呈现。

同时，我们也相信，在转型时期中国城市空间的变迁过程中，关于社会行动与城市空间的具体资料的分析和呈现，也会充分体现我们关于社会空间的概念的理论探讨。

五　小结

在特定地点产生与发展起来的城市中，到底什么因素推动着城市空间的变迁？以往的城市社会学理论已经给出众多的思路与回答，既增加了我们对于城市空间变迁的理解，也提供了我们进一步深入探讨的基础。在我们看来，采用一个行动者的模型或许是解释当前中国转型时期城市变迁动力机制的合适而又富有实际成效的选择。

在我们城市变迁的行动呈现模型中，国家与政府、开发投资商、规

---

① 我们甚至都没有用"展示"，只是因为其主动性的含义明显强于"呈现"。

② Martina Low, *The Sociology of Space: Materiality, Social Structure, and Action* (New York: Palgrave MacMillan, 2016), pp. 190 - 192.

划建筑师、文化保护人士以及当地居民构成了相互依存、相互影响、不可或缺的直接作用于城市地点的行动者。其他因素对于城市地点的影响也是通过这些行动者间接起作用的。我们发现，非常让人难以置信的是所有城市社会学理论，在探讨城市演变的过程中都没有将规划建筑师纳入分析。我们坚信，规划建筑师事实上对城市空间的变迁起着非常重要并且是不可替代的作用。随着城市发展，城市规划的任务也发生了变化，而规划建筑师的角色也随之发生重要的变化。当前的规划建筑师角色非常恰当地体现了社会空间辩证法所强调的，人们之间的互动过程与城市的物质空间是互为因果紧密纠缠的。所以我们坚持，规划建筑师是推动城市变迁的重要行动者，也是行动呈现模型中不可缺少的重要部分。

要解释中国城市变迁的过程就必须细致分析讨论这些行动者在城市地点的建设过程中的互动关系。在我们看来，这些行动者在转型时期的中国城市里充分动员自己的资源，采用不同的行动策略，相互竞争正在构建的城市地点的制度空间，以期在城市变迁过程中达成自己的目标。在此一过程中，国家与政府仍然占据核心地位，起着主导作用；开发商作为市场力量参与城市空间的构建，有着追求利润的目标，这一目标往往与当地居民的利益相冲突；而文化保护人士与当地居民虽然处于弱势位置，但他们通常使用策略性的行动方式，将其他群体纳入博弈，谋求自身利益的达成；规划建筑师通常成为一个沟通连接的中介，搭建其余四方博弈协调的平台，最终在达成明确的规划方案之后，他们使用科学理性的技术构造城市物质空间。

这五个行动者的相互作用就形成了城市的社会空间，也造就了城市建设过程中不断变化与更新的动力机制。转型时期的城市空间，从物理空间的建设到社会关系的建构，呈现"拼接的马赛克"特征。而其建设与建构的过程，是社会活动与城市物质空间两层秩序的"重叠与合成"。也正是如此，转型时期城市空间既展现出混杂与无序的特征，也蕴藏着无限的生机与活力。

本书的中心议题是推动城市社会空间变迁的动力机制以及围绕城市空间变化的社会群体关系的变化。在讨论这样的理论话题的过程中，使用的实际素材是什刹海地区被重新打造成一个汇集外地与本地游客旅游和消费的历史文化风景区的过程。本章提供了一个思考的理论框架。在接下来的章节中，我们将围绕推动城市变迁的行动者，详细讨论在什刹海地区的改建过程中，他们的互动关系如何成为城市空间变迁的动力，而他们的行动过程又如何构建出具有鲜明特征的转型时期的城市空间。

第四章 城市文化、消费与空间

> 与其说文化是物质文明的反映，倒不如说它是物质文明的手段。文化不仅将形象作为可售商品，而且将它作为旅游、房地产市场和集体认同的基础。…… [文化] 是经济发展的基础，是塑造城市的手段。[1]
>
> ——莎伦·佐金

韦伯在讨论城市的形成基础时，将城市最根本的特征定义为"市场聚落"[2]。他显然在强调城市在经济活动的生产与交换过程中的作用。但是，韦伯的城市含义之中，显然包括人群的聚集。众多研究城市历史的学者，在追寻更早于中世纪城市的起源过程中，关注城市作为一个聚居地点在构建人们对于自我以及祖先的身份认同中的重要意义。在他们看来，正是这种对神圣性的需求启动了作为定居点的城市。

芒福德在讨论城市起源时，认为远古时代的人类在采集与狩猎过程中难以定居，经常四处迁徙。首先获得"永久性定居点"的是埋葬在特定地点的死去的人。而对于死者的敬重，又使墓地与圣祠成为人们最早聚会的地点，由此产生的礼仪性的汇聚点成为最早的城市形成的坯胎。[3] 所以，对于生产过程之外的神圣性的需求成为推动城市增长的力量。事实上，早期的城市内部有着众多的庙宇神堂，体现的是神圣权力与世俗权力的合二为一。[4] 这一现象在更早时期世界上几乎所有城市都显示出来。"如果没有神圣空间的观念，实难想象城市在世界上任何地方都能发

---

① 莎伦·佐金：《城市文化》，朱克英等译，上海：上海教育出版社，2006，第116页。
② 马克斯·韦伯：《城市（非正当性支配）》，阎克文译，载《经济与社会》第二卷下册，上海：上海世纪出版集团，2010，第1375~1540页。
③ 刘易斯·芒福德：《城市发展史：起源、演变和前景》，宋俊岭、倪文彦译，北京：中国建筑工业出版社，2005，第4~9页。
④ 刘易斯·芒福德：《城市发展史：起源、演变和前景》，宋俊岭、倪文彦译，北京：中国建筑工业出版社，2005，第42页。

展起来。"① 这个也很容易理解，在人群逐渐聚集到城市之后，更多人口聚集的仪式活动的开展必然需要公共秩序，而远古时代的公共秩序通常就是神的意旨，所以最早的公共秩序组织者就是庙宇中的祭司。②

在社会持续发展的过程中，人们的生产与生活越来越丰富，形成了社会等级结构。对于自我与他人的身份建构，则开始通过生活方式的形式表现出来。这样的生活方式随着城市的出现又有了进一步的变化。如今，城市生活是人们利用主观性与身份认同来建构社会差异、划分社会界限的重要过程，城市也成为社会差异的重要空间与地点，其显现的正是丰富多彩繁杂多样的城市文化。

一 城市文化

作为中心城区一个重新焕发光芒的景区，什刹海的建设过程是一个城市空间再造的生动例子，其中最为显眼的是历史文化风景区的整体面貌。在讨论什刹海的再造过程之前，有必要讨论城市社会学的各个理论流派是如何来讨论城市文化的。

在城市社会学的研究传统中，对于城市文化的研究有两个不同的视角：一个是归纳出有鲜明特色的城市文化类型，它适用于所有的城市，显示了城市与其他人类聚居地（特别是农村）的差异；另一个则认为统一的城市文化类型根本就不存在，每个城市都有自己的不同特色，而这样的差异性才是城市文化唯一的共同点。③

事实上，从另一个维度来讨论的话，城市文化的阐述则呈现更为丰富多彩的局面。依据理论家对于"城市"的不同定义——特别是如何看待城市的实质，映照出来的城市文化的含义也大相径庭。在不同的定义中，城市被当作物理的地理空间、社会政治关系的空间、个人心理感应的空间或者社会构建的空间。所有这些不同的城市概念，各自对应着不

① 乔尔·科特金：《全球城市史》，王旭等译，北京：社会科学文献出版社，2014，第14页。

② 乔尔·科特金：《全球城市史》，王旭等译，北京：社会科学文献出版社，2014，第3~13页。

③ 参见 Michael Savage, Kevin Ward, and Alan Warde, *Urban Sociology*, *Capitalism and Modernity* (2nd ed.) (New York: Palgrave Macmillan, 2003), p. 110。

同的城市文化含义。

（一）古典的类型城市文化及其批判

类型城市文化理论的出现，是作为与农村相对的城市，在工业化背景下发展扩大之后的自然而然与直截了当的理论结果。聚居在城市之后，人们生活的空间有了巨大的改变，与之相适应，人们的日常生活与工作过程也发生了巨大的变化，与以往熟悉的乡村生活截然不同。面对这样的社会现实，自然会生发出城市生活与乡村生活的差异的理论归纳与总结。这样的总结，从一个侧面来讲，也是对农村社会向城市社会、农业社会向工业社会转型的一种空间理论的文化性概括。

类型城市文化的讨论，更多是以社会生活方式作为重要研究对象。滕尼斯归纳提炼了"共同体"与"社会"两种特征各异的生活方式。前者对应着"小乡村"，后者对应着"大城市"；前者的社会生活是一种"有生命的有机体"，而后者更像是"机械的聚合"。[①] 显然，滕尼斯特别关注到人们聚居生活的方式在工业化推动下的显著历史变迁。与此相应，涂尔干根据社会分工体系的变化，提出传统社会中——诸如小镇——的社会纽带是一种机械团结，而现代社会中——诸如城市——的社会纽带是一种有机团结。[②] 这种人们聚集方式的差异自然形成了不同的生活方式与社会文化。

滕尼斯、涂尔干等古典学者强调了社会剧烈变迁过程中从农村到城市的人类聚居生活形式的变化。当然，对此变化关注更多、思考更深、总结更丰富的代表是齐美尔与沃斯。[③]

1. 齐美尔

齐美尔的社会学思想在经典社会学家中独树一帜，他把更多的理论视角放在个体的微观层面。在《大都会与精神生活》一文中，他撇开城市的宏大空间建筑及与此相应的社会结构，关注由城市生活带来的对人

---

① 费迪南·滕尼斯：《共同体与社会：纯粹社会学的基本概念》，林荣远译，北京：商务印书馆，1999。

② 埃米尔·涂尔干：《社会分工论》，渠东译，北京：生活·读书·新知三联书店，2000。

③ 有关类型城市文化代表人物齐美尔与沃斯的框架，来自 Michael Savage, Kevin Ward, and Alan Warde, *Urban Sociology, Capitalism and Modernity* (2nd ed.) (New York: Palgrave Macmillan, 2003)。但论述、评论、拓展以及表 4 - 1 归纳的条目与内容则是笔者的思考。

们生活态度与生活方式的影响①。在齐美尔看来，大都市对货币经济的依赖与追逐、都市人口的扩张与边界的不断蔓延以及劳动分工的深入与拓展，形成了城市生活中的匿名性、理智性、算计性。人们处于陌生的社会关系之中，对生活有着特殊的厌烦心态（blasé attitude），但同时又追新逐异以求吸引他人的注意，整个社会在给予人们更多自由的同时也压抑个性。齐美尔形象地给出了在大都市生活中的个人其实就是现代化生产中的"小齿轮"：面对这样的社会现实，有些人对命运安排无可奈何，也有些人对特立独行有着本能渴望。

齐美尔明确指出在新兴城市中，人们的生活方式与精神心理都是一种崭新的表现形式。这样的生活方式与城市中的空间结构（人口扩张、边界蔓延）、社会结构（劳动分工）以及经济结构（货币经济）一脉相承并因果相连。正是因为有了这样的城市特质（亦即前面提及的匿名性、理智性、算计性），才形成特有的城市生活方式。这种新的生活方式的确立当然是建立在与原有的小镇及乡村生活的对比上。而齐美尔给出的三个城市结构的特征也正是小镇及乡村所没有的。从这一点看，齐美尔有着强烈的历史视角。城市生活方式有着与传统生活完全不同的文化特征。

2. 沃斯

从某种意义上讲，沃斯继承了齐美尔关于城市生活的讨论，并将齐美尔有关城市生活的思路进一步系统化。

与其他芝加哥大学同仁关注城市空间使用者（与使用状况）的变迁过程不同，沃斯在城市社会学研究中另辟蹊径，聚焦城市居民的生活方式。在他看来，城市生活与以往人类聚居形式差异明显。而造成这种差异的主要因素是城市作为居住空间聚集了数量众多、人群密集且个体之间异质的居民。在沃斯的思考中，数量众多是指"积聚了大量的异质人群，同时又缺乏亲密的人际关系，充斥着匿名的、肤浅短暂的片段性的社会关系"②；人群密集是指近的物理距离与远的社会关系的对比、社会

---

① 奥盖尔格·齐美尔：《大都会与精神生活》，涯鸿等译，载《桥与门——齐美尔随笔录》，上海：三联书店上海分店，1991 [1903]。

② Louis Wirth, "Urbanism as a Way of Life." *American Journal of Sociology* 44 (1), 1938, p. 1.

冲突的频繁与社会控制的正式化，以及人们的背景多样化与工作专业化等；异质性高是指社会结构并不稳定、社会流动频繁、人们社会身份的多元与变动。

从根本上来讲，沃斯的落脚点在城市特征对人们社会生活的影响上。由于上面提及的城市人口规模、密度与异质性，城市居民在生活方式上——包括社会结构、社会关系、社会行为、社会心理以及生活态度等方面——形成了所谓的城市主义的生活。而这样一种生活方式，与人口分布稀疏、社会关系紧密、社会凝聚较强的乡村生活对照鲜明。在整个讨论过程中，沃斯显示出对城市生活让社会关系错位的批判，以及对原有的田园般社区生活强烈的怀旧情怀。

表4-1 类型化的城市文化及其批判

	类型化的城市文化		类型化的城市文化批判
	齐美尔	沃斯	
城市特质	货币经济、规模边界、劳动分工	人口数量众多、密度较高、异质性高	异质性并不一定高
生活方式	匿名、理智、算计、厌烦、追新逐异、陌生社会关系	人际关系淡薄隔离、多样化分工、社会冲突与控制、社会结构易改变、流动性强、安全性弱	亚群体的社区生活方式也有可能；人际关系也可能亲密；亚群体的文化可能得以保持
关注焦点	生活态度、生活方式、精神心理等	社会关系、个人生活、社会结构	社会关系、日常生活、社会结构、政策、人口族群等
空间的理论位置	城市里的经济社会结构与活动决定个人的生活态度和心理	城市的人口聚集效应导致城市社会生活方式	空间上的人口聚集并不一定决定社会生活方式；政策、制度、政治运动以及人口族群也可能是重要原因
时间的理论位置	与传统生活方式截然不同、有断裂	与传统文明差异明显	并不强调现代与传统的对比与差异
参照体系	小镇、乡村	乡村	城市与农村界限模糊
理论话语传统	现代化历史进程中的必然	现代化进程中的城市化的结果；强调城乡二元分类	城市生活本身是多种方式混合在一起的；反对二元分类；模糊现代化的趋向

续表

	类型化的城市文化		类型化的城市文化批判
	齐美尔	沃斯	
历史怀旧与现实担忧	城市生活对人们心理造成巨大的冲击；传统生活更为平缓、情感关系更为密切	城市生活在匿名、淡薄以及孤立的环境中；乡村生活则社会关系紧密、文化凝聚亲近、社区安稳温暖	城乡并不一定截然不同；现代与传统也并非二元对立

3. 对齐美尔与沃斯的评论与拓展

总的来讲，齐美尔与沃斯关注的焦点在于人们生活方式的剧烈改变。在整个社会的生产重心由农村向城市的转型过程中，人们在城市里发展出了崭新的社会关系、劳动分工与行为模式，建立起了崭新的社会结构、社会规范与社会制度。当然，这些在他们看来，都是工业化发展的必然，也是脱离乡村之后的城市作为生活空间的必然。齐美尔与沃斯还不约而同地关注在城市生活的人们的社会心态与情感联系。他们都认为，城市生活对城市居民有巨大的冲击，而对于乡村生活的怀念将是城市人迈不过去的心结[①]。

齐美尔与沃斯都特别强调城市空间对于类型化的城市文化的决定性影响。正是聚集在城市的大量人口与由此而生的密集的社会互动，发展出这样的与乡村不同的社会关系、社会结构、社会制度与文化[②]。他们理所当然地将这样的城市生活特征推广到其他城市。其实，齐美尔与沃斯的论述中有一个自相矛盾的地方值得特别指出。他们一致指出的城市生活中的异质性与多样性这一特征，可以向前拓展出一系列结论，可以将城市生活中更广阔的社会关系显示出来。齐美尔与沃斯整理出来的城市生活，因为人们之间的差异性、理性算计，使得①不同人群之间的沟通与交流特别重要；这必然导致②公共空间十分必要，广场或集会的礼堂通常成为乡村没有而城市可见的空间特征；③冲突会增多，利益协调机制需要增加；④包容性也相应增强；⑤多种多样的人群，使得各个人

[①] 从某种意义上讲，当前中国高速城市化过程中，对于乡村生活也有类似的社会心理与感情情绪的宣泄。

[②] 人口聚集带来的结构性变化的具体机制，可以参见彼得·布劳《不平等和异质性》，王春光、谢圣赞译，北京：中国社会科学出版社，1991。

群自身的文化变得很重要，因此产生亚文化，以及空间上与此相适应的族群聚居的飞地；相应的，⑥文化生活成为城市里重要的内容之一，同时也增加了异质文化的吸引力。所有上述推论，城市生活方式或许的确与乡村生活有足够的差异，但要归纳和整理出一个统一的城市类型的生活方式，也并非显而易见。这样就形成了后来批评家们一致诟病的所谓类型化了的城市文化。

在这些批判家眼中，城市文化研究先驱所提出的城市作为一个具有特殊意义的人类聚居的地方，显示出一些鲜明的特征。但他们从整体上质疑这样一种共通的城市文化。首先，城市生活方式并不一定仅有一种如齐美尔与沃斯所说的类型化的模式。不同的城市以及同一城市不同的区域都有可能生成不同的生活方式。这是因为造成城市特定生活方式的原因并不是单一的。

其次，大规模的人口聚集并不一定是决定城市生活方式的唯一因素。从逻辑上讲，如果说城市文化是由空间及其集聚人口的功能所导致的话，那么一个必然的结论就是所有的城市都有这样的空间特征，因而也必然有着共同的社会生活方式。后来有众多研究表明，城市中的政策、政治运动以及族群的聚居行为等都是导致特定城市生活方式的重要原因。而这样的原因导致的城市生活方式则有可能并不一致。从根本上讲，这种结论的目的在于否定所谓的空间决定论。

最后，城市中的人口并不一定异质性高，其社会关系也并不一定就是陌生淡薄。事实上，城市中的人口分布是相当复杂的。某个区域的城市人口可能具有相当的同质性，有着相似的文化背景，有着紧密的社会关系网络，可以生成一个群体内部的亚文化。这样的文化群体可能与城市中其他区域的群体差异巨大，但其内部的生活方式则与齐美尔和沃斯所讨论的相去甚远。这也是为什么众多的批判集中指出齐美尔与沃斯一致强调的城乡差异以及现代与传统的差异实际上并没有那么泾渭分明。

回头来看，批判家们显然是期望在齐美尔与沃斯的基础上进一步推进城市文化理论的研究。但他们或许真的过于苛求：古典城市文化理论是建立城市文化研究的第一步——只有将城市的文明表现形式与乡村文化区分开来，才能够建立起一个鲜明而又独立的研究领域。从这个意义上讲，齐美尔与沃斯非常圆满地完成了他们的历史使命，也为后来者开创了城市文化研究的理论脉络。即使后来的研究脉络有了或许可以说是截然不同的理论转向，他们的奠基性工作也不应该被抹杀而应该被讨论与铭记。

另一点也需要指出来，后来的这些城市社会学学者通常将齐美尔与沃斯强调的新的城市生活方式产生的基础性来源，从城市空间（与农村相对）转换成生活在城市里的不同人口群体（以职业、族群、代际等为分界）。所以从一定意义上讲，以此展开的这种批判有些并不完全公平。

4. 强烈的现代主义取向

事实上，类型化的城市文化模型中一直为批评者忽略的一个重要特征就是其现代主义取向。这其中也包含齐美尔与沃斯生活的时代背景因素。在现代化大生产的推动下，城市化的进程快速发展。面对这一历史进程，理论家们一方面为其强劲的势力所折服，另一方面也开始担心其可能导致的社会后果。因此，齐美尔与沃斯都认为有这样一个与现代工业发展同步的城市化进程，而这一进程也将构建一种新的共通的城市生活方式。这无疑是一种现代主义的思路，同时也与当时的城市化进程相一致。

在这样的理论视角中，强大的现代化进程会席卷人类社会的各个角落，城市中的社会生活也不能幸免于外。因此，城市的居民们将不可避免地形成一种"现代"的日常生活方式与精神生活方式。在指出城市文化这些新出现的特质之外，这些理论家同时也在暗示，这些特质是一种趋势与一种类型——未来经历这样的现代化大规模生产与城市化过程的其他城市，也会生成这种类型的城市文化。恩格斯也明确传递了这一想法，"凡是可以用来形容伦敦的，也可以用来形容曼彻斯特、北明翰和里子，形容所有的大城市"①。在这个意义上，未来的城市文化有一个以现代化为基础的趋同的前景。

因此，齐美尔与沃斯的理论背景并不是有些批判者所指出的所谓的"空间决定论"②。他们理论中更深的社会经济背景，是工业革命以来的大规模社会化大生产以及由此导致的对传统社会和对生活在传统社会当

---

① 弗里德里希·恩格斯：《英国工人阶级状况》，载《马克思恩格斯全集》（第二卷），北京：人民出版社，1956，第305页。

② 可参阅 Michael Savage, Kevin Ward, and Alan Warde, *Urban Sociology, Capitalism and Modernity* (2nd ed.) (New York: Palgrave Macmillan, 2003)。

中的人们的冲击。这一点在他们不停地在讨论中寻求与乡村或是小镇传统生活方式的对比中，可以清晰地看出来。所以说，齐美尔与沃斯关于城市文化的分析与讨论，是他们身处的宏大社会经济背景下"现代主义思潮"的一部分，也具体生动地反映了现代主义的理论动机与特征。与此相对的是，在 20 世纪八九十年代以来兴起的"后现代主义思潮"中，城市文化研究也从纯粹批判早期齐美尔与沃斯的类型化的城市文化走向多样化、大众化与消费主义取向（详见本章后面的讨论）。

这里可以特别指出，韦伯也关注了社会变迁过程中城市的基本特征，但对于城市，他将自己的分析放到更为宏大深远的历史变迁过程中，甚至涵盖古代城邦与东方中国的城市比较研究。因此，对于韦伯来讲，城市的基本特征并不仅仅因为现代化而有别于乡村，而是对人类历史上聚居趋势的总结与概括。

5. 乡村建设运动

可以看出，齐美尔与沃斯想要确立起来的城市生活的方式，与上一章中讨论到的费孝通在《乡土中国》中阐述的传统中国农村的生活方式截然不同。

现代城市生活方式的兴起，也带来对乡村生活的重新发现与推崇。事实上，在 20 世纪二三十年代的中国就出现了重建乡村的社会运动，最有代表性的人物当然就是晏阳初与梁漱溟。在梁漱溟看来，当时的中国也受到工业化的猛烈冲击，整个以农村为根本的中国社会受到极大的破坏，而"民族社会重建"的道路则应该是乡村建设运动[1]。在社会重建任务中，他明白无误地将生活方式作为重要目标，"制度问题也就是习惯问题……就是社会的组织构造问题"[2]。他清晰地将城市与农村对立起来，"……乡村是本，都市是末，乡村原来是人类的家，都市则是人类为某种目的而安设的"[3]。从这个意义上讲，研究文化的早期中国知识分子认为，城市生活方式与习惯的确是一种特定类型的文化。

在乡村建设运动中，还有另一个运用现代社会工作体系，建设 20 世纪二三十年代北京城外清河地区的"清河实验"。燕京大学的社会学系

---

①　梁漱溟：《乡村建设理论》，上海：上海人民出版社，2011。
②　梁漱溟：《乡村建设理论》，上海：上海人民出版社，2011，第 20 页。
③　梁漱溟：《乡村建设理论》，上海：上海人民出版社，2011，第 168 页。

教授杨开道与他的学生们在清河地区以经济、调查、社会、卫生等四个部门开展社区社会服务体系建设，旨在将现代化的生活方式与设施引入乡村生活[1]。与此相对应，80多年后清华大学的李强教授与学生们在已经是城市地区的清河也开始了社区建设的"新清河实验"，旨在就社区公共事务治理，包括诸如停车、公共领域的场地重新规划与建设等，让居民们重新建立一种生活方式、习惯与程序[2]。从一定意义上讲，两个"清河实验"都是在建构一种新的文化。

（二）城市的含义与城市文化

在齐美尔与沃斯的理论中，城市之于人们的重要性在于其对人们生活的影响，并在此影响下人们形成的特定生活方式。这是他们理论中城市文化的主要内涵。但对于其他理论家而言，城市文化并没有共同的形式和内容，他们也并不仅仅关注城市居民的生活方式，而是从不同的视角讨论城市文化。正是这种多元化的背景，使城市文化的讨论呈现丰富多彩的局面，同时也显示出城市本身的纷繁复杂。

不同的理论框架的共通之处在于，所有理论都认为，城市绝对不仅仅是道路与建筑构成的物理形式；城市本身是人类创造出来的，其中包含人类文明的内涵，是社会文化的体现。对于城市文化，不同的理论视角给出不同的理解与定义，关注城市文化的不同侧面，当然也强调城市文化的不同特征。有的认为城市是一个物理空间，盛满了人类自己创造出来的各种物质与非物质产物；有的则认为城市本身是一个想象的空间，城市存在于人们内心的体验。这是两种处于极端对立的视角。而处于其中的还有其他理解阐释城市的含义。以下通过归纳城市文化的几个重要理论流派，讨论比较不同流派如何阐释他们理论框架中的城市文化。[3]

---

[1] 张德明：《教会大学与民国乡村建设：以燕京大学清河实验区为个案的考察》，《北京社会科学》2013年第2期。

[2] 李强、卢尧选：《社会治理创新与"新清河实验"》，《河北学刊》2020年第1期。

[3] 这里关于城市文化的讨论，理论流派的归纳框架中关于建筑物中的文本与个人体验两个部分借鉴了 Michael Savage, Kevin Ward, and Alan Warde, *Urban Sociology, Capitalism and Modernity* (2nd ed.) (New York: Palgrave Macmillan, 2003) 中的讨论。表4-2与表4-3的横栏内容、整理与归纳，均为笔者自己的思考。在撰写本小节的早期，笔者还参考了王志弘对于该书1993年第一版（著者为第二版的前两位作者）的翻译稿《城市社会学、资本主义与现代性》，此为不可引用的内部文稿，在此致谢但不引用。

其中，类型化的城市文化在前面已经给出了十分详细的讨论，在这里只是为了体系归纳的完成列入表4-2中，不再做重复的具体讨论。

1. 建筑物中的城市文化

城市与城市之间的差异，最明显的莫过于不同的建筑。我们经常从照片或电影中的城市建筑的天际线来辨认城市。以往以纽约为故事发生背景的电影里总是出现其特殊的曼哈顿岛海岸天际线。这也是为什么在"9·11"恐怖事件之后，由于两栋世贸中心大楼再也不会出现，人们总是觉得现在的纽约天际线少了点儿什么。

从城市建设之初，其规划与建筑就一直有追求审美的成分。即使在早期对建筑外观美学的追逐没有太多经济成分在里面，但这一原则一直就是城市建筑规划的基本意愿；即使审美的潮流可能随着时代变迁，但追逐城市与城市建筑的美好外观却一直是城市建设者孜孜不倦的目标①。

但城市并不仅仅是物理空间中具体建筑物的组合。对于从城市建筑物中理解城市含义的理论家而言，城市是社会文化价值的体现。建造者的审美、想要表达的思想以及他们与周围其他社会群体的关系和互动，都通通镶嵌在建筑的形式与风格当中。而这样一种关联独立于个人的喜好，成为推动城市发展的"社会"动力。

因此，要深究城市文化，就应当熟悉建筑结构与技巧，潜心阅读城市建筑的风格与形式，以期从中挖掘出城市发展的特殊社会意义。在这里，城市的建筑被当成一种独立于理论家的"文本"，而理论家就是要从阅读中得到城市在建立之初的社会含义。当然，阅读"文本"的过程，有着并不一定完全一致的"编码"（意指在建造过程中赋予意义）与"解码"（意指阅读阐释过程中重新赋予意义）。② 不同的城市里，规划与设计的思想各异，建筑的风格与形式并不相同；即使面对同一座城市，甚至同一幢建筑，不同个体也可能会得出不同的含义解读。这也从另一个角度形成了城市文化的丰富多彩和多样性。

---

① 张鸿雁：《城市形象与城市文化资本论：中外城市形象比较的社会学研究》，南京：东南大学出版社，2002。其中的第四章，详细讨论了欧美早期的城市造美与城市美学运动。

② Stuart Hall, "Encoding/Decoding." in *Culture*, *Media*, *Language*, edited by Stuart Hall et al. New York：Routledge, 1980), pp. 128 – 138.

在其恢宏大作《城市发展史》中，芒福德一再使用磅礴细致的例子详细描述不同历史时期的城市，并透过城市建筑的风格与形式来"重现"当时的社会文化价值①。每个历史时期的城市建造都受制于当时的社会经济环境。因此，对于芒福德而言，城市绝不仅仅是其物质的外壳，其本质是当时的社会关系与社会文化的整合。城市最重要的功能就是"储存、传承与创造文化"。所以，研究城市与解释城市文化，必须要勾连城市历史上的社会秩序与背景。不同时期的城市建设的累积与积淀，成就了城市作为记录人类历史的媒介。对于芒福德而言，要传承好城市文化就是要保护好体现这些城市历史文化的建筑。

城市在根本上是人类社会的文化表现，因此在城市空间中最为重要的就是人与自然以及人与人的关系，城市的物理设计与经济状况则都从属于这一基本关系。也正是因为这样的思想出发点，芒福德十分担忧城市发展过程中对后两者的过分强调会使城市失去其本身的意义，并终将局限甚至是终结城市自身的发展，而生活在其中的人们也随之逐步"异化"。因此，人本主义必须成为城市文化的基石。

当然，从城市建筑解读的角度来理解城市文化，本身就是"逻辑循环"。如果说理解城市文化必须要将其放到更为宏大的社会文化价值体系之中才有可能，这些社会文化价值的解释与构建又必须从阅读城市建筑的过程中得到，那么整个理论的起点就无从固定。到底是社会文化价值决定了城市建筑，还是城市建筑本身就可以分解出社会文化价值体系？这里还没有讨论解读文本的过程中可能存在的任意性。

以城市建筑来讨论城市文化的另一个理论缺陷就是其强烈的进化论色彩，因为这样仅仅关注了"最终留存"下来的建筑物，而忽略了围绕城市建造的微观过程，以及其中的冲突与斗争，和那些在此过程中消逝无存的建筑物。诚如芒福德一直所强调的，城市本身是人类社会文化价值体系的凝结。② 但当我们面对城市建筑时，展现在我们面前的是已经成形的风格与形式，整个建造的微观过程已经荡然无存。如果仅从"文

---

① 刘易斯·芒福德：《城市发展史——起源、演变和前景》，宋俊岭、倪文彦译，北京：中国建筑工业出版社，2005。

② 刘易斯·芒福德：《城市发展史——起源、演变和前景》，宋俊岭、倪文彦译，北京：中国建筑工业出版社，2005。

本"阅读中提炼城市文化,无疑只是关注了建造过程中"成功"的并在最后表现出来的社会文化价值体系,而其他在争夺城市空间过程中消逝在历史时间轴线中的文化价值体系则被无情地抛弃了。因此,这样的视角是关注强者,而忽视弱者的。

表4-2 不同城市含义对应的城市文化比较

	与乡村相对的城市主义	建筑物中的城市文化	个人体验的城市文化	社会构建的城市文化	社会空间政治的城市文化	消费主义的城市文化
城市的含义	展现特定的生活方式	体现了当时的社会文化价值	城市储存着人们记忆与想象	是生产过程不可或缺的要素	城市是资本追逐利润的对象	城市中成为文化引导的象征经济
文化的体现过程	人们日常的生活生产过程	文化承载在建筑的风格与形式中	城市文化体现在个人生活的经验与情感中	体现在社会的生产与再生产的过程中	存在各个群体的社会政治斗争中	空间本身及其派生的象征意义成为城市发展的重要动力
对应的个人文化活动	与他人的互动过程中	文本解读、视觉美学	漫游与想象	生产与生活	争夺文化霸权	消费行为
对应的城市文化策略	与乡村乡土的生活方式区隔清楚	保护历史文化建筑	记录个人游历体验、城市变迁的进程	城市集体意象的凝结与呈现	保护城市多元文化结构	树立城市特有风格、倡导消费趋势
空间的理论位置	城市里的人口聚集是城市主义产生的前提与基础	城市空间如同一个容器,储存、传承并创造文化	空间是个人营造自身记忆的对象	城市空间本身就是符号象征体系,就是社会文化	城市空间是群体争夺的对象	空间成为消费的中心
时间的理论位置	从传统乡村迈向现代化城市生活方式	城市建筑记载了不同历史时期的社会文化体系	城市的历史以个人的经历为中心;个人记忆定义城市的历史	各种社会形态都有自身的空间;资本主义对于空间的使用更进一步	城市历史就是资本追逐利润的过程,是社会冲突的历史	在后工业社会的生产与消费背景下,城市象征经济才出现
话语体系传统	现代化的后果	自然与社会的关系	个人经验	人类社会的生产活动	社会冲突	后现代主义
代表人物	齐美尔、沃斯	芒福德等	本雅明等	列斐伏尔等	哈维等	佐金等

2. 个人体验的城市文化

城市社会学研究者不厌其烦地引用(或是转引)爱默生的名言:

"城市是'靠记忆而存在的'。"① 上一章中，我们也讨论了地点对于个人记忆与集体记忆的重要意义。

在个人记忆与集体记忆里，城市的含义变成人们对于城市的认知与感受。"文本"阅读已经谈论到城市文化与人们之间不可或缺的连接，而城市文化必须通过人们对城市建筑的理解来挖掘。如果将这样的观点推到认知的极致，城市文化其实就成为人们对于城市的体验。这样的体验与城市相关，但其根本在于城市给个人带来的感受。就像看到现在纽约的天际线上少了世贸中心的双子座，能够让人体验到"9·11"的恐怖经历与记忆。

齐美尔的理论中就已经有了这样的基本思想。在他的讨论中，城市生活充满了对货币的依赖、对宏大规模的无把握以及社会分工对社会关系的割裂，这些生活方式给城市居民带来了强烈的冲击，改变了他们的心理和精神生活②。从某种角度来讲，本雅明与齐美尔都强调城市带给个人的影响。但齐美尔暗示的是，这样的影响对城市居民而言是普遍的、一致的，因而可以得到一个共同的心理与精神的结果。而本雅明则暗示这样的影响因人而异、因城而异。

在本雅明关于城市的讨论中，理解城市是以个人的体验来完成的。在他看来，城市的意义在于个人如何理解城市，并把这样的理解放入个人的整个记忆当中，与个人的想象连接起来。本雅明详细记录了他的成长与柏林城市的互动过程，他对柏林这座城市的记忆就是他青少年时期对于城市的体验——其中有事实的记录，也有由此产生的情感③。对于本雅明而言，柏林与他成长过程中的经历与情感不可割裂。

显然，本雅明反对纯粹的理性概念，他从生活身边往往容易为他人所忽略的事物或事件中体察包含的社会文化，并将它嵌入自身的理解与想象中，形成一种关于城市的特殊与鲜明的意象。他对于城市意义把握的核心在于人与事实或事物的不可割裂的连接，是个人对于城市的体验

---

① 转引自刘易斯·芒福德《城市发展史——起源、演变和前景》，宋俊岭、倪文彦译，北京：中国建筑工业出版社，2005，第105页。

② 奥盖尔格·齐美尔：《大都会与精神生活》，涯鸿等译，载《桥与门——齐美尔随笔录》，上海：三联书店上海分店，1991［1903］。

③ 瓦尔特·本雅明：《莫斯科日记·柏林纪事》，潘小松译，北京：东方出版社，2001。

与想象，而非从概念出发的隔空诠释。因此，本雅明希冀在理解城市的过程中，从对城市建筑与景观的理解中，思考并想象其文化意义。他的立场是一种经验与象征的组合，并在思想根源上找到人文与环境的链接①。

在本雅明的城市文化概念中，有两点需要特别指出。首先，本雅明所说的城市的体验包括城市中的一切：既包括城市中的空间景观，也包括城市中的社会生活；既包括城市中光鲜的一面（政府部门与商店），也包括城市中暗淡的一面（乞讨人群与运输包装集市）。在《单行道》中，他的写作对象包括加油站、急诊室、政府部门、理发师，甚至供人脱去面具的更衣室等②。对本雅明来讲，城市里的所有这些构成了城市文化不可分割的部分，也是个人体验的直接对象。

其次，本雅明强调的个人体验既包括经验，也包括想象。在对巴黎拱廊的研究中，他借用波德莱尔的"漫游者"的闲逛方式，以一种无计划、无目的、悠闲自在的状态游荡在城市之中③。而在此过程中，漫游者可以看到、听到、问到、吃到以及感受到城市各种空间景观与人文活动④。除去这些之外，想象甚至幻想也构成个人体验的重要部分。在体验弗赖堡门斯特大教堂时，本雅明写道：

　　——对一个城市居民来说——或许也对曾在那里驻足的旅行者的回忆来说——对该城市最不可取代的家乡感来自敲打钟楼上的钟发出的响声以及钟声的间隔。⑤

在本雅明的弗赖堡城市漫游中，此时此刻唤起的是他对家乡的记忆和怀

---

① 参见 Michael Savage, Kevin Ward, and Alan Warde, *Urban Sociology, Capitalism and Modernity* (2nd ed.) (New York: Palgrave Macmillan, 2003), p. 140。
② 瓦尔特·本雅明：《单行道》，王才勇译，南京：南京人民出版社，2005。
③ 瓦尔特·本雅明：《巴黎，19世纪的首都》，刘北成译，北京：商务印书馆，2013。
④ 需要特别指出，本雅明的城市体验过程都是通过徒步游历的方式来完成的。这与恩格斯观察与分析曼彻斯特英国工人阶级的生活状况，所使用的城市游历的方式是一样的。他们都要观察周围的街道与人们的活动，都涉及对自己所观察的社会现象的描绘。只不过，恩格斯更多的是从实证主义的角度得出分析结论，而本雅明更多从存在主义的角度得出个人体验。
⑤ 瓦尔特·本雅明：《单行道》，王才勇译，南京：南京人民出版社，2005，第97页。

念。或许，这时的城市文化在本雅明看来就是他内心的触动。

既然城市本身就是人们的体验，那么不同的个体对于城市文化的理解可能并不一致，不同城市的文化也千差万别。因此，本雅明显然认为每座城市能够给人不同的感受，有着它特殊的文化。而城市文化则通过游历者感受的记录而得到传承（正如本雅明自己所做的那样），不同时期的记录可以相互串联，这也构成城市文化的变迁过程。

德·塞托从两个方面来讨论城市的个人体验：观察者与步行者。[①] 他笔下的观察者上升到世贸大厦的顶层，[②] 俯瞰城市肌理，呈现另一种特别的感受。

> 上升到世贸大厦的顶楼，等于挣脱城市的控制。身体不再被条条街道包围，它们依据一种不知名的规则将我们翻过来又翻过去；不论是玩家还是被玩者，身体也不再受制于种种迥异的流言以及纽约交通带来的神经过敏。登上那高处的人从带走并混合了所有作者或者观众的身份的人群中挣脱出来。……他所处高度的提升将他变成了观察者。将他放到远处。将施加巫法使人"着魔"的世界变成了呈现在观察者面前和眼皮底下的奇观。它使得观察者可以饱览这幕奇观，成为太阳之眼，上帝之目。这是一种想要像 X 光一样透视一切的神秘冲动所带来的激昂。[③]

德·塞托笔下的这种观察，成为一种类似现在甚为流行的无人机鸟瞰与航拍地貌的观察，也与福柯"全景式监狱"中监视者的视角非常类似。这样的观察当然带来不同的感受。当然，德·塞托也特别指出这是一种短暂的认知假象，因为在此之后，个人又不得不回到"下面"的日常生活，受到城市的限制。

对于德·塞托而言，城市步行事实上是对城市街道地图的实践，是

---

① 米歇尔·德·塞托：《日常生活实践1：时间的艺术》，方琳琳、黄春柳译，南京：南京大学出版社，2015，第 167～193 页。

② 德·塞托的书的法文版初版于 1990 年，世贸大厦毁于 2001 年。

③ 米歇尔·德·塞托：《日常生活实践1：时间的艺术》，方琳琳、黄春柳译，南京：南京大学出版社，2015，第 168 页。

对城市概念的实践回归，是对某一地点的空间实现。在大量使用语言学的对照描述中，德·塞托干脆认为，城市行走是在"陈述空间"①，是行走者用自己的感受"重新翻译"城市街道/城市地图。这与列斐伏尔的"空间的实践"到"再现的空间"非常相似。

值得特别提出的是，德·塞托认为行走是在找寻地点以克服地点的缺乏，是在寻找合适之物。他将行走中的空间实践与梦境中的地点联系起来，认为城市行走对于个人是一场没有地点搜寻地点的社会经历。②

3. 社会建构的城市文化

对于芒福德而言，城市文化凝结在城市的建筑之中；对于本雅明而言，城市文化深藏于个人的体验之中；而对于列斐伏尔而言，空间（城市）文化是社会构建出来的，存在于城市社会的生产与生活之中，存在于人们集体构建的城市意象之中。

在列斐伏尔社会空间的三分概念中，再现的空间是生活的空间（普通人所装饰的、艺术家所表达的、哲学家所思考的、建筑师所规划设计的空间），是人们生活中必不可少的象征符号与文化价值体系。列斐伏尔的空间文化即使在生活中无处不在，也处于人们抽象的思想之中。需要强调的是，再现的空间并不是另外一个独立的空间。这些象征符号在列斐伏尔看来，蕴含在人们普通的日常生产与生活之中，总是为人们实践与感知着。

与本雅明的思想相比较，可以更为清晰地揭示出列斐伏尔空间文化的含义。从某种程度上来讲，再现的空间与人们实践的空间以及人们感知的空间并不在同一个层次上，而与本雅明城市文化处于想象的层次更为相似。如果说本雅明希冀在经验与意象中寻求平衡，列斐伏尔则直接认为这两者都是空间的内容（当然还要加上实践层次才更为完备）。二者最大的不同在于城市文化存在的主体不同。本雅明的个人体验强调的是"漫游者"似的悠闲自在的想象或是幻想，更倾向于个人的精神状态；而列斐伏尔的再现的空间则是社会的构建，是社会共同的象征。举

---

① 米歇尔·德·塞托：《日常生活实践1：时间的艺术》，方琳琳、黄春柳译，南京：南京大学出版社，2015，第175页。
② 米歇尔·德·塞托：《日常生活实践1：时间的艺术》，方琳琳、黄春柳译，南京：南京大学出版社，2015，第180页。

例而言，对于列斐伏尔而言，旧金山的金门大桥就是这个城市的象征，如同电影蒙太奇手法一样，出现金门大桥就意味着下面的情节以旧金山为发生场景。这样的文化特征是整个社会建构出来的。但对于本雅明而言，金门大桥的象征与个人"漫游"到此的情景紧密相关：也许漫游者感受到的是历史上西部开发移民如潮般的繁荣景象，也许是名闻世界的忧郁自杀的圣地，也许是其他更为私人、更为内在的体验。

城市里的某个景观通常可以用来象征整个城市。换言之，城市的空间在某种程度上支撑着构建的文化空间想象。正如埃菲尔铁塔是巴黎的象征，伦敦塔是伦敦的象征，自由女神像是纽约的象征，金字塔是埃及的象征等。所有这些再现的空间元素都成为人们心目中的想象。城市文化的策略就变成如何将城市的集体意象提炼并呈现出来。这样的城市文化象征并不仅仅是因为这些空间景观引人入胜自然形成的，而是有着一个完整复杂的社会构建过程。前面许多理论家批判了齐美尔与沃斯有关单一城市文化类型的理论。其实，之所以他们会提出这样的理论正是因为在工业现代化的过程中，人们构建出这样的城乡对比：农村是历史的、传统的、有凝聚力的、社会关系亲密的、生活节奏悠闲的等；而城市是未来的、现代的、松散的、充斥陌生关系的、生活节奏紧凑的等。自由女神像之所以成为纽约的象征，不仅与它的高大、摆放的位置有关，还与它是欧洲移民抵达美国的第一个景观（并描述给后来者）有关，还与它来自法国对美国独立100周年的祝贺中传递的信念有关，还与持续的欧洲贫民的移民潮（以及后来在新大陆成功）有关，也与美国一直自我标榜的自由观念有关……总而言之，它成为"美国梦"的一部分，成为一种由多种力量（甚至包括媒体）构造出来的"神话"。而这与美国的国力强大并崛起为世界霸权的过程密不可分，甚至与整个世界的社会历史走向密不可分。

从列斐伏尔的社会空间概念出发，还有两个往往被理论家忽略的，但又极为精彩的关于城市文化的延伸。首先，列斐伏尔认为工业资本主义已经走到一定的历史阶段，而空间成为资本主义下一个目标——成为资本的工具，直接进入生产过程，即生产的地方，其本身也成为生产的对象。这就意味着，资本不仅仅进入人们的生产与生活的实践空间，也要进入人们所感知的空间，同时也进入人们生活的空间（再现的空间）。换言之，在生产社会空间的过程中，资本必然要操纵空间文化。城市文化的构建过程也成为资本入侵的领域。这进一步意味着城市文化必然成为资本的生产对象，成为城市经济的重要部分①。

其次，在全球化过程中，资本的流动性决定其渗透到各个地方。资本并不能直接参与构建各不相同的地方城市文化，因此其往往与地方性紧密结合。从另一方面来讲，全球化过程需要建立全球文化，但地方对抗一直存在。而资本与空间文化的结合更是强化了这一冲突。为了吸引资本，各个地方必然在建立通用全球文化的同时，极力构建可以为资本带来利润的别具一格的城市文化。因此，为了吸引人潮，新一轮全球性的城市文化与地方意象之争必然出现。"文化城市"也成为全球化过程中的地方策略。

4. 社会空间政治的城市文化

在芒福德的著作中，城市文化洋溢着浓厚的历史主义味道。无论是本雅明的理论还是列斐伏尔的理论都对建立于解读城市建筑的城市文化观点进行了批判。他们共同的出发点就是抛弃了城市建筑凝结历史社会文化价值的观念，认为城市文化本来就存在于当前人们的体验中、生活中以及想象中。

社会空间政治的城市文化则从另一个角度，提出了与解读城市建筑完全不同的理论出发点。对城市建筑的解读可以探究建造城市时的社会文化背景。但这样做即使考虑了建造过程，也是停留在静态的宏观层次，没有深入了解建筑过程中的微观动力机制。换言之，建筑物中的城市文化并不能充分揭示当时的社会文化背景是如何凝结到城市建筑当中的。我们知道，不同的城市阶层、种族、群体有着不同的传统价值与文化象征体系。在城市建筑的建造过程中，这些不同的社会文化背景又是如何进入到建筑的风格与形式之中呢？这也是其他批评者所一直质疑的，文本阅读过程中的"编码"与"解码"可能并不一定相互契合，而可能相去甚远。

如果我们承认城市的社会文化价值体系并不是同质的，那么城市建筑所凝结的社会文化则必然仅仅属于城市中的某个集团。因此，城市建筑就成为在建造过程中占有优势，并最终使自己的文化价值体系体现其

---

① 在这个意义上讲，列斐伏尔的社会空间理论是可以推导出资本一定会操控城市文化的结论。再进一步，消费主义也注定在城市里弥漫开去。这也显示了列斐伏尔的理论的拓展潜力。

中的社会集团的表达。试着想一想，本雅明漫游在城市之中，他所看到的旧车站、垃圾堆以及只能停两三辆出租车的地方等，随着时光的推移，必将湮灭在历史的长河中。这是因为，当时已经处于弱势的社会空间（亦为弱势社会群体所占据），在城市建造与增长过程中得不到任何表达的机会，而逐渐为其他建筑形式所替代。所以，城市建筑的建造过程是各个社会群体争夺其本身的文化价值体系，争夺文化霸权的过程，争夺在城市社会空间表达的过程。

历史为胜利者所书写。同样的，城市建筑所彰显的也是夺取了文化话语权的强势集团的文化价值体系。因此，要讨论城市文化，就不要停留在解读已有的城市建筑的风格与形式上，而要深入挖掘这些建筑的风格与形式在建造过程中的文化冲突。这样的描述才是对城市文化全面的把握，才能将当时的弱势文化涵盖其中，才能更好地理解整个文化冲突过程中的谈判、博弈与妥协。所以，理解城市文化，从城市建筑中阅读其背后的社会文化时一定要关注社会空间政治过程。

在冲突过程中，如果说现代社会已经不是赢者通吃而是博弈妥协的时代，那么城市文化的发展，必然需要达成如何保护不同群体的多元文化的共识，各种城市景观都应该和谐共存。

需要指出的是，不同的社会集团在不同的城市地点上能够显示的政治势力是有差异的。一个简单的例子是，在城市中心商务区的建造过程中，大资本的利益最为重要，因此代表资本的集团在构建整个 CBD 的规划建筑时拥有毋庸置疑的主导权，建筑风格与形式显示出来的社会文化价值也是与此一脉相承的商务、功能与高效。然而，在另外一些地方，其他的社会势力可能占据优势。从 20 世纪初开始，秘鲁农村移民到达城市之后，在城市外围地带占用空闲土地，并建起简易房屋。他们的这一做法虽然并不合法，但由于有了社会动员的力量，形成了独立于政府之外的自我治理与增长的机制。在随后的城市化发展过程中，他们规划社区和道路交通，发展地下经济与社区法律进行自治甚至政治动员，直到最后获得官方认定的房产证明[1]。所有这一切活动，可以看成弱势的农

---

[1]　赫尔南多·德·索托：《另一条道路：一位经济学家对法学家、立法者和政府的明智忠告》，于海生译，北京：华夏出版社，2007。

村移民使用政治策略获得城市空间的占有与表达。通过这样的方式建立起来的城市，或许没有以官方行政规划设计建造的城市整齐与有序，但其城市文化所散发出来的活力与公民意识则相当饱满。

这样的城市文化话语权的争夺过程，可以看成城市变迁的动力机制。正是这种社会群体间的冲突构成城市建造过程中的动力机制；也正是各个社会集团间的文化话语权的争夺形成城市建筑（即使在同一时期内）风格与形式的多元复杂。

如果把以上城市文化的冲突过程放到全球化的背景之下，则可以顺理成章地推导出全球文化与地方文化的碰撞、谈判、妥协与交融。随着资本、精英与普通劳动力的全球性流动，他们所代表的文化在当地与地方文化争夺城市文化的主导。这不可避免地出现这两者的对抗与调适。显然，这样的理论思路与"城市增长机器"所展现出来的城市政治经济学理论有着相似之处，可以称之为城市空间政治的文化视角。

5. 消费主义的城市文化

对卡斯特尔而言，20 世纪 60 年代的城市发展已经到了一个新的时期，城市已经由原来的生产中心逐步向消费中心转化。这是因为城市成为生产者再生产的核心场所。城市文化从生产文化转向消费文化。在整个消费过程中，个人消费与集体消费两种类型的提供者并不相同。前者由市场提供，后者由国家提供。当然，因为其自身的政治立场，卡斯特尔指出这样的转化是资本主义拯救自己所做的不得已的策略性调整。这样的结果是，在城市中围绕社会福利的提供与不满产生一系列城市社会运动①。

与卡斯特尔相似，佐金也认为城市成为消费的中心。而且整个城市的经济增长途径也发生了根本转变。如今的城市经济已经是以文化为内容、视觉为渠道、消费为目标的象征经济，城市空间在此构架中成为可以反复使用的生产与消费的要素。无论是绅士化的苏荷地区，还是凭空建造出来的梦幻城市，都将文化作为造城运动的核心。而空间结构的安

---

① 曼纽尔·卡斯特尔：《都市问题（1975 年后记）》，吴金镛译，载夏铸九、王志弘编译《空间的文化形式与社会理论读本》，台北：明文书局，2002，第 185～221 页，可特别参阅第 201～212 页。

排在这里成为文化表现的形式，成为经济消费活动的组成部分①。

进入象征经济的城市空间必须要在视觉文化上寻找支点，用城市的招牌景观（建筑物或其他象征符号）来区分显现自身，以吸引资金与人流。这一点在全球愈演愈热的城市旅游产业中最为明显。所有的城市在争夺中，挑选一系列的名胜景点，将其中的历史与文化捆绑起来，构建出一系列标志性的所谓城市"打卡地点"，以便说服旅游者，让他们建立自己的一旦有机会必须要抵达游历的地点名单。这种都市象征的策略几乎成了一种通用的手段。

因此，城市的文化策略就变成如何吸引消费者。一个必然的结果就是城市文化要树立特有的风格，这样的风格要引领消费的风潮，引导消费的口味。这也是为什么文化阶层（特别是时尚文化阶层）在城市经济中占据越来越重要的地位。因为他们是新的消费社会中建构这种文化象征符号的主力。

城市文化完全彻底地进入消费领域，体现了城市本身的商品化过程——从消费场所成为消费对象。如果说上面的诸多理论者（例如列斐伏尔与卡斯特尔等）都认为资本的扩张必然将城市纳入资本主义的生产与消费体系中，那么文化与资本的结合造就的消费主义城市文化显然是后现代的②。人们的生活也更为大众媒体所影响，人们日常生活更关注身份与意义，现代理性与一致性逐渐不被强调。城市的建设更强调分化原则与差异性，多元共存成为重要特征。在这样的城市文化中，文化失去了以往的边界，扩展到人们日常的生活中，成为通常的消费品。

一个普遍的疑问是，现代城市也充满了消费，也有奢华象征，现代城市与后现代城市的区别又在何处？其实，在我们看来，这两者之间的差异极为明晰。在现代主义框架内，诚如哈维指出的，城市更主要是生产的中心，其中的消费是生产的延伸，城市是人们消费的场所；而在后现代主义框架内，消费成为中心，城市的空间结构以此为组织原则，生产成为消费所延伸出来的前提，城市空间本身也成为消费的一部分——

---

① 莎伦·佐金：《城市文化》，朱克英等译，上海：上海教育出版社，2006。
② 詹明信（Fredric Jameson）：《晚期资本主义的文化逻辑：詹明信批判理论文选》，陈清桥译，北京：读书·生活·新知三联书店，1997。

它本身成为消费品，成为诱惑消费的起因，成为消费的意义所在①。

如果说城市的空间组织过程需要文化来完成，城市的经济增长需要文化来支撑，城市的消费趣味需要文化来引导，那么文化就成为城市建造过程中的核心。这也是为什么在当代世界各国风行"文化造城运动"②。在这一席卷全球的运动中，创建一个有利于集聚文化创意人才的城市环境，成为城市建设的重点③。这是因为，在当今时代的发展中，文化创意人才的流向与聚集决定了城市的经济发展④。从一个更为广阔的视野来讲，跨境精英的流动也是文化创意人才争夺的结果。不同的城市为这些精英提供了不同的生活方式，而这样的生活方式是文化创意生发的不可分割的组成部分。

（三）城市文化理论的评论

上述各种视角立足自身的逻辑，都对城市文化给出了各不相同的阐释。从某种程度上讲，这些视角都关注城市文化的不同侧面，提出了富有建设意义的理论。但这些理论的讨论，也不可避免地受到自身的局限而忽略了其视角无法顾及的方面。例如，阅读城市建筑，可以透视建筑文本所凝聚的社会文化价值体系，但这也不可避免地忽视了整个社会文化价值体系的生成过程以及其中细致复杂的社会政治冲突。又如，本雅明开创的从个人的游历体验中感悟城市文化的传统，也不可避免地忽视在城市建筑细节、个人生活情绪等背后的宏观社会过程。因此，任何一个理解城市文化的角度都有可能导致忽略。

---

① 戴维·哈维：《后现代的状况：对文化变迁之缘起的探究》，阎嘉译，北京：商务印书馆，2013。也可以参见曼纽尔·卡斯特尔《都市问题（1975年后记）》，吴金镛译，载夏铸九、王志弘编译《空间的文化形式与社会理论读本》，台北：明文书局，2002，第185~221页。

② 参见查尔斯·兰德利《创意城市：如何打造都市创意生活圈》，杨幻兰译，北京：清华大学出版社，2009。兰德利从建筑、机构、人才、管理以及社会网络等各个方面为城市兴建者与管理者提供了理论、例证以及操作策略，成为城市发展的具体指南。

③ 参见莫健伟《看不见的城市》，载莫家良编《香港视觉艺术年鉴2008》，香港：香港中文大学艺术系，2008。莫健伟归纳了五种城市以文化为主题的发展类型，包括"依托实体文化资源、文化设施的文化区""依托文化活动的文化区""产业型导向的区域""综合型文化区"以及"个体工作室依托地产发展项目建造的城区"等。后文有更为详细的讨论。

④ Richard Florida, *The Rise of the Creative Class* (New York: Basic Books, 2002).

另外，前面的讨论中可以看出，这些城市文化的阐释有着一些共同关注的焦点。这些焦点中，有些是所有这些视角都关注的，有的是部分视角关注的。归结起来，这些共同点包括社会历史中的社会经济背景、城市的感知、城市发展的动力以及城市意象的凝结。

1. 社会经济背景（历史进程）

社会经济背景不仅对城市发展有着决定作用，而且对理论家归纳提炼城市文化理论论述也有重要的影响①。这是因为任何一个历史时期的城市文化都必然受到该时期社会经济背景的浓重影响。因此，从社会经济的历史背景中导引出城市文化的兴起过程是理解城市文化的重要手段与方法。

这一点在上面所讨论的城市文化理论中都得到充分的体现。无论是哪个时代的城市文化，无论是哪种视角的理论总结都或多或少地强调社会经济背景对城市文化的影响。芒福德直接指出城市建筑中就包含社会经济的内涵；本雅明体验的是体现了社会经济进程的微观具体城市景观；列斐伏尔构建的城市文化本身就是生产过程中不可或缺的要素；哈维讨论的是目的明确的政治经济冲突；最后，佐金的消费主义行为中富含了社会与经济意义。

表 4 - 3　城市文化含义的拓展比较

	建筑物中的城市文化	个人体验的城市文化	社会构建的城市文化	社会空间政治的城市文化	消费主义的城市文化
社会经济背景	城市建筑之中	个人的经验中	社会生产过程	城市中的政治经济冲突	消费行为与模式
城市的感知	阅读与解码城市建筑	游历过程中个人的体验	空间的实践、再现的空间	参与冲突的体验	引导城市消费观念
城市发展的动力	体现出社会经济的进步	城市建设中个人/集体记忆	资本对于空间的生产	群体冲突的结果	塑造文化为根本的经济
城市意象的凝结	城市建筑风格，城市地标	个人的城市意象与感受	空间的再现、生产秩序	冲突斗争的对象或地方	后现代的象征符号

①　参见前文讨论齐美尔与沃斯的类型化城市文化时，现代化大规模生产的社会背景对他们思想的影响。正是当时兴起的大规模工业生产所带来的横扫整个社会的影响，才使他们有了对现代化城市的认同与推崇。

　　需要指出的，除去本雅明的体验视角以外，其余所有理论中关于社会经济背景的概念都明确无误地包含了历史进程的味道。而本雅明从另一个个体微观历史的角度，可能更多关注个人的经历与记忆。这些理论视角，都暗示在不同的历史时期，对应的社会背景不同，城市的内涵也不同，城市文化的内容也不同。换言之，城市文化是随着时代的变化而变化的。这一点在我们接下来讨论后现代城市文化时将进一步强调。

　　2. 城市的感知与行为

　　城市文化不是城市空间物理维度上的内容，更多是人们对于空间安排的理解与感知，有的是诠释性的，有的是意象建构，有的是政治性的冲突，有的则是后现代的符号。也只有这些才能够进一步影响人们的行为。

　　在上述理论视角的构建过程中，芒福德所做的是阅读与解码城市建筑，本雅明是在城市游历中寻找城市景物对心灵的撞击，列斐伏尔的再现空间在某种意义上是一种感知提炼的集体意象，哈维的空间政治则是关于城市文化价值体系间的冲突，佐金的消费主义的核心是城市文化成为引导人们建立消费观念的首要因素。所有这些理论无疑都将人们对城市的感知放到了城市文化的重要地位。

　　需要指出的是，这些感知活动并不是城市文化对人们影响的全部，在其背后还一一对应着具体的行为内容。与此同时，这些行为活动也会反过来增加人们对城市的感知。这些行为包括城市中特有的生活方式（芒福德的建筑美学、本雅明的城市游历、列斐伏尔的城市生产与生活、哈维的都市对抗运动、卡斯特尔的城市和劳动力的再生产过程、佐金的文化产业阶层的生活）、旅游活动（芒福德会讲解城市历史以及相关文化典故，本雅明会细腻地将对城市景观的感受娓娓道来，列斐伏尔会分析城市的形象塑造与建构，哈维则强调不同的群体对于城市有着不同的文化想象，佐金则会剖析城市旅游如何成为城市经济发展的重要一环）、招商活动（芒福德会认为地标建筑的特定意义，本雅明则会提倡城市开发特定的旅游项目，列斐伏尔当然会认为资本直接进入而控制城市空间，哈维及后来的"增长机器"理论会关注这些招商活动实施过程中的冲突，佐金强调以空间文化为根本的象征经济）等。

3. 城市发展的动力

在讨论城市变迁的宏大过程时，上述理论视角采用了不同的策略。

对于芒福德而言，社会经济的发展进步是推动城市建设的基本力量，其不同的发展阶段在城市建筑中得到具体体现。本雅明没有论及城市的发展动力，但给定城市对于个人体验与记忆的重要性，城市变迁过程中一定有着个体与集体记忆的深刻烙印①。列斐伏尔的城市空间是资本主义进一步发展的目标与对象，所以在他看来，城市发展的动力就是资本的行为。这一观点在哈维等人的讨论中也可以看出来。但城市政治经济学派还进一步讨论了微观层面的群体冲突推动着城市建设的发展。佐金直接将城市文化与城市具体的经济发展项目相连，认为当代城市发展的动力就是以文化为根本。

4. 城市意象的凝结

在一定层次上，文化是一系列象征符号。城市文化意象提炼成象征符号的过程体现了文化的建构过程。不同的理论视角对于城市意象的存在主体以及形成过程都有不同的阐释与暗示。

在芒福德的框架内，城市意象隐含在具有地标性的城市建筑形式与风格之中，是在城市建设之初就设定的，因此是确定的。② 本雅明还是以个人体验为基本，认为城市意象就是城市给个人的印象。对于列斐伏尔而言，城市意象是一个公共的集体想象，同时也存在于个体的生活实践中。在哈维的体系中，城市意象也许没有统一的主题，更多是冲突斗争的结果。在消费主义主题下，城市意象是引领消费活动的一面旗帜。

综合上面的讨论，至少可以得到以下结论。首先，城市文化的产生有着深刻的社会经济历史背景。有什么样的社会生活、经济发展状况，就有什么样的社会文化思潮，就产生什么样的城市文化。其次，城市文化更多体现在人们对城市的理解与感知上，这样的感知同时也影响着人们的行为。再次，城市文化是城市扩张发展的重要动力。最后，城市文化往往会凝结成鲜明的城市意象，用来概括、象征城市历史、风格、社会以及经济特征，起到引领城市活动（包括所有的社会经济活动）的作用。

---

① 例如凯旋门这样具有重要历史纪念意义的建筑的修建。

② 当然，认为"解码"过程并不确定的理论家会认为城市意象是有所差异的。尽管如此，那也仅是解读不同，城市建筑的建造过程早已完成。

二　城市文化与消费

一定程度上讲，文化与消费一直相伴而生。只有在生产上有了剩余，在满足了基本生存需求之后，人类社会才产生了文化——从为神祇提供祭品开始；也只有在有了剩余之后，消费才开始被赋予生存需求之外的含义。

如今，当人们谈论城市文化时，随之伴生的必然是消费。文化与消费成为后现代城市特征的一体两面。如今，文化引领着消费，而消费又促进文化的创新。因此在讨论城市文化时，消费必不可少地要加入进来。而城市的文化空间亦即城市的消费空间。

消费之所以这么重要，是因为消费行为勾连起人类社会最为根本的制度与结构。在生理层面，消费是人们生存的基本；在个人层面，消费是人们的自我表达与身份建构；在结构层面，消费体现了人们之间的关系，并派生了企业、组织以及类似的社会结构单位；在制度层面，消费是个人与社会再生产的机制。从某种程度上来讲，消费文化渗入当前人类社会各个领域，成为串联社会的重要媒介。

（一）消费主义的兴起

1. 现代主义与工业化

现代主义的兴起是在与传统背离中产生的。面对自然界，早期的人们由于知识的匮乏，往往倒向宗教的或是其他超自然、超人类的神秘主义，以寻求解释与依托。对于启蒙思想家而言，这些都是他们使用现代主义挑战的对象。在现代主义潮流中，科学与人本思想是基石。人类需要使用科学的方法，发现自然界中普遍的规律，并将人们从以往的各种非理性的桎梏中解放出来。在此过程中，以科学为基础的技术彻头彻尾地改变了人们的思想潮流与生活方式。

与现代科学技术一道发展出来的，是将之应用于生产的大规模现代化工业生产方式。这直接催生了工业革命，使得人类社会在生产能力上有了飞跃。这样的历史变迁横扫社会、经济、政治与文化各个领域，生成了与现代化生产方式相适应的社会结构（如中产阶级的崛起）、经济结构（如工业生产占据主导、贸易逐渐发达）、政治体制（如王权与神权的式微）、意识形态（如个人主义的兴起）以及文化艺术（如浪漫主义的流行）。

2. 资本主义与现代化

现代化的生产方式与资本主义的扩张有着天然的契合。科学技术的发展，使得生产的效率进一步提高，生产的物品进一步丰富；而资本贪婪的本性，使得科学技术的使用成为其逐利的最重要工具。与此同时，这两者之间有着相互促进的趋势。有了资本的扶持，科学技术的发展也得到加速。现代主义下的这两个方面展现出前所未有的推动力，挟持人类社会走向新的历史阶段。①

对于现代主义的理解与解读各不相同。但是，经典社会学家对资本主义与科学理性都表达了担忧，认为这两者的过度发展都将给人类社会带来威胁与损害。在马克思看来，资本的扩张在现代工业社会形成两个对立的阶级——资产阶级与无产阶级；资本的唯利是图以及对劳动者的残酷剥削必然导致无产阶级的反抗。最终，无产阶级的壮大与革命终将埋葬资本主义。对于韦伯而言，现代主义对于理性的无限制追逐建立了一系列制度，而这些制度反过来结成理性的"铁笼"——它虽然提供了合理高效的程序技术，却压制了个人的自由与创造力，成为人们无法控制社会与自己的异化的源泉。

资本主义与现代化的扩张看起来不可阻挡。发端于西方的工业革命迅速造就了西方在经济、政治以及军事上的优势。而这一优势又将资本与现代技术推广到世界的其他地方。因此，现代主义似乎成为全球性的同一目标，不论各个社会的起点何在，它们都朝着这个目标挺进。其原因在于，屏蔽于现代之外的社会文化很有可能处于被剥削与被压榨的不利地位。原有的、形态各异的传统社会在资本主义与现代化的蹂躏下正处在消失的边缘。

3. 后工业社会与消费主义

从某种意义上讲，资本主义与现代化将人类社会的大生产推到极致——资本主义是其连绵不绝的动力，而科学技术是其无坚不摧的工具。

---

① 例如，22 岁的达尔文是作为地质学家被招募而登上英国皇家海军的"小猎犬号"的。而该次航海的目的却是英国海军收集南美大陆两边海岸线地质资料以便绘制地图，为大英帝国的扩张占得先机。"进化论"仅仅是这段航程献给现代生物学的意外惊喜。

　　从伦理上讲，这样的扩张有着不可忽视的破坏作用[1]。逻辑上讲，这样的扩张也不可能没有止境。其本身一个显而易见的结果就是生产能力的扩张导致的物品丰富。如果说早期的资本主义扩张可以通过贸易，将生产的物品和其他地方交易，但这样的扩张依然是有止境的。

　　早在二战以后，社会学家就开始讨论"后工业社会的来临"[2]。在他们所讨论的后工业社会中，复杂的各种关系结构围绕经济"中轴结构"展开。换言之，后工业社会中的经济结构（或经济生产能力）是最为重要的社会变迁动力基础。由工业社会导出的后工业社会，继续着生产规模与效率的扩张，但其经济结构已经有了质的不同。其中最为核心的是产业结构的调整（服务业的快速扩张）、知识权力的扩张以及信息的重要性。服务业更多地并不是生产物品，而是针对物品的消费；服务业从业人员以及知识阶层的扩张，使得有能力消费的中产阶级规模扩大。这些都指向后工业社会中，生产逐渐让位于消费。

　　事实上，从另一个逻辑也可以推导出消费时代的来临。当大规模的生产持续增长，社会中的物品越来越丰富，资本与科技一如既往地推动产能，但当人们基本生存所需的物品短缺越来越不是问题后，过多的产能需要寻找出路。在用贸易打开其他市场的同时，提高与开拓消费自然成为资本与科技的出路。所以，在生产进一步发达的后工业时代，消费主义必然兴起，并成为最为重要的社会特征之一。

　　其实，后工业社会中兴起消费主义的结论也可以从更早时期的社会学讨论中得出来。凡勃伦是消费社会学的早期理论家。他的"有闲阶级"的概念在一定程度上可以被认为是并不从事生产活动的阶级。[3] 而这一阶级更多时候是用炫耀性消费来标榜自己，划分自己与其他阶级的界限。凡勃伦旁征博引，使用大量的理论与史料来证明有闲阶级是在生产能力达到一定阶段，并从较高社会阶级（拥有权力占有劳动产品的人）中开始出现的。其整个推论过程中隐含着与消费主义在后工业社会兴起一致的逻辑。在凡勃伦的基础上，可以推导出随着社会生产能力的提高，有闲阶级的范围将进一步扩大。

---

[1]　在此，资本主义与现代化扩张的破坏作用并不在讨论内容之中。

[2]　丹尼尔·贝尔：《后工业社会的来临》，高铦等译，南昌：江西人民出版社，2018。

[3]　凡勃伦：《有闲阶级论》，蔡受百译，北京：商务印书馆，2019。

在后工业社会中，有两个社会文化的变化在后面的讨论中涉及。一个就是社会文化思潮的转向，从所谓的"物质主义"过渡到"后物质主义"① ——在物质短缺解决之后，人们更多地关注个人自由、自我表达以及社会事务。另一个是后工业社会中知识的重要性造就了知识精英阶级的兴起②。

（二）城市化与消费

农业社会生产的物品并不丰富，更多是一种自给自足的生产与消费模式，没有过多的剩余产品，也没有太多的市场交换③。因此，从消费的角度讲，农村的生活相对简单。相反，城市从一开始就不仅仅是一个生产的场所，劳动者的再生产过程也是在城市中完成的。所以，城市是消费不可分割的天然空间因素。

从这个意义上讲，只有城市的兴起，才会有消费行为的扩张，才会产生消费主义文化。

1. 城市消费的兴起：扩张与群体身份

城市化的过程是人们消费增加的过程，也是消费主义逐渐兴起与扩张的过程。在此一过程中，大量的人口从农村聚集到城市里来，既增加了生产，也制造出了消费的需求。在齐美尔与沃斯看来，城市与农村是完全不同的生活方式。

凡勃伦在讨论有闲阶级时，明确地指出城市与乡村的消费有着巨大的差异。对于农村来讲，储蓄与家庭享乐抑制了消费活动；相反，城市技术工人阶级开支更大，储蓄并不是一个体现其有闲的有效方式。因此，在公共场所的消费行为成为城市技术工人表明身份的炫耀④。凡勃伦甚至详细讨论了当时收入较高的印刷工人的炫耀性消费行为。

城市中的消费显然是有差异的，不同阶级的消费行为各不相同。对

① Ronald Inglehart, *Culture Shift in Advanced Industrial Society* (Princeton, NJ: Princeton University Press, 1989). 中文译本参见罗纳德·英格尔哈特《发达工业社会的文化转型》，张秀琴译，北京：社会科学文献出版社，2013。

② Alvin Ward Gouldner, *The Future of Intellectuals and the Rise of the New Class* (New York: Seabury Press, 1979). 中文译本参见艾尔文·古德纳《知识分子的未来和新阶级的兴起》，顾晓辉、蔡嵘译，南京：江苏人民出版社，2006。

③ 当然，与几乎没有剩余的采集与狩猎活动相比，农业生产已经算是巨大的进步了。

④ 凡勃伦：《有闲阶级论》，蔡受百译，北京：商务印书馆，2019。

现代大都市生活的描绘，通常是繁华与贫穷并存。在本雅明的书写中，读者可以清楚无误地看到既有昂贵的奢侈品商店，也有破败的廉价品商店。最为深刻的可能是恩格斯对早期资本主义时期英国工人阶级"贫民窟"的描绘①。

　　我们从伦敦，从它的著名的"乌鸦窝"（Rookery）圣詹尔士开始，这个地方现在终于有几条大街穿过，所以是注定要被消灭的。圣詹尔士位于该市人口最稠密的地区的中心，周围是富丽堂皇的大街，在这些街上闲逛的是伦敦上流社会的人物，这个地方离牛津街和瑞琴特街，离特拉法加方场和斯特伦德都很近。这是一堆乱七八糟的三四层的高房子，街道狭窄、弯曲、肮脏，热闹程度不亚于大街，只有一点不同，就是在圣詹尔士可以看到的几乎全是工人。在这里，买卖是在街上做的；一筐筐的蔬菜和水果（所有这些东西不用说都是质量很坏的，而且几乎是不能吃的）把路也堵塞住了，所有这些，像肉店一样发出一股难闻的气味。房子从地下室到阁楼都塞满了人，而且里里外外都很脏，看来没有一个人会愿意住在里面。但是这一切同大杂院和小胡同里面的住房比起来还大为逊色。这些大杂院和小胡同只要穿过一些房子之间的过道就能找到，这些地方的肮脏和破旧是难以形容的；这里几乎看不到一扇玻璃完整的窗子，墙快塌了，门框和窗框都损坏了，勉勉强强地支撑着，门是用旧木板钉成的，或者干脆就没有，而在这个小偷很多的区域里，门实际上是不必要的，因为没有什么可以给小偷去偷。到处是一堆堆的垃圾和煤灰，从门口倒出来的污水就积存在臭水洼里。住在这里的是穷人中最穷的人，是工资最低的工人，掺杂着小偷、骗子和娼妓制度的牺牲者。

① 弗里德里希·恩格斯：《英国工人阶级状况》，载《马克思恩格斯全集》（第二卷），北京：人民出版社，1956，第269~587页，上文引自第307~308页。恩格斯的这一段话在很多教科书以及城市不平等研究中被反复引用。除了明白无误地用近乎白描的方式表现城市贫民的日常生活之外，这里至少有以下两点值得特别强调。首先，恩格斯使用游历观察的方法来研究城市，这样的方法在后来发展成城市游走与都市民族志的研究方法，广为使用；其次，恩格斯在这里中立地区分了个人感受与情绪，强调实证经验的资料收集，并以此为分析基础来讨论城市贫民与工人阶级的悲惨生活。

城市的发展不仅使得城市人口大规模扩张，而且带来城市阶层结构的变化。企业规模的扩大以及服务业的发展造就了一个收入较高、消费取向强烈的中产阶层。这一阶层随着城市化的发展逐渐壮大。他们有经济能力也有消费积极性，成为城市消费的主力军。总的来讲，城市化的发展积累了消费人群。

如果我们将齐美尔、沃斯以及凡勃伦的理论结合起来，可以清楚地勾勒出城市化导致消费主义兴起的逻辑。城市生活方式节奏快、流动性高、人际关系相对淡薄，即使人群间的异质性较高，要区分不同的人群并获得自身的身份认同并不是轻而易举与显而易见的事情。因此，在公共场所的炫耀性消费就成为一种表达自我、体现身份并划分群体界限的方式。另外，城市空间更为紧凑，居民生活方式的传递交流更为便利，各种消费活动的模仿更为容易。因此，无论是商家的产品推广，还是居民的主动消费行为都能够迅速流行起来。所以说，城市化（都市化）促进了消费主义的兴起。

2. 城市消费的扩张：市场与国家

卡斯特尔则是从宏观的社会制度角度讨论资本主义发展到必然会在城市兴起消费主义的逻辑。[①] 卡斯特尔认为，城市首先是一个经济实体，而城市文化与城市政治则是在此之上的意识形态。现代城市已经不再是生产与交换的中心，而是一个包含集体消费与个人消费的国家参与其中的劳动力再生产的中心。除去劳动者依自身收入的"个人消费"外，城市中更为重要的是国家参与其中的"集体消费"。其中的个人消费由劳动者从市场中获得；而集体消费则需要由国家投入。这里的集体消费既包括与教育、医疗、养老和技能培训等相关的社会福利政策，也包括与学校、医院、道路和公园等相关的基础设施。在集体消费的过程中，国家还会组织一些文化娱乐活动。在他看来，所有这些措施都是资本主义国家探索出来的可以延续其制度寿命的手段。也正因为这样，城市资本主义才重新获得了新生，而没有迅速消亡。

比较卡斯特尔与上面恩格斯对于早期城市无产阶级生活的描述，不

---

① Manuel Castells, *The Urban Question：A Marxist Approach*（Cambridge，MA：MIT Press，1977）.

难发现资本主义制度的巨大改变。当然，所有这些都是建立在生产能力得以巨大提高的基础之上的。

从卡斯特尔"个人消费"与"集体消费"的类别分析出发，至少可以得出以下关于城市消费的几个推论。首先，城市消费的兴起是资本主义发展的必然，是大规模生产到达一定阶段之后的必然。这是资本主义进一步推进过程中的策略。从这个意义上讲，卡斯特尔是在沿用经典马克思主义思想来揭示改良以后的资本主义的本质。他的结论是，资本主义并没有改变其逐利的本质，只不过在原有大工业生产的基础上叠加了城市集体消费的重心。

其次，劳动者的"个人消费"是在市场中完成的。这样的一个后果就是消费品市场的发达。商家必然投资这样的领域，并且快速扩张这一领域。因此，城市中将充斥着各种吸引人们消费的物品，当然还有诱惑人们消费的物品的广告。消费物品与服务的创新也许成为生产活动中的重要内容。①

最后，政府参与的"集体消费"实质上就是一场城市建设运动。在提供城市基础设施的过程中，政府事实上是在缓解资本的逐利行为所带来的阶级矛盾的对立②，这成为城市最为重要的现代功能。所以，在城市发展的某个阶段，大规模的城市建设必然出现，而政府则是这一运动背后的重要推动力。

总的来讲，在社会生产的物品越来越丰富的过程中，城市越来越成为消费的场所，城市中的消费主义则成为社会思潮的重要内容。

（三）文化与消费的空间因素

如果说城市是消费的场所，那么文化则应该是消费的意义。③ 在满足生存需求之后，对于物品与服务的消费都被赋予了文化的意义。从一开始，消费社会学的先驱们就认定消费包含深刻的文化意义。消费行为

---

① 苹果公司（Apple Inc.）因为在电子消费品上的创新，快速成为当今世界上最大的公司。
② 联系到前面恩格斯所描述的英国早期资本主义时期各大工业城市产业工人"贫民窟"的悲惨状况，卡斯特尔讨论的资本主义显然已经是改良的资本主义——随着社会的发展，产业工人也享受发展所带来的好处。
③ 事实上，城市本身也成为消费的对象。

不仅是对物品与服务的使用过程，而且是消费者个人身份、地位、社会关系以及资源的集中体现。

1. 凡勃伦的炫耀性消费及其空间特征

在凡勃伦的时代，资本主义还处于加速发展阶段，大工业生产并不能满足人们的日常生活需求。但就是在这样的物品处于相对匮乏的年代，① 却有着一批人追求与生活基本需求没有太多关联的空闲与奢侈品。凡勃伦并不认为这样的"炫耀性消费"仅仅是消费稀缺的物品，也不认为这样的消费简简单单提出了未来富裕生活的趋势。在他看来，这样的夸张行为是拥有这样的经济资本的富人们追求消费背后的文化意义的必然结果。在经济并不太发达的时代，炫耀性消费行为是一种可以彰显金钱实力、证明自身成功的标志。炫耀性消费的本质不在使用物品与服务，而是让他人知晓自己在使用这样昂贵的物品与服务。换言之，炫耀性消费是给他人看的，并让他人在观赏消费的过程中明白富人的成就与身价。正是因为炫耀性消费被赋予这样的文化意义，有钱的富人才追逐这样的消费行为。炫耀性消费使这些富人拥有通过花费金钱而获取声望、赢得荣誉的途径。

在凡勃伦看来，这样的意义赋予是从有了剩余物品之后，从有钱人开始的。只有并不为日常生活担忧的富人才有额外的财富进行炫耀性消费。这为富人们提供了身份认同的标准：只有具有这样的消费能力，才能进入这样的一个群体。因此，炫耀性消费成为富人们区隔自身阶层并将自己与其他社会阶层分离开来的重要手段。炫耀性消费的这一社会区隔功能始于经济消费实力，止于文化身份认同。

特别值得强调的是，城市空间地域是凡勃伦讨论炫耀性消费的重要构成因素。凡勃伦至少从三个方面讨论了炫耀性消费的空间特征。首先，炫耀性消费的地点更多是在城市里。在他的叙述中，消费行为的城乡差异是相当显著的。在农村，储蓄与家庭享乐更容易获得邻里的称赞，而消费的效用要小得多。因此，炫耀性消费更多发生在城市中。凡勃伦举例说，美国农民家庭与收入相当的城市手艺人家庭相比，前者的衣着明

---

① 相对于当前这样物质丰富的年代而言。

显没有那么入时，言谈举止也没有那么斯文。① 这并不是因为农民家庭不在乎钱与礼仪，而是因为农村里这样的消费行为得到的社会效果并不明显。

其次，炫耀性消费是与城市生活方式相对应的现象。在农村，由于人们之间的关系较为密切，相互间的底细更为清楚，生活节奏悠闲，显示身份获得荣誉的方式更多是通过家庭的财产积累以及时间上的有闲来体现的。城市生活方式则不同：熟人较少，生活节奏较快，流动性强。在这样的情况下，炫耀性消费是能够在相互间并不知根知底的条件下迅速博取荣誉的策略。凡勃伦反复强调印刷工人炫耀性消费并不是因为他们在品德上有什么缺陷，而是因为这样的消费习惯是他们需要的生活方式，以期获得好评与荣誉。②

最后，炫耀性消费的传播途径与范围比传统意义上信息的口口相传要广泛得多。乡村社会中有闲阶级的家庭享乐与财富可以通过邻居之间的聊天传播开去，但更多是在关系圈子内的口口相传。城市里的炫耀性消费则是在陌生人之间的首次相遇中就显示出来。同时，由于城市人口与职业工人的流动性，这样的消费行为影响到更多的人口。因此，炫耀性消费的传播途径与范围由于城市化和工业化变得更为广泛。当然，如果凡勃伦能够预见当今的全球化趋势，那么他可以更加肯定自己的结论，并将它推及更为广大的范围。

2. 布迪厄的文化资本、消费品位与阶级区隔

在布迪厄的模型中，经济资本、文化资本、社会资本与象征资本的总量及构成决定了个人在社会空间中的位置，而处于同一社会位置的个人在不同的社会场域中争夺"共同利益"。这些共同利益既包括物质利益，也包括诸如身份、地位、声望以及话语权等抽象维度的利益。这样，社会成员就通过他们自己的社会实践区分到不同的社会阶层与阶级之中。

布迪厄对社会结构中社会阶层的讨论，与人们日常生活、消费行为最为相关的，也是他模型中最为重要的概念就是文化资本。在他看来，正是文化资本上的不同将人们分配到不同的社会阶层之中。布迪厄文化

---

① 凡勃伦：《有闲阶级论》，蔡受百译，北京：商务印书馆，2019，第70页。
② 凡勃伦：《有闲阶级论》，蔡受百译，北京：商务印书馆，2019，第71页。

资本的概念可以从不同的角度来具体化，既可以是从小在家庭中习得或是后来内化的行为举止、消费品位以及日常生活习惯等，也可以是用货币购买拥有的外在文化物品，还可以是通过个人后天努力获得的制度上公认的学历文凭等。正是因为人们所拥有的文化资本的不同，他们日常的生活方式有着重要的差异，而这些差异所承载与表达的是自我的身份定位，显示出来的就是人们的阶层阶级地位。

在布迪厄看来，最能够体现阶层与阶级差异的就是人们在日常生活中消费行为所体现出来的品位（taste）。[1]　其实这也相当容易理解。前面已经提及后工业社会的到来与消费主义的兴起。在基本生存条件满足之后，能够区分人群的就是消费过程的差异。因而，消费什么样的物品、以什么样的方式来消费、在什么地方与氛围中消费就成为区分阶层与阶级的重要标志。

对于布迪厄而言，生活中的品位不只是人们在消费中的选择。更为重要的是，品位背后所蕴含的是消费者所拥有的文化资本。人们从小家庭背景不同，成长过程中习得的生活习惯也差异明显，后天获得的表明文化身份的学历等也不尽相同，因此在生活中有了不同的消费习惯。这就形成了不同的消费品位。这样的不同消费品位所体现的并不仅仅是个人的偏好差异，也体现了个人的身份地位差异。一旦将不同的品位并列放在一起时，就产生了比较，产生了高低等级。品位的高下之分在社会上还对应着关于文化意义的解释权与话语权。换言之，品位在无声地表达着某些人的阶层更高，因为他们拥有的文化资本更多，所能表达的文化意义也更为广阔；反之，另一些人的品位则显示他们的阶层更低，在文化意义的表达上无足轻重。[2]　因此，消费品位成了布迪厄眼中阶级划分的重要标尺。

在讨论消费品位时，布迪厄并没有直接将之与空间联系起来。布迪

---

[1]　Pierre Bourdieu, *Distinction: A Social Critique of the Judgement of Taste* (Cambridge, MA: Harvard University Press, 1984). 中文译本，皮埃尔·布尔迪厄：《区分：判断力的社会批判》，刘晖译，北京：商务印书馆，2015。

[2]　这个也比较容易理解。在后工业社会，基本生存不再是问题，更多的关注指向了意义。而文化资本更高的阶层能够给出更多、更炫目的意义解释与说明，因此也就更有解释权与话语权。想一想，社会富裕之后，人们的文化活动的消费支出要增加很多，富豪们更倾向于收藏文物字画等，这些都是文化权力渗透到社会中的现象与例子。

厄所讨论的社会空间，更多是从抽象的维度而非物理意义上来建构人们的社会位置。但他在讨论家族亲属关系时，明确指出家庭内部的物理空间安排与亲属社会关系的——对应。① 如果将这两种思想与论述结合起来，并考虑到消费的空间地点因素，就不难理解布迪厄关于文化资本对于社会结构的空间区隔的论述。

消费的实现必须要有实质的物理空间基础，所有的消费都需要在特定的空间内完成，而不同的消费行为对应着不同的空间地点。其逻辑与上面提到的家庭内部空间安排与亲属关系的对应关系一致。一个阶级的消费品位与另一个阶级的消费品位是不同的，他们对应的地点场所也各不相同。除去走马观花，城市普通老百姓不会去城市白领的消费场所。因此，不同的阶级在不同的消费场所消费不同的商品，这是由他们的文化资本所决定的。与此一体两面的是，正是由于这样不同的消费品位，不同的社会阶级划分出界限，维持着社会结构的分层关系。

所以说，在布迪厄的理论中，我们可以清晰地导出社会阶级间不同的文化资本所对应的消费场所的区隔，这种地理空间上的区隔也是维护阶级界限的重要工具。

3. 詹姆逊：文化的商品化

詹姆逊②认为，由于技术的发展、经济的增长，如今我们已经来到后现代社会。对于詹姆逊而言，文化在新的历史时期已经进入人们的日常生活，成为资本主义商品经济的重要内容。

后现代社会一个最为重要的特征就是文化作为资本主义进一步发展的重要工具，渗入社会、政治、经济以及日常生活的各个方面。传统意义上被认为是"低俗"的平民文化受到前所未有的重视，得到大众一致的欢呼；与此同时，与日常生活相对立的所谓高雅艺术完全失去自身的疆界，并被现代技术与商品经济不断复制与扩展，逐渐成为大众生活的一部分。

文化进入各个领域的最好媒介就是消费。只有当消费过程的意义被挖掘出来之后，人们才能在生存的基础上拓展新的消费领域。文化就是

---

① Pierre Bourdieu, *The Logic of Practice* (Stanford CA: Stanford University Press, 1990).
② Frederic Jameson 的中文翻译有詹姆逊与詹明信两种。以下论述中均使用前者；而原书翻译使用后者时，本书在书名引用时为了保留一致，使用后者。

要给消费赋予意义。正是由于文化能够引领消费，它必然被资本主义商品化。针对资本主义没有自制力的扩张，詹姆逊明确提醒人们警惕商品化与市场对文化的无休止渗透。这一点从全球化过程中资本主义对殖民地文化的渗透、商品化甚至破坏与灭亡中可以体会到詹姆逊的忧虑是不无道理的。

在詹姆逊看来，文化的商品化在某种程度上消解着社会结构。传统社会中的通俗文化有着自己生长的社会土壤，有着共同审美品位的社会群体，是由同一个乡村或是城镇的人们在共同经历的基础上创造出来的。后现代文化则是人们在消费过程中"感受"的，每个人都可以在此感受过程中加进自己的联想。所以说，文化的商品化将人们切分成独立的个体，文化也不像以往可以将人们联结成一个共同体。

这一点在詹姆逊讨论空间的时候，体现得更为明显。[1] 他在分析后现代建筑时，认为人们被迫用自己的感觉来体验空间，而这样的空间通常给人一种拼凑与无序的感受，人们总是感到一种"分离"。他总结道[2]：

> ……空间——后现代的超空间——的这种最新变化最终成功地超出了单个的人类身体去确定自身位置的能力，人们不可能通过感性上组织周围的环境和通过认知测绘在可测绘的外部世界找到自身的位置。

后现代建筑空间通常体现了大众化与地方性的特色，显示出建筑对于它所处环境的人文关怀。它也就吸引着更大范围的民众。后现代的建筑空间成为一种大家都可以投入其中，但又难以分清自我与环境的大众艺术。

当然，所有这些都建立在一定的文化与经济的结合之上。在接受

---

[1] 弗里德里克·詹姆逊：《后现代主义与消费社会》，胡亚敏等译，载《文化转向》，北京：中国社会科学出版社，2000，第 1~20 页。詹姆逊在其中不厌其烦、事无巨细地分析了洛杉矶的一家宾馆空间结构。

[2] 弗里德里克·詹姆逊：《后现代主义与消费社会》，胡亚敏等译，载《文化转向》，北京：中国社会科学出版社，2000，第 1~20 页。引文来自第 15 页。

列斐伏尔的空间关系本身就是一种生产关系，是社会关系的构成的观点之后，詹姆逊显然认识到城市空间的塑造是由政治权力结构、阶级关系以及对土地的市场价值的追求等因素决定的，所有空间建造的文化艺术表现背后都有商品经济的直接赞助与收益。因此，在詹姆逊看来，整个城市空间的后现代表现形式也不过是文化商品化大幕下的一个侧面而已，它本身既是社会消费的场所，也是社会消费的一个不可分割的部分。

4. 佐金：城市文化与象征经济

如果说前述凡勃伦与布迪厄的理论更多是认为人们的消费包含文化的意义，而詹姆逊则直接认为文化本身已经成为大众消费的内容。他们都或多或少地提及消费过程中空间成为重要的因素。

对于佐金而言，城市文化是当代城市经济的基础，是城市空间的组织原则①。在一个象征经济的体系中，城市的空间特征成为整个经济链条中最为重要的一环：它不仅是商品生产与消费的场所，不仅是商品陈列、观赏以及买卖的地方，而且渗入到整个消费过程中，成为文化经济不可分割的部分②。这样的城市文化也依据消费空间，构建了社会结构的分化关系。

在城市中，面对极其丰富的物质世界，面对泛滥的信息，面对快节奏的生活以及内心对悠闲生活的向往，注意力成为一种稀缺资源。象征经济特别强调产品与其形象的紧密结合，这样才有助于产品对消费者的争夺。这也是包装与广告已经成为产品成本不可分割部分的原因。所以，文化符号成为象征经济中最为重要的表现。在消费主义的背景下，广告成为传递商品信息的最重要渠道，商品的视觉形象变得重要了，与此相应的空间形象也变得格外重要。

给定城市的特征——聚集的人口、集中的资本、人工建造的外表以及消费的场所，城市自然而然成为视觉化的中心。而城市文化的构建也围绕这一目标，逐渐成为一个象征系统。这一系统将文化的外延扩大到更为广阔的范围，成为资本主义生产过程中激发人们购买并消费某一产

---

① 莎伦·佐金：《城市文化》，朱克英等译，上海：上海教育出版社，2006。
② 需要特别注明的是，现在的互联网提供了另外一个空间，成为消费空间的组成部分。

品的手段①。

文化在经济生活中有着确定的基础性作用。首先，它有着自己明确的从业队伍，包括街头歌手、"挥金如土的摇滚乐歌手"、歌剧演唱家、画家、作家，以及艺术场馆的管理人员。这些人背景不同，消费习惯也不相同，但他们从事相近的文化产业工作，工作时间相对灵活。其次，文化产业为城市生活提供了产品——包括实实在在的文化作品（诸如绘画、音乐等）以及与此相关的服务（诸如演出等娱乐活动）。此外，文化产业还为生产提供创意思想，为商品象征系统注入活力。再次，文化产业从业人员直接参与到商品象征符号的构建中（众多商品代言人、设计师在广告中的出现）。最后，文化生产过程有着特殊的空间要求。"艺术博物馆、名牌专卖店"以及高级餐馆都成为富含文化色彩的消费场所，也成为文化符号的展现场所，同时也是文化思想的交流场所。所有这些都显示着城市里的文化成为经济的重要基础——文化并不仅仅是经济基础之上的上层建筑，而且可以直接深入商品生产的过程之中②。

当然，文化这样进入生产与消费，并且以城市空间作为显现的媒介，在社会关系上必然带来重要的后果。其中一个不可避免的后果就是私有空间对公共空间的挤占。佐金详细描述了布莱恩特公园因为纽约市政府无力承担维护费用，将整个管理与经营权交给私有的慈善机构与公司，而这些精英则将整个公园改造成为一个越来越不公共，甚至带有浓重消费意义的地方。公园在设计上重在赶走"不法分子"，在管理上设立消费摊点，在安保上雇用私人保安来保证日常安全。这些措施使公园成为一个公共的社交场所，成为一个新的中产阶级公共文化的表现场所，成为一个城市消费文化的文明符号。而原有的工人阶级以及底层贫民因为消费水平的差距逐渐淡出了布莱恩特公园③。所以，与布迪厄的区隔概念一致，佐金认为城市文化在消费过程中将城市居民分化到不同的空间结构当中。

这里，佐金显示了与詹姆逊相似的担忧：通过大众消费，文化资本主义的触角已经伸入人们生活的各个角落，控制着社会关系与社会结构。

---

① 莎伦·佐金：《城市文化》，朱克英等译，上海：上海教育出版社，2006，第9页。

② 莎伦·佐金：《城市文化》，朱克英等译，上海：上海教育出版社，2006，第10～11页。

③ 莎伦·佐金：《城市文化》，朱克英等译，上海：上海教育出版社，2006，第21～34页。

对于佐金而言，她更为痛心的是真正意义上的公共空间的丧失，取而代之的是某一群人的公共空间，而划分界线则是永恒的资本。

（四）小结

从上面的讨论中可以看出，无论是消费主义的兴起，还是消费中文化与空间因素的兴起都有一个逐步推进的过程。这些理论发展的过程与整个社会经济发展的进程不可分割。

虽然消费活动由来已久，但它真正成为理论讨论的重点则是在资本主义发展到后工业社会之后。只有在物品极大丰富的前提下，不可自我节制的资本进入消费，将消费活动平民化，并将它作为自身发展的下一个推进器。

同样的逻辑也可以适用于文化与空间深入消费领域这一现象。文化与空间一直都和消费相勾连，但也只有到了近现代，相互之间的纠缠才如此紧密。资本在拓展消费的过程中，将文化与空间直接纳入整个生产与消费之中。[①] 这一理论上的文化与空间的转向显得极为明显。

理论上的拓展并未到此结束。在卡斯特尔与佐金的理论中，城市与城市文化并不仅仅是消费的场所与助力，其自身已经成为资本追逐的对象，成为消费的对象。

三　城市文化空间的建构

毫无疑问，在城市里，文化与空间已经互为一体，城市的发展已经离不开城市文化的拓展。以往，文化总是被摒弃在城市经济发展的中心之外，而今的文化则成为象征经济中的核心。特别是在当前全球化的浪潮中，城市文化成为可以标新立异，对抗由现代技术与资本带来的同质性，建立有自身特色的城市社会经济发展竞争力的重要手段。因此，城市文化往往被当作一种发展战略，用来吸引资本与人才，也用来强化城市身份的认同。

---

① 显然，列斐伏尔与詹姆逊是两位深入讨论空间与文化进入生产与消费的理论家。而卡斯特尔与佐金的理论出发点也相当鲜明。

（一）城市发展中的文化

城市发展必须要与文化相结合的原因是多方面的，归根到底是由城市面临的整个社会经济背景决定的，既包括城市经济结构变化带来的后果，也包括全球化带来的挑战。

1. 城市的衰败

在韦伯的城市理论中，因为城市贸易与经济而形成的城市团体和行会是城市社会政治生活的重要推手。正是这些群体，使城市能够从封建贵族的统治下获得自治，并建立法律制度与政治结构，形成城市独立的行政与公共治理，进一步推动城市的发展。

但是，20 世纪六七十年代以来，西方经济经历了产业结构的调整，原有的劳动力密集的工业生产逐渐让位于资本与脑力密集型的服务业，内城开始出现产业空洞化。随着汽车与高速公路的发展，城市的郊区化日益兴起，城市人口向郊区迁移。对于城市而言，这带来了一系列重要的后果：城市财政能力减弱，城市不可避免地衰落。随之出现了众多的城市问题——社区物理外貌破败、贫民窟蔓延、犯罪率上升。这又构成一个恶性循环，不断地加剧城市的堕落。

与此一过程相平行的另一个对城市发展造成巨大影响的是全球化进程。全球化带来的并不是所有资源在全世界的流动。资金、原材料以及产品可以自由地跨界流动，而劳动力的流动则困难得多。发达国家的产业升级，使得资本在全球范围内寻找投资的地方。这带来两个方面的后果：一是生产资金流向发展中国家，寻找低廉的劳动力；二是管理与协调工作更集中到一些世界性的大城市中。[1] 这一趋势在带动发展中国家城市化进程的同时，使发达国家的城市经济结构与社会结构的两极分化加剧[2]。因此，全球性的都市几乎垄断了高端服务业和金融产业，制造业则分散到世界各地。

在这一研究脉络中，早期的研究者认为，"逆城市化"起源于人们

---

[1] Saskia Sassen, *The Global City: New York, London, Tokyo* (Princeton, NJ: Princeton University Press, 1991). 中文译本，丝奇雅·沙森：《全球城市：纽约、伦敦、东京》，周振华译，上海：上海社会科学院出版社，2005。

[2] 需要指明的是，在中国这样沿海与内陆差异显著的大国中，经济结构的调整与制造业的转移也可能导致与此相似的结果。

对更宜居的生活环境的追逐。后来，有些学者从人类生态学的角度，认为城市中心地租地价过高、交通拥挤不便，因而企业难以找到合适的地方开办。但很快，另一种观点得到更多实证材料的支持，那就是大城市的劳动力无法匹配新企业的需要，新技术的进步带来了老的工业区企业经营的举步维艰，这些企业纷纷迁移到劳动力价格更加低廉的地方。① 最后这一观点，与全球化产业国际分工理论相契合。20 世纪 80 年代以来，发达国家的制造业大量迁出到发展中国家，跨国公司成为这一全球趋势的受益者，而大量发达国家的产业工人则失去了工作。

2. 作为城市发展救赎的文化

全球化带来多方面的变化，使某些城市获得全球城市的地位，它们在全球经济中因为集聚的优势，获得了更高的经济地位。但是，即使是在这样的全球城市内部，城市中心地域的衰败也不可避免，城市问题层出不穷，更不用提那些在全球化进程中失去制造优势、许多人失去工作机会的老工业城市了。

面对这样的社会与经济问题，一系列的拯救措施都失败了。这是因为，城市的衰落本身就是资本主义大生产经济发展到某一阶段的结果，是资本逐利而放弃城市中心的结果，单纯依靠经济政策不可能扭转这一颓势。这时候，作为城市经济的救赎，文化的价值就体现出来了。只有在引入文化之后才可能发掘出另一个可以重新点燃城市发展动力的增长模式。

在前面讨论后工业社会时，笔者提到两个社会文化方面的趋势：后物质文化思潮的流行和知识精英阶层的兴起。② 前者是指后工业社会中，温饱已经不是问题，人们关注的更多是意义、审美、身份、正义等一系列可以划分到形而上的文化范畴的东西。这成为一种与后工业社会适应

---

① 更详细的内容，可参见艾伦·哈丁、泰尔加·布劳克兰德《城市理论：对 21 世纪权力、城市和城市主义的批判性介绍》，王岩译，北京：社会科学文献出版社，2016，第 57～62 页。

② 参见 Ronald Inglehart, *Culture Shift in Advanced Industrial Society* (Princeton, NJ: Princeton University Press, 1989). 中文译本，罗纳德·英格尔哈特《发达工业社会的文化转型》，张秀琴译，北京：社会科学文献出版社，2013；Alvin Ward Gouldner, *The Future of Intellectuals and the Rise of the New Class* (New York: Seabury Press, 1979). 中文译本，艾尔文·古德纳：《知识分子的未来和新阶级的兴起》，顾晓辉、蔡嵘译，南京：江苏人民出版社，2006。

的生活方式。后者是指后工业社会中，知识成为一种重要的资本，掌握知识与文化的群体成为社会的中坚力量，左右着社会经济中的话语权与整个社会的发展趋势。与这两个趋势相对应的生活消费方式成为城市中的主流。

显然，后工业社会的发展方式已经与原有大工业时代的生产方式不同，理论家将当前的经济增长方式标签为象征经济，而能够推动象征经济发展的动力则是高端人才与流动资金。这些人才往往具有国际背景，拥有跨国经验、时尚的生活方式。要吸引他们，城市生活的文化气质是重要的因素。同样的，国际资本也是通过这些跨国人才引进的，也在寻求下一个经济的增长点。当消费成为经济发展的重要推动力的时候，培育消费主义文化就成为必需。所有这些都指向文化，文化成为城市社会经济发展的基础。

如果说以文化为基础的象征经济成为城市发展的必然，那么城市发展的战略则必然以构建自身特色的城市文化为出发点。只有这样才能适应后工业社会经济增长的历史洪流，才能吸引高端人才与国际资本，才能不断生成创新理念并在经济增长中持续推进，才能在全球化的趋势下获得自身特色与优势。

3. 城市文化发展战略的全球性蔓延

经济结构的转变以及全球化的趋势使发达国家的工业向发展中国家转移，在加速这些发展中国家从农业生产向大工业生产转变的同时，也极大地推进了这些国家的城市化进程。但是，发展中国家的这一波城市化进程显然不能简单地归结于以工业生产经济为主导。原因至少有以下两点。第一，服务业已经成为经济发展中重要的结构性要素；第二，全球化的后果，不仅是世界大都市需要竞争精英人才与国际资本，后来发展起来的大城市也需要竞争这两样资源：与其他国家的大城市竞争，也与本国的大城市竞争。城市只有有了文化上的特色与吸引力才能够在这场全球性（也是地方性）竞争中获得优势，只有在获取了这些资源之后才有可能在新的经济发展中占有一席之地。因此，文化成为全球各个层次的城市发展的基础，而更多的城市管理者则把文化当成城市发展的"灵丹妙药"。

如果说，探索城市中心衰败的拯救之路是发达国家城市倒向并强调城市文化的主要原因，那么全球化对发展资源的争夺则是城市文化发展战略向全球蔓延的主要推手。

（二）文化成为城市空间组织的重要因素

以往的城市文化体现在城市建设的方方面面，如今的城市建设则有可能是从文化出发的。这是因为，在这一波强调城市文化发展的浪潮中，文化成为城市空间组织的重要因素。

1. 文化构建城市的形象

在佐金看来，城市的形象一直都是由城市所体现出来的文化来构建、传递，甚至是"推销"的。[①]

的确如此。如今的信息传递是如此便利，城市的形象往往可以通过明信片、照片、电视片段、电影片段以及旅游日志等方式，在线下同时更多地在互联网上广为传播。但是，这些图片、文字或视频中的城市并不仅仅是其中的城市标志性建筑或地貌，更多的是与这些建筑和地貌紧密相连的事件、回忆、情感、历史以及社会与世界的意象。而这些反映正是社会文化的重要内容，是人们在不断交流沟通的历史过程中共同构建出来的。

纽约时报广场位于曼哈顿商业区的西部，如今已经被环绕在高楼墙上的电视荧屏、荧屏上滚动的广告、股市行情与全球各地的要闻、MTV的流行音乐节目及现场演播室等包围，周围布满了博物馆、剧院、商场、餐馆等体现各种文化的机构。同时，地面上还有街头艺术的即兴表演。纽约时报广场是全球化的象征，世界上的政治、社会、经济、文化等各种要素均汇聚于此，它也就顺理成章地成为"世界的十字路口"（见图4-1）。所有这些构成了纽约时报广场特有的文化景观，形象地体现着全球化的趋势——仿佛全世界的所有都可以集聚在这一方寸之地，也毫无保留地昭示着资本主义的力量——纽约似乎成为可以左右全球的中心。[②]

同样的，当电视电影中出现故宫时，人们马上想到的就是北京。这是因为故宫所传递出来的历史文化中的政权核心的形象与地理空间上的

---

① 莎伦·佐金：《城市文化》，朱克英等译，上海：上海教育出版社，2006，第14页。
② 这也是为什么许多重要的广告选择在时报广场的电视荧屏上滚动播出，因为这里的影响范围最广，象征意义也最强。

图 4 - 1　纽约时报广场

资料来源：图片由许弘智摄影并提供。

北京紧紧地勾连在一起。而鸟巢与水立方也有同样的效果，它们的形象带来的是对 2008 年奥运会世界瞩目、举国欢庆并昭示着中华民族可以在世人面前展示民族实力的美好回忆，昭示着中国正在现代化建设的进程中大步迈进。所以，城市的形象可以是多样的，正如城市里的建筑是多样的，城市文化也是多样的。

2. 文化成为建造城市的基本原则

文化不仅构建城市形象，事实上在人们日益认识到其在城市发展中的作用之后，而且成为城市建设过程中的基本原则——城市的改造翻新与新城的建造都要以打造特定的城市文化为目标。

在旧城的翻新中，文化是拯救城市衰败、重建城市活力的法宝。佐金在文献综述中，直截了当地认为 20 世纪六七十年以来的城市中心的"再绅士化"本来就是文化与资本的合流。[①] 整个城市中心的重新改造往往是以文化之名，保护旧城历史文化古迹、城区老的建筑物与社区以及

---

① Sharon Zukin, "Gentrification: Culture and Capital in the Urban Core." *Annual Review of Sociology* 13, 1987, pp. 129 - 147.

与此相应的城市建筑在实物与审美上的意象。当然，所有这些都有经济上的考量——城市"再绅士化"之后会带来本社区内房地产价格的提升，会在此周围形成中产阶层的消费区域等。所有这些都紧密结合在一起。

　　但需要明确指出的是，文化因素显得更为重要。城市中心一直在衰落，在没有与文化改造相结合之前，没有资本愿意投入其中。而只有在"再绅士化"的过程中，少量的公共资金，更多的是私人小股资金大规模涌入。所以，文化是因，资本在此过程中是嗅着文化的气息追逐利润而来。

　　成都市宽窄巷子的改造也是一个恰当的例子。在经历两百多年历史后，当时的少城成为成都市内保存相对完好的古城建筑群。在通过改造修缮与重新装饰后，呈现在世人面前的宽窄巷子十足地融合了多种文化因素：历史文化的（古建筑、历史典故等）、国际化的（洋酒吧、咖啡馆等）、现代时尚的（流行音乐、服装装饰品等）、休闲娱乐消费的（各式餐馆、茶馆、牌桌等）、艺术品的（绘画、古玩等）、民俗的（手工艺品等）等。而整个改造过程就是在原有的历史建筑群中构建这样一个文化氛围浓厚的休闲商业区域。在完成内城改造的同时，也带来旅游与商业的繁荣（见图4-2）。文化成为这一工程的根本，而在此之上的商业则是维持发展的保证。

图4-2　成都市宽巷子

资料来源：图片由罗婧摄影并提供。

内城中心的改造过程是以文化为基本原则来翻建改造原有的历史文化建筑区域，在特定的例子中，文化可以成为空间组织的原则凭空建造出一个城市空间来。迪士尼主题公园就是这样的例子。[①] 迪士尼主题公园的设想起源于迪士尼本人对其少年时代在美国西部游历经历的记忆，他希望建造一个可以控制的理想的建筑景观——实际上他建成了人们心中的梦幻空间。迪士尼的计划是将主题公园建立在远离城市、公共交通不便的荒郊野地。这意味着，迪士尼需要用他设想中的梦幻之地的形象来组织整个主题公园的空间建筑。迪士尼世界充分使用由此产生的"视觉文化"（理想化的复古城市仿建与舞台化的空间展示）、"空间控制"（井井有条的社会秩序与友好和睦的服务管理）以及"私人经营"（有效的运作管理与高额的利润回报），活生生地将自身所代表的充满想象力与欢乐气氛的乌托邦式的"城市文化"表现得淋漓尽致。当然，迪士尼世界的建成带来一系列社会经济后果——周边商业的繁荣以及房地产价格的上升等。最为根本的是，以文化为出发点的迪斯尼世界建造了一个具有生命力与感染力的文化形象。

3. 文化聚集文化从业者

文化从业者是文化的生产者，他们提供的作品、思想是文化产业的根本。他们需要一个能够激发他们创作热情的空间。这样的地方往往成为文化从业者的聚集地，从而使他们在相互碰撞中创作出作品。

所以，艺术家更多地聚集在某一文化中心，在这一文化中心周围寻找居住创作空间，形成一个小圈子。从20世纪八九十年代的"圆明园画家村"到21世纪的"大山子艺术区"，人们都可以清晰地看到文化对于文化从业者聚集的决定性作用。

圆明园本身饱含民族的悲怆历史，20世纪80年代它还是荒芜的农地，那种苍凉与颓唐的气质与外界如火如荼的改革大潮形成巨大的反差，的确可以成为画家们激发热情的空间。身处当时城乡结合地的圆明园除去房屋租金便宜以外，还有另一个重要的因素是它与北京大学只有一条马路之隔。作为80年代社会思潮激情碰撞的中心，北京大学在当时集聚了形形色色的理论家、思考者及热血青年，构建了一个与社会上的经济

---

① 莎伦·佐金：《城市文化》，朱克英等译，上海：上海教育出版社，2006，第二章。

变革同步前行的文化变革的呼唤。在当时的北大校园里，可以经常看到这些青年画家的身影，北大的文化环境也成为他们灵感的部分来源。

同样的，21世纪兴起的"大山子艺术区"的起源也离不开上述原因。除去当时处于城乡接合部的低廉的租金以外，当年中央美术学院在搬迁过程中进驻"798"厂区，并在此过渡了六年之久，随后才搬迁进附近的花家地。正是中央美术学院的这段历史，以及它作为艺术中心的辐射能力，才派生出众多艺术家在"798"渐渐聚集起来。

令人唏嘘的是，无论是"圆明园画家村"还是"大山子艺术区"，在艺术家聚集之后，艺术创作的确精品迭出，但商业气息也日益增加，房地产价值也逐渐飙升。最终的结果是最初滋养文化工作者的环境，却被自身培育出的文化成果破坏了——"圆明园画家村"在其鼎盛时期戛然而止，而"大山子艺术区"中的部分画家早已因经济原因搬离。

（三）文化空间的类型

文化空间的构建过程一定是以文化作为引导的。但正如文化的多样性一样，城市文化在组织城市空间的时候，其借助的文化要素因不同城市而有不同，甚至同一城市不同区域也各不相同。这是因为不同的地点，其所拥有的文化资质与可运用的文化资源相差迥异，构建文化空间的策略也就大相径庭了。

在文化空间的构建过程中，土地空间的使用往往伴随着重要的社会经济活动——包括历史传统节日再现、社会文化活动、文化地产项目、区域改造、城市中心的"再绅士化"、被遗弃的工业区域的翻建等。在这一过程中，城市里的各个行动者都或多或少地参与其中，既有政府主导的行政性策略，也有开发商启动的经营性项目，还有民众或是文化从业者自发开始的起初意图并不明朗的个人与集体行为。所有这些，也最终导致文化空间的类型不尽相同。

莫健伟在他《看不见的城市》一文中，根据文化空间构建过程中的主导因素将国外的文化区域分成以下五种类型。[①]

---

① 参见莫健伟《看不见的城市》，载莫家良编《香港视觉艺术年鉴2008》，香港：香港中文大学艺术系，2008。

1. 依托实体文化资源、设施的文化区

这一类型的文化空间是以一个或是一群实体文化建筑（名胜古迹或其他有着显著文化意义的建筑）为核心，形成一个旅游文化的区域，并借此拉动整个区域的经济发展，改变原有的经济模式。这样的旅游文化服务本身的创收或许并不一定丰厚，甚至可能都无法自给自足。但是，由此带动的整个区域内的其他服务业（商业、旅馆业、餐饮、策展等）的衍生价值则相当可观。

莫健伟给出一个西班牙毕尔巴鄂的例子。在经济衰落、就业困境的背景下，毕尔巴鄂市政府开始建设一个全新的古根海姆博物馆，既在建筑的设计上做到吸引游客，也在博物馆的服务上开展各种活动。这一文化引路的方案相当成功。从博物馆开业的 1997 年到 2000 年，短短的四年时间里，毕尔巴鄂市游客数量增加 37.5%，由此为当地带来了超过 1 亿美元的经济收益，而政府获得了超过 2400 万美元的税收。[①] 在这样一个成功的例子中，古根海姆博物馆是凭空计划建设出来的。但就是这样一个实体的文化资源成为毕尔巴鄂城市发展的种子，带动整个城市的复兴。

2. 依托文化活动的文化区

这类文化空间是在特定的区域进行文化活动——包括文艺表演、节日庆典、艺术集市等。成功的文化区中的这些文化活动，往往会成为名声大噪的在固定时间发生的周期性（年度性）文化事件，并成为当地的一大综合人文景观——旅游人流、文化活动、商业活动以及由此带动起来的服务行业。

每年在法国尼斯举办的戛纳电影节吸引着大约 20 万访客，这些访客为这个法国南部城市带来超过 1.1 亿欧元的收入。其实，电影节本身并不能带来这么多的人流与收入，更多的收入来自以电影节为引子带来的游客。他们的消费又因为电影节的时尚品位而变得更为高端。在电影节期间，更多的收入来自酒店、餐饮以及时尚高端奢侈品消费。与此同时，与电影、音像相关的会展活动也逐渐发展起来，成为整个文化活动当中

---

① 更详细的内容可参见 Beatriz Plaza, "Evaluating the Influence of a Large Cultural Artifact in the Attraction of Tourism: The Guggenheim Museum Bilbao Case." *Urban Affairs Review* 36 (2), 2000, pp. 264 – 274。

的重要一环。戛纳电影节成为尼斯一年一度最为重要的盛大节日。而这一文化活动成为引导其他相关文化活动、经济活动的根源。

3. 文化产业为核心、市场导向的区域

这类文化空间从最初的产生到发展壮大都是以市场作为标杆来衡量成败的。开始的时候往往是产业单一、规模较小、从业人员较少、经济收益较低。随着重点产业的发展，其拉动效应逐步放大，不仅仅规模扩大，整个产业结构也变得庞大起来，直至成为一个相对完整的产业区。所有这些都是以市场背景下的经营活动为基础的。

一个恰当的例子就是洛杉矶附近好莱坞的兴起过程。美国的电影工业最早是以纽约为中心的。一小部分电影投资人与制作人在20世纪初看中了好莱坞，并在此设立制作中心。随后，更多的电影公司涌入。到了1937年，好莱坞从业人员占到整个产业从业人员的87.8%。① 随着电影产业的分分合合，好莱坞的电影厂家也起起伏伏。到20世纪七八十年代，更小规模的独立制片公司越来越多，产业生产分工更为明确，合作也更为精细。与此同时，电影产业向其他行业扩展。电影公司的人造环境、后期制作以及音效制作逐渐为电视、广告、音乐等其他行业提供各种服务。而数字化技术的使用，又为电影工业的技术部门开拓了更为广阔的市场。如今的好莱坞是一个以电影工业为核心的、延展到更多行业的、直接应对市场的文化区域，生产出来的电影与其他产品直接对整个世界的文化生活有重要的影响与引导作用。

4. 综合型文化区

这类文化区更多地发生在工业衰败、人口外流的原城市中心地带。这些老式街区如今变得没有人气，也没有经济活力。为了推动城区复兴和城市的发展计划，当地政府通过再造计划，通盘引进各种资本，既有传统产业的，也有新兴文化产业的。其目标是多元的——既发展城市产业，也改造社区；既提升生活质量，也吸引外来人口。这就成为一个混合模式，包括传统产业、文化产业、服务行业以及社会服务等各种城市发展要素的有机结合。在整个计划中，政府扮演了引导者与发起人的

---

① 更详细的内容，可参见 Allen J. Scott, *On Hollywood: The Place, the Industry* (Princeton, NJ: Princeton University Press, 2005)。

角色。

莫健伟给出了伯明翰依靠传统珠宝业的复兴使整个城市重新获得生机的案例。历史上，伯明翰一直是珠宝制作与交易的集中地。但是到了近现代，由于世界各地的竞争，伯明翰的珠宝业每况愈下。到了 20 世纪 90 年代，当地珠宝行业几乎被掏空，人口大量外流。这时候伯明翰市政府通过发展计划，重新引入珠宝行业资本，并以此为出发点发展相关的旅游业、休闲业、购物服务业、娱乐业以及餐饮等其他与文化有机结合的行业。同时，伯明翰还改善了公共设施与服务。很快，伯明翰重新崛起，成为多种产业相结合的、充满活力与生机的城市。

5. 个体工作室及依托地产发展项目建造的城区

这类文化区往往以个体文化工作者在某一租金便宜的破败城区设立自己的工作室开始。逐渐地，更多的文化工作者聚集在这样一个区域，并构建出一个有鲜明文化特色的"再绅士化"的社区。这些文化从业者往往相互激励，以创造出更多更好的艺术品为目标。但事实上，他们建立起来的这种文化氛围往往能吸引其他中产阶级。随着人气上升，地产发展商或个人瞄准这些区域的地产。随着地产价格的提高，原来的文化从业者反而难以继续在此居住下去。

佐金在其 *Loft Living* 一书中详细描述了纽约 SOHO 区域的兴起与衰落、抗争与发展。[①] 城市工业外迁导致内城的空洞化。艺术家们为了搜寻低廉租金的区域来到 SOHO 区域，将原有的工厂改造成为具有鲜明艺术气质的阁楼，并在此居住与生活。政府曾经也计划拆除这些具有安全隐患的阁楼，但艺术家们联合其他社会力量抵制了政府的这一改造计划，使自己创造出来的阁楼生活方式的空间结构得以保全。但是，这样的抵抗最终没有战胜资本的力量。随着中产阶级对阁楼生活方式的追逐，地产商们开始盯上这一文化区域。在资本的运作下，整个区域的地产价格开始飙升。这最终将创造阁楼生活方式的艺术家们赶出了 SOHO 地区。而这一地区成为高档消费品以及商业画廊的区域。至此，SOHO 地区的阁楼生活方式因文化创造起，也因文化的过度消费止。

---

① Sharon Zukin, *Loft Living：Culture and Capital in Urban Change* （Baltimore，MD：John Hopkins University Press，1982）.

6. 评论：共性与拓展

上述分类提取文化空间的差异，但也看得出不同类型之间的共同之处。首先，所有这些文化空间的打造都涉及一定的空间使用的改变。其次，这样的改变都是以构建一种特定的文化作为根本的。最后，文化的创造并不是整个打造过程，经济在文化的基础上成为另一个目标，也是文化空间能够持续维护下去的保障。

当然，莫健伟的五种文化空间类型的总结并不完全涵盖文化空间的多样性。事实上，综合型的文化空间应当包括更多。例如成都宽窄巷子作为一个文化空间既是一个依托历史遗留的古建筑群，同时也依托在此举办的多种文化活动，而这种休闲文化带来的周边商业以及地产项目的发展都显示宽窄巷子的活力所在。

上述五种分类都与经济发展有着紧密的关系。究其原因在于莫健伟更关注的是城市的发展战略。事实上，他的思考并不仅局限于此，而文化空间的概念也不仅局限于此。如果将空间的概念做一个扩展，将列斐伏尔"生活的空间"带进来，将我们的眼光从博物馆、艺术品、历史建筑等实体上挪开，关注更抽象的人们用象征符号来表现的空间（例如宽窄巷子成为成都市民悠闲生活的象征，成为保护完好的历史建筑的象征，成为旅游者心目中的成都名片，成为建筑规划师学习讨论的案例，成为媒体争相报道并着力传播的城市发展典范等），我们将发现这样的文化空间事实上构建了一个象征符号的网络，弥漫在社会经济生活的各个角落。同样的，如果将他"感知的空间"带进来，文化空间事实上又成为人们日常生活、工作的地方，是文化从业者、旅游者、消费者实实在在经过、驻足、停留的地方。

对消费者与旅游者（他们已经成为文化空间中重要的组成部分）而言，本雅明的体验性城市文化的概念极为相关。正是他们对于文化空间的感受、记忆以及与此相关的想象构成他们对某一文化空间的体验。而这样的体验对于他们对空间的再现具有至关重要的影响。

（四）文化空间与城市地位

文化显然已经成为城市发展中的最重要因素。如今的城市发展已经不仅仅是美化城市天际线来塑造城市形象，城市文化的建设成为构建城市形象的最重要的战略。在城市发展的竞争中，城市文化显然成为最为重要的着力点。

1. 创意经济与文化资本

彼得·霍尔在他的巨著《文明中的城市》中，将西方城市的历史划分成三个不同的时代：技术－生产创新时代（technological-productive；主要的例子包括十八九世纪工业革命时期以新技术发明创造发展起来的城市，如英国的曼彻斯特、德国的柏林等）、文化－知识创新时代（cul-tural-intellectual；主要的例子包括前面提到过的 20 世纪上半叶发展起来的美国洛杉矶的好莱坞等）以及文化－技术创新（cultural-technologi-cal）。第二个文化－知识创新时代造就一大批辉煌伟大的世界城市。而今，新的文化产业已经成为城市发展的根本动力与方向。霍尔指出，创新型中心城市将以多种方式出现，既包括历史悠久的大都市（如伦敦、巴黎、纽约等），也包括阳光地带的宜居都市（如温哥华、迈阿密、悉尼等），还包括复兴中的老工业城市（如曼彻斯特、格拉斯哥等）。[①]

与此类似，佛罗里达根据经济发展中的行业中心归纳出四个阶段：农业经济时期、工业经济时期、服务经济时期以及创意经济时期。[②] 到了近现代，服务经济已经是世界经济最重要的组成部分，目前仍然是。但 20 世纪 80 年代以来，创意经济逐渐进入人们的视野，也使人们相信它的未来，因此其发展极为迅速。

事实上，创意经济的概念可以追溯到更早的历史时期——技术发明都需要不同于以往的崭新的创意。但真正的创意经济是指以文化为根本的新思想所引导创造的产品与消费。这是一个极为当代的概念。植根于文化的新思想通常是某些文化从业者超越历史传统思维的结果。

前面提到过，后工业社会的社会思潮已经从"物质主义"转向"后物质主义"。[③] 与此相应的是消费主义的兴起以及文化直截了当地进入消费领域。所以，在生产消费商品的时候，文化必然进入商品的生产过程。

① Peter Geoffrey Hall, *Cities in Civilization: Culture, Innovation, and Urban Order* (New York: Pantheon Books, 1998). 中文译本可参见彼得·霍尔《文明中的城市》，王志章译，北京：商务印书馆，2016。

② Richard Florida, *The Rise of the Creative Class* (New York: Basic Books, 2002).

③ Ronald Inglehart, *Culture Shift in Advanced Industrial Society* (Princeton, NJ: Princeton University Press, 1989). 中文译本参见罗纳德·英格尔哈特《发达工业社会的文化转型》，张秀琴译，北京：社会科学文献出版社，2013。

从产品类型到产品定位，从产品设计到产品包装，从产品销售到产品消费，所有这些过程中都需要文化来注入活力并引领方向。

这带来一个重要的问题，谁会成为创意经济中的核心力量？

当前整个世界经济的结构调整已经将体力劳动者远远地抛在了收入报酬的末端，而高等教育成为高收入的基本条件。带动服务产业与创意产业的是握有文化资本的知识分子。因此，这也印证了古德纳的预言：知识分子将在后工业社会成为一个举足轻重的"新阶级"①。

2. 创意城市的兴起

要发展创意经济就必然要将城市建设成创意型城市。在霍尔的眼中，创意型城市成为城市发展的未来方向。他甚至预言城市"黄金时代"的来临。他进一步提出城市"黄金时代"的重要条件：一是全球化的城市，即城市作为独立的经济体参与到全球化分工的体系当中，而非原来城市各自为政的发展形式；二是城市文化的崛起与复兴，即城市由功能城市向文化城市的转变；三是城市资源的使用更为合理有效，即城市在全球分工体系下配置和使用资源；四是全球化背景下城市利益的最大化，即城市品牌在全世界的推广与宣传为城市带来更多的资源与收益。②

兰德里提出建设创意城市需要在七个方面下功夫，包括人员素质（personal quality）、意愿与领导力（will and leadership）、人口多样性与多种人才（human diversity and access to varied talent）、组织文化（organizational culture）、地方认同（local identity）、都市空间与设施（urban space and facilities）、网络动力关系（networking dynamics）。③

佛罗里达则进一步简化建设创意城市的因素，给出所谓的"3T"理论，即技术（technology；为创新提供高科技基础）、人才（talent；具有

① Alvin Ward Gouldner, *The Future of Intellectuals and the Rise of the New Class* (New York: Seabury Press, 1979). 中文译本参见艾尔文·古德纳《知识分子的未来和新阶级的兴起》，顾晓辉、蔡嵘译，南京：江苏人民出版社，2006。

② Peter Geoffrey Hall, *Cities in Civilization: Culture, Innovation, and Urban Order* (New York: Pantheon Books, 1998). 中文译本可参见彼得·霍尔《文明中的城市》，王志章译，北京：商务印书馆，2016。

③ 参见查尔斯·兰德利《创意城市：如何打造都市创意生活圈》，杨幻兰译，北京：清华大学出版社，2009。

创意新思想的人力资源）以及包容（tolerance；对不同人群与文化的开放包容态度并维持城市人群与文化的多样性）。[1]

以上要素可以概括为对人与城市环境的建设。首先，创意城市里的人力资源包括受过良好教育的知识分子、从事各种文化事业的艺术家及相关产业服务人员（包括画家、音乐家、表演艺术家、小说家、诗人、艺术批评家、中介经纪人、代理人、文化机构拥有者、律师、技术人员、工匠、艺术媒体工作者、专业材料供应商、文化市场推广者与策划者、文化机构管理人员等）、杂居的来自不同文化的多种族人口。

其次，创意城市的制度环境能够吸引各种人才与文化资本，能够有效地推进文化城市建设的战略，能够促进文化产业的发展，能够包容多种文化的人口与不同的生活态度和生活方式，能够持续保持城市文化的多样性与活力；在空间环境上，创意城市是一个令人宜居的城市，是一个可以在空间上继续拓展的城市，是一个基础设施齐备并能有效推行新建设的城市，是一个拥有各种高等学校、博物馆、美术馆、剧院等其他艺术机构的城市，是一个拥有历史传统独特地域特色的城市，是一个广泛拥有大型购物休闲中心、各种餐厅、咖啡馆、酒吧、茶馆、俱乐部、电影院、精品店、娱乐城等场所的城市。创意城市是一个文化气息浓郁、文化休闲生活方式能够得以有效维持与推广、各种新思想与新思路可以得到充分交流与碰撞的城市。

拥有人才与环境仅仅是有了创建创意城市的基本条件。要真正成为一个创意城市，还需要推销城市，通过推广与宣传文化产品，构建一个独特的城市文化形象。例如，洛杉矶的好莱坞已经成为世界电影工业之都，同样，尼斯也成为世界各国电影在法国汇聚的地方。

3. 城市文化与竞争力

在这样一个文化经济的时代，城市竞争力的核心显然深植于城市的文化以及由此产生的城市形象。

佛罗里达在他《创意阶层的崛起》一书中使用大量的数据显示，在1999 年底，美国已经拥有超过 3800 万从事创意产业的劳动者（包括科研工作者、管理者、艺术从业者、法律医疗从业者等），占到整个劳动

---

[1] Richard Florida, *The Rise of the Creative Class* (New York: Basic Books, 2002).

人口的 30% 。这是一个相当高的比例。而这些人力资源正是所谓的"创意资本"①。

对于单个的城市，佛罗里达构建了一套指数来衡量城市在创意经济上的竞争力，包括人才指数、创新指数、高科技指数以及多样性指数。这些指数的相关程度较高，从事创意产业人数比例较高的城市，在创新指数（人均专利拥有量）、高科技指数（高科技产出比例）以及多样性（外来人口、同性恋与艺术家在总人口中的比例）等各个方面都较高。这是因为创意阶层本身就会选择适合自己居住的包容性和多样性较高的城市。同样的，也正是这样的城市才能够给予创意人才施展才华的空间与环境。这样的创意人群形成一个新的"创意阶层"②。

在他网站的一篇文章中，创意人才密度（每平方公里的人才数量）最高的城市是特伦顿（Trenton；149），前五名中的其他四个城市的创业人才密度都在 100 以上，它们分别是纽约（147）、洛杉矶（145）、旧金山（109）以及波士顿（100）。那么这一密度指数与城市发展又有什么样的关系呢？佛罗里达给出一系列相关系数的数据。创新阶层的密度指数与地方工资的相关系数为 0.59，与个人收入的相关系数为 0.57，与经济产出的相关系数为 0.50，与创新的相关系数为 0.41③。

以上这些数字清晰地说明创意人才与城市发展的重要关系④。

给定当前全球化的趋势，某个城市的竞争力与它在全球城市中的位置和它的城市文化与城市形象紧密相关。提及纽约与巴黎，人们都会想到它们是世界上的文化中心，是时尚、前卫思想的来源，它们为当今世界的文化提供新思想与新思维，并一直走在世界文化前列，向世界各地输出文化产品，甚至文化价值思潮。同样的，经过改革开放四十多年的发展，中国在快速城市化过程中也越来越重视城市文化在城市发展中的中心地位，也越来越重视创意城市的培育。截至 2019 年底，一共有 12

①　Richard Florida, *The Rise of the Creative Class* (New York：Basic Books, 2002).

②　Richard Florida, *The Rise of the Creative Class* (New York：Basic Books, 2002).

③　Richard Florida, "Creative Class Density," September 15, 2010, http：//www. creativeclass. com/_v3/creative_ class/2010/09/15/creative-class-density/, accessed on June 25, 2020.

④　更多更详细的指标计算方法与过程，可参见 Brian Knudsen, Richard Florida, Kevin Stolarick and Gary Gates, "Density and Creativity in U. S. Regions." *Annals of the Association of American Geographers*, 98 (2), 2008, pp. 461－478。

座中国城市加入联合国教科文组织的创意城市网络。① 当然，进入这个创意城市网络并不一定意味着这些城市就是中国最具有创意的城市，但至少为中国城市赢得一定的国际创意知名度。事实上，有研究表明，进入这个名单的北京、深圳、上海、苏州、杭州等的确是在创意城市评估中得分较为靠前的城市。②

这样的全球性大都市往往聚集大量的文化从业者，他们的文化活动与创意思想成为他们掌握文化话语权的重要根源，也成为各自城市文化霸权的重要根源。因此，旨在成为全球性文化大都市的城市应当积累文化资本，吸引文化人才，创建文化环境，构建文化认同，塑造文化形象。只有这样，才能在当前和未来的文化经济中获得发展的根本动力。③

四　城市空间的分化与区隔

城市空间的分隔状态一直存在。④ 这是因为人们的生活与生产总是以群体的方式出现的，而不同群体往往占据不同的空间位置，从而形成空间上的群体分隔状态。文化一直是社会群体的分界线之一。但是如今，由于文化进入社会经济等各个领域，它正以前所未有的强势姿态决定着人们空间位置的分隔过程。

（一）城市空间的分隔

土地的占领及其相应空间的使用，以及随之而来的经济利益，无不强烈地反映出当时的社会经济组织关系。这一逻辑超越了时间和空间。在各个地域和历史时期均有它的痕迹。从封建社会的地主收取地租的农业生产方式，到资本主义早期的圈地运动驱赶农民成为无地的产业工人，

---

① 联合国教科文组织创意城市网络，https://zh.unesco.org/creative-cities/creative-cities-map，最后访问日期：2020年6月25日。

② 林存文、吕庆华：《中国创意城市发展水平CATG评价模型及其实证》，《经济地理》2016年第3期。

③ 事实上，从2018年开始，各个大中城市都在大幅度改革城市落户政策并实施大规模人才引进计划，旨在吸引更多的人才。

④ "分隔"对应的英文单词为"segregation"，意指不同的社会群体聚居在有着明确分界线的不同的空间区域内，并由此产生出生活与生产上的相互隔离，从而导致在社会、文化甚至是政治上的相互隔离。

到如今房产私有，都展现了这一逻辑。

作为人们居住以及产业集中的城市，随着人口的增多、产业的拓展和扩大，土地资源犹显稀缺和珍贵。城市空间使用的背后，往往有政治或经济力量的支撑。这是因为，拥有权力或是拥有资源的，通常利用这些权力和资源占据有利的位置。从另一个方面来讲，城市空间的利用结果反映出各个使用者之间的社会经济关系。

1. 关于城市空间分隔的理论

早在20世纪20年代，借用生物界"物竞天择，适者生存"的逻辑，芝加哥学派的城市社会学先驱们在研究芝加哥城市以后，提出城市空间的使用实际上是城市里各个经济组织和各个社会群体之间激烈竞争空间使用的必然结果①。城市空间位置是一种有利的短缺资源，在竞争这一资源的过程中，各个社会组织和群体的空间使用形成了有规律的分化：经济活动频繁、能够获取高额利润的行业占据城市中心的商业区，其他行业则只有占据外围地区；有足够经济资源的阶层可以选择交通便利、周遭环境较好的地区，而经济条件较差的居民则只好屈就于交通不便、环境较差的地区。这样的现象和过程都是一个"自然"选择结果。随着城市人口的增长和产业的更新，城市的空间使用也会随之改变。当新兴产业与新富居民具有一定实力后，他们通常会谋取对他们来讲更为有利的空间位置。这就形成在竞争中的"入侵"。当这些新产业和居民的入侵达到一定的规模，原有的产业和居民难以继续维持而只好搬迁到其他地方时，这一过程就形成了城市空间上的"演替"。整体上讲，从城市的产生到城市的发展都显示人类"适应"其生存空间的环境；而城市本身也是人类适应更大环境的一种机制。城市内部各个特定组织群体之间有着层次多样、功能分化的关系。正因为如此，才构成一个城市内各个组织群体间相互维系的"系统"。

西方马克思主义者对城市空间结构的描绘与人类生态学家的结论类似。但他们的解释则大相径庭。这些马克思主义者紧扣资本主义城市空间在整个资本主义制度内的作用，认为，城市空间的构建是遵循有利于

---

① R. E. Park, E. W. Burgess and R. D. McKenzie (eds.), *The City* (Chicago, IL: University of Chicago Press, 1967).

资本主义制度发展的逻辑一步一步被资本家创造出来的。城市空间结构的形成其实仅仅是资产阶级加强控制整个社会的表现而已。最富有、最有权力的机构之所以占据着城市中心，是因为这些地方是控制城市最有利的空间位置。正因为如此，城市的发展历程显示出明显的四个特征：资产阶级获取高额利润的贪婪本质，资本主义制度在空间上的扩张，资产阶级对工人阶级控制的扩张，以及城市内部开发商与业主间围绕土地和房产的争夺。① 从某种意义上讲，城市的本质就是其本身的增长，因为只有在增长中，作为推动城市增长的联合体（包括地方政府、开发商、房屋出租者、媒体等）才能获得利润。然而，这一切必然逃不出资本主义追逐利润的本质，也必然会引起居民与开发商之间的冲突。

城市空间居住结构与社会结构紧密结合的研究传统中一个非常突出的例子，是当代美国社会学家对黑人社区与黑人社会生活的研究。由于一直以来的社会歧视，美国黑人通常居住在与外界隔离的社区。在这一社区里，种族单一，住房拥挤，社区衰败，外观破旧，并且滋生一系列与此相关的社会问题，例如贫穷、辍学、失业、耽于社会福利、未婚生子，甚至犯罪等。一旦身陷其中，黑人们就难以逃离这样的处境，并一代一代传递下去。与整个社会其他地方相比，这是一个完全孤立的部分，有着自己独特的亚文化。这些黑人构成美国社会的底层（underclass），他们的社区成为所谓的贫民窟。贫穷黑人与他们隔绝于主流社会的空间社区是相互纠缠、互为因果的。②

以上的理论和实际应用研究都揭示同一个逻辑：城市空间的使用与社会经济地位密切相关。拥有较多社会经济资源的社会群体，往往占据最有优势的空间位置。社会分层在空间位置上的分化有着一一对应的特征，富人居住在富人区，中产阶级居住在中产阶级区域，蓝领工人居住在工人阶级街区，穷人居住在贫民窟，而刚来的底层移民则只能委身于

① Henri Lefebvre, *The Production of Space* (Oxford: Blackwell. Manuel Castells, 1991). Henri Lefebvre, *The Urban Question: A Marxist Approach* (Cambridge, MA: MIT Press, 1997). David Harvey, *The Urbanization of Capital* (Baltimore, MD: Johns Hopkins University Press, 1985). John R. Logan, and Harvey Luskin Molotch, *Urban Fortunes: The Political Economy of Place* (Berkeley, CA: University of California Press, 1987).

② 例如 Douglas S. Massey, and Nancy A. Denton, *American Apartheid: Segregation and the Making of the Underclass* (Cambridge, MA: Harvard University Press, 1993)。

少数族群的飞地中。因而，住宅空间上的结构分布，往往映射出社会结构。

2. 中国的城市空间分化

城市空间结构的形成是一个长期逐步积累的过程，而此过程中的动力机制是多种多样的。其中之一便是资本的"自然"力量。正是由于资本对利润的追逐，才导致城市空间结构与各个社会经济组织经济实力的一一对应。显然，这是一种市场的淘汰和甄出机制。当然，城市空间位置的优劣随着现代科技和生活方式的改变而有所变化，但有权力和经济实力的人群总是占据最为有利的位置。

城市规划是形成城市空间结构的另外一种机制。事实上，在资本主义社会，资本对于城市空间的控制也是通过操控城市规划的制定来达到的。从行政上来规划城市的空间结构在计划经济时期也许更为明显。这两种机制也经常相互交错。在近现代中国的城市化过程中，以上两种机制都清晰可见。

以下以北京为例，简单讨论近当代中国城市的空间变迁。

（1）1949 年之前的北京城

自明朝直至清末，北京城有"东富、西贵、南寒、北贫"① 的谚语。这样的空间结构当然有其背后的形成原因。东富是指当时的富裕阶层大多居住在东城。这是因为当时的粮仓大多在东城，而商业的开展往往以粮铺为中心。这些经商开店的殷实之家的宅第也就比邻而居地聚集在东城。而西城则聚集了达官贵人的府第。这是因为王室的活动大多在位于皇宫西侧的西城举行，王公贵族选择就近居住。南城聚集的多是身份低下的劳苦大众和民间艺人，他们大多依靠苦力、小买卖和卖艺为生。他们既没有多少家财，也没有显赫的身世。② 而北城远离城市中心，交通并不发达，没有繁华的商业店铺。居住在这里的更多是家道中落的八旗

---

① 大多引用都追溯到清末震钧所著《天咫偶闻》，北京：北京古籍出版社，1991［1907］。日本人多田贞一的著作中，也有相同的提法，参见多田贞一《北京地名志》，北京：书目文献出版社，1986。但在两部著作中，都只有"东富西贵"的说法。而"南寒北贫"显然是他人所加。但这样的补充也是相当贴切的。

② "南寒"有时也被称为"南贱"，表示社会身份的低下。吕陈、石楠在《北京城市贫困空间历史演变特征分析》（《现代城市研究》2016 年第 9 期）中也讨论了北京"南城"各个胡同社区的贫困人口情况，并简要给出了不同历史时期城市居住分异的情况。

子弟，虽有身世背景，但已经没有家产来支撑奢华的生活方式。因而，北城居住的多是贫穷的贵家子弟。

到民国时期，"东富西贵"的局面有了变化。一些政府部门和高校机关陆续进占了以往王公贵族在皇宫西边的府第大院。这仿佛是承继了清末的"西贵"。与此同时，许多达官新贵开始在原本为富商聚集地的东城寻找或是建造官邸。这些新贵的官邸大都修得富丽堂皇，显赫森严。东城西城的贵族与富商的区分并不如以前那样分明。但是，虽然政权更替，居住在城市中心的依然是最有权势的阶层，城市周围的居民仍然是平民。① 而北京城大规模的扩展要等到 1949 年以后。

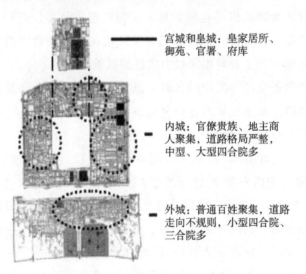

图 4-3　明代北京城市居住空间分布

宫城和皇城：皇家居所、御苑、官署、府库

内城：官僚贵族、地主商人聚集，道路格局严整，中型、大型四合院多

外城：普通百姓聚集，道路走向不规则，小型四合院、三合院多

资料来源：参见曲蕾《居住整合：北京旧城历史居住区保护与复兴的引导途径》，博士学位论文，清华大学建筑学院，2004，第 129 页。

（2）计划经济时期的北京城

计划经济时期的城市规划，往往是以功能来指定单位的空间位置。由于住房也是由单位提供的福利，单位在政府划拨的土地上建造办公和住宅。因此，这一时期的住宅多与办公区域毗邻。

这个时期的空间也有分割的特征。但它是以工作组织而不是以单个

————————————
① 这样的情况十分符合人类生态学理论的解释。

的社会成员为分割单位。各个单位有完整的社会生活服务部门设施。同一单位的所有成员均使用和享受这些服务设施，没有甄别这些同单位成员的机制。当然，单位外的成员是被排除在外的。这样的分割并不以成员本身的财富作为标准，而是以工作组织的归属作为辨别标志。同一单位的成员，不论级别，不论家庭收入，混居在同一家属院里。这样的单位院落通常被称为单位大院。

北京城的大院众多，都是新中国成立后各个军政机关与事业单位划地而建而成的。前者往往建在天安门、复兴门往西的城市西部，后者则建在离城市中心更远的西北。① 所有这些地方在当时都属于城外的农村。复兴门外就成为国家机关扎堆的地方，包括国家计委、经委、科委、铁道部、建设部、物资部、全国总工会等。在这些机关的周围也建起了职工宿舍，构成一个个有着国家权力象征的部委大院。

另一个例子是高等院校的大院。新中国成立后不久，按照苏联办专门高校的思路，国家在从西直门外的高梁桥直到五道口一带，建起了新的八大院校，分别涵盖航空（北京航空航天大学）、医学（北京大学医学部）、矿业 [中国矿业大学（北京）]、地质 [中国地质大学（北京）]、石油 [中国石油大学（北京）]、钢铁（北京科技大学）、林业（北京林业大学）、农业 [中国农业大学（东区）] 等，而沿线的大路也被命名为学院路。在附近的魏公村、中关村一带，国家还建起语言（北京外国语大学、北京语言大学）、民族（中央民族大学）、邮电（北京邮电大学）、师范（北京师范大学）等高校，而北京大学占用原燕京大学的校园，清华大学沿用原址。所有这些学校都在校园外沿筑起围墙，与原来的农村隔离开来，形成一个个面积庞大的大院。

这些大院往往自成体系，院内有农贸市场、商店、食堂、邮局、医院等，并与外界用围墙相隔，泾渭分明，更像北京城里星罗棋布的生活飞地。

（3）改革开放以后的城市空间分化

20 世纪 80 年代早期，城市的住房政策开始发生变化。最初是提高租金的试验，将原来的占到家庭收入极低比例的租金逐步提高。与此同

---

① 这一规划无形中与以往的"西贵"空间结构一脉相承。

时，政府也提高了工资收入中的住房补贴。显然，这是一个由福利住房向住房市场化的过渡政策。后来，政府开始向个人出售国有公房，并建立住房公积金制度。在经过将近十年的试验和准备工作之后，过渡性的住房政策在20世纪90年代中期得以实施。到了1998年，实物性质的福利住房分配制度最终被取消。取而代之的是，政府直接付给员工额外的货币，用于在市场上购买住房。自此以后，单位停止向职工分配福利性质的住房，住房成为商品。

从此，城市居民彻底改变了他们的住房消费。城市居民有了选择其住房的地点和质量的自由的同时，也开始从市场中与房地产商交易而不是从单位手中获取住房。他们需要根据自己的家庭收入和购买能力来决定购买什么位置、什么样的住房。由市场机制与价格标准来进行的住房分配，使不同支付能力的住户购买不同区域与不同品质的住房，这就形成了城市居民住房间的空间差异与城市空间的分化。

显然，位于城市中心的房价更高。城市的扩张也使原本居住在城市中心的被拆迁居民被安置到更加边远的城市外围。在市场上处于弱势的社会群体被挤出了城市中心。而城市中心则被外来的其他社会群体占据。城市空间的分化逻辑越来越呈商品化与货币化。

冯健、周一星利用第三次和第五次全国人口普查数据，分析了北京市区社会空间结构及其演变的历程。[①] 他们的结果表明，1982年北京都市区的社会空间结构相对简单，社区类型包括人口密集/工人居住区、知识分子聚居区、机关干部聚居区、农业人口居住区及煤矿工人居住区，存在一定的空间分异现象。到了2000年，北京都市区的社会空间结构变得较为复杂，社会区域类型主要包括人口密集、居住拥挤的老城区，知识阶层及少数民族聚居区，居住面积较大的城市郊区，外来人口集中分布区，远郊城镇人口居住区以及农业人口居住区。其中，高收入群体（月薪1万元以上）居民更多地集中在近郊区，中等收入居民在中心区的比重高于近郊区，中心区居民主体是一般的工薪阶层，而贫困阶层和弱势群体在近郊区比较集中。

---

① 　冯健、周一星：《转型期北京社会空间分异重构》，《地理学报》2008年第6期。

3. 社会活动的差异

城市居民的居住分异反映出占有城市空间的差异，也显示他们群体性的聚居特征。城市居民的社会活动轨迹则更进一步显示他们的空间使用情况，同时显示他们在利用城市空间过程中所受到的制约与可达性，还反映了他们日常生活中的社会互动。显然，不同社会背景的城市居民因为工作与生活的要求不一样，在城市里的移动轨迹也各不相同。

在北京这样一个经历近现代社会巨变的城市里，城市居民的居住也有了巨大的变化，以此为支点的城市活动也有多种多样的形式。有学者在讨论北京城市居民的日常社会活动空间时，将他们分成胡同社区、单位社区、商品房社区、政策房社区。这显然带有浓厚的城市历史变迁的影响痕迹。这四类社区的居民中，胡同社区与单位社区的居民活动空间以家为中心，范围较小；商品房社区与政策房社区居民则明显有"职住分离"的特征，通勤距离与时间较长。同时，前两类社区居民的活动范围更为集中，轨迹也较为密集；后两类社区居民则活动范围更为分散，也没有明显的方向指向。①

（二）文化成为城市空间分化的重要风向标

在后工业社会，文化进入社会的各个角落，也成了经济发展的促进因素，它引导着人们的消费习惯，也决定着人们的身份认同并划分种群体间的社会边界。简言之，文化成为现代城市生活中密不可分的重要部分。事实上，它也成为组织城市空间结构的重要因素。文化的影响对象如此广阔，由它而形成的城市空间与城市生活就显示出强烈的差异与多样性。

文化在布迪厄的社会分层理论中占据核心地位。对应于个体的社会生活与行为，文化成为一种资本，是人们在社会生活中实践并形成惯习的基础。文化资本包括个人的家庭背景的教养、教育文化程度、文化物品的拥有、生活方式的品位等。文化资本的不同决定着个人在社会中的位置、行为、关系的不同。

在城市生活中，不同人群的生活方式（消费的习惯、能力与偏好

---

① 张艳、柴彦威、郭文伯：《北京城市居民日常活动空间的社区分异》，《地域研究与开发》2014 年第 5 期。

等）决定了人们选择居住的区域。偏好乡村田园生活并能够购买别墅和愿意开车通勤的人，则选择住在远郊；偏好城市商业娱乐等生活气氛的则选择城市中心的热闹区域。与这样的选择相对应的有一系列的基础设施、商业机构、娱乐设施等，这就构成空间上对应的生活区域。正是这种的生活区域空间的差异与不同，才形成了因文化而导致的城市空间的分化。

在城市亚文化的讨论中，可以清晰地看到城市空间与文化空间的重叠。正是人们的居住空间可以由阶层、族群、职业以及生命周期的阶段来区分，才形成空间上不同的群体文化的分布状况。这样的群体文化必然带来群体内社会心理状态的独特形成，进一步导致群体身份、生活方式、空间生产过程以及空间象征符号的表达等的分化与界限划分，形成一个相互强化的正反馈的循环过程。因此，我们可以看到，特定的区域有自身强烈的亚文化特征。比如，在芝加哥城市中，有"唐人街""小西西里""韩国城"和"小印度"等区域。

佐金在讨论城市中心的"再绅士化"时，明确指出这一趋势的社会分化过程。[1] 这些移向内城中心的趋势，与二战后出现的、以抚养孩子为中心的中产阶级的郊区生活选择截然不同。而在其他人眼中，这些"返城"运动中的人往往受教育程度较高、职业地位较高、住所偏好与消费偏好也与众不同，完完全全属于另外一种中产阶级的生活方式。同样的，这些人更加偏好近距离通勤（步行或骑自行车）而非开车通勤、小规模的农场式杂物店而非大规模的购物中心。这一人群构成一个有着显著特征的"返城"阶级，与内城中心的原住民以及与郊区的传统中产阶级都完全不同。

"返城"阶级在空间上与传统中产阶级的分化是通过搬离郊区、迁往内城实现的；而他们与内城中心原住民的空间分化则是通过"排挤"原住民来实现。最初的内城原住民通常由多种族裔、老年人或是低社会阶层的人群组成。[2] 这是因为内城衰败以后的低租金吸引了这些人群。

---

[1]　Sharon Zukin, "Gentrification: Culture and Capital in the Urban Core." *Annual Review of Sociology* 13, 1987, pp. 129 - 147.

[2]　莎伦·佐金：《裸城：原真性城市场所的生与死》，丘兆达、刘蔚译，上海：上海人民出版社，2015。

他们的消费与生活方式往往更为大众化一些。然而，"返城者"到来之后，一方面，他们为内城中心历史建筑风格所吸引，并尽力翻新保护这样的建筑风格；另一方面，他们又通过自己吸引来的消费商业机会（饭馆、咖啡馆、杂货店等）与地产发展机会，提高了内城中心"绅士化"区域的地产租金。这也就是佐金一再挑战的"返城运动"对城市"本真性"的破坏。① 内城在翻新、保护、欣赏的同时，其社会结构与社会肌理被无情地摧毁了。

的确，城市的种族多元、人口多元以及由此导致的文化多元是城市创意的重要来源与根基，是城市特征与身份的重要标志，只有保持这些社会结构与社会关系才能够保持城市的"本真性"。但是，当未出名的艺术家来到内城，高举文化的旗帜，并创造出富有特色的文化之后，"返城者"们为了文化也随之迁徙而来，同样蜂拥而至的是商人与城市发展政策的制定者。后两者显然更多地看到了城市商业发展与城市形象塑造的绝好机会。在开发过程中（即使没有完全拆毁原有建筑，只有富有创意的、保护性的翻新），地价租金就开始飙升。随着开发的推进，租金与房价继续飞涨，成为内城发展与形象塑造的重要成果。这样建立起来的一个全新的中产阶级的消费空间使原有居民无力在此居住。他们被迫选择离开。这样，内城中心的"再绅士化"区域变成了一个以文化复兴、城市发展为名，将原住民驱赶殆尽的新兴的中产阶级区域。② 这显示了内城原住民的悲剧以及内城"文化复兴"本身嘲讽似的自相矛盾。

北京三里屯地区也是一个以文化构建出来的、特色分明的城市空间区域。因为地点在东直门外三里以外，所以得名三里屯。三里屯最初也是农村，直到 20 世纪 60 年代开始，北京在此兴建使馆区与外交公寓，才逐渐开始聚集人气。随着对外开放，三里屯逐渐发展成为驻华外国人与涉外人员聚居、生活、购物和消费的重要社区。正是由于国际化特征，这里一直引领着北京城的消费文化。这里灯红酒绿、流光溢彩，是北京

---

① Sharon Zukin, *Naked City: The Death and Life of Authentic Urban Places* (Cambridge: Oxford University Press, 2009). 中文译本，莎伦·佐金：《裸城：原真性城市场所的生与死》，丘兆达、刘蔚译，上海：上海人民出版社，2015。

② Sharon Zukin, *Naked City: The Death and Life of Authentic Urban Places* (Cambridge: Oxford University Press, 2009). 中文译本，莎伦·佐金：《裸城：原真性城市场所的生与死》，丘兆达、刘蔚译，上海：上海人民出版社，2015。

城时尚与奢华的符号。"三里屯酒吧街"更是成为京城夜生活的象征。中国首家"苹果"专卖店也选择于 2008 年在三里屯开业。所有这些发展都与三里屯所特有的"国际化"符号标签密不可分。如今，三里屯被定位为时尚文化创意街区，酒吧、购物、餐饮、时装、健身、商务办公等机构相继进入，成为一个国际化的文化空间。

五 小结

在本章中，我们简单梳理了城市文化的理论。各种理论都根植于其本身发端时的社会经济背景，是对当时社会经济生活与城市空间结构符号性的归纳与提炼。同时，城市文化影响着城市中人们的行为并成为城市发展的动力。

在后工业社会，消费主义成为社会经济发展超越生产领域的必然，是资本进入消费并将之平民化的必然。资本主义的力量是如此强大，进一步将文化与空间和消费紧紧地捆绑在一起，将文化与空间直接当成消费的对象。而整个经济也由此成为象征经济，其中的文化与空间因素不可缺少。

正是由于文化与空间在城市消费领域的重要地位，建构文化空间成为城市发展的重要策略。文化是作为城市中心在经济结构的调整中衰败的救星而进入城市空间再造中。文化不仅是构建城市空间的组织因素，也成为这一过程中城市经济发展的动力以及城市形象塑造的核心力量。在此一过程中，创意人才成为城市争夺的焦点，创造有效的创意环境也是城市获取文化竞争力的重要举措。全球性城市则必须掌握城市文化的话语霸权，才能够维持其竞争地位。

人们居住的城市空间一直都是具有分化特征的。如今的城市文化引领着城市空间的建设，引领着城市人口的消费偏好与生活方式，使不同的人群聚集到不同的空间区域，形成文化导致的城市空间分化。"再绅士化"过程其实也是中产阶级驱赶原住民，形成一个鲜明的中产阶级社区的社会分化与区隔的过程。

在城市文化空间的构建过程中，不同的城市行动者又有着什么样的行为模式呢？这也是本书后面的内容需要回答的。可以肯定地说，不同行动者的行为不尽相同。因为，他们各自的目的也不尽相同。政府需要的是一个鲜明的城市形象、具有活力的城市经济以便能够带来税收；资本的动力永远来自利润的吸引力；设计师与建筑师则是在完成自己雇主的要求之后，尽可能留下自己的设计特征；民众则是在城市文化空间中生活、工作。

第五章　历史文化风景区什刹海

墙依绣堞，云影周遭；门俯银塘，烟波潋滟。蛟潭雾尽，晴分太液池光；鹤渚秋清，翠写景山峰色。云兴霞蔚，芙蓉映碧叶田田；雁宿凫栖，杭稻动香风冉冉。[①]

——纳兰性德

什刹海之所以有如此大的名气，成为北京市民休闲消费的常去之处和外地与外国游客的必去之处，既是因为它位于北京城市的中心地带，环境幽雅，风光秀美，也是因为它周围遍布文化古迹，历史典故繁多，更是因为近 40 年来当地政府重新整治规划建设什刹海及其周边地区，使得该地区不仅重现了往日古朴幽静的面貌，也吸引了众多商家，将消费休闲与优美的环境紧密结合，向社会大众呈现了一种崭新的消费文化。正是这种独特的历史文化消费造就了什刹海与北京其他地区的差异，使其成为中外游客与北京市民争相前往的休闲场所。

一　水与园林

"知者乐水，仁者乐山。"

有山有水才成其为怡人的风景。水表示流动，有水意味着生机与变化。正是由于水的滋润，才有了树木花草的生长与繁茂，使得风景有了勃勃生机。古往今来，多少文人雅士寄情于山水之间，王公贵族则依山水而筑园林。在雨水较少的北方，湖泊池塘对于自然景观的点缀作用显得尤为珍贵。历史上，北京的园林大多修建在有湖泊池塘的地方。

---

① 纳兰性德：《渌水亭宴集诗序》，载《通志堂集》卷十三，上海：上海古籍出版社，1979，第 510 ~ 511 页。

由于北京的地理态势是西、北两面较高，而东、南两面较低，原有的河道大多由西北往南、往东顺流。因而，能够蓄水的湖泊更多集中在接近水源的西北部。现代所修建的水库也大多在北京的西北部或北部。

处于北京西北部的海淀，其地名本身就表示有水集聚的意思。在历史上，海淀就是一片洼淀，是一片水草丛生的浅湖。直到20世纪中期，海淀地下水位仍在地表浅层，挖地成塘还是相当容易的事情。正是由于海淀的湖泊众多，这一地区才成为皇家宛囿与王府花园集中的区域。到了清代中叶，更是有了知名的"三山五园"的说法。其中的五座园林是指畅春园、圆明园、静明园、静宜园与清漪园（颐和园前身）。这些园林都是依湖而建，也正是这些湖泊使得园林景色变得更加秀美。后来，这些园林得以进一步扩建，其中的圆明园与清漪园更是在近代中国历史上赫赫有名。

如今，在原有的清代王府花园的遗址上修建的两所知名高等学府——北京大学与清华大学——校园内，依然有两个小小的湖泊池塘。清华大学的池塘因为朱自清先生的《荷塘月色》而声名远扬；由钱穆先生命名的"未名湖"则成为北京大学校园风光最为吸引人的地方，仿佛就是北京大学地理身份的象征。

什刹海及其周边地区，早在元大都时期，就是整个京城内平常人家可以接触的唯一的有湖泊水域的地方。所以，它一直都是王公贵族、官宦侍从、平民百姓们生活、休闲以及进行其他社会活动的热点地区。

二　什刹海的地理位置

什刹海中的"海"并非意指大海的海，而是内陆湖泊的意思。作为一个一直享有盛名的园林地域，什刹海当然有着秀美的湖光景色。如今的什刹海地区也是以湖泊为中心的。

什刹海地区的位置处在北京城市中心的西北。沿着天安门、故宫、景山公园所构成的城市中轴线往北，经过地安门之后，往西即可以到达什刹海风景区的南端。而什刹海地区的北端则已抵达北二环路。

什刹海风景区的湖泊由三个部分组成，由北向南，分别是西海、后海与前海，后海居中，分别与西海、前海相连。西海即积水潭，与北二环的护城河相连；前海则与其南边的北海、中海与南海相连。西海、后海、前海之间有桥梁将它们分开，后海与前海之间是著名的"燕京八景"之一"银锭观山"的银锭桥。如今，由于北京城市中高楼林立，在银锭桥上已无法远眺西山，但其声名早已确立起来。随着什刹海地区成为北京城内的重要文化区域，银锭桥又有了其他的内涵与意义。

什刹海地区除了这三个湖泊之外，还包括周围的街道、胡同以及一些四合院与平房。这些地方与湖泊有机相连，互相映衬，构成了大众观光、休闲与消费的区域。

按照整体规划，什刹海历史文化旅游风景区的地域范围是：东起地安门外大街北侧，包含钟鼓楼；南由地安门西大街向西至龙头井、柳荫街，再往西接羊房胡同、新街口东街到新街口；西边为新街口北大街至北二环豁口；北界为从新街口豁口往东至德胜门，然后由德胜门沿鼓楼西大街到钟鼓楼。整个景区的面积有 146.7 公顷，其中三个湖泊的面积达 33.6 公顷（约占总面积的 23%）。什刹海风景区是 2002 年北京市政府批准的《北京旧城 25 片历史文化保护区保护规划》中确定的面积最大的一处，也是整个保护区的重要保护地段[①]。

在该区域内，围绕着三个湖泊，有着众多的胡同和建筑，它们共同构成了什刹海历史文化旅游风景区的核心区域。在下文的介绍中，我们将对这一区域内的建筑、景点稍做介绍。什刹海景区内的旅游、消费等场所也大多集中在这一区域。这也反映出，三个湖泊是整个什刹海区域的中心与灵魂，所有的景观与建筑都是围绕着这三个湖泊的。

虽然，鳞次栉比的景点、建筑与商铺位于湖畔区域，但是随着各种旅游与商业活动的进一步扩展，什刹海的地理概念有所扩大。在已经规划的什刹海景区核心区域之外，也逐渐衍生出了旅游与商业活动的场所。当然，这是与什刹海周围的胡同地貌特征相一致的。正是绵延曲折的胡同引导着这一由湖畔开始，向胡同深处延伸的趋势。因此，如今的什刹海地区是指已规划的湖畔区域及其延伸到胡同深处的整个旅游与商业活动区域。

---

① 北京市规划委员会编、单霁翔主编《北京旧城 25 片历史文化保护区保护规划》，北京：北京燕山出版社，2002。

三　历史上的什刹海

有一种说法是，"没有什刹海，便没有北京城"①。从某种程度上讲，北京城的建设的确是以什刹海的空间位置为参照的。

什刹海是先有自然湖泊，后有人文景观的。整个什刹海地区的变迁过程既显示了自然的变迁，也显示了人类改造环境的神奇力量。

首先，人们正是在这样的自然环境下，开始了改造环境、修造建筑的过程。毫无疑问，这样的改造过程是受到空间物理因素制约的。具体到什刹海区域，历史上的空间改造是根据湖泊的地理位置而设定的，是循着湖泊的空间结构修建各种人为建筑的。这些后来建造的结构与什刹海一起成为这一区域的物理形态，构成了什刹海地区的地貌特征。

其次，人们在改造环境的过程中也改变了什刹海周围的物理环境。随着历史的积累，积累在什刹海周围更多的不是自然界的鬼斧神工，而是人们聪明才智的结晶。

什刹海地区水系的历史变迁揭示了人们利用自然环境、改造空间结构、生成人文环境、累积历史文化的过程。这样的过程显然是一个人类与自然相互作用的过程。

随着人文环境的建立，在此基础上的变迁又引入了社会制度与社会关系。在本书的讨论中，更为强调的是列斐伏尔意义上的社会空间，即各种社会经济与政治力量在什刹海的变化过程中的相互作用。

（一）元代以前的什刹海

最早的什刹海位于永定河的故道上②。在隋代以前，永定河从北京西北方向穿城而过。但由于永定河水的泛滥，历代都修筑河堤以防水患。正是这一修建河堤的过程使得永定河的河道不断向南改变。到了清代，永定河在北京城外就折向南，穿城西南的卢沟桥而过。

随着永定河河道的向南改变，直接进入北京城里的河水逐渐减少。而永定河留下的宽广河道则为这些水量较小、流动缓慢的河水提供了积

① 张必忠：《什刹海的历史变迁》，《北京社会科学》1999 年第 1 期。
② 赵林：《什刹海》，北京：北京出版社，2005。

存的地方。在河谷开阔的低洼地段，逐渐形成了湖泊。早期的什刹海及其周围的湖泊就是这样形成的。

早期的什刹海湖面开阔。元代以前的北京城并不大，但是处于城边的什刹海却有着重要的功能。如宋代利用什刹海及其周边的湖泊，构筑军事屏障，阻碍辽军南下[1]。由此可见，当时的什刹海是水网密布、浩瀚庞大、足以抵抗大军的湖泊群。

金代在现在北京城偏南的位置建立了都城，称为中都。而城外东北郊最为重要的水系就是今什刹海位置上的白莲潭。此时的白莲潭盛产白莲，但其更为重要的功能是修闸蓄水，灌溉农田，以及后来的水路运输[2]。正是由于有水灌溉，附近农田富饶多产。同时，利用稠密的水网，

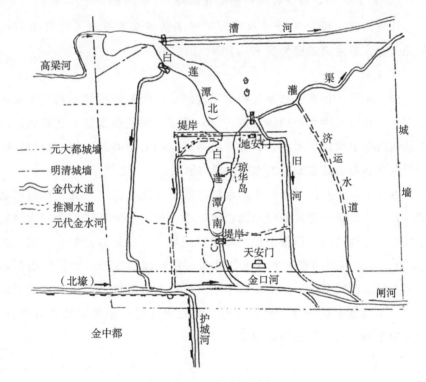

图5-1　什刹海漕运

资料来源：什刹海研究会、什刹海景区管理处编《什刹海志》，北京：北京出版社，2003，第42页。

---

① 赵林：《什刹海》，北京：北京出版社，2005。
② 赵林：《什刹海》，北京：北京出版社，2005。

金代已经开始挖修漕运，顺势利导，形成了水路运输的通道。在漕运的规划中，还设计了将白莲潭的水引入中都城的北护城河，以起到防御的作用。而水路运输则可以通过护城河，将各地运抵白莲潭的漕粮转运到中都城内。因此，白莲潭逐渐成为金中都最重要的漕运码头。什刹海作为水路运输重要枢纽的功能一直持续到清代。

由于白莲潭周围湖泊密布、风光秀美，金代在此（今北海的位置）修筑了皇家宫殿万宁宫，作为离宫，供皇帝游玩休憩①。这是较早的利用什刹海地区的水域修建皇家园林的记载。在后来的几个朝代中，什刹海地区作为观光游览的上好佳处得到了更加充分的利用。

（二）元、明、清及民国时期的什刹海

什刹海真正得到充分开发利用并逐渐繁华起来是从元代开始的②。从元代起，北京正式成为后来几个朝代的都城。

1. 元代

到了元代，什刹海被称为积水潭或海子。而在短短的不到百年的历史中，元代曾五次大规模地改造了这一地区：或是引水进入北京城，或是修筑两岸堤坝以防水患，或是疏浚河流与湖泊中的淤土③。由此可见，当时的什刹海是北京城中的重要水源与水域。

事实上，什刹海对于元代北京城的重要性远远超出了提供水源的功能。首先，与金中都时期积水潭位于城外不同，元大都将整个积水潭的水域纳入了城墙内。而整个元大都城的规划设计也是以什刹海水域为起点的④。元大都城的南北中轴线紧靠当时积水潭的东岸，大都城的西墙正好在积水潭的西岸。因此，整个积水潭的东西宽度稍加延长就成了元大都城东西宽度的一半。元大都城南北的长度则根据确定的几何中心，沿着中轴线往南、往北加以选定。

---

① 张必忠：《什刹海的历史变迁》，《北京社会科学》1999 年第 1 期；赵林：《什刹海》，北京：北京出版社，2005。
② 张必忠：《什刹海的历史变迁》，《北京社会科学》1999 年第 1 期。
③ 赵林：《什刹海》，北京：北京出版社，2005。
④ 侯仁之：《北京历代城市建设中的河湖水系及其利用》，载《侯仁之文集》，北京：北京大学出版社，1998。

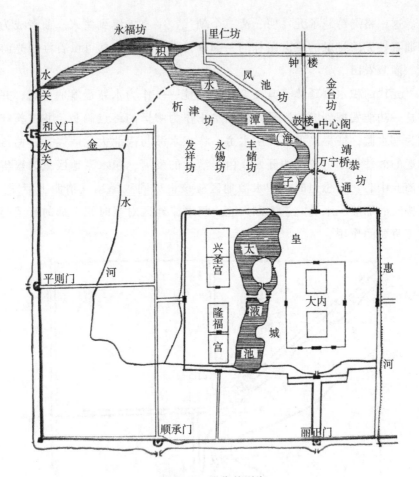

图 5－2　元代什刹海

资料来源：什刹海研究会、什刹海景区管理处编《什刹海志》，北京：北京出版社，2003，第 18 页。

所以说，在元大都城规划建设的过程中，当时积水潭的空间物理位置起到了决定性的作用。一方面，积水潭的位置与几何长度决定了元大都城的位置与规模；另一方面，积水潭的水域也限制了整个什刹海的规划。由于水网密布，元大都城城墙的选址与修筑变得相当不方便，其东城墙的位置无法与西城墙相对称，而是因为沼泽洼地稍稍向城中心靠拢。

同样的，元大都城的修建也改变了积水潭的水域范围：金代的白莲潭的南部（北海、中海）被划入皇城，成为皇宫的水域太液池，而其他部分（积水潭）则在皇城外西北处。这两部分水域从此就有了不同的命运。这一格局跨越了元、明、清三个朝代，一直持续到清末。前者成为普通百姓无法接触的皇家园林的一部分，而后者则仍然可供百姓观光游玩、灌溉农田。

元代的积水潭延续了其在金代的功能——作为水路运输的枢纽，并将这一功能发挥到极致。元代将积水潭作为漕运的终点码头，并以郭守敬为都水监，征集民工，开凿水道，将积水潭与南北大运河连通，使得漕运的效益得到了较大的开发。由于漕运的发展，积水潭地区成为繁华的商业中心。遥想当时，积水潭地区应该也如同张择端《清明上河图》所描绘的那般车水马龙、人来人往。积水潭地区对当时元大都的繁荣起到了重要的作用。

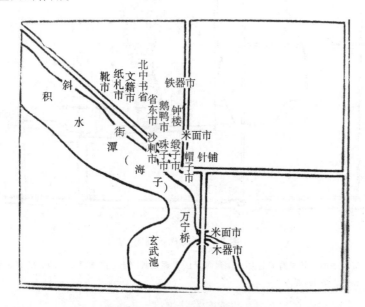

图 5 - 3　元代什刹海周围行市

资料来源：杨宽《中国古代都城制度史研究》，上海：上海人民出版社，2016，第540页。

元代较开明的宗教政策使得宗教发展较快。在积水潭这样人来人往的地区，修建了广化寺等寺庙。

2. 明代

当明成祖决定迁都北京后，将原有的元大都城向南扩展修建了新的都城。在建筑新的都城的过程中，明代对于原来的积水潭地区的改变是全方位的[①]。

首先，积水潭的水域面积极大地缩小了。这是因为明代北京城北墙的南移，将部分积水潭的水域分隔在城外。而城外的水域因缺乏管理，逐渐凋零破败，水面缩小。同时，城内水域的浅水区被开垦成稻田，或是填平修建住宅，进一步缩小了水面。

其次，积水潭畔被开垦出一片稻田。这是因为，成祖政变的功臣大多为江南人士，为解思乡之情，他们在皇城北边开辟稻田，并招募江南农民进京耕种。一时间，积水潭畔俨然一派小桥流水的江南田园风光。至此，积水潭地区的大部分逐步转为官用。

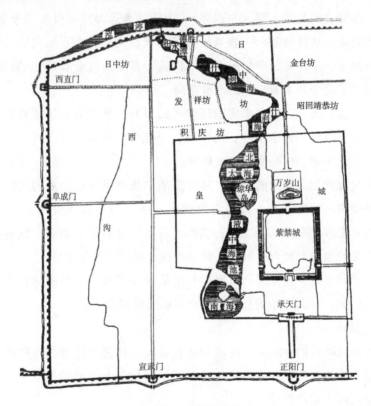

图 5－4　明代什刹海

资料来源：什刹海研究会、什刹海景区管理处编《什刹海志》，北京：北京出版社，2003，第 20 页。

---

① 张必忠：《什刹海的历史变迁》，《北京社会科学》1999 年第 1 期；赵林：《什刹海》，北京：北京出版社，2005。

最后，由于各种原因，明太祖与成祖均搁置积水潭的漕运功能，使得粮食漕运在城东或是通州就抵达了终点码头。但是，由西面流经什刹海的水源仍然为南北运河的漕运提供了重要的水源。昔日熙熙攘攘的运输枢纽与商业中心，逐渐变成宁静秀美的景观。由于达官贵人频频出入，竞相购地建园，积水潭畔逐渐建起寺庙、花园，人文景观逐渐兴起。著名的园林有定国公园、镜园、刘茂才园等。这些园林往往借景建园，与积水潭附近的景观相映生辉，昂然生趣。一时间，文人官员竞相聚会于此，而民众也流连其中，诗书字画与民俗文化交汇于此，呈现一派生机勃勃的景象。

明代修建了德胜桥与银锭桥，将原本连在一起的积水潭分成了两个部分：最北边的为积水潭（今西海），中段（今后海）与南段（今前海）合称什刹海。这样的划分一直延续到了今天。同时，在皇城内的太液池南边新挖了一个南海，产生的泥土堆积成了万岁山（今景山）。就这样，明代完成了整个北京城内部的水系布局。

除了达官贵人在积水潭周围修建宅园以外，什刹海地区还修建了大量的寺庙与道观，如金刚寺、法华寺、净业寺、什刹海寺、海潮庵、龙华寺、小龙华寺、广福观、清虚观等。

明代对什刹海地区的改造，其重要的结果就是将什刹海的水路运输功能剔除掉，而更加专一地将它重新建设成为一个借助湖泊水面景观、集聚文人雅客的游览聚会之地。当然，各个社会阶层竞相进入这样一个景色秀美的地方，使得各种民俗活动也在此得以开展与流传。

这样的安排，使什刹海从明代开始就慢慢呈现一种消费休闲的文化气息。因此，什刹海休闲文化的传统可以追溯到明代。

3. 清代

如果说明代的什刹海一度成为达官贵人一解思乡之苦的专属游览公地，那么在清代初期什刹海则成为私用的皇家园林。在清军入关后，什刹海地区由正黄旗驻守。

清康熙帝将积水潭升格成为御苑，并委派专职的苑臣管理，严格限制因其他目的引用积水潭的水资源①。就这样，积水潭园林的规划建设

---

① 张必忠：《什刹海的历史变迁》，《北京社会科学》1999 年第 1 期；赵林：《什刹海》，北京：北京出版社，2005。

有了皇家的支持，但是也只有皇宫内的人员才有资格踏足风光秀美的积水潭。同时，积水潭地区在明代盛行的灌溉农田的功能也消失殆尽。因此，积水潭进一步成为以游览休闲为主的园林区域。

后来，清代对于什刹海的改造更多体现在控制水资源以及水域的划分命名上[①]。首先是引水入昆明湖与什刹海，增加了这两处湖泊的供水。同时，什刹海对于北京城东通惠河及漕运的供水全面停止。其次，在什

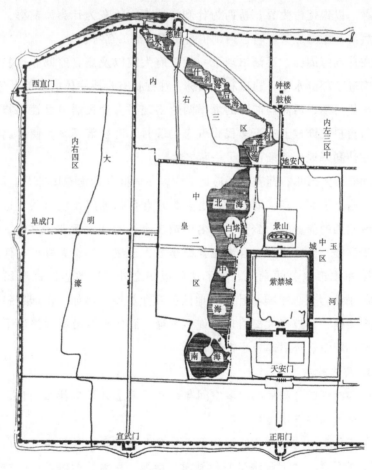

图 5-5　清代什刹海

资料来源：什刹海研究会、什刹海景区管理处编《什刹海志》，北京：北京出版社，2003，第25页。

---

① 赵林：《什刹海》，北京：北京出版社，2005。

刹海南部修筑了一座分割湖水的长堤，虽然在此堤的北部又筑桥将分隔开的湖面相连。传说这样的设计是仿照了西湖的"苏堤"。毫无疑问，类似这样的改造让什刹海地区的湖面有了更多的变化，使整个景色有了人为的烙印。

与明代相比，清代在什刹海地区并没有大兴水土。但是，在什刹海水域的命名变换上，清代着力颇多。而现在也一直沿用了清代后期的水域名称。以银锭桥为界，桥西为什刹海后海，桥东为什刹海前海，分别简称后海与前海。德胜桥以西则仍沿用积水潭的名称。

在什刹海周围，逐渐出现了一批王府大院以及高官府邸。这些院落大多围进了部分水域，建成私家园林，往往拥有自成一体的秀美景色。

清代后期，后海与前海的堤岸两边出现了大量民居。百姓将临湖的门面与窗户装饰成上有更多民俗气息的圆月、寿桃等图案，使得民间的习俗在什刹海地区逐渐占据了一席之地。

随着游人云集，荷花市场应运而生，一时间什刹海热闹非凡。同时，什刹海附近王府较多，周围居民也多为拿着俸禄的旗民或官兵，这使得什刹海地区的商业较为繁荣。著名的饭庄也开始在此营业。其中，天香楼、望苏楼、会贤堂、庆合饭庄等都是名人云集之地，大有可与西湖边上的楼外楼相媲美的景象。除了这些饭庄之外，当地居民（旗民与官兵）的消费习惯也影响了什刹海地区的商业类型。例如，在烟袋斜街有许多烟袋铺，在鼓楼大街附近有许多香铺，而什刹海沿岸则挤满了各式各样的小饭馆、小酒肆、小古玩店等。

4. 民国时期

民国时期的什刹海在水域空间与自然环境上并没有什么变化，更多的是名称上的逐渐定型①。

关于什刹海地名称谓的记载见于日本人多田贞一所著的《北京地名志》②。它写道："十刹海又叫什刹海。前海、后海、西海，……西海旧名叫积水潭，别名叫净业湖，……前海叫荷塘，还叫莲花池，……到夏季设立临时市场荷花市场。后海的西岸有古刹，是名十刹海的破庙，有

---

① 赵林：《什刹海》，北京：北京出版社，2005。
② 多田贞一：《北京地名志》，北京：书目文献出版社，1986。

做假面和玩具的人居住。"从这些记载可以看出，在民国时期，虽然什刹海水域的名称还比较繁复，但前海、后海与西海的称谓基本固定成为通用名称。

　　民国时期，什刹海周围的建筑没有什么变化，但众多著名人物以什刹海周围的府邸作为居所，也给什刹海增添了许多人文典故，成就了一大批名宅。

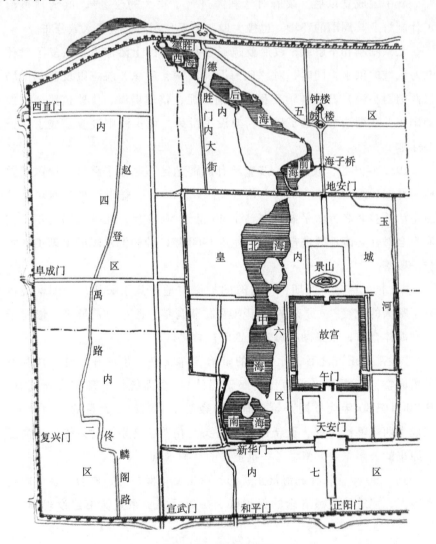

图5-6　民国什刹海

资料来源：什刹海研究会、什刹海景区管理处编《什刹海志》，北京：北京出版社，2003，第27页。

另外，由于处在历史的动荡时期，民国后期的什刹海呈现一幅破败衰落的景象。上游河道淤塞，湖泊供水中断，湖水并无流动，湖内泥土淤积，周围垃圾遍地，人气消失殆尽。这与历史上风光秀美、游人云集的情形相去甚远。这一情形的改变，是在1949年新中国成立以后。

（三）1949年以后的什刹海

新中国成立以后，政府对什刹海进行了很大的改造[1]，既清理整治了什刹海及其周围的环境，也极大地改变了什刹海的空间水域分布。

北京刚刚和平解放，政府就疏通了什刹海的上游河道，恢复了对什刹海区域的供水。同时，对"四海"（西海、后海、前海以及荷花市场以西的西小海）开展整治工程，清挖淤泥、整理堤岸、修建道路、挖掘涵洞，并在湖泊中建起了码头，架设了桥梁。西小海则被改造成了一个游泳池。

1952年开始，政府进一步整治什刹海地区，竖立了路灯，增添了游船，并在后海南岸建立了一个儿童公园。1958年，德胜门外的水域被重新整治并被命名为太平湖。在整个20世纪50年代，几乎每隔几年，政府都会对什刹海地区进行整修。直到1960年，什刹海水域的治理工作才告一段落。

"文化大革命"时期，什刹海的护岸空地遭到了破坏，沿湖景观也有了很大的改变[2]：原来的公园景象逐渐凋零；西小海被填平，修建了什刹海体育馆；太平湖在修建地铁时被填平。

"拨乱反正"之后，什刹海的整治工作又进一步展开。设立什刹海风景区整治指挥部（后为什刹海管理处），全面统筹清理整修什刹海。从20世纪80年代早期开始，前后历经三年，调动了大量的人力物力，完成了两期整治工程，重新建成了码头、花架、岛亭、喷泉等，又恢复了原来的公园景象，修缮了一批重要的文物景点。

到了90年代，什刹海被正式列为历史文化保护区，成为北京市内规模最大、建筑种类最齐全的保护区。在随后的一系列城市建设规划中，

---

① 张必忠：《什刹海的历史变迁》，《北京社会科学》1999年第1期；赵林：《什刹海》，北京：北京出版社，2005。
② 赵林：《什刹海》，北京：北京出版社，2005。

什刹海地区的保护工作均成为重要的组成部分。在各级政府的重视下，什刹海地区又进行了清理工作，并维修沿湖堤岸，铺设道路，这为什刹海地区在21世纪成为北京城市休闲娱乐消费的热点地区之一打下了物理空间的基础。

四 风景名胜

什刹海之所以能够成为一个历史文化风景区，就是因为在它的区域内，有着大量的历史文化古迹。这些遗留下来的历代建筑与湖泊一同形成了如今的风景，是历史文化的具体物理空间承载。同时，有关这些古迹的历史事迹、典故传说构成了什刹海景区文化传承的重要组成部分。

北京是多个朝代的京城。什刹海处于京城的中心位置，风景秀美，水系更是与皇城内的水系相连。这些因素注定了什刹海不仅是普通百姓的聚居地，还是王公贵族竞相征地建园的地方。因而，在如今的什刹海地区，保留了大量的王府官邸。同时，其他形式的社会宗教活动，也在这一区域留下了各种类型的历史古迹。概括地讲，什刹海周围的名胜古

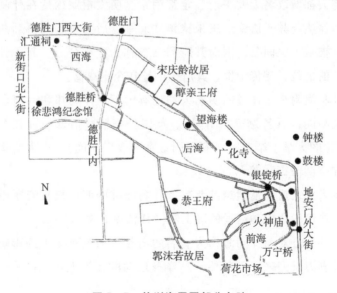

图5-7 什刹海周围部分名胜

资料来源：周坤鹏、王崇臣、陆翔《什刹海水文化遗产》，北京：中国建筑工业出版社，2016，第21页。

迹包括王府花园、官邸名宅、寺院、门、楼、桥梁等。据统计，到 21 世纪初期仍旧存在的古建筑（不包括桥梁与门、楼）有 120 余处之多。其中，近 80 处基本保持了原有的格局，另外一些则有程度不同的衰败①。

需要强调的是，什刹海地区的自然风光与随后修建起来的人文建筑是相辅相成的。优美的自然风光使各种社会活动在此举行，而众多皇室望族以及达官贵人在此修建府邸，这些改变了自然风光的建筑以及相关的历史事迹又反过来丰富了整个什刹海地区的文化。

（一）名人故居

正是由于什刹海地区湖波荡漾、稻香莲美、风光秀丽，历史上一直是名人荟萃的地方。而有权有势的达官贵人更是愿意在此修建府第，将美景纳入其中，并长期居住。

在什刹海附近建立府邸的历史，从元代就开始了。最早在此修建府邸的是元代丞相托克托②，其府邸旧址在今护国寺。

明代开国元勋徐达奉明太祖朱元璋之命攻打元大都。元兵败退，后明太祖将大都城改名为北平府，定都南京。明太祖赐徐达在什刹海畔建太师圃。徐达与其子协助燕王朱棣镇守北平，后其子起兵协助燕王夺得了皇位，被封为定国公，因而其府邸又被称为定国公府。其子孙后代沿袭定国公的爵位，相传十世，其府邸旧址在今定阜街。

在什刹海附近居住过的明朝人物还有七下西洋的郑和（府邸旧址在今三不老胡同，原名为三宝胡同）、英国公张辅（府邸旧址在今银锭桥畔）、文渊阁大学士李东阳（府邸旧址在今煤厂胡同）、大太监李广（府邸旧址在今柳荫街）等③。

清军入关之后，继续定都北京。什刹海畔的明代权贵府邸不可避免地败落，取而代之的是清代的诸王府（详情见后文）。

历史的变迁对于什刹海作为著名的居住区域没有太大的影响。到了近代，什刹海又迎来了新的住户。洋务运动的领袖人物之一——清末军

① 赵林:《什刹海》，北京：北京出版社，2005。
② 王铭珍:《什刹海畔名人故居多》，《北京档案》1999 年第 11 期，第 40~41 页。
③ 王铭珍:《什刹海畔名人故居多》，《北京档案》1999 年第 11 期，第 40~41 页。

机大臣张之洞的府邸位于白米斜街；民国初年护国运动发起人蔡锷将军的故居在护国寺街的棉花胡同；民国初年爱国人士梁巨川的故居在西海西沿，其子著名学者与乡村建设倡导者梁漱溟在这里度过了十多年的光阴。

新中国成立以后，许多名人都曾在什刹海地区居住过。目前对公众开放的名人故居有三处。

一是位于后海北沿的国家名誉主席宋庆龄的故居。此处原为醇亲王府的西花园，1912年孙中山先生从南方来北京时，曾来这里同最后的醇亲王载沣会晤。1963年，在周恩来总理的亲自主持下，它被改建成宋庆龄的住所，宋庆龄在此居住直至去世。如今这里保持了宋庆龄当年居住时的样子，在起居室、办公室和会客室里都有她的遗物，院子里还有她亲手栽种的龙眼、葡萄与石榴树。院内东广场竖立了宋庆龄的汉白玉雕像，供游人参观，缅怀纪念。

二是郭沫若故居，位于什刹海前海西街。这里曾是恭亲王府的马厩，后被恭亲王后人卖给天津达仁堂药铺作鹿圈，新中国成立初期曾为蒙古人民共和国的大使馆。郭沫若于1963年迁居于此，直至1978年去世，他在这里度过了人生中的最后15年。故居院门朝东，门前有照壁，门额上有邓颖超题写的"郭沫若故居"木匾。故居占地约7000平方米，建筑面积约2280平方米，有书房、办公室、会客室和起居室，院子里有土山以及郭沫若亲手种植的银杏树。后院内竖立了高达1.8米的郭沫若铜像。

三是梅兰芳故居，位于护国寺街。1937年后，梅兰芳避居香港，拒绝演出，没有收入，便变卖了其在北京的住宅。新中国成立后，梅兰芳迁居此处，其址曾为庆亲王府的马厩。该院落坐北朝南，是一座典型的北京二进四合院，占地700多平方米，门额上有邓小平题写的"梅兰芳纪念馆"横匾。如今，故居的正院保持了梅兰芳当年生活工作区域的原貌，西厢房被辟为"戏剧艺术资料馆"，东厢房则陈列梅兰芳参与国际文化交流的资料。在进入大门的影壁前，安放了梅兰芳的塑像。

除去这三个开放的名人故居之外，什刹海地区还见证了许多其他名人的踪迹。教育家陈垣、收藏家张伯驹、末代皇弟溥杰、国际友人马海德、作家田间、作家萧军、画家周怀民都在此居住过。而人民艺术家老舍与相声大师侯宝林都在此度过了一段童年时光。

（二）王府花园

清代改变了明代分封藩王的制度。京城的内城由八旗驻守。亲王通常并不带兵，也不用驻守外地，因此居留在京城。

从地理位置上看，什刹海地区位于皇城之外不远处的风光秀美之地，所以皇室王公在修建府邸时，自然而然选择了什刹海这个好地方。在明清两代，漕运的终点码头东移到皇城的东边，这使得东城的商业随之繁荣起来，而原本在元代商业繁华的什刹海地区变得幽静起来。商贾尤其是米商逐渐集中到东城，而王公皇族与达官贵人则集中将府邸建在西城。因此，在清末的北京城有"东富、西贵、南寒、北贫"的谚语。[①] 这样的空间结构当然有其形成原因。东富是指当时的富裕阶层大多居住在东城。这是因为当时的粮仓大多在东城，而商业的开展往往以粮铺为中心。这些经商开店的殷实之家的宅第也就比邻而居地聚集在东城了。而西城则聚集了达官贵人的府第。这是因为明代仓场衰落之后的空地既适合皇家与王室举办大型活动，也适合建造大型府邸，因而王公贵族选择就近居住。

这些王府规划设计精巧、建筑技艺精湛、园林风景精致，是什刹海地区历史建筑当中的珍品。如今保存下来的王府有恭亲王府、醇亲王府、庆亲王府、阿拉善王府、钟郡王府（涛贝勒府）、棍贝子府等。

其中，醇亲王府是清代最后一位皇帝——溥仪出生并度过幼年的地方。该府位于后海北岸，临湖而建，坐北朝南，布局宽广。最早为清初大学士明珠府邸，后因其孙得罪和珅，府邸被收归内务府，后来辗转为醇亲王所得。因年幼的溥仪接替抑郁而亡的光绪帝，醇亲王载沣入宫为摄政王，后醇亲王府又被称为摄政王府。

在所有现存的王府中，位于前海西街的恭亲王府名气最大，同时它也是保存最完整的王府。恭亲王府及花园早年曾为乾隆年间大学士和珅的府邸。嘉庆时期，和珅获罪，府邸被收归内务府，后被赐予庆郡王。咸丰年间，该府邸又被赐给恭亲王。恭亲王为重建花园，专门调集了上

---

① 大多引用都可追溯到清末震钧所著《天咫偶闻》。日本人多田贞一的《北京地名志》（1986）也有相同的提法。但在两部著作中，都只有"东富西贵"的说法，"南寒北贫"显然是随后他人所加。但这样的补充也相当贴切。

百名工匠，重新设计，增置山石，加种林木，将江南园林艺术与北方建筑格局精巧地融为一体，并将西洋建筑式样与中国古典园林建筑风格有机地结合在一起。完工后的恭亲王府是当时京城所有王府中最为气派、豪华与漂亮的府第。

整个恭亲王府由府邸和花园两部分组成，南北长约 330 米，东西宽 180 余米，占地面积超过 6 万平方米。其中，府邸占地 3.2 万余平方米，花园占地近 2.9 万平方米。恭亲王府的府邸结构气势宏大、建筑工艺精良，花园则布局奇特、设计精巧，既充分体现了富贵堂皇的气度，也不乏清新精致的气质，令人叹为观止，使游人流连忘返。

恭亲王府中的建筑分为平行的东、中、西三列。中路的大殿、后殿与延楼是整个建筑群的主体。而延楼更是有 160 多米长，共计 40 余间房屋。东路与西路各有三个院落，与中路的三座建筑平行呼应。王府的北部为花园，有超过 20 处各有特点的优美景点。恭亲王府花园中的许多景点与《红楼梦》中对大观园的描写有相似之处。因此，有结论认为，恭亲王府的花园正是曹雪芹当年描绘大观园的原型。[①] 恭亲王府中值得游览的景点很多，其中的三个著名景点堪称恭亲王府的"三绝"：花园入口处的西洋门、纯木结构的大戏台以及康熙御笔的"福"字碑。如今的恭亲王府为全国重点文物保护单位，部分对公众开放。

（三）寺庙道观

由于元、明两代均实行较为开明的宗教政策，多位皇帝本身也热衷宗教，因而在京城中心地带的什刹海地区修建了大量的寺庙道观。

据粗略的统计，自隋代至清代，什刹海周围修建的宗教建筑的总量在 160 处以上[②]。但是，到 21 世纪初，它们大多数已了无痕迹，无从查考，部分保存下来的仅有 70 余处，而其中基本完好的不足 30 处。传说什刹海得名于十座古刹，但到了 1990 年重修广化寺时，《广化寺建筑概况及其沿革》一文中提到"沿海大小有十刹，……，九刹已成为历史遗迹，惟广化寺，硕果仅存……"[③]。

---

① 多个考证与说明，参见什刹海研究会、什刹海景区管理处编《什刹海志》，北京：北京出版社，2003，第 141～142 页。

② 赵林：《什刹海》，北京：北京出版社，2005。

③ 修明法师：《广化寺建筑概况及其沿革》，《燕都》1990 年第 4 期。

　　由此可见，什刹海周围的寺庙道观被毁坏的极多，而留下的则极少。即使有迹可循的，大多也是改为他用。著名寺庙中，曾为其他单位所占用的有火神庙、关岳庙、瑞应寺、双寺、龙华寺、保安寺等，而辟为民居的有广福观、天寿寺等。

　　随着对什刹海周围地区的整治，对一些寺庙道观的修缮已被提上了议事日程。火神庙，又名火德真君庙，就是修缮后重新开放的道观。什刹海的火神庙位于前海东岸，是北京城历史上最早的火神庙，始建于唐贞观年间。明代的多位皇帝崇信道家术士，对火神庙也斥资修缮。至明万历年间，火神庙香火兴盛，达到了鼎盛时期[①]。然而就在万历年间，火神庙遭遇了讽刺性的火灾，但随即修复。火神庙在清代继续其繁荣局面，每年有多种宗教或世俗仪式活动在此举行。至清末民初，火神庙逐渐走向衰败，新中国成立后为单位所占用。2010 年 12 月，火神庙在重新修缮之后，被辟为什刹海东岸的一个重要景点。

　　广化寺位于后海北岸的鸭儿胡同，始建于元代，占地广阔，布局严谨，宫殿气势巍峨，寺内文物较多，是什刹海地区至今维护最为完整的寺庙。在近代，广化寺的历史比较丰富。张之洞掌管学部之后，在广化寺设立了编译图书局，后又在此存放了早期为京师图书馆购置的图书，使广化寺成为最早的京师图书馆的馆址。在抗战时期，广化寺内曾设立伤兵医院，并成为佛门在抗战期间的重要据点。新中国成立后，广化寺被多个机关占用，"文革"期间广化寺内又设立了街道玩具厂。直到 20 世纪 80 年代，占用广化寺的单位才开始陆续腾退。1989 年，广化寺举行了隆重的开光升座典礼，恢复对外开放。

　　（四）门、楼、桥梁

　　在什刹海地区的建筑中，还有门、楼两种形式。德胜门位于西海与后海交界处的正北，是明、清两代北京内城的九座城门之一。德胜门箭楼建于明代，是保护城门的军事堡垒。整座箭楼气势恢宏、高大雄伟，体现了两代帝国昌盛时期的风貌。如今，德胜门箭楼经过多次修缮，已对外开放。地安门旧址位于什刹海前海东南，地安门大街的南端。这里曾是皇城的北门。在 20 世纪 50 年代被拆除之后，地安门仅在档案与记

---

① 赵林：《什刹海》，北京：北京出版社，2005。

忆中才可追寻。

在地安门大街的北端从南往北有鼓楼与钟楼。它们是元、明、清三代京城的报时中心。鼓楼为单体木结构楼阁建筑，钟楼为单体砖石结构楼阁建筑，两者均高达 45 米以上。古时，鼓楼上有一大二十四小共 25 面更鼓，钟楼上有一鼎大铜钟。20 世纪 90 年代以后，经过修葺与更新，钟楼与鼓楼先后恢复了它们的报时功能，成为京城的一大景观。

由于什刹海地区水网密布，所以在湖泊的交界处就有了不可缺少的桥梁作为连接。如今，什刹海地区有 4 座桥梁最为著名。

在前海东岸的地安门大街上，有一座单孔石拱桥，它就是万宁桥。因桥在皇城后门——地安门不远处，亦被称为后门桥。这是元代的称谓。因为什刹海在元代起着十分重要的漕运终点码头的作用，因此在什刹海与城东水域的联系上，万宁桥及桥下的澄清闸起着十分重要的调节水流水量的作用。相传，元大都初建时，皇城的中轴线不是建立在子午线上，而是稍稍偏东，而万宁桥西侧正是城北子午线的定桩之处[①]。新中国成立后，万宁桥几经修复，取消了桥下的石板闸，补加了桥面的汉白玉护栏。站在万宁桥上向西望，可以将前海的湖光美景尽收眼底。因此，这里是什刹海外围观海的上好地方。

银锭桥也是单孔石拱桥，位于前海与后海的交界处，因其侧面桥形似银锭而得名。银锭桥本身并没有特别之处，出名的是其周围的风景。银锭桥位于前海与后海的葫芦细腰上，古时站在银锭桥上，东西两面皆是汪洋一片，向东通向通惠河，向西则是无尽的湖光，极目望去的烟水恍惚处是西山淡淡的身影。因此，此处成了京城观西山的绝佳之处，"银锭观山"被称为燕京八景之一。明代大学士李东阳在此处吟诵出"城中第一佳山水，世上几多闲岁华"的诗句，描绘出在什刹海悠闲观山，湖光山色美景尽收眼底的美好心情。

在西海与后海的交界处是单孔石拱桥德胜桥。德胜门内大街穿桥而过。如今的德胜桥河道缩窄，但德胜桥附近的环境依然秀美。

1999 年，在万宁桥的西面，又修筑了一座新的汉白玉三孔拱桥，取名为金锭桥，与银锭桥相并称。金锭桥的建成使得前海的风景更为浑然

---

① 城南的定桩处在正阳门桥西侧。

一体。站在金锭桥上，可以将整个前海的风景纳入眼中。

五　文化传承

在什刹海这个曾经繁华锦绣的商业中心与风光秀丽的游玩胜地，集聚过从达官贵人到文人雅客、从平民百姓到摊贩苦力等三教九流的各种人群。他们创造出了丰富灿烂的文化，既有载入史册历代流传的诗词书画，也有街头巷尾流传的小曲杂耍。这些兼收并蓄、雅俗共赏的艺术形式既反映了什刹海文化的多样性，也反映出什刹海在历史上是一个社会各阶层成员会集的中心地区。

（一）文人骚客的会聚中心

什刹海在历史上曾经是京城文人们以诗会友、以诗集会的地方。这一切皆是因为什刹海优美的景色吸引了这些文人，同时也撩拨了他们的诗词情怀。早在三国时期，曹植就写下诗篇："出自蓟门北，遥望湖池桑；枝枝自相植，叶叶自相当。"在这里，他们不仅写出了流芳百世的华丽诗词，同时也交朋结友，成就了一段段友情佳话。这样的传统，直到现在依然保持着，形成了一幅自然风光优美依旧、人文友谊传统长存的历史长卷，成为什刹海历史文化中不可或缺的部分。

早在元代，有些诗人就开始以什刹海为中心，聚集在此游览湖景并会友吟诗。著名的书法家与画家赵孟頫经常到什刹海游玩，并写下了许多描绘这里的美景以及人来人往繁忙景象的诗句。在他晚年游历什刹海并结交朋友的过程中，他与比他小40余岁的后辈诗人结为忘年之交，传为一时之佳话。在元代末期，什刹海的诗人聚会中也曾经出现过高丽文人的踪迹[①]。

元代的新科进士还有到万春园吟诗诵词、集体狂欢的活动。万春园旧址在今前海东岸的火神庙北。有记载称，在放榜及第、宴会狂欢之后，这些新科进士通常会来到什刹海畔万春园联谊，并结交同年进士[②]，为以后的官场之路争取更多的社会资源。

---

①　赵林：《什刹海》，北京：北京出版社，2005。
②　赵林：《什刹海》，北京：北京出版社，2005。

　　到了明代，什刹海由前朝的水陆交通枢纽与商业繁忙的市场变成了更为幽静的风景区，附近建起了一大批府邸、花园，这使得文人雅客聚会有了更加悠闲与舒适的场所。大学士李东阳幼时曾居住在什刹海一带，后来他虽搬离什刹海，但常回什刹海赏湖会友，留下了数十首咏颂什刹海的诗，其中佳句连连，如今也时常为人所称道。同时，李东阳还组织了"茶陵诗派"，召集志同道合的诗人聚会吟诗。

　　在什刹海成立诗社组织的还有"公安派"的袁氏宗道、宏道与中道三兄弟。他们成立的"葡萄社"前后有20余位诗人加盟。他们主张诗歌革新，反对复古。在平常的聚会中，他们聚而论道，游览湖光美景，直至太阳西下方才散去。

　　很多文人雅客对什刹海都情有独钟。诗人米万钟甚至在西海的东岸兴建了园林，修筑了一栋三层高的阁楼，用于观湖。他经常邀约友人，登高远眺，什刹海美景一览无余。在园中游历时，他与朋友谈天说地，吟诗赋词，好不怡情。

　　到了清代，文人聚会于什刹海的风气更甚。清代第一词人、大学士明珠的儿子纳兰性德经常于渌水亭（旧址在今宋庆龄故居恩波亭处）中，与其他文士一起把酒对诗、纵情当歌，留下诗词无数①。这些诗词，一时间为朝野所争相传诵。

　　乾隆年间的内阁学士翁方纲曾组织酒楼诗会，集聚"二十四诗人"，在什刹海畔的酒楼上每月举行诗会，一时间成为当时文人们艳羡的神仙般的盛会。同在乾隆朝的翰林院学士法式善亦曾创立诗社，每逢荷花盛开的季节就聚集文人雅士于什刹海畔，饮酒赋诗，作画诵词。有记载称，他所联系的朋友多达800人，而能写诗作画的就有200余人，一时传为美谈。

　　到了民国时期，文人集聚什刹海的这一传统得到了延续。末代皇帝溥仪的老师陆润庠曾在前海北岸的会贤堂组织"莲花社"，人员兴旺时有近90人参与。他们集会时互报姓名，三三两两评画读书，赋诗吟诵，嘈杂声往往影响到街坊邻居。这样的聚会到1932年还有72人参加。当

---

　　①　本章题记摘录自纳兰性德的《渌水亭宴集诗序》。显然，纳兰是希望仿照《兰亭集序》，描绘出当时什刹海地区的美景，可见此地是当时的文人诗客吟诗唱和的聚集之地。

时正值国难当头,诗人们借诗抒发对帝国主义侵略及执政者无能之时局的郁闷之情。著名作家老舍在什刹海地区附近度过了他的童年,在他后来的小说散文中多有对于什刹海地区美丽风景和风土人情的描写。

新中国成立以后,什刹海集聚诗人的传统仍在继续。收藏家张伯驹交友广泛又好舞文弄墨,他迁居什刹海后,于20世纪50年代中期组织了"饭后诗社",在聚会时咏物赋诗,每月刊印《饭后诗社集》一册,直到诗社成员逐渐凋零后停刊。70年代末,作家萧军在其后海住所成立了"野草诗社",成员曾一度达到60人。自1980年起,诗社每年刊印一册收录成员作品的《野草诗辑》。而这一内部刊物中的精品,后来又结集成书公开发行了三集。进入21世纪,"什刹海诗书画社"成立,举办过多次诗词朗诵会以及书画展,以将历代什刹海畔的诗书盛况继续下去。

名人过往,除了留给后代的典故佳话之外,通常还要留下足以证明他们曾在什刹海逗留过的笔墨足迹。在什刹海周边的许多建筑、景点——王府、名人故居、花园、寺庙以及门、楼、饭店中,都留有为什刹海美景所吸引而流连于此的名人的墨迹。众多的匾额,既有多位清代皇帝题写的,也有新中国成立后领导人题写的,更多的则是历代书法家所留下的笔墨。而文人咏出的佳句楹联往往也嵌刻在各个景点中。除此之外,还有名人雕像与景点碑文。

(二) 民间戏曲的兴旺之地

什刹海历来是戏曲活动的重要地区。元代时,什刹海是漕运的终点码头,是来往人群逗留的地方,一时间各种娱乐方式都在这里得到了发展。元杂剧与散曲在什刹海地区搭台演出或是在酒馆中上演。据记载,当时相当出名的艺人张怡云就居住在什刹海一带,而众多文人则争相以听其演唱为荣[1]。元曲大家关汉卿与姚燧经常在什刹海地区活动。前者常常深入商业繁荣、人流拥挤的什刹海市井中,体验民情,观察采风,并且还在什刹海畔亲自演出过自己的名剧《窦娥冤》;后者则经常来什刹海观看张怡云的演唱。

明清两代,昆曲兴起,在什刹海地区时常有昆曲演出。清代王府中甚至有自己的戏班,择日演出。

---

① 赵林:《什刹海》,北京:北京出版社,2005。

到了清代，京剧集多种民间戏曲于一体，深得皇室贵族与平民百姓的喜爱。在什刹海一带出现了许多的戏楼，名角票友争相登场，十分热闹。在醇亲王府与恭亲王府内，甚至搭建了专门的戏台，不时举办堂会，邀请名角演出。清代八旗子弟中爱好戏曲的票友亦经常组织起来，成立票房，自行排演戏剧。

这一传统一直持续到民国年间。当时在什刹海地区有多个著名票房，吸引了众多票友。其中最为著名的，要数位于前海北岸的会贤堂饭庄的堂会①。很多京剧名角都到会贤堂唱过堂会，大师级的四大名旦也不例外。在荷花市场以及其他庙会中，还有很多民间戏曲的表演。

新中国成立后，什刹海地区的戏曲演出一直十分兴盛。先建成的演出场所有西海附近的总政文工团排演场，后又在护国寺街修建了人民剧场，梅兰芳、张君秋、裘盛戎等均在人民剧场演出过。到了20世纪90年代，先后有"什刹海梨园票友剧社""汇通同人票社"两个票友剧社成立，延续着什刹海地区作为戏曲表演重地的角色。

（三）民俗活动的汇聚之地

什刹海地区还有许多富有特色的民俗活动，如元宵灯节、上巳春禊、浴象洗马、盂兰盆会、观莲赏荷、冰床冰灯、城隍出巡、庙会晓市、票房堂会等②。这些民俗活动历史悠久，有的唐宋以来就风行于民间。从元代开始，什刹海成为漕运码头，各种民俗活动得以兴起与传播。而明清两代，什刹海成为文人聚集、府宅兴建的风景区，这些民俗活动随之得到空前的推广。

在历史的洗礼之后，这些民俗活动有的已经失去了现实意义，逐渐消失了；有的改头换面，被赋予了新的内容，焕发了生机；有的则在长时期中断之后，又重新出现。当然，在新的历史时期，也有许多以前没有的民间风俗产生了。如今的什刹海，民俗活动依然丰富多彩，燃放荷灯、游湖泛舟、宴饮赏荷、下棋弹唱、消夏舞会等都是平民百姓喜闻乐见的活动。

特别值得一提的是荷花市场。荷花市场位于前海与原西小海以及其

---

① 赵林：《什刹海》，北京：北京出版社，2005。
② 赵林：《什刹海》，北京：北京出版社，2005。

间的湖堤上。其得名是因为夏天什刹海前海与西小海中的荷花竞相盛开，吸引了游人前来赏花观荷，而生意人也瞅准了其中的商机，纷纷在湖畔岸边摆摊设铺，售卖糕点茶水、各色酒食、古玩字画，游人既可游览湖光美景，也可品尝美味小吃，还可淘买纪念品，整个荷花市场一派人文与自然景观水乳交融的生机勃勃的景象。

荷花市场早在清代末期就已经兴起，是老北京人消夏纳凉、消遣游玩的绝好去处。在从阴历五月初五到七月十五的两个多月里，前海与西小海周围微风吹拂，游人如织，柳枝飘荡，湖光佳人，粉花红面，相映成趣，真是花中有人、人中有花，驻足之时不知是观花赏荷还是观容怡情，一时间令人心醉恍惚，流连忘返。而摊贩将棚子搭在湖畔，半截铺面由立于湖中的竿子支撑，游人食客坐在棚中就可以伸手触及湖中荷花，荷香酒香交融一体，美景美食美不胜收，让游人有种置身仙境的感觉。

到荷花市场除了观赏美景、品尝小吃之外，另一个吸引游人的就是各种民俗娱乐了。有评书相声、大鼓弹唱、戏曲表演等文艺活动，有要猴戏法、摔跤卖艺等杂耍，还有售卖古玩字画、手工艺品的。

常来荷花市场的除了平民百姓之外，一些达官贵人与社会名流也难抵其魅力诱惑，经常涉足。特别是居住在什刹海周围的名人，他们在市场开放时，或赏花游玩，或品尝小吃。

荷花市场从清末一直持续到民国时期。在民国政府于 20 世纪 20 年代末迁都南京后，荷花市场逐渐失去了往日的兴旺。日军占领北平后，整个什刹海匮于维修，淤塞严重，堤岸垮塌，荷花也无人照料，市场就此衰败。

新中国成立后，经过一系列的整治，什刹海重新焕发了青春，特别是在改革开放后，什刹海成为历史文化风景区，荷花市场又重新兴起，在前海临街处建起了古典牌楼，并由著名书法家启功题写了"荷花市场"的匾额。随着改善环境的需要，所有饮食摊铺都被清出了荷花市场，取而代之的是更加正式的餐馆酒吧。前海也开辟了码头，游人可以乘船游览湖面，而荷花的种植面积也逐渐扩大。荷花市场以崭新的面貌重新回归。

如今的荷花市场不仅是北京人消夏的上佳去处，同时也成为外地与国际游客流连的胜地。而"胡同游"作为一种新的民俗观光活动，成为体验老北京历史文化的途径，是游客们必不可少的游览项目。

荷花市场的兴起、衰败以及再兴起绘就了一幅历史长卷。它的兴衰与整个社会经济的背景密不可分。只有在如今政通人和、兴旺发达的时代，它才能以更为清洁繁荣的面貌重新回归，并吸引着形形色色的中外游客到此一游。

六　建成历史文化旅游风景区

如今的什刹海地区已经被明确定义为"历史文化旅游风景区"。其目的就是使中外游客在什刹海地区游览秀美风光的同时，也可以领略在什刹海地区积淀下来的历史文化。无论是对游客还是北京本地人来说，什刹海都是一个悠闲清新的好去处，各个社会阶层的人都可以在此纳凉消夏、休闲怡情。

事实上，经过多年的发展，什刹海地区承载的功能已经远超过了最初的设想，除去"历史文化保护区"以外，它还是"城市居住区"、"旅游风景区"以及"商业区"。什刹海地区已成为北京城市中心地带的重要区域之一。

经过多次行政区域的重新划定，2004年在撤并原来的福绥境街道、新街口街道、厂桥街道的过程中，新街口北大街以东的原新街口街道与厂桥街道辖区被合并成为新的什刹海街道办事处。如今的什刹海街道下辖25个居民委员会，辖区面积5.8平方公里。其中，有90多条胡同，2000多座四合院。截至2019年底，户籍在册登记户数44251户，共有户籍人口141354人[①]。当然，什刹海地区还有一部分非户籍、非常住人口。同时，在什刹海地区也面临着人口密度大、交通拥堵、停车困难、居住环境较差等一系列制约着什刹海充分发挥其中心城区特殊区域的功能的问题[②]。

（一）规划

从20世纪80年代初开始的一系列综合整治工作就是要重新将什刹

---

① 北京市西城区政府网站，https://www.bjxch.gov.cn/f/tjj/tjnj/2020/0202.html，最后访问日期：2021年1月16日。
② 连玉明主编《北京街道发展报告：什刹海篇2》，北京：社会科学文献出版社，2018。

海呈现出来，既要修筑湖岸整理环境，维护其优美的风光，又要腾退占据原有历史建筑的居民，恢复开放文化古迹；既要保持什刹海地区原有的传统特色，又要在此过程中纳入现代生活的时代特征。所有的这些都需要认真周全的规划，而整个什刹海的建设正是以一个接一个这样的规划为指导的。

　　什刹海地区的总体规划开始于 1984 年。此时，湖泊的治理工作刚刚完成，整个什刹海地区的定位发展需要清晰的规划。北京市西城区政府委托清华大学建筑系起草了总体规划。这一规划工作前前后后进行了 8 年，直到 1992 年北京市政府正式批准了整个规划，将什刹海最终定位为"历史文化旅游风景区"，划定了整个景区的地理范围、建设原则以及建设内容，随后开始了对这一地区的建设。

　　近年来，根据北京市、西城区以及什刹海地区的整体规划，特别是《什刹海历史文化保护区保护发展规划（2016—2020）》，政府编制出台了涵盖多个地区多个功能分类的 40 多份具体的规划与实施方案，旨在按照"整体保护、市政先行、重点带动、循序渐进"的策略，以保持什刹海地区的完整性与协调性为前提，持续推进综合整治工作[①]。直到现在，对什刹海的建设、开发与更新仍然在进行中。

　　最新的《首都功能核心区控制性详细规划（街区层面）（2018 年—2035 年）》明确了"加强老城整体保护"[②]。其中，什刹海地区是老城内的历史文化街区，同时也是历史水系的重要组成部分（内城六海中的三海构成什刹海）。在这部控规中，什刹海既是整体保护的对象，街区内有许多历史文化遗迹与建筑，也是展示历史文化的重要资源，是重点打造的十条"文化探访路"中的"玉河—什刹海—护国寺—新街口文化探访路"。

（二）建设

　　什刹海地区的建设大致可以分成以下三类：景点建设、市政建设与

---

① 连玉明主编《北京街道发展报告：什刹海篇2》，北京：社会科学文献出版社，2018，第 233～235 页。
② 北京市规划与自然资源委员会：《首都功能核心区控制性详细规划（街区层面）（2018 年—2035 年）》，2020，http://www.beijing.gov.cn/zhengce/zhengcefagui/202008/W020200904296368890982.pdf，最后访问日期：2021 年 3 月 13 日。

房屋改造。景区景点的建设也包括对历史文化古迹的维护与修缮。除此之外，湖泊的周围还兴建了一系列新的设施，构成了游览的新景点。如在后海湖面上兴建了野鸭岛，将原来一个简易的竹筏拓建成一个固定的湖心小岛；在前海、后海都建起了码头，供游湖小船泊岸、乘客上下；修建了金锭桥；整个荷花市场的重新建设也是按照古色古香的风格，与整个景区风景相得益彰的思路设计的；后海中段的望海楼虽然较什刹海地区的其他建筑更高，但它的建成与整个景区融为一体，成了新的一景。

市政建设的目的是使整个什刹海更加清洁明丽，更符合现代风景区美化环境的宗旨。首先，在什刹海风景区里辟出了大量绿地，种上了花草树木；整个景区的道路都经过了改造；水道、电线等管线的铺设都依照现代景区的标准重新展开。更为吸引人的是，"亮丽工程"的推行不仅使整个什刹海地区在晚间也灯火通明，而且在前海的灯光安装中，设置了礼花灯、轮廓灯、绿地灯、步行道灯、护栏灯等，使夜光、湖光、灯光浑然一体，吸引了众多游客专程夜游什刹海。

什刹海地区周围有很多居民住宅与单位用房，且房屋常年失修，街道胡同也因为乱修乱占的房屋而变得面目全非。在整体规划得到批复以后，什刹海地区的一些历史性建筑得以改建。其中，经营单位与办公单位的用房改建速度较快，而其他民居四合院的改建、街巷的重新改造则需要花费更长的时间，因为涉及了更多的利益，需要更多的协调工作。

与此同时，什刹海景区内的所有胡同均进行了拆除违章建筑、整修路面、粉刷墙面、修缮门楼的工作，以恢复老北京的风貌。对于烟袋斜街的改造，旨在恢复其旧时繁华的商业景象，故规划成了步行街，禁止机动车通行。这样的"净街工程"清理了胡同中的堵塞情况，重新规范了胡同与四合院的规划布局与空间使用规范，在狭窄的胡同与背街释放了大量的有效空间，改变了乱象，恢复了原来的风貌，净化提升了旅游与居住的品质①。

（三）　旅游

什刹海风景区的重要功能之一就是旅游。除了自由行走游览湖光景

---

① 连玉明主编《北京街道发展报告：什刹海篇1》，北京：社会科学文献出版社，2016，第 247～253 页。

色以外，景区还开发了三种旅游项目：王府参观、胡同游与湖上泛舟。

从前文的介绍中可以得知，什刹海地区的王府是清末留存下来的保存维护较好、地理位置相当集中的旅游资源。作为皇室王族居住与休憩的府邸，这些王府有着不可估量的历史文化价值。维护、开发与利用这些王府也有巨大的社会与经济价值。如今，什刹海地区已经开放的王府有恭亲王府与醇亲王府。它们均受到了中外游客的高度评价。经过仍在继续的修缮维护工程，将会有更多的王府景点对外开放。

"胡同游"始于1994年，高峰时有1800余辆人力三轮车，每天接待游客6000人左右，节假日时每天接待游客甚至超过1万人。近年来，通过采用"政府特许经营"的方式，加强了对"胡同游"的管理，提升了旅游品质①。游客可以乘坐精心设计的三轮车，在车夫的带领下，穿越胡同，将什刹海周围的景点尽收眼中。同时，也可以观看民居，与当地居民交谈，品尝街边小吃，从而直接接触老北京人的生活。在整个游览过程中，游客既可以领略什刹海周围的建筑、四合院、胡同以及它们所承载的历史，也可以体察老北京生活的文化内涵。

什刹海湖面上还开辟了水上游船项目。通过乘坐仿古船，游客可以在什刹海上欣赏湖面及周边的桥梁亭台等美丽景色，也可以遥望岸边的建筑院落，还可以远眺鼓楼、钟楼以及更远的西山的风景。前海与后海的两个码头更是方便了游人上下游船。而湖边的灯光使夜晚泛舟什刹海另有一番风味。除了这些仿古船外，另有小型游船可供游客自己操纵。

从2002年开始的什刹海文化旅游节，更是集中了各种旅游项目，在每年的9月，密集吸引了众多的游客。

（四）商业

在推行旅游的同时，什刹海地区也开发了一系列与旅游相关的商业设施。早在元明清时期，什刹海就是商业发达与繁华之地。茶点饮食、手工艺品、古玩字画等都是什刹海地区消费交易的重要内容。如今，在发展商业的过程中，什刹海地区十分重视发掘历史文化资源。在设计旅游纪念品时，特别推出了以胡同、寺庙以及四合院为主题的"什刹海文

---

① 连玉明主编《北京街道发展报告：什刹海篇1》，北京：社会科学文献出版社，2016，第228~238页。

化礼品"。以前海西岸的荷花市场为主体，包括后海沿岸的少数地方，都经营着风味餐饮、茶饮酒水、古玩旧货、民间工艺品等。这些服务行业无疑成为什刹海旅游业的有力补充，并成为什刹海地区的特色之一。

同时，这些服务业本身也成为吸引众多游客的焦点。例如，什刹海的酒吧至今依然是北京城内与老牌的"三里屯酒吧一条街"相媲美的另一个年轻人与游客喜欢光顾的地方。整个什刹海地区的酒吧已经形成了规模。特别是在夏季，沿湖的酒吧将酒桌摆放在湖边，桌上摆着红色蜡烛，顾客们临湖而坐、把酒而谈，微风阵阵袭来，湖面微澜荡漾，桌上烛光跳动，手中酒杯晃动，一时间湖光、烛光与杯中酒交相辉映，别有一番情调。因此，夏夜里的什刹海人声鼎沸，顾客们往往要到深夜才恋恋不舍地离去。

七 小结

从什刹海的整体规划中可以看出，其规划思路是依托湖水景色的优美风光、强调王府古迹的历史内涵、延续民俗民居的文化传统、拓展旅游消费的休闲方式，将什刹海打造成为一个中外游客可以消夏纳凉、观赏风景、体察民情、品味文化、消费休闲的旅游风景区。

在将什刹海重新开发成这样一个旅游风景区的过程中，不可忽视的因素是什刹海特定的地理位置与空间构成。由于什刹海地处北京城的核心地带，并罕见地拥有较为广阔的水域，从历史上就一直是休闲的上佳去处。因此，在什刹海周围留存下来一系列的文化古迹。除去历史上的破坏以外，当前北京城市化的拆迁与重建过程对于这一区域的原有格局影响不大。原有的空间结构——包括历史建筑以及重新翻修的建筑——都在这一过程中得到了较好的维持。在相对较小的空间范围内，什刹海浓缩了丰富的文化与民俗的内容，这就使什刹海成为北京市区内一处风格独特的地方。

在治理什刹海水域的过程中，将什刹海建成一个普通大众可以娱乐其中的人民公园一直是重要的指导思想。从这种意义上讲，什刹海是一个开放的人民的公园。而什刹海丰富的内涵也吸引了各种社会人群——对旅游观光感兴趣的、对历史文化感兴趣的、对消费休闲感兴趣的，他们都能够在什刹海找到乐趣。正如什刹海一直都是皇室贵族与街巷平民交错混居的地方，各个社会阶层都可以在什刹海找到各自所需。

当然，在重建什刹海地区的过程中将不可避免地遇到重重问题：维护景区原有风格与开发经济价值、维护文化古迹与拓展旅游资源、维护传统民俗与引入现代方式、维护宁静居住环境与接纳四方游客等。所有的这一切变化，毫无疑问将给什刹海地区的所有利益相关者带来挑战。在接下来的章节中，通过理解什刹海重新定义或再定义其空间内涵的过程，我们希望揭示什刹海所经历的社会经济变迁，以及在此变迁中各个城市变迁推动群体的作用及其互动过程。

第六章 "打造"什刹海的地方政府

> 总体规划力保从故宫太和殿向四周观望，视线不被遮挡，……
> 但是，开发商想方设法突破规划限高，以攫取高额回报。……"老
> 城不能再拆了！"①
>
> ——王军

从新中国成立至今，古都北京就一直存在着"保护"与"发展"的基本矛盾，在理论和实践探索中，地方政府必须充分考虑首都功能、旧城保护、经济发展、人民生活改善等多种因素，努力在这几者之间实现动态平衡。

1992年，《北京城市总体规划（1991年至2010年）》首次明确提出"世界著名的古都和现代国际都市"的城市定位；2004年，《北京城市总体规划（2004—2020年）》明确提出做好北京历史文化名城保护工作，正确处理保护与发展的关系，并提出一系列基本原则和有效措施：坚持整体保护、以人为本、积极保护的原则，旧城整体保护作为历史文化名城保护的重点，包括中轴线、北京城"凸"字形城郭、整体保护皇城、旧城内历史河湖水系、棋盘式道路和街巷胡同格局、"胡同－四合院"传统建筑形态、传统建筑色彩和形态、古树古木及大树等。

一 意识形态转变：从消费城市到生产城市

城市的整体功能定位直接影响内部空间的具体形塑，而城市功能定位也受到特定意识形态的影响。1949年以后，北京市的功能定位经历了

---

① 王军：《建极绥猷：北京历史文化价值与名城保护》，上海：同济大学出版社，2019，第5页。

曲折发展和不断深化。

经济基础决定上层建筑。在以工人阶级为领导阶级的社会主义意识形态中，城市对工业化和工业生产的促进功能就不仅仅是经济意义上的，更被赋予了政治上的意义。将原来的消费城市转变为生产城市也就具有了改造旧社会的意涵。计划经济背景下，城市国有土地被取消了商品性质，"重生产、轻消费"的指导方针也使城市空间的住宅建设、文化娱乐和休闲消费等功能在很大程度上受到抑制。

在新中国成立到改革开放之前的很长时间内，北京作为社会主义新中国的首都，在空间上更具政治象征意义。1949 年 3 月，毛泽东在中共七届二中全会上指出："只有将城市的生产恢复起来和发展起来了，将消费的城市变成生产的城市了，人民政权才能巩固起来。"① 北京市贯彻中共七届二中全会精神，在纪念北平解放一周年时明确提出，变消费城市为生产城市。时任北京市委第一书记彭真多次强调，变消费城市为生产城市是北京一切工作的基础。

当时《人民日报》刊登的社论《把消费城市变成生产城市》指出，"在旧中国这个半封建、半殖民地的国家，统治阶级所聚集的大城市（像北平），大都是消费城市。有些城市，早也有着现代化的工业（像天津），但仍具有消费城市的性质。它们的存在和繁荣除尽量剥削工人外，则完全依靠剥削乡村。我们进入大城市后，绝不能允许这种现象继续存在。而要消灭这种现象，就必须有计划地、有步骤地迅速恢复和发展生产"②。

新中国成立初期，毛泽东站在天安门城楼上表示，希望今后从这里向南望去到处都是烟囱。彭真向时任北京市都市计划委员会副主任的建筑学家梁思成传达了这一指示。梁思成不甚理解，他在晚年回忆道："当我听说毛主席指示要'将消费的城市改变成生产的城市'，还说'从天安门上望出去，要看到到处都是烟囱'时，思想上抵触情绪极重。我想，那么大一个中国，为什么一定要在北京这一点点城框框里搞工业呢？"

---

① 《在中国共产党第七届中央委员会第二次全体会议上的报告》，载《毛泽东选集》第四卷，北京：人民出版社，1991。
② 《把消费城市变成生产城市》，《人民日报》1949 年 3 月 17 日。

"我觉得我们国家这样大，工农业生产不靠北京这一点地方。北京应该是像华盛顿那样环境幽静、风景优美的纯粹的行政中心，尤其应该保持它由历史形成的在城市规划和建筑风格上的气氛。"[1]

1953 年国庆节，毛泽东站在天安门城楼上检阅游行队伍，看到产业工人的人数较少，当即对中共北京市委第二书记刘仁说："首都是不是要搬家？"随后，中共北京市委提出，北京要不要发展现代工业，牵涉到对首都城市功能性质和发展方向的认识问题，这不仅仅是一个经济问题，更是一个政治问题。1953 年 11 月，中共北京市委《改建与扩建北京市规划草案的要点》指出："我们的首都，应该成为我国政治、经济和文化的中心，特别要把它建设成为我国强大的工业基地和技术科学的中心。"[2]

此后，北京的工业建设突飞猛进。至 20 世纪 90 年代，全国统一划分的工业部门有 130 个，北京就占 120 个，为世界各国首都罕见。北京的重工业产值一度高达 63.7%，仅次于重工业城市沈阳。与此相对应的是，到 80 年代，北京的各类烟囱已达 1.4 万多根[3]。

二 市场经济转型：从生产的城市到城市的生产

计划经济时期，国家的主导思想是"重生产、轻消费"，城市的功能也被视为主要是为工业生产服务，城市内部用地也体现出相应的安排，如工业和仓储用地比较多。随着市场经济的发展，第三产业在城市经济中的比重越来越大，同时城市的土地价值和稀缺性也日益凸显，相应地就要求城市调整产业结构。伴随着城市改造，一些原先由中小型生产企业占据的工业用地被调整为商业办公兼居住性质的用地。这种城市土地用途的调整（即"退二进三"）也符合城市经济发展的自身规律和要求。

在市场经济条件下，城市土地和空间资源必然会作为一种生产资料参与到产品和服务的生产中去。因为人类所有的活动都离不开特定的空

---

① 王军：《拽不住的北京人口规模》，《瞭望》2010 年 8 月 27 日。
② 王军：《拽不住的北京人口规模》，《瞭望》2010 年 8 月 27 日。
③ 王军：《拽不住的北京人口规模》，《瞭望》2010 年 8 月 27 日。

间，从生产到销售和服务的各个环节都需要相应的土地与房屋供给。由于城市具有人口和相关产业的高度聚集性，城市土地的稀缺性就表现得更为明显。从城市土地制度的发展来看，从 20 世纪 80 年代确定土地所有权与使用权的分离以及土地有偿使用制度，到 90 年代后期推行国有土地"招拍挂"以及土地储备制度，存在着不断凸显土地市场价值并保证政府的土地收益的趋势。

（一）经营城市的制度前提：城市土地的商品化

根据我国《宪法》和《土地管理法》，城市土地归国家所有。但在 1988 年之前，城市国有土地的所有权和使用权是不相分离的，实行的是土地无偿无限期使用和土地权利的非市场化制度。土地使用权不脱离所有权单独存在，意味着土地只是企业完成国家计划所配备的必要生产条件，而不是企业用以实现自身利益的财产。这种用地制度存在着严重的弊端，既不利于土地资源的合理配置，又不利于提高土地的价值和利用效益等。随着经济体制改革的深入，其弊端更加凸显，表现为：加剧了土地资源的浪费和耕地的流失；造成企业之间的不公平竞争以及隐性的土地市场和土地投机等。

1988 年我国修改《宪法》和《土地管理法》，承认土地出租和土地使用权转让，并设立国有土地有偿使用制度。1990 年以后又发布了关于城镇国有土地使用权出让和转让的一系列规定，由此建立起土地公有制基础上的土地使用权制度。

一般而言，国家土地所有权就是指国家对国有土地占有、使用、收益和处分的权能。从理论上讲，国家土地所有权的主体是国家。根据我国现行的政权体制，中央人民政府是国家所有权的唯一代表。长期以来，在实践中，我国对国有土地一直实行分级管理，土地使用权划拨、出让、投资、收回等所有者行为，应当向中央人民政府负责，并接受中央人民政府的指示和监督。

非所有人的使用权一向是推动土地制度进步（乃至社会经济发展）的一个重要因素。有学者认为，国家拥有土地所有权的意义主要不在于满足国家对土地的使用需求，而在于调节社会对土地的使用需求。而国家在拥有土地最终归属权的情况下调节社会的用地需求，其主要意义不在于实现资源利用中的效率目标，而在于实现资源分配中的公平价值。

　　在市场经济条件下，城市土地的级差地租效应逐渐凸显出来。土地经济学中通常用 Alonso 土地竞租曲线（见图 6-1）来分析市场机制在城市土地使用模式中的调节作用[①]。William Alonso 开创的城市土地利用的新古典经济模型被称为"竞标-地租理论"（Bid-Rent Theory）。该理论的主要内容是：在完全市场竞争的条件下，城市土地的地租总是趋向于收入最高的用途的水平，不同的土地用途产出收益率的不同、不同的土地用途能够承担的土地价格成本的不同，导致了零售商业、办公和居住等用地在空间上从内向外逐次分布，以及地价从市中心向四周递减的基本变化规律。不同区位的潜在收益水平决定了级差地租的序列，土地的级差效应既促使具备转换潜质的低收益用地类型向高收益用途的转换，也限制着城市低收益用地类型进入高收益用途区域的可能性。因此，城市土地的级差效应成为引导城市产业活动、推动城市用地结构重组的基本信号。

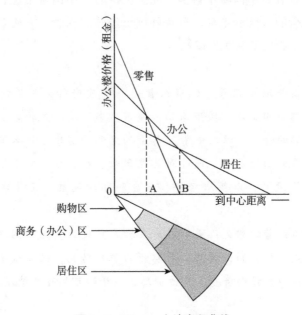

图 6-1　Alonso 土地竞租曲线

①　威廉·阿朗索：《区位与土地利用——地租的一般理论》，梁进社等译，北京：商务印书馆，2010。

国有土地有偿使用以后，市场机制作用于土地利用方面，利用土地的级差收益，使按"优地优用原则"调整城市土地利用结构成为可能。土地使用制度的改革，从经济上促进了中心区域工业的外迁。根据级差地租分布规律，在市中心，商业金融支付地租的能力超过住宅，而住宅又高于工业。由于工业在此无力支付高昂地租和地价，必然转向地价相对低廉的郊区。城市政府提出的"退二进三"是指在市中心地区原有第二产业用地改为第三产业用地，将工业从市中心地区搬出去。这种做法使市中心地区得到开发，调整了规划布局和用地性质，提高了土地使用效率，完善了城市中心区功能。工业企业迁向市郊，通过土地级差因素，获得了进行技术改造和发展的资金。

（二）经营城市的理念和实践

1. 经营城市的理念

2002 年，在由中国城市科学研究会主持的"中国城市经营策略研讨会"上，与会的官员及专家、学者就城市经营的理念、方法及需要注意的问题等方面达成了一些共识①。

> 什么是城市经营？城市经营是一种政府行为，是把"城市资产"包括城市土地、城市基础、城市生态环境、文物古迹和旅游资源等有形的资产，以及依附于其上的名称、形象、知名度和城市特色文化等无形的资产，通过对其使用权、经营权、冠名权等相关权益的市场运作，以获取经济、社会和环境效益，促进城市发展的过程。

> 城市经营的意义：缓解政府在城市建设资金上的困境；促进城市建设效率的提高；推动政府职能的积极转变；保证城市规划的实现；使城市建设经济步入良性循环，促进城市的可持续发展。

从某种程度来看，各类地方政府都可被看作不同类型的以"经营空

---

① 张乃剑：《关于经营城市经营主体缺位、错位的思考》，《中国建设信息》2004 年第13 期。

间"为目标的"企业",将城市空间"出售"给潜在的消费者有不同的途径。在劳动力要素难以在不同边界内自由移动的情况下,资本的流动性相对而言要大得多。因此,政府间的竞争是通过属地企业产品之间的竞争间接展开的。而就空间商品而言,地方政府(市/区政府)确实像运作一个企业一样在经营城市,政府官员也确实具有一定的企业家精神。

表6-1 经营企业与经营城市的比较

	经营企业	经营城市
经营主体	企业家	城市政府(市、区)
对象、产品	资源、工业产品	城市空间(土地)
生产要素	资本+劳动力+原材料+技术	资金+土地+政策
成本	工资、利息、其他费用	拆迁补偿、基础设施投入
附加值	产品研发、设计	发展战略+空间规划
市场竞争	企业之间	城市之间以及城区之间
市场对象	消费者	招商引资(宜商)、购房者(宜居)、旅游者(宜娱)
经营指标	硬:产值、利润、增值率 软:产品品牌	硬:GDP(总量/人均/地均)、税收、GDP/税收增值率 软:城市品牌
宣传方式	产品广告	城市广告

应该看到,地方政府经营城市的实践既有计划经济年代重生产所遗留的历史欠账,也有作为发展中国家所面临的缺乏城市建设资金的普遍困境。而更为深刻的背景是全球化时代下,以城市为单位对吸引流动性资本的激烈竞争,即"全球在地化"(glocalization)。

2. 经营城市的地方实践:城区政府竞相打造功能区

作为整体,北京市与上海市明显地在吸引跨国公司在华总部上展开了激烈竞争。而在同一个城市内部,具有不同优劣势的地区之间也在经济链条的不同级别上展开相互竞争。例如,北京市朝阳区吸引的是世界著名的跨国公司,东城区也得以分一杯羹;西城区则重点吸引国家级的金融机构入驻"金融街",海淀区吸引的是高科技企业。下一个级别的丰台区则学习"硅谷"的低密度办公模式,通过打造"总部基地"主要吸引国内大中型企业入驻；顺义的"国门商务区"后来居上，成功地从朝阳区中央商务区（CBD）吸引了一部分企业；远郊区的昌平等区也不甘落后，试图打造"商务花园城市"概念。

表6-2　北京各城区经营城市的实践

	城区	主打"产品"、功能区
中心城区	西城区	金融街、德胜科技园、什刹海历史文化旅游风景区
	东城区	王府井现代化商业中心区、东二环交通商务区及中关村雍和科技园三大经济功能区
	宣武区	国际传媒大道、"金十字"
	崇文区	"王"字形经济磁场/"天坛文化圈"、龙潭湖体育产业园、国际演艺大道
近郊区/城市新区	海淀区	中关村科技园
	朝阳区	中央商务区（CBD）
	丰台区	总部基地
	石景山区	首都文化娱乐休闲区（CRD）

注：2010年，宣武区和西城区合并为新西城区，崇文区和东城区合并为新东城区。

三　西城区的整体规划和产业空间布局

《北京市西城区国民经济和社会发展第十个五年计划》提出，"围绕建设现代化国际大都市中心城区的目标，继续实施'大力发展五业，重点建设五街'战略"。其中，"五业"是指继续繁荣商业、积极促进金融业、巩固提升房地产业、深度开发文化旅游业和重点培育科技信息咨询业；"五街"是指重点加快建设西单商业区、北京金融街、西外地区、德外地区、阜景文化旅游街和什刹海历史文化旅游风景区所位于的资源优势集中、战略地位突出的功能街区。

在上述功能街区中，最重要的是金融街。它的规划和建设不仅是西城区的重大决策，更是北京市乃至中央政府的重大决策。1993年国务院批复的《北京城市总体规划（1991年至2010年）》提出，在西二环阜成门至复兴门一带建设国家级金融管理中心，集中安排国家级银行总行和非银行机构总部，北京金融街应运而生。金融街南北长约1700米，东西宽约 600 米，规划区总占地面积 103 公顷，其中新建建筑面积 350 多万平方米，规划建筑用地达 40 余块。2007 年 10 月，北京市市长办公会讨论通过的《关于对金融街区域拓展和功能完善的意见》提出，将金融街核心区从原规划的 1.18 平方公里拓展到 2.59 平方公里。

金融街聚集了"一行三会"，即中国人民银行、中国银监会、中国证监会和中国保监会等国家级金融决策监管机构和金融行业协会、全国金融标准化技术委员会等国家级行业组织。入驻金融街的大型金融机构和企业总部超过 600 家，其中包括三大国有商业银行总行、120 多家股份制银行，证券及保险公司总部和分支机构，中国电信、中国移动、中国联通、中国网通等四大电信集团总部，以及长江电力、大唐发电、中国电力投资公司等全国主要电力集团总部。2008 年，金融街全年实现三级税收 1247.8 亿元，同比增长 45.9%，占全区三级收入的 65.9%；实现区级税收 61.8 亿元，同比增长 137.7%，占全区财政收入的 40%[①]。

正因为金融街产生了巨大的经济效益，对各级政府税收贡献率都很高，为北京在全球化时代取得全国乃至亚太地区金融业中心地位奠定了基础，因此各级政府都高度重视并不遗余力地推动。这一地区的改造采取的是大规模拆除重建和巨额资金投入的方式，虽然其对传统历史文化风貌具有相当程度的破坏性并受到了一定的社会舆论质疑和批评，但仅从地方政府的角度来看，这种"建设性破坏"或"创造性破坏"是在所难免甚至是必须的：只有整体规划、大拆大建，才能达到为新兴产业聚集提供现代化办公空间的目的。

另一方面，从历史文化保护的角度来看，金融街的大规模开发建设为西城区其他历史文化地区的保护提供了一定程度的可能性（虽然是被动意义上的）。因为金融街的大拆大建和由此带来的巨大经济效益部分缓解了区政府大规模开发其他历史街区的压力，使得传统风貌更为集中的什刹海地区能够避免巨额资本介入后被大拆大建的命运。

---

① 参见北京市西城区人民政府《2009 年政府工作报告》，https://www.bjxch.gov.cn/xxgk/pnidpv656748.html，最后访问日期：2021 年 2 月 10 日。

表6-3　西城区五年计划/规划与产业-空间布局

计划/规划	城区定位	产业布局	功能街区
"十五"计划	把西城区建设成为设施完善、服务一流的中央办公区,资本活跃、市场繁荣的金融商业区,教育先进、特色鲜明的文化旅游区,社会安定、环境优美的居民生活区	"五业":继续繁荣商业、积极促进金融业、巩固提升房地产业、深度开发文化旅游业和重点培育科技信息咨询业	重点加快建设西单商业区、北京金融街、西外地区、德外地区、阜景文化旅游街和什刹海历史文化旅游风景区六个功能街区
"十一五"规划	西城区是首都功能核心区之一,是国家政治中心的主要载体、国家金融管理中心、传统风貌重要旅游地区和国内知名的商业中心	构建以金融业为主导,以商业、房地产业为重要支撑,以文化、旅游、会展、咨询服务业和具有创意特色的高新技术服务业为新增长点的产业格局	全力建设好北京金融街、西单商业中心区、中关村德胜科技园、西外旅游商务区、什刹海传统风貌旅游区和阜景文化旅游街六个功能街区
"十二五"规划	西城区的功能定位是:(1)国家政治中心的主要载体;(2)具有国际影响力的金融中心;(3)国内外知名的商业中心和旅游地区;(4)和谐、宜居、健康的首都功能核心区;全面实施"服务立区、金融强区、文化兴区"战略	逐步构建布局合理、特色突出、协调健康的以金融业为核心,以高新技术产业、文化创意产业、商业和旅游业为重点,传统优势产业和战略性新兴产业并重,多元共生融合发展的现代产业体系	在继承原有发展格局的基础上,按照推进产业发展、提升环境品质、服务人民生活的原则,全力构建"一核、一带、多园区"空间发展布局
"十三五"规划	结合北京市整体功能布局对中心城区的定位,即政治中心、文化中心的核心承载区,历史文化名城保护的重点地区,体现国家形象和国际交往的重要窗口地区;全面实现区域发展转型和管理转型	推动供给侧结构性改革,完善以服务经济为主导的"高精尖"经济结构,实现发展动力转换;调整优化文化产业结构,推动产业升级,加快文化与金融、科技的融合,积极培育新型文化业态,促进文化市场繁荣健康发展	坚持功能街区集约发展模式,积极促进服务经济布局与功能街区有机结合,实现融合发展;各功能街区在全面完成既定建设和发展目标的基础上,积极探索转型发展新路径

表6-4　西城区各功能街区经济指标统计（2009年2月）

	法人单位数（个）	资产总计（亿元）	固定资产投资额（亿元）	三级税收（亿元）	三级税收比重（%）
金融街	788	191738.9	15.87	1167.26	77.6
西单现代商业中心区	639	7403.1	2.03	65.58	4.4

	法人单位数（个）	资产总计（亿元）	固定资产投资额（亿元）	三级税收（亿元）	三级税收比重（％）
中关村德胜科技园	4339	3611.1	3.57	29.20	1.9
阜景文化旅游街	311	2590.7	0.17	1.16	0.1
什刹海历史文化旅游风景区	1573	207.9	1.02	4.17	0.3
西外旅游商务区	1167	746.2	1.89	237.73	15.8
合计	7780	205575.2	24.54	1505.10	100.0

注：由于中关村德胜科技园与西外旅游商务区区域划分有交叉，故表中六个功能街区的合计大于总计数。

数据来源：西城区统计局网站。

表 6 - 5　2008 年西城区一至四季度财务状况汇总数据

	利润总额（千元）	资产总计（千元）	主营业务收入（千元）
金融街	114776205	9422417936	279863855
西单现代商业中心区	4567764	781007230	70634652
中关村德胜科技园	6670632	386648978	62664918
阜景文化旅游街	− 265423	255534958	7130534
什刹海历史文化旅游风景区	844299	21305159	14788712
西外旅游商务区	2553070	76964689	21336803

数据来源：西城区统计局网站。

从上述统计数据可以看出，在西城区着力打造的六个功能街区中，金融街在所有指标上都是独占鳌头。从三级税收（中央、市、区）的绝对值和比重来看，西外旅游商务区位居第二；而从利润总额、资产总计和主营业务收入来看，均是西单现代商业中心区位居第二，接下来是中关村德胜科技园。两个以历史文化旅游为重点的功能街区（阜景文化旅游街和什刹海历史文化旅游风景区）在各项指标上均位居榜尾。值得注意的是，截至 2009 年 2 月，什刹海历史文化旅游风景区的法人单位数很高（1573 个，位居第二），这说明该地区集中了大量资本规模很小、经济效益不高的经营单位。

表6－6　2006～2015年什刹海历史文化旅游风景区历年来主要经济指标

	法人单位数（个）	主营业务收入（亿元）	资产总额（亿元）	负债总额（亿元）	利润总额（亿元）
2006年	753	15.5	72.1	56.3	1.1
2007年	1349	113.9	92.3	69.0	3.9
2008年	1397	146.7	181.5	140.5	8.3
2009年	1585	255.3	192.9	85.9	49.9
2010年	—	189.6	222.3	—	—
2011年	1474	298.7	233.1	—	—
2012年	1477	410.2	337.8	205.6	15
2013年	1449	435.2	394.4	258.8	8.4
2014年	2050	402.8	327.3	188.4	4.7
2015年	1829	246.5	326.3	175.6	13.4

注：从2016年开始，西城区将什刹海和阜景街合并为同一个功能区域进行统计，虽然两者在地理空间上并不相邻。

数据来源：西城区人民政府网站。

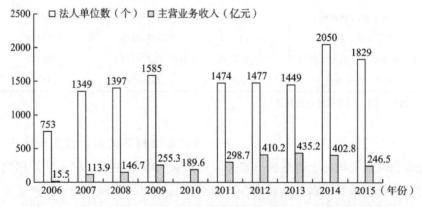

图6－2　2006～2015年什刹海历史文化旅游风景区企业及经营情况变化

可以看出，在西城区的城市空间生产中，什刹海历史文化旅游风景区在经济上从来都不具有战略地位，它的价值更多体现在其"名气"和"文化"上。需要思考的是，地方政府在打造什刹海历史文化旅游风景区的基本动力和内在逻辑是什么？

四 什刹海历史文化保护区：象征
空间的生产和消费

什刹海历史文化旅游风景区是北京城区最具魅力的景区，南至平安大街，北至德胜门，东至地安门外大街北侧，西至新街口北大街，占地面积 323 公顷，其中水域面积 33.6 公顷，绿地面积 11.5 公顷。1992 年北京市政府将其定位为历史文化风景区，在 2000 年批准的北京旧城 25 片历史文化保护区中，什刹海地区的面积是最大的。

法国思想家列斐伏尔的主要研究目的在于说明空间形式和组织与特殊生产方式的关系。他区分了资本主义空间和社会主义空间，并分析了资本主义空间的内在矛盾，即剥削空间以谋取利润的资本要求与消费空间的人的社会需要之间的矛盾，也就是空间的交换价值和使用价值之间的矛盾。他认为，包括土地、地底、空中在内的整体空间乃是资本的一部分，它和其他资本（如机器设备）一样可以用来生产剩余价值。"空间作为一个整体，进入了现代资本主义的生产模式。"[1] 与马克思强调纯粹物质性的生产资料——土地对资本主义生产的价值不同，列斐伏尔认为"空间"成为资本主义剩余价值创造的中介和手段，是带有意图和目的而被生产出来的。

列斐伏尔认为，资本主义空间具有多种功能：（1）作为一种生产资料，如城市、都市空间、区域等的空间配制同工厂里的机器一样对资本主义的生产发挥着重要作用；（2）作为消费对象；（3）成为国家最重要的政治工具；（4）阶级斗争介入了空间的生产。如果我们将上述四种空间功能与当代中国城市空间生产进行对照的话，也不难发现：开发区/企业园、写字楼等空间发挥了"生产资料"的功能；旅游区/商业街等则可视为"消费对象"；为迎接国家重大事件（如举办奥运会）而进行的某些城市建设则带有明显的政治意义；城市拆迁和商品房小区建设中的各种事件部分表明阶级关系"介入了空间的生产"。当然，在一些情况

---

[1] 列斐伏尔：《空间：社会产物与使用价值》，载包亚明主编《现代性与空间的生产》，上海：上海教育出版社，2003。

下，特定空间的功能可能是多样的、重叠的。

毫无疑问，什刹海这一特殊的"场所"（place）是将空间作为消费对象而被生产出来的。正如列斐伏尔在对资本主义社会进行全面考察后所指出的，"空间像其他商品一样既能被生产，也能被消费，空间也成了消费对象。如同工厂或工场里的机器、原料和劳动力一样，作为一个整体的空间在生产中被消费。当我们到山上或海边时，我们消费了空间。当工业欧洲的居民南下，到成为他们的休闲空间的地中海地区时，他们正是由生产的空间（space of production）转移到空间的消费（consumption of space）"。随着消费社会的来临，特定的城市空间不仅仅作为消费活动发生的场所，而且它本身就成为直接消费的对象，也就是所谓从"空间中的消费"转变成"空间的消费"。

当我们考察地方政府①在什刹海空间生产中的角色时，首先需要了解政府都做了哪些事情。归纳来看，地方政府②主要做了如下几个方面的工作：（1）制定什刹海地区的保护和发展规划，这种规划既包括空间规划，也包括产业发展规划、旅游规划、交通规划和人口规划；（2）调整和优化空间管理机构；（3）制定相应的扶持政策和制度规范（如规范"胡同游"的特许经营制度、招商引资政策等），对空间生产进行积极的干预和引导；（4）通过财政投资改善基础设施、整治环境和修缮文物等；（5）直接投资于某些经营性项目和改造开发项目；（6）加大对外宣传力度，积极采取一些"营销"策略。下面我们选取其中的几个重要方面进行详细介绍。

（一）从空间规划到产业规划

1983 年 11 月，北京市政府批准了西城区人民政府关于什刹海的整治方案，并由中央、市级机关、解放军部队和有关单位组成什刹海风景区整治指挥部。除专业施工队伍外，动员驻区及区属 200 余个单位共 8.4 万人参加了义务劳动，支持车辆 5000 台班。共动员搬迁 24 家单位，腾

---

① 列斐伏尔：《空间：社会产物与使用价值》，载包亚明主编《现代性与空间的生产》，上海：上海教育出版社，2003。

② 这里的"地方政府"指西城区委区政府，具体包括什刹海街道办事处，什刹海风景区管理处、区规划局、区商务局、区旅游局、区文物局、区文化委，以及辖区内的房管所、派出所、城管分队等涉及什刹海地区发展的多个职能部门或派出机构。

出绿地 2.65 万平方米，清除淤泥 21 万立方米，整修环湖道路及甬路 1.8 万余平方米，种植乔木、灌木等 13 万多株，铺草坪 2.9 万平方米，在西海、前海种植莲藕 25 亩。①

1984 年，西城区人民政府委托清华大学编制什刹海地区总体规划。经过两年，什刹海第二期整治工程完成了，建成后海码头、花架，前海"潭苑"水院、岛亭、喷泉等景点。1990 年 11 月，首都规划委员会办公室划定什刹海地区及什刹海地区内的地安门外大街、定阜街为北京历史文化保护街区，什刹海周边景物中有 40 处先后被定为各级文物保护单位。1992 年，北京市政府确定什刹海地区的名称为"北京什刹海历史文化旅游风景区"。在近 20 年的时间里，随着城市建设形势的发展，根据什刹海地区保护整治和发展建设的需要，西城区政府与清华大学建筑系（后更名为清华大学建筑学院）多次对这一地区的总体规划加以深化调整（1984 年、1992 年），并先后编制完成了《什刹海地区控制性详细规划（1996~1997 年）》《什刹海地区旅游发展规划》。2000 年，什刹海历史文化保护区作为北京 25 片历史文化保护区之一得到市政府批准，并由清华大学建筑学院负责完成什刹海历史文化保护区的保护规划。

2005 年以来，什刹海历史文化保护区以《什刹海历史文化保护区保护规划》和《"十一五"时期什刹海历史文化旅游风景区发展规划》为基础，先后完成《什刹海地区市政总体规划》、《什刹海地区近期交通整治方案》、《什刹海地区夜景照明规划》和《什刹海烟袋斜街特色商业街提升建设规划》等专项规划，确立以"治乱"和"整治建设"为重点，分步实施保护景区传统风貌、完善市政基础设施、合理组织交通、整治环湖景观、完善旅游配套设施五大工程，"地区环境显著改善，成为展示首都人文奥运形象的重要窗口"。

早期的规划编制基本上都偏重于空间形态的研究。例如，注重功能分区、景观、建筑色调、"点－线－面"的呼应关系，并按照建筑风貌和质量划分成"保护""整治""更新"等类别。随着城市经济活动的活跃，政府在近期的规划编制中更加注重对产业结构的引导以及产业规划与空间规划的相互结合。

---

① 参见什刹海研究会、什刹海景区管理处编《什刹海志》，北京：北京出版社，2003。

　　2003 年底，西城区旅游局委托北京达沃斯巅峰旅游规划设计院制定"什刹海中央游憩区和中央湿地区总体策划"的方案，第一次从旅游业态的角度切入。比如关于目标市场的提升，该规划中写道：什刹海旅游区应基于历史上的荷花地大众市场和"非典"时期风起云涌的大众露天餐饮市场，以及"胡同游"的单一国际市场，将其提升至国际国内高低多元、向高端市场倾斜的多元市场。

　　2007 年，中国宜居城市研究课题组与国家发改委国土所区域开发与产业规划研究中心、北京国宏智略经济发展研究中心、中国区域开发网联合，与北京市西城区人民政府什刹海风景管理处就编制"什刹海业态调整规划"一事正式签订协议。该规划从保护、居住与旅游三大功能切入，将什刹海的业态从空间和时间上进行调整，试图有效平衡当地居民、经营者、消费者和政府等多方的利益。该项规划的一个最突出的特点就是：淘汰低端商业，发展高端商业，实现业态升级。

　　2009 年底，西城区政府又启动了"什刹海历史文化保护区五年（2011～2015 年）保护发展规划"的编制工作。根据该规划的设想，在未来五年，什刹海历史文化保护区将建设成为以历史文化和自然水域为主体，以"生态、游憩、文化、展示"为主题，整体环境优美、功能布局合理、特色鲜明、基础设施配套完善的开放性的人文生态保护区。保护发展规划涉及环境整治、房屋保护修缮、生态保护、基础设施建设、文物保护和利用、商业旅游业态调整、长效管理机制、文明社区建设八个方面。

　　2014 年 12 月，西城区出台的《北京市西城区人民政府关于促进旅游与文化、商业融合发展的意见》提出文商旅融合发展的目标，即以"文化引领、商业支撑、旅游带动、产业融合"为原则，明确了文、商、旅三大产业在融合发展中的相互关系，其中文化是灵魂，商业是基础，旅游是载体。三大产业融合发展的目标是按照旅游产业发展的规律，发挥旅游的资源整合力和产业带动力，挖掘文化、商业中的旅游价值，增强旅游、商业的文化附加值，提高文化的传播力和影响力，推动文商旅产业转型提质。

（二）围绕着空间生产的组织重构

　　什刹海风景区并不是单纯意义上的旅游风景区。实际上，它是历史文化保护区、旅游景区、居民社区的综合体，在空间上表现为"三区合一"的分布特点。这种特点使空间管理机构也随着其功能的演变而调整。

1986年8月11日，西城区什刹海公园管理处成立，后改为西城区什刹海风景区管理处①，主要负责什刹海地区的园林绿化、环境整治以及旅游管理和经营开发等方面的工作。同时，涉及什刹海范围内居民和社会单位的相关事务则分别由厂桥和新街口两个街道办事处来负责。随着这一区域逐渐被商业性开发，旅游与居住功能、历史保护与开发利用等之间的矛盾愈加明显，原来单方面管理机构存在的权责利不统一、职能分割、难以统筹协调等问题愈加突出。为此，西城区政府进行了空间管理组织的重构。这种空间－组织关系的重新调整主要表现在三个方面：（1）通过建立新街道来合并空间管辖权；（2）通过人事安排来协调机构间的职能；（3）划分功能街区，设置新机构负责其发展规划。

首先，将原先分散在两个街道办事处的职能按照什刹海区域自身的空间范围进行合并。2004年10月，设立什刹海街道办事处。什刹海街道位于西城区东北部，由原新街口街道的新街口北大街以东地区与原厂桥街道合并组建而成，街道地域面积5.8平方公里，辖区内有29个社区居委会，共有居民42826户，常住人口105131人。

街道办事处是区政府的派出机构，它具有相对完整的机构设置（包括城市管理办公室、社区建设办公室、社会治安综合治理办公室、流动人口和出租房屋管理办公室、统筹协调发展办公室，以及财政科、民政科、统计科、工会等），并且与派出所、城管分队等有着密切的合作关系。因此作为辖区内各方关系的协调者和统筹者，它能够更好地履行职能。

其次，由什刹海街道办事处主任兼任什刹海风景区管理处主任，这样有助于协调维护居民利益与旅游发展需要之间的关系。2007年对什刹海风景区管理处隶属关系和职能进行调整，将调整后负有管理职能的风景区管理处并入街道，实现了什刹海地区管理、服务的统一。2014年，西城区政府出台了《什刹海历史文化旅游风景区管理办法》，进一步明

---

① 据《北京西城年鉴（2002）》记载，西城区什刹海风景区管理处现有职工53人，固定资产总值2200万元，为全民所有制事业单位。下设两家企业：北京三海投资管理中心（现有职工13人，注册资金1000万元）、什刹海绿化保洁公司（现有职工12人，注册资金50万元）。

确了什刹海街道办事处在景区日常管理中全面统筹协调和监督的职责。

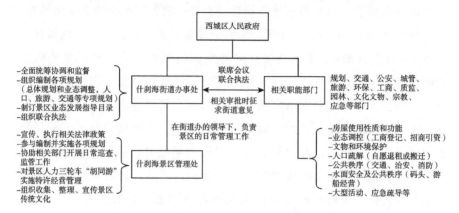

图 6 - 3　什刹海历史文化旅游风景区管理体制

最后，西城区规划了五个功能街区，并专门设置了相应的管理机构——功能街区产业发展促进局，负责金融街、西外旅游商务区、阜景文化旅游街、中关村德胜科技园区、什刹海历史文化旅游风景区的产业发展工作。

（三）区域营销活动与营销策略：扩展的空间与消费

2002 年，西城区旅游局策划组织以"游什刹海　看老北京"为主题的第一届什刹海旅游文化节。活动由西城区政府出资，由西城区委区政府、北京市人民政府新闻办公室、北京市旅游局联合主办，由北京首都旅游股份有限公司协办，2002 年 9 月 28 日隆重开幕，历时 10 天。由此开启了一年一度的"什刹海旅游文化节"营销活动。

表 6 - 7　第一届至第十届"什刹海旅游文化节"

	届别	主题	重点推荐旅游/消费项目
2002 年	第一届	"游什刹海　看老北京"	重点推出了游王府、逛老街、访古刹、观故居、登城楼、转胡同、尝佳宴、泛轻舟等极富老北京特色的旅游项目，并向公众推介了"游什刹海　看老北京"一日游旅游线路
2003 年	第二届	"游什刹海古景，享新北京时尚"	推出了景点板块——巩固原有旅游品牌、打造独特性卖点，文化板块——延续历史文脉、强化"历史街区"形象，休闲板块——注入休闲理念、推出"滨水游憩区"概念

续表

	届别	主题	重点推荐旅游/消费项目
2004 年	第三届	"品味什刹海"	重点推出了"品味什刹海"之十八式,具体包括来兮、漫步、垂钓、放鸽、览胜、访刹、轻车、闲坐、侃山、荡舟、问茶、品酒、美食、淘店、听书、看戏、小住、溯源
2005 年	第四届	"品味什刹海,感受奥运风"	以风雅什刹海、动感什刹海、印象什刹海三大板块为主题,通过逛海子、胡同游、放河灯、景点集印等活动进一步展现什刹海民俗特色,使游客深入地了解什刹海
2007 年	第六届	主打"金融牌"	将关注点聚焦在入驻西城区的高端客户,特别是金融街的入驻企业、银行和金融机构的商务休闲需要,推出一批高品质、有特色的商务活动场所,使什刹海国际旅游文化节成为一个真正国际化的高端活动品牌
2008 年	第七届	"走进什刹海,感受奥运风"	推出一系列展现北京传统文化及民俗特色的创意旅游项目,走入胡同四合院体验百姓生活的"老北京深度之旅",一街(阜景街)看尽七百年的"古都皇城之旅"和感受"新、奇、特"高科技体验的"'天地生'修学之旅"已成为西城区主推的奥运旅游线路;什刹海景区的"走进奥运人家"、"广茗阁听相声"、"水上奥运亲子游"以及"什刹海历史文化展"、"烟袋斜街"
2009 年	第八届	"推介旅游 促进消费"	打破什刹海区域活动范围,在整个西城区推出为期一个月的促进消费、推介旅游的系列活动,突出"五大消费亮点",发放餐饮、娱乐、购物、旅游等种类的面值总额约1400万元的消费代金券,总数在50万张以上,还发放了4万元一套的消费折扣券
2010 年	第九届	五大营销主题:(1)"购西城、够精彩";(2)"品美食、赏美景";(3)"乐游西城、快乐同行";(4)"相聚皇城宅院、品尝京都佳看";(5)"轻松网络游、美妙视听宴"	继续秉承以文化驱动经济的宗旨,继续挖掘什刹海和西城区的文化内涵,将资源优势转化为产业优势,推出活动包括:(1)"城乡旅游手拉手活动";(2)"淘宝游西城"活动;(3)"网游什刹海 惊喜连连看";(4)"美哉西城摄影展"
2011 年	第十届	"皇城山水,深度北京"	推出体验老字号、品尝私家菜、享住四合院、乐逛特色街等特色旅游活动

注:根据相关介绍资料整理而成;2006 年,第五届旅游文化节未举办。

从历次什刹海旅游文化节的重点活动内容来看,西城区政府"文化搭台、经济唱戏"的思路非常典型，并且不断挖掘和突破该地区的"文化"内涵，不断扩大"什刹海"品牌的知名度，吸引各个群体（游客、年轻人、商务人士等）的消费。我们可以大致概括出如下三个基本特点。

首先，历届什刹海旅游文化节的主打品牌是"老北京"的传统文化、民俗文化以及"休闲"、贴近自然的理念。将该主题具体落实到整合辖区内的各种旅游资源上，并配以各种非商业性的文化活动，例如摄影展、票友比赛、老北京民间艺术表演、水上综艺晚会、集印活动、环湖长跑、什刹海发展研讨会、北京风情书画展、游园活动。

其次，什刹海旅游文化节不局限于通过历史文化和传统民俗来吸引普通游客，而是尝试着突破原有的消费对象，吸引以商务精英为代表的高端消费者。

在第六届旅游文化节开幕式上，60多家驻金融街的如美国摩根大通银行、高盛（中国）有限公司等外资企业、投资企业及驻华使节围绕"西城区为高端商户量身打造服务项目"展开洽谈交流。由于金融街入驻的金融机构、企业已达1200家，因此西城区政府不仅在投资政策等方面对入驻企业给予大力支持，还着重在商务场所、休闲去处等方面加强建设，使入驻企业在经营软环境上获得更多的便利。此次旅游文化节推荐了一批西城区域内具有优雅环境的商务场所，如以"京城夜宴极品"著称的恭王府花园、以"商务Party乐园"著称的望海楼、以"蓝色商务会所"著称的北京海洋馆，还介绍了一些舒适高档的顶级酒店，如丽思卡尔顿、威斯汀、金融街洲际酒店等，还有以"梅兰芳私家菜"为名的梅府家宴、"谭家菜发源地"和芳苑等颇具神秘色彩的私家菜馆。一本以《西城商旅新天地》为名的商旅实用手册同时发行，这种高品质商务资源的整合推出，在北京尚属首次。

最后，什刹海旅游文化节也不再局限于景区本身的空间范围，而是着眼于带动整个西城区甚至北京范围内的旅游和消费活动，促进经济增长的目的更直接。

第八届什刹海旅游文化节是什刹海景区晋升为国家4A级旅游景区后的首次文化旅游节，此次旅游文化节不再局限于什刹海地区，而是结合区域特点，充分发动市场和企业参与，拓展市场营销渠道和形式，积极推介西城区的特色旅游，拉动区域内商业、餐饮业、住宿业和娱乐业的销售增长。第八届旅游文化节摒弃传统的大型聚集性文化类活动形式，以"加大营销力度，促进经济增长"为中心，采取了五大营销措施，即搭建城乡旅游营销互动平台、拓展餐饮企业营销方式、提升大中型商场营销质量、加大住宿企业营销力度、推动旅游网络营销新概念。

旅游节期间发放的餐饮、娱乐、购物、旅游等种类的消费代金券总额达 1400 万元。西单商场、君太百货、中友商场等各大商场纷纷抓住这次契机，开展了一系列促销活动，达到一定消费额度的游客便可获赠景点、餐饮以及电影优惠券，起到商家、主办方和游客"三赢"的效果。活动主办方携手北京 7 个郊区县共同举办旅游咨询会，密云、昌平、房山、门头沟、怀柔等郊区县为旅游节提供了 3.5 万张景区优惠券。第九届旅游文化节继续开展"城乡旅游手拉手活动"，这个活动成为西城区与郊区县互为旅游目的地和互为旅游客源地的重要载体。通过互相输送客源、利用旅游产业的链条作用，互相拉动旅游消费，达到城乡旅游双赢的目的。

除了举办每年一届的旅游文化节外，西城区政府还积极推动其他一些重要的营销活动。最重要的就是成功地将什刹海申报为国家 4A 级旅游景区，将烟袋斜街申报为"中国历史文化名街"——它成为国子监之后北京市第二条历史文化名街，作为北京市唯一入选第二届"中国历史文化名街"的项目。2009 年 2 月，国家旅游局 4A 级景区评审组按照《旅游景区服务质量与环境质量评分细则》，从旅游交通、游览等方面对照检查，什刹海风景区被评为国家 4A 级旅游景区。

（四）治理"胡同游"：特许经营制度

什刹海风景区是居住区、文保区和旅游区三区融合的开放式景区，被北京市政府定位为"历史文化旅游风景区"。随着我国改革开放的深入，许多外国游客纷纷来到北京游览观光，他们不仅被故宫、天坛、长城等世界著名景点吸引，还对中国普通百姓的生活和老北京的民居建筑、文化产生了浓厚的兴趣。他们对北京的胡同文化如痴如醉，纷纷来到北京的胡同参观、游览。随着来什刹海胡同参观游览的游客的增多，北京胡同文化发展公司创始人徐勇看到了这一商机，于 1993 年向北京市政府有关管理部门提出成立胡同文化发展公司。从"让外国人理解新北京，了解老北京"这一原则出发，1993 年 3 月，北京市东城区人民政府外事办公室批准成立北京胡同文化发展公司，准许其以三轮车为特色交通工具，开展旅游经营。北京的第一家胡同游览公司就这样诞生了。伴随着旅游业务的不断扩大，公司对三轮车外观装饰、车夫服饰、旅游线路进行了统一，使胡同游产品不仅具有文化特色，而且逐步走向规范化。随着胡同游知名度的提高，更多的投资人看好胡同游旅游发展前景，1999年之后，先后又有十多家公司在什刹海及周边地区经营胡同游。胡同游作为具有京味特色的旅游项目，越来越多地受到旅游者的喜爱。"逛胡同"与"登长城、看故宫、吃烤鸭"并列成为各大旅行社吸引外国游客的金字招牌，成为北京一项颇具影响力的旅游活动。为了进一步发展壮大胡同游，北京胡同文化发展公司在原有基础上，于2001年与首都旅游股份有限公司、什刹海风景区管理处三方共同投资组建了一家新的北京胡同文化游览有限公司，公司注册资金770万元。

由于什刹海地区是居住功能与旅游功能相融合的人文景区，大量游客的到来在为什刹海带来繁荣的同时，也影响了当地居民的正常生活，还影响了该地区的旅游秩序。景区的90多条胡同中能用于胡同游的面积仅0.12公顷。受经济利益的驱动，2006年在景区经营胡同游的有20家公司1500辆三轮车，日均接待游客6000人。胡同游发展造成三轮车数量剧增，使什刹海旅游秩序较为混乱，甚至呈无序状态，旅游、文保、居住、发展的矛盾日渐突出，严重影响了北京旅游形象和胡同产品的品牌度。尽管有关部门进行多次整治，但胡同游违规行为屡禁不止。

北京市旅游局2006年的一份调查报告显示，胡同游发展带来以下诸多问题[1]。

一是胡同游公司扩张过快，导致景区压力增大。应该说，什刹海三轮车胡同游只有北京胡同文化游览有限公司一家是合法的，这家公司拥有北京市交管局核发的三轮车准运证，之后成立的17家公司均没有经过市交管局审批，但也都取得了工商执照。在巨大经济利益的驱动下，18家胡同游公司为了争得市场份额、获取最大利益，盲目扩大规模，对三轮车数量不加限制，少的有几十辆，多的有150辆，再加上400多辆黑

---

[1] 《关于西城区整治什刹海胡同游的调研报告》，http://www.bjta.gov.cn/lyzl/dybg/06sly jdybg/164599.htm，最后访问日期：2011年6月30日。

三轮及外来车辆，大约有 1500 辆三轮车每天活跃在什刹海狭小的胡同之间。由于缺乏有效的行业监管，非法胡同游公司、非法运营三轮车、无照经营的小商贩活动频繁，致使什刹海景点胡同游览秩序遭到严重破坏。

这些"黑三轮"有的被胡同游旅游公司纳入旗下，有的自发合伙"黑"着干，还有的在什刹海地区单打独斗、从事个体经营。"黑三轮"旅游的从业人员既有本地的，也有外地来京的，大部分人员属于后者。这些人假冒正规的胡同游公司，以胡同游的名义蒙骗参加胡同游览的游客，并强行向游客索要小费。当然，有"黑车"的存在，"黑车"的伴生物"黑导"也在所难免。这些"黑车""黑导"的行为不仅严重损害了胡同游的品牌，扰乱了旅游市场秩序，也影响了北京市的对外形象。中国旅行社总社为此也向北京市政府有关部门做了说明，说明中称："近一两年来，在什刹海胡同游出发点附近聚集着很多与北京胡同文化游览有限公司胡同游三轮车外观形象非常相似的三轮车，他们以胡同游名义乱拉、乱截参加胡同游的游客并导致很多客人产生误认。这种情况给我们旅行社导游及外国游客造成很大麻烦，希望政府有关部门能维护胡同游的正常秩序，清理整顿这种混乱现象，维护胡同游这一知名旅游产品的形象和信誉，维护我们旅行社、游客的利益。"

二是欺客宰客现象时有发生，影响首都形象。受利益的驱动，许多不具备运营资格的"黑三轮"往往靠欺客宰客获取非法利益。当一些外地或外国游客被他们拉进胡同时，事先讲的是一个价，但到了半路又是一个价，如果游客提出异议，就会立刻遭到其他三轮车车主的围攻或威胁，大多数游客出于自身安全的考虑，也就被迫无奈"花钱消灾"。据了解，正规胡同游公司明令禁止车工私自揽客，主要是通过联系旅行社或者游客打电话预约登记来开展胡同游业务，由公司根据预约安排导游和车工，并且价格统一。这些不具备运营资格、欺客宰客的"黑三轮"，不仅扰乱了什刹海景点胡同游的环境秩序，而且造成了严重的国家税收流失，特别是对首都形象的影响较大。

三是作为胡同游交通工具的三轮车乱跑乱停，造成道路拥堵。整治前三轮车数量有增无减，大大超过了景区的实际容量，如此多的三轮车即使全部是正规运营，也难免不造成道路交通拥堵。问题就在于，这样一支数量可观的三轮车"杂牌军"，为了争夺市场和客源，恶意竞争现象严重，公司之间相互竞争、三轮车之间相互竞争，加上市场管理不力、公司经营不规范，就很容易造成景点胡同的混乱。特别是许多不具备运营资格的三轮车，为了多揽活儿，往往在胡同里横冲直撞，见胡同就钻，见地方就停，一些胡同尤其是狭窄胡同极易造成拥堵，这给周边居民带来极大的安全隐患。

总体来看，三轮车胡同游的过度失序发展严重超出了景区承载能力，给原本基础设施薄弱、胡同道路狭窄的什刹海地区带来巨大压力，使什刹海景区内的环境秩序、生活秩序、旅游秩序、治安秩序等受到严重破坏，居民生活受到很大影响。什刹海胡同游到了非治不可的地步。西城区下决心大力度整治什刹海旅游秩序，在 2005 年 4 月开始的什刹海地区整治中，旅游市场规范与拆除环湖违建、动静态交通秩序整治一起被列为"三大重点工程"。西城区政府委托区旅游局与什刹海街道办共同牵头，专门组建了胡同游整治办公室，什刹海管理处及地区城管、公安、交通、工商、房管、卫生监督等部门均派出业务骨干参加；同时，成立了交通中队具体负责什刹海地区的交通管理。什刹海街道会同有关部门出台了以下措施：组建胡同游整治办公室引导、监督、规范三轮车经营服务行为；实施统一工人服装和车辆外观、定期培训车工、制作服务监督卡、固定接待点等措施，逐渐提升胡同游形象；划定景区范围和规范旅游线路，明确旅游区，减少胡同游览对居民生活及环境的影响；完善旅游基础设施，引导游客步行，减少对三轮车的需求；科学测算什刹海地区对胡同游三轮车的承载数量，减少三轮车总数；制订《特色旅游居民接待户规范标准》①。

单靠市场已不能自动调节胡同资源的有限性与市场需求日益扩大之间的矛盾，政府必须加以管理与规范。第一步就是减少三轮车数量。由于法规缺位，政府只好靠行政手段，硬性将三轮车数量减至 500 辆左右，但仍陷入两难境地：一是保留的约 500 辆三轮大部分是证照不全的黑车；二是因有市场需求，非法经营者与执法者"打游击""打时间差"，黑车屡禁不绝，治理效果并不明显。

一是三轮车数量庞大，管理难。什刹海景点胡同每天都有 1000 多辆

---

① 《什刹海整治"胡同游"》，《北京青年报》2006 年 3 月 31 日。

三轮车穿行,仅仅靠十分有限的管理人员根本管不过来,同时也管不了。三轮车车主深知这一点,对此他们根本不惧怕。特别是那些非法运营的三轮车,行车线路、停放地点随意,管理起来难度更大,他们常常采取躲避策略,甚至明目张胆地"游击"运营。二是缺乏依据,处罚难。2007年4月,管理"黑三轮"的工作已移交城管,这就涉及"取证难"的问题。游客和这些"黑三轮"发生"交易",只有在游客给钱的瞬间才能作为处罚"黑三轮"的事实依据,实际上做到这一点很难;就景区来讲,旅游行政管理部门作为主管部门,具体实施起来也有很大难度。也就是说,只有当三轮拉着游客具备游览行为时,旅游行政部门才具有管理权;否则,三轮车空车运营,很难断定是否有游览行为,这样就难以实施有效管理。再者,处罚不疼不痒,缺乏威慑力,逮着一辆"黑三轮"仅仅罚20元,这对经营成本较小的"黑三轮"来说触动不大,甚至不起任何作用。三是相关部门统筹难。就全市而言,交通局是人力三轮车、客货运输业管理工作的主管机关,具体到各个区县则由政府指定或委托相关机构负责管理。但在具体执行和实施过程中,由于各个执行部门隶属于不同行业及不同的上级管理机关,三轮车客运管理在相互衔接和配合上存在问题,也就是说在管理上容易出现"重叠"或"盲区",这使"黑三轮"无所顾忌,欺客宰客的现象时有发生。

传统管理手段失灵,迫切需要政府寻求新型的管理方式。政府特许经营作为一种事前预防与事后管理相结合的管制手段,理论上具有可行性。胡同游特许经营的根本目的是维护胡同游的市场秩序,这是政府的职责。正是"黑三轮"的泛滥,才导致胡同游陷入"价格越做越低、服务越做越差"的恶性竞争之中。能否遏制"黑三轮",是决定胡同游特许经营成败的关键。

政府特许经营是在指定领域内的政府特别许可,从20世纪80年代末开始被我国政府采用,在水、电、气、热、垃圾处理等诸多领域蓬勃兴起,但针对胡同游实施政府特许经营在全国尚无先例。西城区政府率先对什刹海胡同游实施特许经营,是对现代管理方式的一次大胆尝试。

根据《行政许可法》第59条规定,收取特许经营费的法律依据只能是法律、行政法规。政府特许经营在我国尚属新生事物,法律、法规并不完备,但也并非完全空白。《物权法》第119条规定,"国家实行自然资源有偿使用制度";《风景名胜区管理暂行条例实施办法》第 27 条规定,"风景名胜区土地和设施都应有偿使用";《土地管理法》《水法》等也都有相关规定。这些法律、法规为国家收取公共资源使用费奠定了法律基础。从合同的角度看,胡同游特许经营的标的是特许经营权,获得权利者应承担对应的义务,即付出代价。受许人取得特许经营权的代价就是支付特许经营费,具体包括:(1)什刹海胡同游品牌使用费;(2)胡同等公共资源和设施使用费;(3)三轮车租用费(三轮车由政府提供);(4)政府监管成本费①。

　　2007 年 8 月 1 日,北京市政府通过了《北京市人力客运三轮车胡同游特许经营若干规定》,自 2007 年 10 月 1 日起实施。西城区人民政府按照该规定对什刹海地区人力客运三轮车胡同游实施特许经营。西城区人民政府授权什刹海风景区管理处依据《北京市人力客运三轮车胡同游特许经营若干规定》和《北京市西城区什刹海地区人力客运三轮车胡同游特许经营实施方案》,对什刹海地区人力客运三轮车胡同游特许经营项目进行公开招标。根据特许经营实施方案,西城区政府指定什刹海风景区管理处为特许经营的日常管理机构,其职责之一是"负责协调有关部门对胡同游市场进行日常管理、监督、检查"。特许经营企业每年须缴纳一定数额的特许经营权使用费,并在政府部门监管下开展业务。2007 年 12 月 24 日,北京市西城区什刹海胡同游特许经营办公室在"投资北京"和"北京市招标信息平台"两家网站发布了胡同游特许经营项目的招标公告。至此,酝酿已久、准备充分的什刹海胡同游特许经营招投标工作全面展开。

　　什刹海胡同游特许经营的预期目的是:(1)建立一种维护胡同游市场秩序的长效机制;(2)合法合理地限制三轮车数量;(3)保护自然生态和人文生态环境;(4)规范经营主体,增进国家税收;(5)收取特许经营费作为公共资源的合理收益,解决长期的管理养护费用;(6)保住胡同游品牌,引导其升级换代。

　　以 2011 年第二期投标为例,投标企业所应该具备的资格/条件包括:

---

① 宋冰:《政府特许经营若干问题研究——关于"什刹海胡同游"政府特许经营的实例调查》,《北京行政学院学报》2008 年第 6 期。

（1）在中华人民共和国境内注册的企业法人，且注册资本金不少于150万元；（2）遵守国家有关法律、法规、规章，具有良好的商业信誉，具备相应的公司管理制度、健全的财务制度，制订完善的人力客运三轮车胡同游经营计划；（3）投标人应当配备包括英语在内的三种语言以上的外语导游员，导游人员须具备北京市旅游局颁发的导游资质证书（须出具相关证明）；（4）投标人应当配备相关管理和财务人员（须出具相关证明）；（5）投标人应当在特许经营区域内设有不少于30平方米的固定办公场所（须提供相关证明）和不少于50平方米的人力客运三轮车路外封闭型集中存放场地一处（须提供相关证明）；（6）投标人应当有从事人力客运三轮车胡同游业务的经验（须提供相关证明），经营状况良好，且在行政主管部门无重大投诉、不良经营记录信息，无刑事处罚记录。评标方法和标准：综合评分法，满分为100分，其中企业资信及财务状况15分，企业人员配备情况10分，2005年1月1日至2010年12月31日期间人力客运三轮车胡同游经营业绩15分，纳税、社会保险缴纳情况15分，企业内控制度完备程度及执行情况7分，什刹海地区人力客运三轮车胡同游经营计划30分，企业承诺情况8分。

很明显，特许经营制度大大提高了经营胡同游业务的进入门槛，这意味着什刹海地区胡同游公司将重新洗牌，那些规模小、经营不规范、不够专业的公司和作为"散兵游勇"的个体经营者（"黑三轮"）将会被淘汰。

2011年第二期招标，人力客运三轮车总量仍为300辆，由9家特许经营企业运营，车辆将按照中标人评审得分排名次序由高到低对应分配，车辆分配数量方案如下：60辆1家、50辆1家、40辆2家、30辆1家、20辆4家。

通过胡同游特许经营制度的实施，我们可以看出地方政府需要协调如下多方面的利益关系：（1）资本（经营胡同游、四合院参观的公司）；（2）劳动力（三轮车车夫、导游）；（3）当地居民。其中，资本有规模大小、正规与否之分，劳动力也有当地和外来之分。据了解，在实施特许经营制度之后，也有一些原来的经营者对此产生不满和抱怨，对该制度的公正性提出怀疑（认为在招标过程中政府对某些公司存在偏袒）。而根据笔者的调查，三轮车特许经营制度的实施并不能起到杜绝"非法营运"三轮车的目的，仍然有不少印着"××公司"胡同游的三轮车在招揽生意。实际上，特别是在"五一"、国庆节，涌入什刹海的国内游客急剧增加，单凭几家特许经营公司是无法满足巨大的胡同游市场需求的，这是导致黑三轮"屡治不绝"的根本原因。

政府相关资料显示，从2008年到2018年，特许经营已经实施了四期，企业数量由7家压缩至5家，特许经营运营车辆由300辆减至240辆[1]。历次居民满意度调查和央视市场调研报告显示，景区居民和游客对人力客运三轮车胡同游特许经营的实施效果还是普遍认可的。

（五）打造烟袋斜街——老街的时尚转型

烟袋斜街是什刹海地区一条古老的小街，有600多年历史。其区位极佳，东邻地安门外大街，西接什刹海前海。全长约232米，宽5～6米。元朝时期由于紧邻京杭大运河北端点积水潭（什刹海在元时期的名称）码头，交通位置非常优越，商业逐步繁荣起来。清末时期，这条斜街已然繁盛，主要经营烟具、文房四宝、古玩玉器、装裱字画，有"小琉璃厂"之称。

新中国成立后，街面上许多商店均变为民居，传统店铺日渐消亡，原有的商业环境已被破坏，无法形成新的有活力的商业区，仅作为一条自行车和行人的通道。20世纪70年代以后，街内违章建筑多且乱，原有建筑的传统风貌被掩盖，烟袋斜街内脏、乱现象严重。2000年，西城区政府对街内违章建筑予以强行拆除，2001年进行了青石板路面的铺装与门脸整修等工作。2006年编制完成了《什刹海烟袋斜街特色商业街提升建设规划》，在此基础上又专项制定了烟袋斜街的夜景照明、灯光牌匾设计方案和业态调整深化方案。目前，烟袋斜街凸显传统特色，街内的烟斗、灯笼、风筝、茶具、古玩、民俗服饰、民间工艺品和传统裁缝等传统项目经营丰富了街区的商业文化，使其成为风格独特的传统特色商业街。

2010年11月10日，烟袋斜街正式揭牌"中国历史文化名街"，作为北京市入选第二届"中国历史文化名街"的唯一一条老街。目前，商

---

[1]　《关于调整什刹海地区胡同游三轮游游览线路，加强监督管理的答复议案》，http://renda.bjxch.gov.cn/dbyd/jygkdf/pnidpv98.html，最后访问日期：2021年1月20日。

业业态有以工艺品、服装服饰为主的零售业和以餐饮、酒吧及经济型酒店为主的住宿餐饮业。专家认为，烟袋斜街入选"中国历史文化名街"，得益于其胡同肌理没有改变，基本建筑风格没有改变，居民生活的延续性得到传承，富含历史文化信息及城市记忆的历史街区保护工作取得了阶段性成果。

不过，按照西城区政府将烟袋斜街打造为文化创意商业街区的目标，烟袋斜街仍缺乏高端产业。西城区商务委的统计显示，截至 2009 年底，烟袋斜街的临街铺位共 75 家，其中商户 60 余家。① 业态类型排在前两位的分别是以工艺品、服装服饰为主的批发零售业和以中式餐饮、茶吧、酒吧为主的住宿餐饮业。"十二五"期间烟袋斜街的业态调整规划方案引入街区业态准入机制，初步实现产业置换，业态调整的重点就是发展和引进高端文化创意产业和特色商业服务业，淘汰和禁止网吧等低端业态，同时适度控制酒吧、小旅馆等业态的数量，空间上形成东部民俗工艺品聚集区、西部餐饮区、中部文化创意区的格局。

地处旧城核心区域，烟袋斜街的人口疏散也被纳入政府议程。西城区划定烟袋斜街小石碑胡同以东、大石碑胡同以南的 16 个院落 0.37 公顷为保护修缮试点起步区。由于政策到位、精心组织，居民对保护修缮及外迁工作非常支持。2006 年 3 月 19 日正式启动试点区公房居民外迁，截至 2010 年已经完成 42 户直管公房户和 20 户私房的搬迁工作。西城区政府计划保留少数居民，以维系烟袋斜街的文化氛围。

五 历史文化保护：从被动到主动的地方政府

对于北京旧城历史文化价值的认识是一个非常复杂而曲折的发展过程。对于"为什么要保护""究竟要保护什么"这些根本问题的认识，从新中国成立以来就一直存在着分歧和争议，最终的结果受到了意识形态、经济发展水平、政治体制等多方面因素的影响。关于新中国成立以后特别是 20 世纪五六十年代对于旧城保护的争论，有研究者做了详细的

① 参见《新京报》2010 年 11 月 11 日，https://www.bjnews.com.cn/news/2010/11/11/82506.html，最后访问日期：2021 年 1 月 20 日。

介绍和分析①。

（一）保护范围不断扩大

1982 年，我国公布了以北京为首的第一批 24 座历史文化名城，同时颁布了《文物保护法》，这标志着我国在 20 世纪 80 年代后对历史文化遗产的保护进入依法保护阶段。80 年代，历史文化名城概念的提出增强了人们对城市历史文化遗产保护的认识，但在早期阶段保护的对象更多体现在历史文物建筑的保护上

在 20 世纪 90 年代，与大规模的危旧房改造相比，历史文化保护区保护工作的进展实际上十分缓慢，而且更多停留在纸面上，没有落实到城市建设之中。1990 年 4 月，北京市政府做出进行危旧房改造的决定，制定了"一个转移、以区为主、四个结合"的方针政策，其中"四个结合"是危房改造与新区开发相结合、与住房制度相结合、与房地产经营相结合、与古都风貌保护相结合。90 年代，北京旧城开始大规模的危旧房改造，其间推出了一系列改造模式，如道路改造带危改、市政设施建设带危改、房地产开发带危改、房改带危改等。这些改造方式极大地改善了居民的居住条件和城市面貌，但其基本特征依然是借助市场的力量，以经济就地平衡、大规模拆迁与开发为主要方式进行的，大批四合院被推倒、拆除，旧城传统风貌特色遭到极大冲击。据统计，1990~2000年，全市累计开工改造危改小区 168 片，拆除房屋 213 万平方米，竣工面积 1450 万平方米，动迁居民 18.45 万户，投入危改资金 469 亿元②。

1990 年 11 月，北京市政府第 26 次常务会讨论批准了北京市第一批25 片"历史文化保护区"，保护北京的传统风貌被列入城市规划的重要内容。1993 年国务院批复的《北京城市总体规划（1991 年至 2010 年）》关于名城保护的章节为"历史文化名城的保护与发展"，其中指出北京历史文化名城的保护，是以保护北京地区珍贵的文物古迹、革命纪念建筑物、历史地段、风景名胜区及其环境为重点，达到保持和发展古城的

①　参见王军《城记》，北京：读书·生活·新知三联书店，2003；王军：《拾年》，北京：读书·生活·新知三联书店，2012；王军：《建极绥猷：北京历史文化价值与名城保护》，上海：同济大学出版社，2019。

②　宋晓龙：《北京名城保护：20 世纪 80 年代后的主要进展与认识转型》，载《北京规划建设》2006 年第 5 期。

格局和风貌特色，继承和发扬优秀历史文化传统的目的。该总体规划明确提出，要从文物保护单位、历史文化保护区、历史文化名城的整体保护三个层面致力于历史文化名城的保护。这标志着保护观念和理念的重要提升。

1999 年，经过首都规划委员会第 18 次会议审议，北京市政府正式批准了《北京旧城历史文化保护区保护和控制范围规划》，进一步完善了 25 片历史文化保护区①的保护和控制范围，基本形成了历史文化名城"点－线－面"的保护框架。2001 年初，25 片历史文化保护区保护规划得到市政府批准，成为具有法规效力的规划文件。2000 年以后，40 片保护区保护规划编制完成，皇城、中轴线、名城保护规划编制完成。永定门城楼的复建、皇城遗址公园的建设、明城墙遗址公园的建设、皇城世界文化遗产缓冲区的划定、玉河的恢复、南池子保护区的改造、前门地区的改造等保护实践活动，都表明了北京全面启动对旧城的整体保护工作。

2000 年之后，不少专家、学者针对旧城风貌遭到严重破坏而不断进行大力呼吁。2000 年 7 月，建设部召开全国城乡工作规划会议，时任国务院副总理温家宝指出，继承和保护城市的自然和文化遗产，本身就是城市现代化建设的重要内容，也是现代文明的重要标志。2002 年 9 月，侯仁之、吴良镛、宿白、郑孝燮等 25 位专家、学者致信国家领导人，题为"紧急呼吁：北京历史文化名城保护告急"。他们强烈呼吁"立即停止二环路以内所有成片的拆迁工作，迅速按照保护北京城区总体规划格局和风格的要求，修改北京历史文化名城保护规划"。2003 年 8 月，周干峙、吴良镛等中国工程院院士和著名专家等 10 人联名上书中央，在《关于在历史文化名城中停止原有旧城改造政策、不再盲目搞成片改造的建议》中，他们认为经过近 10 年大拆大建式的城市改造，许多城市的历史面貌已所存无几。其中还列举了原有旧城改造政策在城市文化问题、建设经济问题、城市社会问题和城市环境问题等多方面的弊端，并建议立即在历史文化名城中停止继续实行原有旧城改造的政策，停止旧城区

---

① 在此前，其中一个重要区域——牛街回民居住区由于"危改"项目的实施已经消失了。为了保证是 25 片保护区，就将其中的一个地区——琉璃厂地区分成了两片：东琉璃厂和西琉璃厂。

的成片改造，代之以对传统建筑与历史街区的保护、维修、整治与翻建，努力保持城市的历史风貌和特色①。2003 年 8 月，城市规划专家谢辰生上书中央，建议在北京市"修编"和"名城保护条例"出台前，旧城区内应停止审批修建商业大厦等成片拆除旧街区的项目，此次上书得到胡锦涛、温家宝的批复。同年 11 月 17 日，专家的参与正式得到了政府的认可——郑孝燮、谢辰生等 10 位专家被政府聘为"危改高参"。

在完成许多重要专项保护规划的基础上，《北京城市总体规划（2004～2020 年）》系统总结了新中国成立 50 年来北京在历史文化名城保护领域所取得的理论进展和实践经验，构建了以旧城整体保护为核心的名城保护体系。根据当前历史文化名城保护工作面临的主要矛盾，该总体规划强调旧城整体保护的原则、内容和措施，提出许多新的内容，如保护北京特有的胡同 - 四合院的传统建筑形态；分区域控制旧城内建筑高度；整体保护皇城；统筹考虑旧城保护、中心城调整优化、新城发展；疏散旧城人口；探索旧城保护和复兴的方式；等等。这是历史上第一次真正把旧城当作整体保护对象进行理论上的探索。

2004 年，国务院在对北京总体规划批复中指出要加强旧城②整体保护，加强对历史文化街区、文物保护单位和优秀近现代建筑的保护，同时区分了三个层次，其中整体保护放在首位，这一点非常重要。因为只保护历史文化街区和文物保护单位还不能全面反映北京历史文化名城的价值，它只是整体保护的有机组成部分。只有整体保护旧城，才能充分反映北京历史文化名城的价值。也正是从整体保护的角度来看，不少专家、学者认为从 90 年代开始，把北京旧城分 25 片历史文化保护区来保护虽然有积极意义（也是一大进步），但同时也带来一些负面影响。例如，有些人就因此认为 25 片之外就一律不必保护，可以拆除。事实上，这 25 片历史文化保护区相当于放大了的 25 座文物，而且是分散的。保护北京旧城不能分散保护，必须整体保护。2005 年，《北京历史文化名城保护条例》又从法律、法规层面保障了对旧城进行整体保护和复兴。

2000 年之后，北京市主要做了以下工作。

---

① 《中国工程院院士建议》总第 69 期。
② 旧城是指明清时期北京城护城河及其遗址以内（含护城河及其遗址）的区域。

一是积极出台保护规划和政策法规。先后出台《北京皇城保护规划》、《北京旧城 25 片历史文化保护区规划》和《北京历史文化名城保护规划》，积极构建推进历史文化名城整体保护、历史文化保护区和文物保护单位三个层次的保护体系，实现由文物单体修缮向历史文化名城风貌整体保护的跨越。2002 年，北京市出台《北京历史文化名城保护规划》和《北京旧城历史文化保护区保护和控制范围规划》，其中明确了历史文化保护区的保护规划原则，即保护街区整体风貌；保护街区历史真实性，保护历史遗存和原貌；采取"微循环式"的改造模式；保护工作要积极鼓励公众参与。2003 年出台《北京旧城历史文化保护区房屋保护和修缮工作的若干规定》；2004 年底《北京城市总体规划（2004—2020 年)》修编完成；2005 年 3 月颁布实施《北京历史文化名城保护条例》，进一步确立了旧城整体保护思路。

二是加强对历史文化保护区的保护修缮管理。2001 年，南池子被列为北京市第一片历史文化保护区试点项目，开始探索历史文化保护区保护与发展的新方式。2003 年，北京市政府又划定前门、大栅栏等 6 片历史文化保护区继续开展试点工作，突出政府主导，采取小规模、渐进式有机更新的方式，积极探索适合历史文化保护区改造的实施方式和相关政策。

1999 年，《南北长街、西华门大街历史文化保护区保护规划》试点中提出的"微循环式保护与更新模式"，是对 20 世纪 80 年代吴良镛先生提出的城市"有机更新"思想的延续和深化，是对北京历史文化保护区内大片平房、四合院如何保护与改造深入思考的结果。目前，"小规模、渐进式、微循环"成为北京积极推广的经验，已被政府和社会普遍接受，在南北长街、烟袋斜街、白米斜街等保护区中都有具体的实践探索。这种模式的特点是：明确提出以"院落"为保护与更新的基本单位、基本细胞、基本对象；保护和更新必须一个院落一个院落地进行勘察、鉴定，提出分类改造和管理措施；政府应优先考虑保护区市政基础设施的整体布设；保护和更新要按照改造时序逐步进行，禁止成片开发；改造周期是个相当长的循环时间，不能急于求成，要保持历史信息的延续性、不间断性。实际上，"微循环保护更新"是北京历史街区中民间一直在进行的一种改造行为，一家一户根据自家生活需要，按照传统形式的要求，在特定的时间，以院落为单位进行符合居民自身愿望的改造，这种方式使居民生活的现代化得到保证，同时使历史的演变得以延续。

三是加大对四合院的保护力度。出台《关于加强危改中的"四合院"保护工作的若干意见》，为了更好地保护北京特有的四合院，2003年市政府在普查基础上，分三批对旧城内658处保留院落进行挂牌保护。此外，2004年出台《关于鼓励单位和个人购买北京旧城历史文化保护区四合院等房屋的试行规定》，动员全社会的力量参与北京历史文化保护区房屋的保护和修缮工作。该规定指出，购买历史文化保护区内四合院的单位和个人均可享受税费优惠，并首次允许境外企业和外国人购买四合院。

四是对部分位于旧城内的危改项目进行撤项。近年来共有近40个已立项的危改项目被撤项，确需改造的将严格按照保护规划和专家论证意见组织实施。

五是积极开展旧城房屋修缮和胡同整治工作。自2004年以来，旧城区积极开展了"院落微循环改造""政府拔危楼""街巷胡同整治""文保区试点"，即"点－线－面"相结合的旧城保护改造模式，得到了社会各界的认可。2007年下半年，市政府又提出了按照"修缮、改善、疏散"的总体要求，采取"政府主导、财政投入、居民自愿、专家指导、社会监督"的方式，对旧城内平房、胡同进行修缮和整治，修缮工作共涉及44条胡同1474个院落9635户居民。

（二）将历史文化名城保护上升到新的历史高度

多年来，北京市对历史文化名城的重视程度不断提高，保护力度也不断加大。特别是党的十八大以来，习近平总书记对北京市规划建设多次做出重要指示，这是首都规划建设的标志性事件，由此历史文化名城保护提升到新的高度，进入新的发展阶段。

2014年2月26日，习近平总书记考察北京工作时指出："建设和管理好首都，是国家治理体系和治理能力现代化的重要内容……首都规划务必坚持以人为本，坚持可持续发展，坚持一切从实际出发，贯通历史现状未来，统筹人口资源环境，让历史文化与自然生态永续利用、与现代化建设交相辉映。"① 2017年2月24日，习近平总书记视察北京时再

---

① 《习近平在北京考察 就建设首善之区提五点要求》，http://www.xinhuanet.com/politics/2014-02/26/c_119519301.htm，最后访问日期：2014年2月26日。

次指出："城市规划在城市发展中起着重要引领作用。北京城市规划要深入思考'建设一个什么样的首都，怎样建设首都'这个问题，把握好战略定位、空间格局、要素配置，坚持城乡统筹，落实'多规合一'，形成一本规划、一张蓝图，着力提升首都核心功能，做到服务保障能力同城市战略定位相适应，人口资源环境同城市战略定位相协调，城市布局同城市战略定位相一致，不断朝着建设国际一流的和谐宜居之都的目标前进。"①

2019年2月1日，习近平总书记在北京看望慰问基层干部、群众时指出："一个城市的历史遗迹、文化古迹、人文底蕴，是城市生命的一部分。文化底蕴毁掉了，城市建得再新再好，也是缺乏生命力的。要把老城区改造提升同保护历史遗迹、保存历史文脉统一起来，既要改善人居环境，又要保护历史文化底蕴，让历史文化和现代生活融为一体。老北京的一个显著特色就是胡同，要注意保留胡同特色，让城市留住记忆，让人们记住乡愁。"②

在习近平总书记的指示下，《北京城市总体规划（2016年-2035年）》（以下简称"新总规"）明确了"北京城市战略定位是全国政治中心、文化中心、国际交往中心、科技创新中心"。新总规提出，"把北京建设成为社会主义物质文明与精神文明协调发展，传统文化与现代文明交相辉映，历史文脉与时尚创意相得益彰"的中国特色社会主义先进文化之都，"北京历史文化遗产是中华文明源远流长的伟大见证，是北京建设世界文化名城的根基，要精心保护好这张金名片，凸显北京历史文化的整体价值。传承城市历史文脉，深入挖掘保护内涵，构建全覆盖、更完善的保护体系"，"重塑首都独有的壮美空间秩序，再现世界古都城市规划建设的无比杰作"，"推动老城整体保护与复兴，建设承载中华优秀传统文化的代表地区"。

---

① 《习近平在北京考察：抓好城市规划建设 筹办好冬奥会》，http://www.xinhuanet.com/politics/2017-02/24/c_129495572.htm，最后访问日期：2017年2月24日。
② 《习近平春节前看望慰问基层干部群众》，https://www.baidu.com/link? url = eqoNFx-kbqitLHWXXvxhelKiqGz8WK1jN6UtTxKBShI47QyShrsQdwCFgfK9JNEW7xRjmDKC8d0vRRLQ6N92TOgSlvfE1bgF6KigIHcVq0K&wd = &eqid = ad8ca1f7000c42ea00000002608fff4d，最后访问日期：2021年4月30日。

老城①的整体保护是该体系的重中之重。从对文物的点状保护到对历史文化街区的片状保护，再到对整个城区各类保护对象的全面保护，北京经历了近30年的探索与实践。老城保护的整体性和系统性为最突出的特征，新总规提出了"坚持整体保护十重点"，具体包括：（1）保护传统中轴线；（2）保护明清北京城"凸"字形城郭；（3）整体保护明清皇城；（4）恢复历史河湖水系；（5）保护老城原有棋盘式道路网骨架和街巷胡同格局，保护传统地名；（6）保护北京特有的胡同-四合院传统建筑形态，老城内不再拆除胡同、四合院；（7）分区域严格控制建筑高度，保持老城平缓开阔的空间形态；（8）保护重要景观视廊和街道对景；（9）保护老城传统建筑色彩和形态特征；（10）保护古树名木及大树。新总规还提出，扩大历史文化街区保护范围，历史文化街区占核心区总面积的比重由现状22%提高到26%左右；将13片具有突出历史和文化价值的重点地段作为文化精华区，强化文化展示与传承，其中最重要的就是什刹海-南锣鼓巷文化精华区。

2017年9月13日，《中共中央 国务院关于对〈北京城市总体规划（2016年—2035年）〉的批复》指出："抓实抓好文化中心建设，做好首都文化这篇大文章，精心保护好历史文化金名片，构建现代公共文化服务体系，推进首都精神文明建设，提升文化软实力和国际影响力"，"做好历史文化名城保护和城市特色风貌塑造。构建涵盖老城、中心城区、市域和京津冀的历史文化名城保护体系。加强老城和'三山五园'整体保护，老城不能再拆，通过腾退、恢复性修建，做到应保尽保"②。

在此基础上，2020年北京市又制定了《首都功能核心区控制性详细规划（街区层面）（2018年-2035年）》，推动老城整体保护进入新的阶段。核心区控制性详细规划编制的过程是再次认识北京老城核心价值的过程。根据该规划，北京历史文化街区占核心区总面积的比重将由现状22%提高到26%左右，占整个老城面积的38%左右。核心区控制性详细规划在总体规划提出的世界文化遗产、不可移动文物等九类文化遗产保

---

① 北京老城过去叫北京旧城，新总规把它定位为"老城"，更加体现了历史文化特色。

② 参见《中共中央 国务院关于对〈北京城市总体规划（2016年-2035年）〉的批复》，https://baijiahao.baidu.com/s? id=1579694564596267288&wfr=spider&for=pc，最后访问日期：2018年12月30日。

护对象基础上，将传统胡同、历史街巷、传统地名、历史名园等纳入核心区保护对象，以最大限度地留住历史印记。

2020年8月21日，《中共中央 国务院关于对〈首都功能核心区控制性详细规划（街区层面）（2018年–2035年）〉的批复》指出："北京老城是中华文明源远流长的伟大见证，具有无与伦比的历史、文化和社会价值，是北京建设世界文化名城、全国文化中心最重要的载体和根基"；"推动老城整体保护与复兴，使之成为体现中华优秀传统文化的代表地区"；"严格落实老城不能再拆的要求，坚持'保'字当头，精心保护好这张中华文明的金名片"①。

可以看出，在新的发展阶段，什刹海地区的保护和发展早已不是西城区的地方性工作，而是成为首都乃至国家战略规划的有机组成部分。换句话说，新时期什刹海地区的空间生产中，国家意志的比重明显提高。

（三）新一轮的重点整治：历史、商业和居住的再平衡

2014年，中央提出京津冀协同发展战略后，北京确定了坚持以疏解非首都功能为工作导向，以提升优化首都核心功能，建设国际一流的和谐宜居之都的目标。组织开展"疏解整治促提升"专项行动是疏解非首都功能，优化提升首都核心功能，降低中心城区人口密度的重大举措。2017年，"严厉打击开墙打洞"被写入北京市政府工作报告，成为"疏解整治促提升"专项行动的重要一环。2017年，全市整治"开墙打洞"约1.6万处，其中城区整治"开墙打洞"约1.56万处②。

西城区在新总规基础上对什刹海的核心功能进行重新思考和定位。西城区作为核心城区，是全国政治中心、文化中心、国际交往中心功能的主要承载者。而什刹海作为全市最大的一片历史文化保护区，是北京新总规确定的文化精华区的重要组成部分，是首都形象和古都风貌的重要展示平台，是国家对外交往的一扇窗口。在有序疏解非首都功能和促

---

① 参见《中共中央 国务院关于对〈首都功能核心区控制性详细规划（街区层面）（2018年–2035年）〉的批复》，https://baijiahao.baidu.com/s? id=1676179166390980398&wfr=spider&for=pchttps://baijiahao.baidu.com/s? id=1579694564596267288&wfr=spider&for=pc，最后访问日期：2018年12月30日。

② 参见《北京市人民政府关于组织开展"疏解整治促提升"专项行动（2017–2020年）的实施意见》。

进老城整体保护与复兴的整体格局下，什刹海地区也以前所未有的力度和广度开展了疏解、整治和提升相结合的工作，包括封堵"开墙打洞"、拆除违章建筑、调整地区业态、整治街巷环境、保护湿地水系、房屋腾退和疏散人口等一系列工作，实施人口、建设规模双控，以降低人口、建筑、商业和旅游密度。通过做"减法"，努力改变过去文保、商业、旅游、居住四大功能齐头并进、相互冲突的困境，让什刹海"静下来"。在大力推进"疏解整治促提升"过程中，什刹海迎来了再次选择商业定位的契机。

自 2003 年酒吧兴起以来，在巨大经济利益的驱动下，普遍的酒吧违建和占道经营既破坏了历史文化保护区风貌，也存在诸多安全隐患，问题始终难以得到有效解决。2017 年 3 月 20 日，景区治理开墙打洞工作办公室成立后用两个月时间完成了前期的摸底调查，并按照"一户一档"的要求，对酒吧街内经营单位的房屋性质和产权单位建立了档案和台账。据工作人员介绍："什刹海酒吧街涵盖前海、后海、西海、前海西街等区域，区域内共有 249 家经营单位，其中涉及公房 82 家、私房 62 家、公房私房混合 8 家，还有单位房 55 家、自建房 30 家，暂不营业、不确定房屋性质的 8 家"①，其中酒吧数量为 168 家左右，酒吧街占地面积约3.5 公顷。经过集中整治，违建、占道经营等困扰什刹海地区多年的环境顽疾得以部分缓解。景区内部分商户的虚假牌匾被撤掉，环湖酒吧加盖的二层、三层露台被逐一拆除，景区内 740 多处店外经营全部被取消，环湖 6 公里步道也被打通，重新形成了亲水宜人的环海景观带。

据媒体报道，什刹海历史文化旅游风景区在 2017 年阶段性拆除违法建筑 4000 余平方米；整治"七小"门店 740 余起、无证无照经营 1300余起，压缩胡同游三轮车 40 辆，取缔旅游观光电瓶车 20 辆。而从什刹海街道整体来看，截至 2018 年 8 月已累计拆除违建 10590.29 平方米，治理"开墙打洞"888 处，拆除广告牌匾 800 余块，整治违法违规出租群租房、直管公房转租转借及租用地下空间共计 1657 处（12470 平方米），整治"七小"低端业态 369 处（2079 平方米），疏解整治工作取得

① 张骜：《什刹海酒吧街开始动"手术"：不再鼓励新商户进驻》，《北京晚报》2017 年 7月 12 日。

阶段性成效。①

表6-9 近年来什刹海地区的重点整治工作

	内容	意义/目的	备注
鼓楼西大街整治与复兴计划	违建拆除、建筑立面提升、公共空间整治、口袋公园和小微绿地建设、夜景照明、交通停车综合治理等"微修缮、微更新"	恢复老城特有的古都韵味和历史文化,打造优美的环境和舒适的空间,创建"稳静街区"	全长1.7公里的始于元代的斜街
地安门外大街景观提升工程、北海医院和东天意市场降层改造项目	街道、门楼、牌匾、胡同等都将按照清末民初的旧貌进行修缮;周边的高层建筑也将集体降低"身高",楼层高度不超过两层,进行降层改造及风貌修复	有助于恢复地安门外大街历史风貌的完整性,对促进老城整体保护和中轴历史风貌保护具有重要意义	全市落实核心区控制性详细规划第一个降层的项目,是贯彻落实《北京中轴线申遗保护三年行动计划》的重要举措
什刹海西海湿地公园建设、环湖步道建设	10.9公顷水面及绿地改造,在景观恢复过程中投放30多个生物品种,搭设3处、近千平方米的浮岛,为野鸭等水鸟提供栖息筑巢之所;对西海、后海、前海三海的全长6公里环湖步道进行疏通	打造亲水宜人、极富老北京传统韵味的环海景观带,再现碧水绕古都的历史风貌	核心区唯一的城市湿地公园
什刹海文化展示中心(广福观)建设	通过住户腾退、文物修复,建设面向大众开放的街道博物馆(占地面积1530平方米,建筑面积753平方米),同时也是什刹海地区居民的文化活动中心,授予"文明实践基地""什刹海教育文化融合基地""青少年志愿服务实践基地"等牌匾	把什刹海地区散落的历史遗存、人文积淀和文化资源汇集起来,讲述什刹海故事,宣传传统文化	广福观建于明代天顺三年(1459年),历史上曾为总理全国道教机关"道录司"的所在地,后逐渐变为民居
疏解专业市场	疏解撤除平安里电子市场;拆除润得立农贸市场(占地1.3万平方米,共有500多个摊位,除菜市场外,还有不少五金店、小商品店等)	疏解非首都功能	2017年什刹海地区全面展开"疏解整治促提升"专项行动
大规模环境综合整治	取消店外经营(包括荷花市场在内,景区内740多处店外经营全部被取消),拆除加盖二层、三层的环湖酒吧露台和违建;拆违、规范广告牌匾等整治行动;撤销景区内部分商户的虚假牌匾和虚假宣传("老北京"招牌)	调整业态、减少客流、还湖于民,保护老北京文化	

① 蒋梦惟、张畅:《什刹海:历史和商业的再平衡》,《北京商报》2018年8月2日。

以环湖步道建设为例。什刹海的突出特点是开放景区，环湖四周，荷花市场是最美的"观海口"。但原来一条300米长临水而建的木栈道被街面上大大小小的酒吧圈占，摆满了遮阳伞、沙发和桌椅，成为明码标价的"消费区"。什刹海环湖步道共有7处堵点，除了金帆俱乐部外，其余6处都是临湖而建的餐馆、酒吧，包括望海楼、山海楼、小王府、集贤堂、西海鱼生和碧荷轩，总计阻断道路700余米，其中一些店家不仅占道违章盖房，还借着水面搭建了观景台和浮动的亭台水榭，这些看似惬意的所在都属于明码标价的消费区。同时临湖违建还阻断了周边道路，造成了人流交通的堵塞。经过大力整治，沿湖部分餐馆所占用的道路和水面逐一腾退。打通环湖步道之后，被封闭多年的临湖美景得以归还给市民和游客。

（四）政府主导的人口疏解

按照首都核心功能区的规划要求，在区域内"严格控制建设总量，严格控制人口规模"，有序疏解非首都功能。事实上，北京老城在发展过程中，沉淀了众多空间－人口问题。在完成核心区的战略定位与发展目标的过程中，需要完成人口疏解与重建空间的任务。也只有完成这样的基础性任务，才能更好地完成作为全国政治中心、文化中心、国际交往中心的承载任务，才能切实成为历史文化保护区及展示首都风采的最重要的窗口。

老城区域的社会空间外在最显著的表现就是人口密度过大、房屋年久失修。归结到社会空间的重构，最主要的问题显然是人口疏解及此后的空间更新改造。在北京市"十三五"规划的具体任务中，核心区的西城与东城的人口疏解工作到2020年的目标分别是：西城常住人口控制在110.7万人，缩减19.4万人；东城常住人口控制在77.4万人，缩减13.7万人。显然，完成这一目标并不轻松。

在整个人口疏解的过程中，依据已经确立的原则——老城不能大拆大建，采取有机更新的方式进行。人口疏解的工作方式也只能是在居民有意愿的前提下，自愿申请，配套政策，完成腾退。什刹海地区一期试点腾退工作的基本方针是"政策长期稳定、居民自愿申请、预签疏解协议、整院实施腾退"。这样的人口疏解方式显然具有优势，但也有工作难点。如图6-4所示，自愿申请原则下的人口疏解方式在保护历史风貌、保持区域功能、维持产业与社会结构以及导致的社会影响等多个方面有着明显的优势，但在实际操作与保持社会公正等方面难度明显更大。正是因为在老城旧房腾退实施过程中的困难以及对社会公正的要求，所以除了政府之外，不论是市场中的企业单位还是社会中的社会组织，都无法完成旷日持久的以个人申请为方式的老城人口疏解。所以，人口疏解的工作只能由政府来主导。

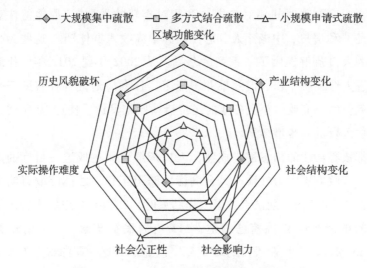

图6-4 不同人口疏解方式的综合影响评价①

作为北京老城历史文化保护区中面积最大的什刹海地区，显然属于人口疏解难度最大的区域之一。从首都功能核心区的控制规划中可以看到，什刹海地区位于最为重要的两轴（长安街与中轴线）构成的第二象限中，并且紧邻准备申请世界文化遗产的北京老城中轴线的北端。因此，什刹海地区一定是人口疏解的重要区域。事实上，这样的工作一直都没有停止。在西城区政府2014年与2020年的腾退工作中，什刹海一直是其中的突出工作重点。在什刹海地区2014年的腾退工作中，前海南岸至地安门西大街、东岸至地安门外大街与鼓楼西大街区域为授权腾退的区域，而中间前海东边至地安门外大街区域为一期试点工作重点。在西城

---

① 图片引自石炀《基于社会转型与产业发展的北京历史街区保护策略研究》，硕士学位论文，清华大学建筑学院，2011，第84页。

区 2020 年的腾退工作中，什刹海地区再次成为四个重点工作区域之一。

2000 年前后的调查就显示，什刹海地区的人口受教育水平低于全市平均水平，年龄结构老化，经济能力较低，居住人口密度超负荷，房屋居住环境较差，71% 的住户有私搭乱建的现象①。因此，人口疏解一直是什刹海地区保护工作中更新改造的一部分。也有调查显示，北京老城人口疏解过程中，外迁意愿更高的是"中低收入户、直管公房户、非原住家庭（家庭居住时间相对较短）和相对年轻的人群"，原地留住意愿更高的是"私房户、中老年人、老住户和中高收入群体"②。这些为什刹海地区的人口疏解提供了一系列的基础。从 2002 年到 2012 年，什刹海一直推进人口疏解工作，但效果并不显著。什刹海地区各种有助于带动低端服务业的小商业、小服务业的经济活动比较发达，使这 10 年间什刹海的常住人口进一步增多③。

首都核心功能的构想逐步成熟，人口疏解成为达成这一目标的重要任务。只有政府更大力气地介入什刹海的腾退工作，才能够取得明显的进展。在 2014 年的一期试点腾退工作结束时，"有 4620 户居民提出了疏解腾退的申请，47 处院落已腾退，113 户居民被疏解，……清退并停业商户 15 家，涉及从业人员约 891 人"④。显然，这一期的试点工作成效显著。

什刹海地区的人口疏解工作是由政府发起的，并作为首都功能核心区的重要任务分解下达。除此之外，政府的主导作用在以下几个方面得到了充分体现。

首先，政府部门主管的公房是什刹海地区腾退工作的主体。房屋腾退主要涉及的房屋是政府管理的公房，而人口疏解则是这些公房的住户与租户。和大部分历史街区一样，什刹海地区的房屋产权形式主要以公

---

① 杨君然：《什刹海历史文化街区保护规划实施评估路径研究》，硕士学位论文，清华大学建筑学院，2014，第 60~63 页。

② 石炀：《基于社会转型与产业发展的北京历史街区保护策略研究》，硕士学位论文，清华大学建筑学院，2011，第 84 页。

③ 杨君然：《什刹海历史文化街区保护规划实施评估路径研究》，硕士学位论文，清华大学建筑学院，2014，第 63 页。

④ 《什刹海 4620 户居民申请疏解》，http://epaper.bjnews.com.cn/html/2014 - 09/03/content_533001.htm? div = -1。

有制为主。在西城区房屋管理的统计中，什刹海现有房屋总建筑面积（登记在册）956920.8平方米，其中公房（包括直管公房及单位自管产数量）790470.9平方米，占82.6%，而私有产权房屋面积166449.9平方米，只占17.4%[1]。所以，腾退房屋的主要工作在于公房的腾退。

正如前面所讨论的，房屋的归属状况不同（包括产权与租户性质），住户的腾退意愿也有重大差异，私产房屋的屋主大多不愿外迁，自我出资修缮房屋的意愿也较高。所以，动员公房租户相对来说没有那么困难。以何种方式腾退政府管理的公产房屋成为什刹海地区人口疏解的首要工作。

其次，政府财政是腾退工作的资金来源。在人口疏解与房屋腾退中，居民的首要考虑是自身利益不受损，并且希望从腾退过程中获取尽可能多的补偿。这导致的结果是腾退的经济负担较重。在2014年的一期试点工作中，以建筑面积为12平方米的房屋为例，具体的腾退补偿方案如下[2]。

1. 选择房屋对接安置的方式
● 获得一套90平方米的两居室（12平方米×7.5试点安置房源安置系数）。
● 还有每平方米2万元的外迁奖励和每平方米2万元的整院改善奖励，即同时可以拿到48万元（12平方米×4万元）。
● 如果是私房，每平方米另有1万元的补助。
● 空调移机费等金额稍少一些的补助款。
2. 选择货币补偿的方式
● 每平方米58971元的补偿款，约70万元（12平方米×58971元）。
● 还有每平方米2万元的外迁奖励和每平方米2万元的整院改善奖励，即同时可以拿到48万元（12平方米×4万元），私房每平方米另有1万元补助。

---

① 杨君然：《什刹海历史文化街区保护规划实施评估路径研究》，硕士学位论文，清华大学建筑学院，2014，第61~62页。
② 《什刹海4620户居民申请疏解》，http://epaper.bjnews.com.cn/html/2014-09/03/content_533001.htm? div=-1。

● 30 万元的弃房一次性补助。

● 空调移机费等金额稍少一些的补助款。

总额 150 万元左右。

在人口疏解工作中，放弃开发模式的拆迁形式，资金就成为一个重要的制约因素。在上述什刹海地区一期试点的腾退安置补偿方案中，给出的条件在当时无疑是相当丰厚的，远远超出了以往开发商给出的补偿条件。从另一个角度讲，也只有政府财政能够支撑这样大规模的房屋腾退。同时，这也是什刹海地区一期试点腾退工作有了前述工作成效的重要原因所在。

再次，在具体的操作过程中，政府的主导角色也较为明显。针对公房的腾退，北京市人民政府专门下发了《关于加强直管公房管理的意见》①，目的在于"处理好首都核心功能疏解和历史风貌保护的关系，积极探索直管公房资源整合途径和管理模式"，明确公房腾退工作中的宏观指导方针，具体指明公房腾退操作中的政策依据。该文件除了强调承租人不得转租给非直系亲属、严禁转借公房等管理措施以外，还明确要求"积极推动核心区历史文化街区平房腾退和修缮"，指明"直管公房经营管理单位分别由市、区两级政府确定"。这进一步加强了政府部门在公房管理与腾退工作中的作用。

与这一文件相配套，北京市住房和城乡建设委员会联合北京市东城区人民政府与北京市西城区人民政府制定了《关于做好核心区历史文化街区平房直管公房申请式退租、恢复性修建和经营管理有关工作的通知》。其中除了明确腾退、修建与经营管理的具体步骤与流程外，还指出这些工作的片区实施主体由区级政府的主管部门制定，并接受主管部门的监督与管理②。

事实上，在该通知下发之前，什刹海地区一期试点腾退工作的实施主体是北京天恒正宇投资发展有限公司。该公司是西城区国资委的全资

---

① 参见北京市人民政府办公厅发布的《关于加强直管公房管理的意见》，2018 年 5 月。

② 北京市住房和城乡建设委员会、北京市东城区人民政府、北京市西城区人民政府发布：《关于做好核心区历史文化街区平房直管公房申请式退租、恢复性修建和经营管理有关工作的通知》，2019。

国企,接受区政府主管部门的直接领导。

最后,房屋腾退之后的用途也体现了较强的公共意志。完成人口疏解与房屋腾退之后,需要恢复性维修以恢复历史风貌。在改善部分留住居民的住房条件之后,必然会空出一部分房屋。怎样使用这些空余房屋,也显示了腾退的最终目的。

这些房屋的使用显然不能有违于历史文化保护的原则。什刹海地区一期试点腾退工作明确指出,未来腾退出来的房屋不会拆除,而是在恢复历史风貌的原则下加以修缮,然后考虑合理利用。作为政府的公有房屋,首要的使用方式是加强区域内的公共服务设施,其次是适当引入一些与文化保护相适宜的产业,以文化产业项目为主。"腾退房屋不建私人会所"①。

在一则报道中,位于什刹海街道前海社区的银锭桥胡同,院内尚有四户留住居民。作为实施主体的北京天恒正宇投资发展有限公司,"按照传统四合院房屋建造手法和工艺对其进行了保护性修缮,恢复了其原有老建筑的风貌",并将其改造为一处"共生院"试点场所,旅客可以在其中与四户居民共同生活,体验老北京味道②。这其实就是与文化保护相适宜的文化产业。

六 小结

在官方的文化分类中,什刹海文化呈多元的特点,其文化特点具有六大要素:商贾文化、皇家文化、宗教文化、水系文化、休憩文化、名人文化。(1)商贾文化:从元代开始,什刹海便是重要的漕运通道,由于什刹海是古北京城内难得的水系,加上其便利的水路运输通道,这里逐渐成为商贾云集之地,各类商户相继在此落户,成为古北京城重要的商业中心。(2)皇家文化:从明朝开始,便不断有皇亲国戚和达官显贵看中此地,在此修筑宅院。清朝什刹海则是皇家指定的正黄旗的居住地。(3)宗教文化:什刹海地区寺庙、道观、教堂等比比皆是,"什刹海"

① 《什刹海地区将建"空中胡同"》,http://epaper.bjnews.com.cn/html/2013 - 06/28/content_443744.htm,最后访问日期:2021年3月1日。
② 《东西城3个胡同片区已试点"共生院"》,http://epaper.bjnews.com.cn/html/2019 - 01/18/content_744729.htm? div = - 1,最后访问日期:2021年3月1日。

一名的由来也与寺庙有关。（4）水系文化：什刹海是北京内城难得的大面积水域，是北京建城的依托。从古到今，北京的诸多文化在此孕育、成长、发展。（5）休憩文化：从元代开始，什刹海便是京城重要的休憩场所，宜人的风景和餐馆、酒楼云集于此。2002年后休闲业得到快速发展，为北京市民创造了一个绝佳的休憩场所。（6）名人文化：自元朝起，什刹海地区就是文人墨客会聚之所，尤其是近现代，什刹海地区以自身独特的文化魅力，吸引了大批知名人士到此游览、聚会甚至居住。

地方政府与开发商对旧城土地价值的强烈追求导致承载和凝结了悠久历史文化价值的旧城风貌遭受巨大破坏，旧城的历史文化资源日益减少。在社会各界的大力呼吁和干预之下，地方政府制定了历史文化保护等法律和规划，这使幸免于难的历史文化保护区和历史建筑成为市场上更为稀缺的资源，反而提升了旧城里传统四合院的市场价值，相应地促进了胡同旅游和四合院交易的市场发展；而这又进一步强化了旧城私房主群体对土地和房屋产权的诉求。另一方面，地方政府从中也看到了旅游产业和文化产业的新机遇，这促使其从简单地卖地生财开始向经营具有象征符号意义的文化资源转变，大打"文化牌"，将历史文化重新定义为"文化资本"。在这种情况下，地方政府所"保护"的对象与其说是"历史文化"本身，不如说是可以市场化为文化商业、旅游产业等的"文化资本"。

2010年特别是2014年之后，历史文化保护上升到前所未有的高度。由于北京进一步明确了"四个中心"的首都核心功能和"四个服务"的职责，由此掀开了大规模疏解非首都核心功能、调节原有产业结构、保护历史文化和提升城市整体品质几个方面相互结合的综合整治工作。核心城区作为全国文化中心的重要载体，老城作为北京的"金名片"被赋予了更加重要的历史文化传承和展示的意义。这在北京市总体规划和中心城区控制性详细规划中体现得尤为明显。而什刹海正是北京历史文化的集中体现，是北京"金名片"的重要组成部分，什刹海的商业文化、市井文化和王府文化都是依托这片水域形成的，地方政府在重新认识什刹海的定位，试图在历史文化保护传承、商业业态调整和居民居住环境之间实现再平衡。在市级层面大力推动的"疏解整治促提升"过程中，什刹海地区长期存在的过度商业化问题得到了部分解决。

第七章 "发现"什刹海的资本

> 商业主义和地产开发的力量再度俘获这个空间，……［巴尔的摩］内城空间成了一个炫耀性消费的空间，……人们在其中不再是占用空间的积极参与者，而是化约为一个被动的观赏者。[①]
>
> ——大卫·哈维

所谓"发现"什刹海，当然不是一种地理发现或新事物的发现，而是指多种资本"发现"了什刹海地域空间的商业价值，使这一传统居住区逐渐转变成一个旅游区和消费场所。伴随着过度商业开发，这一老城区的面貌开始变得斑驳而混杂，2015年什刹海甚至一度落选首批中国历史文化街区。本章将回顾什刹海地区从传统居民区和本地开放景区向国内外大众旅游及小众文化消费空间的转变过程。在此过程中，民间力量最早发现了这一地域空间的商业价值并赋予其新的文化意义，各种资本踊跃跟进之后重新塑造了什刹海独特的空间面貌，但其历史文化保护、商业开发利用、居住环境提升之间的关系也变得更为复杂。

一 什刹海的商业与经营

什刹海历史悠久。早在元代初期，什刹海就成为重建都城的重要地理依据。从这个意义上也可以说：先有什刹海，后有北京城。

什刹海地区的街巷结构最早形成于元代。什刹海地区的很多建筑年代久远，具有北京传统建筑的典型特征。北京城市总体规划将其列为重点保护的25个历史街区之一。此外，本地区的居民少则在此居住了十几年、几十年，多则数代居住于此，因此形成了老北京淳朴热情的邻里生

[①] 大卫·哈维：《时空之间：关于地理学想像的省思》，载夏铸九主编《空间的文化形式与社会理论读本》，王志弘译，台北：明文书局，2002，第47~79页。

活环境。

在高楼林立的现代都市中，什刹海作为鲜有的休闲旅游的净土景区，是市民的一处休憩空间，也是西城区乃至北京市的一张名片。作为全国为数不多的开放式景区之一，一个重要议题是，如何使什刹海风景旅游区实现文化价值与商业价值的共赢，如何谋求区域发展与历史积淀的共存。

在政府看来，什刹海文化呈现多元化的特点，具有六大要素，即商贾文化、皇家文化、宗教文化、水系文化、休憩文化和名人文化。什刹海拥有众多文物古迹和老字号，以及众多蕴含老北京风情的民俗活动，目前已经成为享誉国内外的著名的开放式景区。在吸引外地游客的同时，什刹海凭借优越的自然环境和丰厚的历史文化沉淀，成为北京市民休闲放松的好去处。然而，什刹海风景区并不是真正意义上的旅游风景区。实际上，它是旅游景区、居民社区和行人街区的综合体，在空间上表现为"三区合一"的分布特点。它不仅满足景区的概念，同时还没有圈定其范围的围墙类建筑物，并且免收门票，符合开放式景区的定义要求。

根据西城区统计局 2008 年所做的《关于什刹海景区监测情况的报告》，什刹海景区内的现状如下：截至 2008 年 3 月底，监测区域内共有法人单位、产业单位、个体经营户 2128 家，从业人员 25760 人，实现营业收入 11.7 亿元。[①] 其主要经营特点包括以下方面。

第一，个体经营户数量居多。在此次清查范围内，现有的 2128 家单位中，有法人单位 882 家，占 41.4%。其中产业单位 189 家，占 8.9%；个体经营户 1057 家，占 49.7%。

第二，景区内涉及行业多样，但相对集中。在此次清查范围内，现有的 2128 家单位中，遍布第二产业和第三产业，但相对集中在批发和零售业、住宿和餐饮业以及居民服务和其他服务业，单位数量依次占全部单位数量的 48.0%、17.7%、8.1%。

第三，景区内餐饮单位经营业态多样。什刹海景区地理位置优越，同时具有独特的品牌文化优势，所以吸引了很多特色店铺选择在此经营。

---

① 此次监测地域范围与日常统计范围有所不同，截至 2018 年 12 月底，纳入日常统计范围的规模以上单位 1535 家，实现营业收入 16.2 亿元。

2005年，什刹海茶艺酒吧街成为北京市第五条商业特色街。前海西街、前海北沿、后海南沿、西海北沿等临水街巷的酒吧、咖啡店成为什刹海旅游的观光热点。

此次清查范围内的322家餐饮业单位中，经营业态多样，涉及中西正餐、快餐、酒吧、茶馆、咖啡馆、小吃等。经营特色小吃的餐饮单位数量达到20%，以护国寺小吃店为主导，在护国寺小吃街聚集了北京、新疆、四川、陕西等小吃店16家，深厚的京味文化底蕴为护国寺小吃街奠定了人文、社会与消费的基础。

第四，经营场所多为租用。此次清查范围内的2128家单位中，有66.2%的单位的经营场所为租用。且在此次清查中，对单位进行的关于租金等情况的调查结果显示，部分租户对租金等呈现大体满意的态度。什刹海景区地理位置优越、民俗特色突出，是吸引大多企业和个体经营户选择在此经营的主要原因。他们对近年什刹海景区内的投资环境持满意态度的比例达62.5%。虽然有相当一部分租用商户反映租金较贵，但由于其较好的地理位置和环境优势，仍然有45.8%的单位对目前的店铺租金水平持满意态度。①

根据2020年《北京市西城区第四次全国经济普查主要数据公报（第五号）》，西城特色产业功能区及新兴产业的主要数据如下：2018年，特色功能区（包括中关村科技园区西城园、北京金融街、大栅栏琉璃厂区域、天桥演艺区、什刹海阜景街区域、马连道街区、西单商业区），共有第二产业和第三产业法人单位16409个，资产总计837456亿元，负债合计665673.2亿元，全年实现营业收入20570亿元。② 2018年上述西城特色产业功能区以全区36%的法人单位，创造了全区73.8%的营业收入。其中，什刹海阜景街区域共有第二产业和第三产业法人单位3238个，资产总计1705.4亿元，全年实现营业收入288.7亿元。营业收入占比居前五位的行业分别是批发和零售业，租赁和商务服务业，金融业，住宿和

---

① 《关于什刹海景区监测情况的报告》，https://www.bjxch.gov.cn/xcsj/xxxq/pnidpv785 267.html，最后访问日期：2011年5月28日。

② 《北京市西城区第四次全国经济普查主要数据公报（第五号）——特色功能区及新兴产业基本情况》，https://www.bjxch.gov.cn/file/20200416/1587009345168075442.pdf，最后访问日期：2020年4月16日。

餐饮业，文化、体育和娱乐业，合计 250.8 亿元，占该区域营业收入的
86.9%（见表 7-1）。什刹海各种类型的消费场所和消费活动如表 7-2
所示。

表 7-1　2018 年什刹海阜景街区营业收入居前五位的行业发展情况

单位：家，亿元

	法人单位	资产总计	负债合计	营业收入
批发和零售业	1050	227.3	125.9	161.7
租赁和商务服务业	569	609.8	208.4	36.5
金融业	45	329.3	208.3	30.7
住宿和餐饮业	290	16.4	10.7	12.5
文化、体育和娱乐业	233	47.5	15.9	9.4
总计	3238	1705.4	794.5	288.7

资料来源：《北京市西城区第四次全国经济普查主要数据公报（第五号）——特色功能区及新兴产业基本情况》，https://www.bjxch.gov.cn/file/20200416/1587009345168075442.pdf，最后访问日期：2020 年 4 月 16 日。

表 7-2　什刹海各种类型的消费场所和消费活动

消费类别	举例	主要消费者	空间形式
胡同游、水上游	特许经营的胡同游、水上游经营公司	国内外游客（特别是短期游客）	三轮车、摇橹木船、游览路线
老字号、传统小吃	烤肉季、爆肚张、九门小吃、孔乙己酒楼等	国内外游客	沿街店铺
旅馆/宾馆	鑫园旅馆（原为澡堂）、国际青年旅社等	国内外游客	改造后的建筑
酒吧、特色餐厅	酒吧一条街	都市白领、年轻人	由传统民居改造成的带有各种文化象征意味的消费空间
特色商业街	烟袋斜街上的特色小店	国内外游客、都市白领	经过改造的百年老街
四合院参观/住宿	"奥运人家"/"北京人家"	国内外游客	私人四合院部分改造
私房菜、高档会所	什刹海会馆、小王府、梅府家宴等	国内外名流、商务精英、高收入群体	投资改造的大面积四合院或仿古建筑
文物景点	恭王府、宋庆龄故居、钟鼓楼等	国内外游客	传统建筑、重点文物保护单位

资料来源：笔者自制。

二 "胡同游": 从"禁区"到"景区"

(一)"胡同游"的诞生和发展

随着来北京什刹海胡同参观游览的游客的增多,北京胡同文化发展公司的创始人徐勇看到了商机。他于1993年向北京市政府有关管理部门提出成立胡同文化发展公司。从"让外国人理解新北京,了解老北京"这一原则出发,1993年3月,北京市人民政府外事办公室批准成立北京胡同文化发展公司,准许其以三轮车为特色交通工具,开展旅游经营。北京的第一家胡同游览公司就这样诞生了。"胡同游"服务的主要线路为:从北海后门出发,途中主要经过钟鼓楼、银锭桥、恭王府、四合院的居民家等。1994年之后,《人民日报》(海外版)、《中国旅游报》、《中国日报》、《北京日报》、《北京晚报》、《北京青年报》、《南方周末》等国内各大报刊广泛报道了"胡同游"服务项目,大大提升了"胡同游"的海内外知名度。2000年4月28日,北京胡同文化发展公司更名为北京胡同文化游览有限公司,从事胡同游览、设计制作销售胡同文化纪念品、组织胡同文化民俗活动等。

随着旅游业务的不断扩大,该公司对三轮车的外观装饰、车夫的服饰和旅游线路进行了统一,使"胡同游"产品不仅具有民族特色,而且逐步走向规范化。该公司在从事"胡同游"服务之初,设计了区别于通用人力三轮车外形的三轮车外观及车工服饰,使之既有民族特色又符合北京胡同地域的风格特点。通用人力三轮车外观为:灰色车架,蓝色车厢,蓝白条相间的篷布。"胡同游"人力三轮车的外观为:黑色车身,红色车篷,车篷背后为白字("到胡同去""TO THE HUTONG")。车工服饰为:上装是黄色马甲,衣襟为三排黑色布祥,两侧各由四个黑色布链相连,马甲背后为一红底黄字("胡同文化发展公司")及一黑色人力三轮车图样;下装为黑色灯笼裤;帽子冬天为乌毡帽,夏天为草帽。上述特色视觉形象设计扩大了"胡同游"的品牌知名度,随之也引起其他旅游公司的仿冒追随。2001年该公司一度与仿冒公司之间打了一场关于不正当竞争和侵权的法律官司并获得胜诉。

北京胡同文化发展公司在成功推出"胡同游"项目五年后,于1997

年 7 月又在沉寂了上百年的什刹海推出"什刹海水上游"项目。"什刹海水上游"项目主要包括三项：一是王府名人故居游（宋庆龄故居、恭王府）；二是夏日傍晚逍遥游（好梦江南）；三是水陆配合胡同游。在什刹海研究会和景区管理处的支持下，该公司推出的"好梦江南"水上游项目一度成为京城旅游的又一品牌：艄公摇着橹，小姐演奏着民间乐曲，泛舟什刹海宽阔的水面上，欣赏周围地道的老北京风光。

该公司对"胡同游"是这样介绍的①：

> 胡同游览活动，改变了到北京的外国游客只去故宫、颐和园、十三陵、天坛等反映帝王生活历史景观参观游览的老传统，开创了用老北京特色人力三轮车，把游客带进胡同，到普通老百姓家里去，了解平民老百姓生活历史的极有意义和趣味的旅游形式和新项目。
>
> 胡同游览活动的意义在于使游客了解老北京，了解胡同里平民百姓的生活和传统。这项活动的主要游览区域位于北京城市中心依旧保持着古老风貌的什刹海地区。这里是老北京最美的地方。
>
> 自然环境美：由北京城内最古老的水域，晴天里站在古老的银锭桥上，遥望远处山影倒映在水面上，两岸垂柳随风摇动。
>
> 人文环境美：有王府、寺庙和名人故居环湖罗列。登上有 700 多年历史的钟鼓楼向下看，绿树掩映之间的一条条胡同，曲折富有变化。
>
> 民间生活景象丰富：儿童玩耍传统游戏，老人遛鸟下棋，小商贩设摊叫卖各种传统商品，等等。

"胡同游"创办人徐勇有一次在接受媒体访谈时介绍了"胡同游"项目的来龙去脉②，从亲历者的角度比较完整地反映了旧城的胡同从早期官方和民间眼中非现代的、"落后"的甚至"破烂"的象征如何转变为后来代表地方的、民俗的文化载体并成为市场力量眼中具有巨大商机

---

① 北京胡同文化游览有限公司：http://blog.sina.com.cn/hutongtu，最后访问日期：2011 年 3 月 26 日。

② 《北京七九八时态空间总经理徐勇做客"1039 茶馆"》，千龙网，http://medianet.qian-long.com/7692/2004/12/21/33@2433925.htm，最后访问日期：2004 年 12 月 21 日。

的"文化产品"。这次访谈能折射出时代的许多鲜明特点，很有研究价值，故完整收录如下。

主持人：欢迎走进"1039 茶馆"，我是主持人王世玲。听众朋友，在今天的节目中我们继续为您送上创业者系列报道。今天走进我们节目的创业嘉宾是北京胡同游文化游览公司总经理和北京七九八时态空间总经理徐勇。

您在北京住了很久吗？

徐勇：算起来大概有 38 年，11 岁的时候跟着家人从上海到北京，从此就成为北京人了。

主持人：徐勇，1954 年 1 月生于上海，1978 年毕业于河南工学院，1993 年创办北京胡同文化发展公司，2002 年参与发起创立七九八文化艺术园区，创办七九八时态空间。其作品被国内外多家艺术博物馆和个人收藏，曾获得法国阿尔卡特艺术摄影特别奖等多项世界顶级奖项。

主持人：实际上您是从十几岁的时候才来到北京，不是土生土长的北京人？

徐勇：对，我出生在上海。

主持人：但是您为什么就把创业的最初定在胡同，这个题材一般是土生土长的北京人有时候都不敢去接触的，因为它实在太博大精深了。

徐勇：这是一个偶然的机缘吧。因为我小时候生活在上海的弄堂里，11 岁随家人到北京来的时候，住在东四头条的一个四合院里，仅仅住了一个月的时间，后来很快就搬到建外社科院的宿舍里，所以我对胡同实际上没有很深的印象，更谈不上从理性上对它有所认识，我说的是以前。真正对胡同的了解是缘起于我给美国一家电视台拍摄的一部叫《中国画》的电视片，在这部片子里我们拍摄到徐悲鸿、齐白石的故居。他们的故居当时都在胡同里，从寻像器的镜头里……后来我看到的胡同当然和我 11 岁时住的四合院，那时候的印象完全不一样，比如说看到不同的石阶、石阶的高低，不同的门墩，门楼的大小，等等，都代表主人身份地位的不同，代表社会的差异、人间的不同。从那时候开始我才对胡同从理性上愿意去理解它。

主持人：有兴趣了？

徐勇：对，有兴趣了。

主持人：您刚才说的包括石阶，包括门墩，实际上这些东西它就存在于我们的生活中，胡同这么长时间也一直在那儿，但是很少有人会像您一样有这么多的兴趣。

徐勇：是，可能一个外地人对胡同更有一种新鲜感，而土生土长的北京人久而久之就视而不见了。

主持人：也有可能。

徐勇：在拍摄的时候确实内心对胡同充满着一种情感和想象，但是我自己觉得胡同总体来说给我的生活的感觉还不是最强烈的，因为我没有在里头生活过。我记得我小时候生活在上海的弄堂里，那时候在立春过后，它就特别阴暗潮湿，老百姓都生活在弄堂的公共空间里。但是胡同、四合院不一样，一出门视野开阔，一年四季景色变化非常丰富，这就是胡同给我的初期的印象和感觉。

主持人：这个感觉在你来讲，如果从外地人的角度来讲确实非常特别，但是从文化产业的角度来讲也非常有自己的特色，同时其中也孕育着一些商机，是不是这样？

徐勇：应该是这样，但是我觉得在我做胡同游览之前，很少有人去关注胡同。

主持人：所以这是我要问您的下一个问题，您当时是怎么想起来把老北京司空见惯的这个胡同变成一个做生意的所在？

徐勇：像我一开始讲的，其实我对胡同的关注是因为一个偶然的原因，就是一开始在1986年的时候拍摄《中国画》这部专题片。那么在那部片子结束之后，我有一个愿望就是用照相机的镜头去记录北京的胡同，但是这个想法一直到1990年才实现。在1989年到1990年，我大概用了一年的时间，骑着自行车在北京的大街小巷转，就是拍摄和记录胡同，后来我出版了一本叫《胡同壹佰零壹像》的书。

主持人：那本书非常有名。

徐勇：那本书在社会上引起了比较大的反响，从此以后我就和胡同结了缘，后来很多外国人请我去给他们讲解老北京的胡同、四合院。那时候胡同对于很多长住北京的外国人来说，是非常神秘的地方。因为那时受观念、意识形态等多方面因素的影响。胡同在北京人的眼里是一种破烂，像是一种用旧了的生活器具，它不能轻易地展示给外国人，所以那时候外国人如果进入胡同，老百姓都会用一种警惕的眼光注视他。

主持人：有一种心理上的抵触。

徐勇：对。如果他拿照相机去拍照的话，联防人员就会主动上前，问他"你要干什么"。

主持人：对，就要干涉。

徐勇：把照相机强行拿过来，甚至把胶卷曝光，等等。所以那时候北京虽然都开放了，但是外国人进入胡同似乎还是个禁区。

主持人：是，而且直到您出版那本书为止，您的事业在那个时候还是停留在一种纯粹的文化领域。

徐勇：对。

主持人：萌生这种把胡同游作为一种产业去用心经营的想法，是在什么时候？

徐勇：这个想法的缘起是我带着外国人去胡同参观游览，因为我给外国人讲解完胡同以后，他们兴趣非常大，非要请我带他们去胡同里游览。每次去的时候，除了自己去，他们还招呼其他公司、其他机构的外国人一起去，大家兴趣都非常大，通常我把他们带到鼓楼周围的胡同那边去游览。

主持人：为什么？是因为你那里有朋友、有熟人？

徐勇：不是。因为觉得以我对北京胡同的了解，鼓楼周围的胡同，特别是后海一带的胡同，在北京的胡同里是闹中取静，而且由于水系的原因，胡同曲折富有变化，同时老百姓生活感很强。

主持人：很完整。

徐勇：它那边除了自然风光、人文环境好，就是老百姓的生活景象非常丰富，同时又比较安静，最适合游览参观。那时候我记得每次都是从烟袋斜街进去，然后穿出去以后游览南、北官房胡同，大、小金丝桃胡同，游览完了以后再从羊坊胡同一直穿到德胜门内大街，大概每次走路都要走几公里，走得很累，两条腿像灌了铅一样，就是很累很累。

主持人：一边走一边说。

徐勇：对，一边走一边讲解，外国人兴趣就非常大。这样一个过程，使我突然有了一个想法，就是说感觉到胡同不仅是简单的北京人文历史的载体，同时它还可以作为一种旅游场所，一种有价值的文化产品，把它推荐给外国人。所以从那时候，我就有了一个特别的想法，就想专门创办一个胡同游览公司，把胡同作为景点，以一种特别的交通工具或特别的形式，带外国人去胡同参观游览。

主持人：最初这种想法，有人说过是异想天开吗？

徐勇：当然了，那时候很多人觉得你这个想法有病。首先北京有这么多名胜古迹，这么多现代化的景点，胡同是北京的破烂啊，不可能作为游览景点，也没有人愿意去参观游览胡同。

主持人：他们认为没有人。

徐勇：对，这是一个最起码的想法，几乎所有人，我的朋友、家人，周围的同事还有社会上很多人，特别是政府管理部门，那就更不赞同了。他们不仅觉得胡同是个破烂，还觉得这个项目创意可能会打破很多清规戒律，最好别展示给外国人，因为它可能对北京形象带来负面影响。同时有关的一些规定，比如北京有些外事纪律的一些规定，外国人要进入胡同参观，首先要经过外办，外事部门批准，由专人陪同到一些指定的老百姓家里去，是作为一个政治任务来接待的。所以没有外国人自己可以进入老百姓家。那时候北京的旅游就是看故宫、十三陵、颐和园等五大景点，都是反映帝王生活的历史的，没有一个反映普通百姓生活的历史景点。

主持人：当时的旅游界好像还没有民俗旅游的这种概念。

徐勇：民俗旅游可能是有，但是没有那么具体。当然在北京就更没有想到胡同可以作为游览的景点。

第一次推出胡同游是在1994年的10月9日，那时候我们是作为一种宣传，免费带领北京的很多外国人进入胡同去游览参观。当时主要的客人来源于使馆、驻北京的商社等机构，外国人参加这些活动都非常兴奋，因为他们自己不可能，除了个别人走进胡同偶尔看一看，还是抱着戒心，偷偷地看，这样一种胆怯的心理，公开组织游览从来没有过。所以他们对组织游览参加这种想法本来就非常感兴趣。当然他们到了胡同以后，就可以非常轻松大胆地进入老百姓家，而且这种进入并不是说我们事先选好老百姓家庭，感觉各方面没有问题，才让外国人进去。我们是很随意的，你愿意进入哪家就进入哪家，你愿意进入哪个院就进入哪个院。

主持人：老百姓的反应怎么样？

徐勇：老百姓一开始的反应嘛，当然第一次嘛，他们也觉得很新鲜，但是后来把它作为一个游览项目了，一开始他们的反应也不是一样，有的觉得非常好，但是也有很多老百姓觉得这样做是不是不妥，对我们的生活有干扰、有影响。

主持人：但是很快就过去了。

徐勇：这个也用了一段时间。整个胡同游的推出大概用了两年多的时间，可以说费尽周折。一开始就是出于各方面的不理解，普通老百姓的不理解、朋友的不理解，另外还有一些管理部门的不理解。所以这个活动当时我推的时候，写了无数报告给各个部门，但是一般都给打回来了，没有被批准。后来我们自己提出一个理论，就是说，首先胡同不是破烂，是北京人文历史的载体，是北京城市形象和建筑的基础，是老北京人生活历史的一个博物馆，是活的化石。它不像故宫、颐和园会人去楼空了，只剩下空洞的建筑。胡同是活生生的，是北京人生活历史的证据。

另外，我们提出最重要的一个观点是，你现在要展示自己改革开放十多年来的形象，你不能让外国人只看二环路以外的新北京，你还要让他了解老北京。如果他不能够了解老北京，他对你今天新的北京就不会理解，你的现代化建筑不如外国好，不如西方发达国家的好，而且你这个建筑也不够多。但是如果他能了解到十几年以前，北京城市的主要环境和建筑是这样的胡同，而且短短十几年你的现代化速度这么快，这样一种对比之下，他就会由衷的感动，了解北京的这种发展和建设。所以我们就提出一个口号叫"了解老北京，理解新北京"。在这种情况之下我们就写报告给北京市政府，当时的北京市领导很快就批了我们这个报告，由市政管委出面给我们协调各个部门，最后使胡同游得以顺利推出。这个过程大概用了两年多，是在市领导的支持下才做了这件事。

主持人：现在胡同游是我们北京游、地方游的一个保留的项目了，不但外国人来、外地人来，而且他们也非常感兴趣，胡同游非常成熟了，但是您又转型了。

徐勇：怎么说呢，胡同游真正的成熟也是经过了两三年的运作，到现在已经十多年了，我们大概接待了70多万外国游客。其中还包括像克林顿夫人、叶利钦夫人、桥本龙太郎、比尔·盖茨这样一些世界级的著名人物，已经成为北京旅游的一个品牌项目。外国人到北京来有四句话：登长城、逛故宫、吃烤鸭、逛胡同。所以它已经是一个很著名的产品。同时它也推动了什刹海地区的发展，什刹海能有今天，我觉得跟胡同游当年的开发是分不开的。

主持人：绝对分不开的。

徐勇：分不开的，它就像烧开水一样，一个事要等它沸腾，或者一个事情要等它爆发，它有一个积蓄的过程。

主持人：有一个过程。

徐勇：就像烧开水从0度烧到99度，最后那一下它就开锅了。像去年"非典"，突然给像什刹海这样的室外环境带来了一个机遇，使它一下子就像一个干柴似的点了一把火着了起来，现在什刹海整个的旅游都非常好，当然这都是在西城区政府的努力支持和对环境的建设、管理之下，最后形成了这样一个局面。

主持人：但是从创业的角度来讲，一个事情、一个事业在它原先从零的角度来讲，把它慢慢变成一锅开水，已经烧得近乎沸腾的时候，按说创业者本人应该是非常骄傲、非常自豪的，而且也有理由去享受这份事业变成这个现状以后带来的很多东西。

徐勇：应该是这样。但我觉得，从我自己来说，我一般不愿意做重复性的事情，像胡同游这个产品已经很成熟了，那么我自己再继续这么做，而不去做新的事情，我觉得有点可惜，对我来说就停止了。这样的话，我在前年的时候，就把注意力转向北京东边的七九八大山子这个地区，因为那个时候这个地区有一片很大的空闲厂房，就是原来七九八联合厂，酒仙桥地区最著名的电子管企业。

主持人：您把注意力投到了那儿，而且把注意力也投到了文化产业方面：当代艺术。

徐勇：对，胡同游当然也是个文化产业，但是它跟七九八不一样。

主持人：完全是两种东西。

徐勇：七九八的内心或者内涵是现代文化艺术，特别是当代艺术。

主持人：但是胡同游是我们民俗文化的一种精髓。

徐勇：对，它和传统的历史文化和北京700多年的城市文化结合得比较密切，是传统文化资源和现代旅游概念、时尚概念相结合的一个产品。

主持人：如此大的跳越，也很有挑战性。

徐勇：确实是这样，但是本质上它们又有共同之处，都是利用一种人文资源，一种在北京甚至在中国最丰富的人文资源，而这种资源往往很廉价。比如说当年我们创办胡同游的时候，那胡同人家看上去很破，我们对胡同的介入，等于说利用它原本的这样一个价值，然后进行创意性、创造性的转换，把它推向高端市场。现在做这个七九八艺术区，同样也是利用了废旧的工厂资源。这个资源同样也是跟历史、文化有着密切的关系，代表着新中国五十多年的工业历史。厂房建设也非常有特色，所以它仍然像胡同游这种有历史文化价值的遗迹一样，也是利用了它这样的一种文化内涵。

主持人：但是这种价值、这种文化内涵在当时是被忽略的？

徐勇：对，一开始的时候大家都看不清，觉得它像胡同一样，也是北京的破烂，应该被拆除，应该盖成新的楼房，等等。因为根据十年前的规划，那个地方就应该把旧厂房拆了，盖成新的电子城，高楼大厦的景象。

主持人：当时介入七九八的时候，您遇到了像当年推动胡同游的时候那种阻力吗？

徐勇：这个好像比胡同游好得多了，没有人觉得我们租用厂房把它改造成和现代文化艺术、现代生活有关的艺术区，有什么太大的问题。当然从当时业主方七星集团的角度来说，他们也是作为一种临时性的过渡，把一些闲置、基本废弃的厂房临时性地租给我们。未来他们打算把它拆掉，但是他们并没有想到短短两年时间会形成这么大的艺术区。

主持人：现在这个地方的规划是什么，您了解吗？

徐勇：现在的规划还没有最终确定，按照十年前的规划它要做成高科技园区。但是现在这种发展趋势之下，我觉得大家都会对它做出新的判断，这样的厂房是不是就应该拆掉，把它盖成新的高楼大厦。

主持人：它现在的价值到底应该怎么去考量？

徐勇：决策由政府决定，但是形成现在的规模，我觉得完全是在改革开放十多年来政策的影响之下，最后形成的这么一个区域。这个区域是非常可贵的，对于北京，甚至对于中国的现代文化艺术，都有很重要的意义。

主持人：北京是一个文化的大都市，我想这一点所有的人都会知道，而且也都会珍惜。

徐勇：对，北京首先是政治、文化的一个城市。

主持人：以上您听到的是"1039 茶馆"系列报道创业者。听众朋友们，今天的节目到这里就要和您说再会了，主持人王世玲感谢各位的收听，明天同一时间我们再会。

随着"胡同游"知名度的提高，更多的开发投资商看好"胡同游"旅游项目的发展前景。1999 年之后，先后有北京富莱茵国际旅行社有限公司、北京四方博通旅游文化发展有限公司、北京祥益鑫文化艺术有限责任公司、北京柳荫街胡同游文化发展中心、民间工艺美术文化坊、北京天路通文化交流有限公司、北京禧缘祥胡同文化旅游有限公司、北京古垣人力客运三轮车胡同游览有限公司在什刹海及周边地区经营"胡同游"。另外还有一些没有注册的车队进行经营。为了进一步发展壮大"胡同游"，2001 年 8 月，在西城区人民政府的牵头引导下，北京胡同文化发展公司在原有基础上进行重组，并与首都旅游股份有限公司、什刹海风景区管理处三方共同投资组建了一家新的北京胡同文化游览有限公司。

(二)"胡同游"的社会效益和经济效益

"胡同游"作为具有京味特色的旅游项目,受到越来越多的旅游者的喜爱。"逛胡同"与"登长城、看故宫、吃烤鸭"一起并列成为各大旅行社吸引外国游客的金字招牌,成为北京一项颇具影响力的旅游活动。那么,"胡同游"作为一个新兴的旅游项目,为什刹海地区的旅游发展带来了怎样的经济效益和社会效益呢?

首先,"胡同游"让更多的人了解了北京,了解了普通百姓的生活。当许多来自不同国家、有着不同肤色、操着不同语言的游客来到北京,他们在慨叹和观赏故宫的恢宏、天坛的精美、长城的雄伟的同时,也更想了解和感受北京这个五朝古都的现代文明与古老文化。当乘坐具有民族特色的三轮车穿行在什刹海的时候,他们可以同时感受到北京厚重的历史文化和日新月异的变化,以及普通百姓的日常生活。"胡同游"成为京味文化的一个展示窗口。

其次,"胡同游"带动了什刹海地区旅游经济的发展。自北京第一家"胡同游"公司成立以来,"胡同游"对扩大什刹海旅游景区在国内和国际上的知名度起到了积极的作用,促进了什刹海地区旅游经济的发展。据统计,2003 年,什刹海地区五家旅游景点接待游客数量为:恭王府花园 50 万人次,门票收入近千万元;宋庆龄故居 9 万人次,门票收入180 万元;郭沫若故居 3.4 万人次,门票收入 27.2 万元;钟鼓楼 10 万人次,门票收入 350 万元;德胜门 9 万人次,门票收入 90 万元。什刹海地区参加"胡同游"的居民,2002 年每户平均年收入达到 5000 元。胡同文化游览公司的旅游收入逐年增长。从 1994 年开始,"胡同游"平均每天接待游客达 200 多人次,先后接待了包括许多国家元首和比尔·盖茨等世界知名人士在内的 70 多万人次,大部分游客来自欧美地区。[①]"胡同游"作为什刹海的龙头旅游项目,带动了整个什刹海地区旅游业的发展。现在什刹海附近已有酒吧、茶馆 90 多家,每到夜晚游客云集。这里成为一处传统与时尚文化共存、历史与现代相融的旅游场所。

---

① 《关于"胡同游"升级换代的思考》,http://www.bjxch.gov.cn/pub/xch_zhuzhan/xcoa/znbm/lyj/jhzj/200612/t20061207_1071931.asp,最后访问日期:2016 年 12 月 7 日。

　　在"胡同游"项目开发之前，恭王府、郭沫若故居、宋庆龄故居和钟鼓楼是很少有人光顾的。刚开始时，鼓楼的管理者将房子租出去用作棋牌室等娱乐场所，因为他们不相信会有游人到这里来，所以连门票都不收。而现在鼓楼的门票已经从无到有，从 3 元一直涨到 20 元，且游人如织。其他景点的门票也纷纷上调。什刹海地区景点的知名度也越来越高。

　　最后，"胡同游"解决了部分人员的就业问题。"胡同游"不仅带动了什刹海地区旅游经济的发展，还为当地部分下岗职工以及刑满释放人员解决了就业问题。北京胡同文化游览有限公司 2004 年有员工 150 人左右，其中帮助政府安置了约 70 名 50 岁以上的社会上的三轮车工（其中50% 为刑满释放人员），并给他们缴纳了各种保险。北京富莱茵国际旅行社有限公司在租用西城区德外煤厂 100 余平方米闲置厂房作为"胡同游"经营场所的同时，还接纳了该厂 20 余名转岗职工就业。经转岗培训后，职工统一了着装，统一了标识，集体出车、收车，受到多方好评。

　　从 2000 年到 2005 年，北京胡同文化游览有限公司接待游客总数、外宾人数、营业额均翻了一番，而且上缴利税也增长了近 3 倍（见表7 - 3）。

表 7 - 3　2000 ~ 2005 年北京胡同文化游览有限公司经营情况

单位：元，人

年份	接待游客总数	外宾人数	营业额	上缴利税
2000	100573	89107	4502641	390872
2001	108201	91023	4717228	588860
2002	124503	100069	5366366	703610
2003	—		—	
2004	174304	130089	7244594	914693
2005	226566	168115	9307972	1161660

资料来源：西城区统计局，其中 2005 年的数据截止到该年度 10 月份。

　　但需要指出的是，在"胡同游"项目发展的鼎盛时期，三轮车夫主要来自不同省份的外来流动人口。他们有的名义上挂靠在某些旅游公司下面，有的就是身兼车夫与"导游"双重身份的自谋职业者，一方面随机招揽游客，另一方面又和政府执法力量进行博弈。2008 年实行"胡同游"特许经营制度后，很多车夫就失去了原先并不稳定的工作。

（三）小结

从上文的采访中我们可以看出，以徐勇为代表的民间力量在什刹海地区人文内涵的挖掘和再利用过程中起到了不可替代的作用，甚至可以说是"重新发现"了什刹海新的文化价值，并且将这种新的文化价值最早转化为市场价值。而这种"重新发现"和转化是借助了作为"他者"的外国人的眼光才得以实现的。胡同和四合院这种传统民居过去从官方和民间的视角来看均被视为"落后"甚至"破烂"的代表而被加以"隐藏"，以免影响了首都的"形象"。徐勇本人也经历了对胡同文化意义的再认识和提高过程。他敏锐地捕捉到其中蕴含的巨大商机，并通过新的"理论构建"对当时的地方政府和官员进行游说和说服，克服了当时意识形态和观念上的重重阻力，实现了将胡同从"禁区"转变为"景区"的性质转变，而外国人则是"胡同游"这一新型文化商品的第一批消费者。

"胡同游"的诞生和胡同从"禁区"走向"景区"，反映出以下重要特征。

第一，以外国人为最初和最主要的消费者，这一点至关重要。因为"胡同之美"在很大程度上是借助"他者"的视角来重新审视和发现自身的文化价值，从而变平凡为精彩、化腐朽为神奇的。在外国人（特别是西方国家）的眼中，现代化的高楼大厦是发达国家普遍拥有的，胡同和四合院才是北京独一无二的，而且从中可以了解普通老百姓的日常生活。胡同深处才是老北京的魂。

第二，以北京老百姓传统的日常生活为主要卖点，这与第一点密切相关。因为外国人更愿意去了解和发现中国人真实、鲜活的日常生活状态，而不是官方的宣传材料。此时，被"商品化"的不仅是作为空间/场所的物质形态（胡同肌理、水面），而且老百姓的日常生活也被"商品化"了（更为典型的例子是近年来在巴西、印度等国家出现的所谓"贫民窟旅游"项目）。二者密不可分。

第三，"胡同游"最初创立时曾受到当时官方保守意识形态（害怕普通老百姓与外国人直接接触）和"现代化"观念（将胡同、平房视为城市"落后"甚至"丑陋"的一面）的阻碍，但同时又因政府的支持而得以最终成立。随着"胡同游"项目带来的经济效益和社会效益日益凸显，地方政府越发积极地参与空间的生产，主要表现在对"胡同游"公司的投资重组（通过国有企业）、政策支持和环境整治等方面。由此，地方政府对"胡同游"的态度从"为耻"彻底转变成"为荣"。更值得注意的是，对政府而言，"什刹海"甚至已经成为一种外交手段，"什刹海外交"或"胡同外交"已经逐渐成形。

第四，"胡同游"的开发真正开启了什刹海空间消费的历程。它首次因将积淀的历史文化特别是地方生活文化转化为商品而被"激活"，由此带动了后来的酒吧、餐饮、会馆等多种以胡同、四合院为空间载体的商业模式和消费模式，而且整个什刹海地区也经历了由日常空间转变为商品生产并进而过渡到商品化的过程。

第五，从发展"胡同游"项目开始，什刹海地区就逐步从一个"地方性""封闭"的空间向"国际性""开放"的空间转变。

三　酒吧街的兴起：卖"文化"的酒吧①

什刹海酒吧街的兴起在很大程度上得益于2003年"非典"疫情刺激下人们对室外开放休憩空间需求增强的契机。2003年12月12日，北京市西城区工商业联合会什刹海商会成立，环"三海"（前海、后海、西海）水边区域80余户经营餐饮业、酒吧、茶艺、小工艺品的商家中有60余家企业负责人成为商会的第一批会员。

（一）什刹海酒吧发展概况

什刹海自古就是繁华之地。作为故都，"前朝后市"的格局就决定了它应该是一个大市场。元建大都时，这里是漕运码头，朝廷运粮的船队和商船帆樯林立，非常繁忙，岸边茶楼酒肆鳞次栉比，生意兴隆。所谓"饼铺饭馆云集，酒旗绵延数里"。这种繁华景象直至清末民初才渐渐冷落下来。这样的宁静持续了上百年，很多老北京人已经习惯了它的文静雅致、阴柔秀美，直到什刹海酒吧街的兴起才打破了这种宁静。

---

① 本部分写作较多地参考了媒体的报道，具体参考情况在脚注中标出。

1. 默默"无名"的酒吧鼻祖

据媒体报道，什刹海最初一家酒吧的开办者叫白枫。1999年，白枫和几个朋友筹划拍一个关于什刹海的纪录片。为了拍片方便，白枫便租了临海的一幢民宅。房子面积不大，只有60平方米左右，但是位置不错，挨着银锭桥，风景极好。隔桥西望，天气好的话能看到黛色的西山剪影，古人将之纳入"燕京十六景"，称为"银锭观山"。整天在什刹海待着，白枫很快爱上了这个地方。纪录片拍完之后，他没有把房子退掉，而是在朋友的建议下，将其改装成一家小酒吧。次年6月，酒吧正式营业，白枫也由此成为什刹海酒吧第一人。白枫说，什刹海在最初的时候非常安静，他在装扮酒吧的时候想尽可能让其成为什刹海的一部分，而不是显得那么独特。①

白枫的酒吧既没有像后来的酒吧那样有浓厚的商业气息，也谈不上经营上的成功，甚至在开张之后连名字都没有。在媒体的报道中，白枫自认为是一个没有经营头脑的人，有些随遇而安，后来的酒吧名字"NO NAME"也是外国朋友帮忙取的（或者被称为"老白的吧"），因为他们约朋友的时候只能这样称呼这个无名酒吧。酒吧的开业给周边的当地居民带来了新鲜感。在很长一段时间里，酒吧更多的是白枫和他朋友聚会的场所，另外还有不少外国人以及在这里长大回来寻找童年记忆的人。虽然酒吧给周边的居民带来了新鲜感，但当地居民的收入水平还是难以达到酒吧的消费水平，比如一瓶普通的青岛啤酒要比外面普通商店里的价格贵好几倍。

这处平房在外观上非常朴实，甚至显得有些破旧。平顶，外墙涂着灰色的涂料，还盖着防雨的油毡；内部也没有豪华与时尚的装潢和喧闹的乐队驻唱，以至于很多人经过时会忽略它的存在，不相信这里就是无名酒吧。酒吧和周围的环境融为一体，并无违和之感，不张扬、简单和安静恰是其个性所在。其实，和无名酒吧类似，什刹海早期开张的酒吧在装修陈设、背景音乐等细节处理上不张扬，体现了安静温馨的气氛，与什刹海的大环境非常协调。后来随着酒吧数量激增和竞争加剧，某些

① 何宽：《在什刹海的沉浮》，新浪财经，https://finance.sina.com.cn/leadership/sxyxq/20090729/14326544188.shtml，最后访问日期：2009年7月29日。

酒吧采取了哗众取宠迎合消费者的做法，闹吧开始出现。在装修和驻唱上竞相攀比、设置最低消费水平、路边拉客的现象也一度盛行。

2. 酒吧的迅速兴起和无序扩张

应该说，什刹海酒吧的兴起与"胡同游"有非常密切的关系。准确地说，酒吧的兴起在很大程度上是"胡同游"推动的结果。什刹海的优美自然风光和浓厚的历史人文气息都令很多游客心驰神往，酒吧的兴起正是为了迎合游客歇脚、坐下来欣赏风景的需要。它最初是自发兴起的，而不是地方政府直接规划的结果，但政府对什刹海地区的营销活动确实起到了推波助澜的作用。

2002 年首届什刹海旅游文化节取得成功以来，这一带的商业旅游被政府的营销宣传充分带动了起来，开发投资商发现了什刹海的商机。2003 年的"非典"，促使人们追求自然、清净又有情调的休闲方式。什刹海一带碧水环绕、浓荫匝道、古朴醇厚的气息，恰恰满足了人们的这种需求。而且专家建议不要待在群体性的封闭空间里，空气不流通容易造成关联感染。于是那段时间，几乎所有的人都不敢再去夜店，三里屯变得异常安静，很多酒吧老板不得不歇业关门。与此形成鲜明对比的是，去什刹海的人突然比之前多了数倍：不甘寂寞的人们无处打发时间，于是相约来到什刹海的柳荫下散步或者泛舟。

随着"坚果""朝酒晚舞"等一系列店面落成，酒吧以银锭桥为中心迅速扩张占领了什刹海。开一家，火一家。酒吧老板在 2003 年成为什刹海最风光的群体。那一年的什刹海就像一个聚宝盆，可以被挖掘的财富似乎无穷无尽。闻讯而来的人不需要做过多的准备，有钱就可以"上阵"，数月就可以回本。这种煽动效应是如此之大，以至于许多三里屯的酒吧老板也弃店乔迁于此。从 2003 年起短短半年时间，什刹海的酒吧就从后海南沿到前海北沿连成了一片，数量最多时达 137 家，大大超出了人们的预计。什刹海酒吧商会资料显示，2009 年注册酒吧会员比 2008 年增长了 40%。①

从 2002 年开始，什刹海忽如一夜春风来，环湖酒吧相继开。在传统

---

① 何宽：《在什刹海的沉浮》，新浪财经，https://finance.sina.com.cn/leadership/sxyxq/20090729/14326544188.shtml，最后访问日期：2009 年 7 月 29 日。

文化底蕴的烘托下，酒吧给什刹海添加了现代的元素。中西结合、古今交错、文化与经济融合、白天与黑夜迥异、安静与喧闹的反差……这些既是什刹海经营模式与发展模式的特色，也备受争议。有些人将酒吧看作适应时代发展的自发创新，也有些人将之视为破坏什刹海环境的畸形模式。

图 7-1 某酒吧屋顶露台

资料来源：图片由笔者摄影并提供。

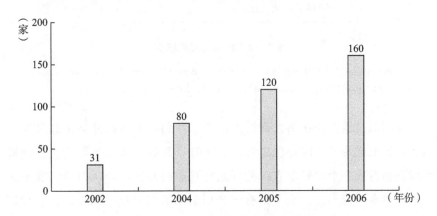

图 7-2 2002~2006 年什刹海酒吧的数量变化

资料来源：《什刹海等待重塑后的繁荣》，新浪财经，http://finance.sina.com.cn/roll/20060719/0125804761.shtml，最后访问日期：2006 年 7 月 19 日。

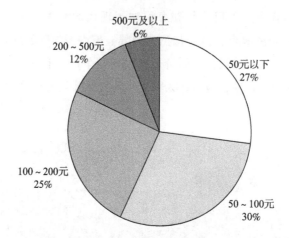

图7-3　什刹海酒吧的人均消费水平

资料来源：《什刹海等待重塑后的繁荣》，新浪财经，http://finance. sina. com. cn/roll/20060719/0125804761. shtml，最后访问日期：2006年7月19日。

客流高峰时段：晚上11点前后
人均消费：100~200元
每桌平均人数：4~5人
平均逗留时间：3~4小时
换酒吧的频率：多半不换店，少数泡吧族不停换店
外国客人比例：50%

图7-4　什刹海酒吧档案

资料来源：《什刹海等待重塑后的繁荣》，新浪财经，http://finance. sina. com. cn/roll/20060719/0125804761. shtml，最后访问日期：2006年7月19日。

　　酒吧的过度发展在很大程度上改变了什刹海原有的社会生态和文化内涵。酒吧成为后海的特色之后，以前的"熟脸"被游客取代，什刹海被彻底塑造成一个旅游景点：特别是在夏季的经营旺季，白天三轮车夫和各地游客川流不息，晚上则有流光四射的酒吧景致。深夜时分，什刹海前海两岸霓虹乱闪、笙歌刺耳，沿河酒吧中夹杂着三四家室外烧烤，羊肉串的叫卖声和酒吧小生的揽客声交织在一起。

　　资本涌入带来了过度竞争。很多酒吧为扩大经营面积而搭建违章建筑（如加盖二层吸引顾客"看海"）或占道经营，由此出现了破坏景区风貌、侵占绿地和公共空间、未按规定时间和指定区域在门前摆放桌椅、店外拉客、车辆拥堵、湖水污染、室外放置音响噪声扰民、无照游商尾随兜售等严重影响当地居民的生活且反映强烈的一系列"外部性"问题。什刹海显然已经无法带给人静谧的感觉。昔日宁静致远的人文气息早已被各路商家搅得一塌糊涂。

一篇媒体报道生动地形容了酒吧给什刹海带来的变化①：

> 如今的什刹海至少具备了以下几种特质：第一，假如你是此地的居民，按照习惯每天下午出来压腿遛鸟，便需时刻冒着被人拍照的危险；第二，即便你生于斯长于斯，目光灵活头脑清醒，仍有认不出自家门的可能，因为你隔壁的老张突然搬走，他家成了酒吧，门口长满青春痘的服务生还热情邀你进去坐坐；第三，又假如你是远道而来的异乡客，从东京、纽约或斯德哥尔摩头一回来古老中国旅游，坐在湖畔的星巴克要一杯卡布奇诺，听你周围的俊男美女纷纷用英语或法语交谈，你大概既觉得舒服，又觉得遗憾，偷偷怀疑自己是在家乡还是在异乡。

（二）酒吧里的文化消费

1. 资本如何运用文化

文化消费贯穿和渗透在酒吧的出现和整个经营过程中。对于经营者来说，如何突出自身的文化特色是能否赚钱并生存下去的关键，而对于消费者来说，去哪里泡吧、怎样泡吧也在一定程度上反映他们文化资本（品位）的高低。

首先，酒吧本身就是一种舶来品。即使是在现代化的北京，它的出现首先也是满足大使馆、跨国公司等西方驻京机构及其职员的需求。在西方，酒吧是一个非常普遍的消费场所，是一个特定的社交活动空间（半公共空间），甚至是一个国家、民族或城市的特定文化象征。在中国

---

① 《京城酒吧圣地什刹海的前世与今生》，《精品购物指南》2007年1月11日，https://fwtures. money. hexun. com/2036895. shtml，最后访问日期：2020年12月10日。

传统社会，与酒吧具有相似社会功能的消费场所是茶馆。1992 年 4 月 24
日，全球快餐巨头麦当劳在王府井开了北京的第一家分店。这里出售的
绝不仅仅是快餐，而是它所代表的西方文化（即便只是片段）。在人类
学家阎云翔看来，这让当时封闭已久的中国人（经济比较宽裕的）得以
初步"体验"西方文化，甚至获得了某种"瞬间移民"的想象。[1] 酒吧
在 20 世纪 90 年代中后期的兴起相当于之前的麦当劳，只不过它把中国
人对西方文化的体验又推进了一步。这时的北京从社会结构上已经发生
了显著的变化，形成了一批在外企工作、更为了解和接受西方文化的白
领阶层，他们成为除了外国人之外的酒吧的主要消费者。渐渐地，酒吧
文化在消费群体上逐渐从明星、演艺人士和外企白领向一般白领和年
轻人扩散，在空间上也从使馆区的三里屯向什刹海、南锣鼓巷等地区
扩散。[2]

　　其次，酒吧出售的酒水是西方饮食文化的一部分。什刹海著名酒吧
"佛吧"的老板——老祁——专门写了一本叫作《开家酒吧》的书，向
经营者传授各种酒类知识。他指出，作为酒吧的老板，要尽可能多地掌
握有关酒的知识，比如酒的历史、制酒工艺、名酒鉴赏（包括品酒和酒
标识别）、酒的分类、酒吧常用器皿和设备、酒吧英语等，而这里的酒当
然指的都是洋酒。一般来说，酒吧里常喝的洋酒有白兰地（Brandy）、威
士忌（Whisky）、金酒（Gin）、朗姆酒（Rum）、伏特加（Vodka）等，
此外还有葡萄酒、开胃酒、啤酒等。更有特色的是用六大基酒和香甜酒、
五大汽水、配料、果汁等调制而成的鸡尾酒。老祁在书中就介绍了七大
类共 31 种不同名称的鸡尾酒及其配制方法。显而易见，一个不懂英语、
对西方酒文化一无所知的消费者来到酒吧会被眼花缭乱的酒类所困扰，
会像刘姥姥进了大观园一样感到窘迫和手足无措。

　　最后，酒吧的装修风格和营造的氛围也是吸引顾客的文化要素之一。
什刹海茶艺酒吧街经营的首先是周边的自然环境和人文环境，其次是酒

---

① 阎云翔：《汉堡包和社会空间：北京的麦当劳消费》，载戴慧思、卢汉龙译著《中国城
　市的消费革命》，上海社会科学院出版社，2003。

② 北京酒吧比较集中的地区除了三里屯外，还有什刹海、南锣鼓巷、工体、元大都遗址
　公园、星吧路、大山子艺术区等。

吧的个性。酒吧营造出的气氛几乎是决定消费者是否走进去的全部，当然这包括音乐风格。文化，是酒吧行业竞争的关键词。据媒体介绍，一家酒吧的装修设计费要花费几万元。设计费支付的仅仅是装修风格的方案，装修的工程等费用不包含在内。酒吧独特的装修要求和重要性，使北京兴起了一个独特的行业。一些设计师或设计公司专门为酒吧设计装修风格，回报是高额的。

音乐风格是酒吧静态竞争的重要元素。为了迎合不同类型的消费者，下午和晚上，一些酒吧会播放不同的音乐。下午以外国顾客喜欢的乡村音乐为主，也会播放麦当娜的歌曲；到了晚上，这里就被中国白领喜欢的流行音乐占据。许多酒吧还会在客流高峰时段安排乐队现场演奏。对于整条酒吧密集的街道来说，不同的音乐此起彼伏地传出来，显得嘈杂而喧闹，与酒吧街初兴的时期相比，少了一些深沉韵味。

对于什刹海的酒吧来说，其文化消费突出地表现在音乐上。老祁把音乐称为"酒吧中的催情剂"。他说："音乐是酒吧的灵魂，是无形的装饰，是不可缺少的大众'催情剂'，它对营造酒吧氛围至关重要。"① 音乐要素分为播放背景音乐和现场乐队（或钢琴）表演两种类型。后者因能够形成听众与表演者之间的互动而更为吸引人，现在已为什刹海大多数酒吧所采用，一般会在一周内的固定几天请乐队来现场表演。现场乐队表演的形式来自酒吧之间的激烈竞争。酒吧街形成规模以后，酒吧的老板们起初并没有找到特色经营方向，酒吧之间的同质化严重，因为没有什么创新，所以老板们都在比拼装潢。某音乐人出身的酒吧（"吉他"吧）老板在自家酒吧现场演奏古典吉他并获得了顾客的认可，引起了各个酒吧的竞相模仿。什刹海的酒吧风格突然全部转型为演艺吧。一时间，整个什刹海笙歌四起。应该说，酒吧音乐既迎合了年轻人的消费需求，也引导着他们的消费偏好。众多以音乐等手段招揽生意的酒吧中，出现了一些针对不同特定人群或者亚文化群体的主题酒吧，从而展现出酒吧自身的特色和个性（见表7-4）。

---

① 老祁：《开家酒吧》，中国宇航出版社，2005。

表 7 - 4　什刹海的主题酒吧（曾经的与现存的）

酒吧主题	酒吧名称	表现形式/亚文化群体
音乐	31 咖啡（thirty one coffee）	非常具有传统范儿的西班牙弗拉明戈表演
	东岸咖啡	正宗的爵士乐表演/喜欢爵士乐的文艺青年
	滴水藏海	老板自弹自唱
	T - 7Bar	Reggae 主题酒吧、地中海音乐风格/脏辫群体
演艺	后海 5 号	古筝演奏、乐队表演
	欲望城市	钢管舞表演
	会贤堂	乐队表演
	朝酒晚舞	文艺表演（堂会、相声等）、钢管舞
	百龄坛	KTV 采用全套顶级进口音响
	蓝莲花	乐队演出、文艺表演
	甲丁坊	乐队、文艺表演（二人转）、魔术、HIP - HOP
电影	七十年代	电影欣赏、讨论，"把酒论电影"
	Club Obiwan	播放老电影
	七月七日晴电影馆	法国电影
	22FilmCafé	每周六下午举办独立纪录片、故事片的放映活动，并安排导演到场与观众交流
佛教	南久旺丹	藏传佛教文化、乐队演出
摄影	ThereCafé（那里）	各种摄影作品
足球	Zoom	英式足球吧风格，周末看英超球赛/球迷、外国人

资料来源：幸菲：《后海酒吧：骨头里面挑鸡蛋》，TIMEOUT, http://www.timeoutcn.com/Articles_9173_11608.htm，最后访问日期：2010 年 4 月 15 日。

著名的生活休闲消费杂志《Time Out 消费导刊》在 2009 年曾对什刹海众多酒吧中的特色店进行了重点推荐。我们从中可以对酒吧文化的特点进行分析，并考察酒吧与什刹海周边环境的关系。

总的来看，什刹海酒吧的文化消费可以从酒吧名称、位置环境、装修特色、音乐风格、现场演出、酒水特色六个方面来判断（见图 7 - 5）。经营者从这六个方面来努力打造和凸显自身的文化气息，而酒吧营造的整体氛围和服务则决定了哪一部分消费者会光顾此处。

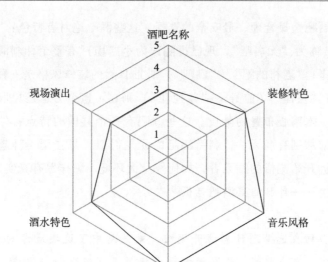

图 7 - 5　酒吧文化消费的六个基本要素

资料来源：笔者自制。

2. 文化如何区分资本

需要特别指出的是，文化与资本相结合的方式还体现在投资者/经营者本身是否具有一定的文化资本上。对什刹海酒吧、商铺的投资者进行考察后，我们发现大致可以从文化的角度将其分为两种类型。

第一种我们称为"有文化的资本"。这是指投资者/经营者本身对所从事生意的文化背景比较了解，他们往往是音乐、文学、艺术、手工艺等的忠实爱好者（统称为"文艺青年"）。因此，在经营的过程中，他们可以将自己原有的文化资本转换成生意上的优势，而且经营方式往往更有个性、品位和创意。这些投资者当然重视谋取利润，但更为关注自身经营所体现和传递的文化价值或生活方式。对于其中一些人来说，赚钱本身只是爱好的副产品，即使利润微薄也尽可能地支撑下去。他们往往希望将自己的店发展成持久的品牌、新的"百年老字号"。基于这样的考虑，这些投资者才不会被短期利益所诱惑，因盲目跟风模仿而丧失自身的特色。

这种"有文化的资本"在早期的"元老级"酒吧经营者中表现得最为突出。早期开张的酒吧在装修陈设、背景音乐等细节处理上体现了静美温馨的气氛，毫不张扬，与什刹海的大环境非常协调。寻访这里历史最悠久的酒吧是最合理、最安全的选择。这些酒吧绝对有特色："老白的吧"（也被称为"无名吧"，现已拆除改为小广场）有整个什刹海湖景最好的窗边座；"老祁的吧"（"佛吧"）朴拙自然的装修风格是一种颇得禅意的本真；"左岸"（前身是"蓝莲花"）则在不遗余力地还原旧时大户人家一花一木精心布置的陈设。这些酒吧有一个共同的特点：外表非常低调，内部却别有洞天。什刹海酒吧的元老们似乎是在用一种超乎寻常的冷静告诉开始流俗的跟风者，如何尊重大环境、怎样保有真实感。

张先生——什刹海某酒吧老板[①]

> 当初我选择到什刹海开酒吧，就是看中了这块地方的文化味、历史气。可老实说，现在酒吧形成规模了，但那种文化味、历史气却越来越淡薄了。我听说什刹海是北京市的历史文化保护区，既然如此，那政府的首要任务就是要保护好这个地区的历史风貌。朋友们听了我的想法，都笑话我不像个生意人。其实，如果什刹海没了个性，那我又何必非要在这个租金贵得要命的地方做生意呢？说起酒吧门脸的修缮工程[②]，我觉得很荒唐。所有的酒吧都长着一张一模一样的脸，太无趣了！酒吧的个性、老板的品位从哪里显现？没办法，看来以后为了竞争客源，各家只能从内部装修上做文章了。

第二种我们称为"投机的资本"。这类资本随着诱人的商机而来，投资者不深谙酒吧文化，也并非某种亚文化的爱好者，因而往往借助于豪华的装修或者跟风模仿其他经营者的创意。其首要目的是赚钱，因此在激烈的竞争中会通过采用各种不正当的手段（包括拉客、找酒托/"吧托妹"、酒水作假等）来谋取利润。在利润低于预期或亏本时会很快选择全身而退。

什刹海酒吧的黄金时期维持了短短 20 个月之后便出现了衰退。从 2005 年起相继有酒吧转让出售，开始的时候酒吧老板还收取所谓的转让

---

① 《京城酒吧圣地什刹海的前世与今生》，《精品购物指南》2007 年 1 月 11 日，https://fwtures. money. hexun.com/2036895. shtml，最后访问日期：2020 年 12 月 10 日。

② 指 2007 年政府为了统一什刹海环湖建筑的风格，改善旅游观光的景观，将 137 家环湖酒吧的外立面统一修缮成清代风格的一项工程。

费，后来索性连转让费也取消了，为的是尽快脱手。2006 年后，酒吧的换店率非常高，老板们都经营不下去，年底结算的时候能不亏本就算是赚了钱。新进来的酒吧老板很多都是玩票性质。老一辈的酒吧老板们现在都很怀念最初的什刹海：纯粹、安静，没有浓厚的商业气息。在 2008 年奥运商机面前，很多热钱和外来投资也涌向这个本来已经非常拥挤的水域。每年天气转凉的时候，酒吧的旺季也跟着降温，一些酒吧老板就开始盘算来年的生意：把自己的酒吧换出去，再换一家更大的酒吧，或者换种风格继续干。而进入春季后，新的酒吧、新的面孔就像雨后春笋一样冒出来。经常泡吧的"吧迷"每年来这里都会发现不同的新店。

四 高档会所："士绅化"与精英认同塑造

在西方，城市中心的"士绅化"（gentrification）是城市发展到一定阶段出现的一种现象。它是指在中产阶级逃离拥挤、衰败的市中心，形成郊区化趋势之后，一部分中产人士又向市中心回流从而取代中低收入居民的一种现象。

在中国大城市中，"士绅化"主要是通过政府主导的旧城改造，部分中产阶级和富裕阶层取代了原先居住的中低收入群体，占据了市中心的居住空间，后者则外迁到郊区居住。在北京，除了大规模的旧城改造出现了大量的商品房楼盘外，没有大规模拆迁的传统居住区（胡同和四合院），也出现了通过市场机制逐渐置换出旧城居民而形成中高收入者的居住空间和消费空间的现象。前者表现为四合院的交易（自发买卖或通过中介买卖）和高档化改造，后者表现为改造四合院为高档消费场所（如会所）。

相对于用于私人居住用途的高档四合院，什刹海近年来出现了一些高档会所性质的消费场所。这是一种介于私人空间与公共空间之间的场所，其中又以什刹海会馆最具代表性。什刹海会馆以高档餐饮（私房菜）为依托，为部分高端人群提供私人聚会、社交活动、举办婚礼等服务或者为商业机构、政府部门的各种商务活动和公务活动提供场所，同时还与什刹海地区的其他旅游项目，如四合院宾馆、"胡同游"和水上游等，结成对子，产生联动效应。我们将重点对什刹海会馆的外部和内部环境、空间形式、消费水平、经营特色和宣传内容进行详细介绍，进而从理论上分析它与符号消费、文化（消费）品位、阶层认同之间的关系。对什刹海会馆的分析，有助于我们进一步认识空间消费与符号消费、文化（消费）品位之间的紧密关系。与什刹海会馆相似的还有小王府。

什刹海会馆位于北京市中心的什刹海畔，与故宫、北海公园、景山公园等名胜古迹毗邻。什刹海会馆主要以经营高端餐饮（私家菜肴）、客房为主，以中外名流、社会精英为服务对象。2008 年北京奥运会期间，什刹海会馆作为"伦敦之家"，接待了安妮公主、贝克汉姆等政要名人，举办了数十场次酒会、发布会。什刹海会馆为老北京四合院传统建筑，绿树成荫，幽静雅致。什刹海会馆的设计师（涂山）这样评价自己的作品："什刹海会馆是一个闹中取静的所在，新旧建筑穿插连接，相互包容，形成了协调有趣的格调。现代的建筑形态和中式的古建筑的共生并以传统的空间及外在形态为主体，以现代的手法营造中式的园林空间，并容纳现代的会馆的功能要求，是这个项目的特色所在"。①

"从容于繁华之外、优雅于文化之中、精致于细节之上的什刹海会馆，诚邀您共品精致生活。在这儿，您是京城的爷!"（"Here You are Peking's Ye…"）——什刹海会馆的宣传材料如是说。那么这种"爷"的感受、"爷"的体验、"爷"的身份体现在哪里呢？

总的来说，什刹海会馆通过借鉴中国传统社会的等级符号和西方贵族符号来赋予自身"尊贵""优雅"的象征意义。

首先，什刹海会馆的地理位置优越。什刹海会馆坐落于皇城中历史最悠久的园林——北海公园——的北侧。其所处的什刹海，自元代起，就是元大都的漕运和商业中心，酒楼茶苑、商肆作坊沿岸铺陈。明清时期，由于这里闹中取静、风光旖旎，达官贵人、文人雅士纷至沓来，在此建邸造园。中华人民共和国成立后，宋庆龄、郭沫若、徐悲鸿、梅兰芳等众多名人定居在什刹海畔，为这里又添数段佳话。什刹海畔的一处处王府园林、古楼石桥无不展现着历史的遗产，一座座庙宇堂馆、名人旧居无不显示着文化的积淀。厚重的历史文化传统让什刹海会馆拥有了

---

① 参见涂山等：《什刹海会馆——三种不同形态院落共生》，载《建筑技艺》2009 年第 12 期。

那些新兴酒店无法与之比拟的传统气息。

其次，什刹海会馆通过各种有历史积淀和象征意义的装饰和摆设来凸显自己厚重的文化气息。如会馆宣传材料所说，"什刹海会馆不仅是饕餮之地，更是一个充满中国文化气息的博物馆"。这在很大程度上是因为它本身并不是历史传统建筑，而是改造和新建的消费场所。会馆的宣传资料介绍，这所文化"博物馆"的"藏品"可谓琳琅满目，让人目不暇接：有八百多年历史的元代汉白玉三足鼎，有四五百年历史的汉白玉门楣，有二百多年历史、体现出显赫社会地位的拴马桩石雕，用吉兽数目象征地位等级的影壁墙，象征显赫尊贵的清代狮头缸，三峡移民时收集来的18口古缸，来自四川大富绅刘文彩家的酒缸，殿前一对用云石精雕的南式石狮，取自山西老宅影壁的"百寿图"砖雕，镶嵌在玻璃幕墙中取自山西老宅的百年老榆木门，什刹海王爷府门前的门墩，年代最久的收藏品——距今1500年前的北魏时期的佛柱（柱上共雕刻了48尊佛像），等等。

以会馆中最大的长寿厅为例，据说这里的陈设完全遵照清代贵族风格：花梨木寿星一尊，长寿匾额一幅，清代袁江的山水画四幅，小叶紫檀圈椅一对，海南黄花梨圈椅一对，红酸枝床榻和金丝楠木花架等老物件。这些摆设使长寿厅成为所有厅房中最华丽的一间，也是宾客举办寿宴的首选场所。屏风上的名画《韩熙载夜宴图》细致地描绘了弹丝吹竹、清歌艳舞、调笑欢乐的宴会场面。除了最大的长寿厅，会馆中还有四间现代厅房，即金丝、银锭、柳荫、万宁；四间传统厅房，即养云、隐翠、醉月、露玉。它们都是一房一院一美景，高贵典雅，新颖别致。

最后，什刹海会馆极力宣传其接待过英国贵宾的经历，大打"英国贵族"文化牌。在北京奥运会期间，这里作为"伦敦之家"曾举办一百多场宴会和派对，很多显贵名流都流连于此，可见当时派对的庄重与豪华。此外，会馆还特别强调自身的"英伦风中式贵族"气息，不仅有精美的菜肴，而且有西方管家式服务。这是会馆中西合璧的特色，并打动了以皇室传统闻名的英国人，将"伦敦之家"落脚于此，作为向世界展示伦敦奥运会的窗口。

不同于某些带有明显"炫耀"标识的消费场所，什刹海会馆采取了一种刻意的"低调"策略，更准确地说是一种"低调奢华"。"低调"主要体现在它只有门牌（地安门西大街 49 号）却无招牌，平日里朱漆大门紧闭很不显眼，而且门口也没有门童或服务员负责接待迎宾，相反却常有三五成群的中老年人在门口的空地上下棋、打牌或闲坐晒太阳。因此，它虽然位于人来车往、繁华的平安大街上，并紧挨着什刹海旅游咨询中心，但行人和游客从此路过却往往容易对其视而不见，很难把它和一个高档消费场所联系起来。

这种刻意的"低调"与其经营定位密切相关，会馆定位在少数高端人士的消费活动和商务活动上，并不是面向普通消费者和游客的活动场所，且没有经过预约不能入内，强调的是一种"私密性"。所谓"低调奢华"，其实是为了避免被贴上"暴发户"、"没文化"和"没品位"的标签，追求一种所谓"贵族""士大夫"的品位，以使自身与众不同，同时有助于构建"精英"群体内部的阶层认同感。

实际上，这种"低调"的背后体现了一种"奢侈"的高档消费。这种"奢侈"首先体现在它所处的地段和占地面积在整个什刹海地区的各类消费场所中是首屈一指的，或者说其空间属性具有很强的稀缺性。会馆坐落在繁华喧嚣、交通便利的平安大街上，紧邻著名的前海荷花市场和金锭桥，三面环水。整个会馆占地面积 3000 余平方米，建筑面积 1000 余平方米，是在皇家园林的基础上进行修复、改造和扩建而成的，院内假山、长廊、竹林、松柏林立。此外，什刹海会馆在消费价格方面也显得奢侈——人均消费一般在 500 元以上。以什刹海会馆承接的婚宴服务为例，2011 年人均餐费标准：369.9 元/人起（10 桌起订）。室外仪式场地使用费为 12000 元，消费总额另计 10% 服务费。

从场所营销的角度看，什刹海会馆具有三重功能。

第一，营销的场所（a place for marketing）。这是指许多不同行业的跨国公司和国内大公司都将宣传自身产品的商务活动、发布会选在什刹海会馆举行（见表 7-5）。这样做是因为这里能够体现出文化气息。

表 7-5　2007～2011 年在什刹海会馆举办的部分活动

活动时间	活动名称	主办机构
2007-7-10	北京市外资金融机构西城消夏联谊会	北京市投资促进局、北京外商投资企业协会

续表

活动时间	活动名称	主办机构
2008 – 3 – 18	理光最新数码相机 R8 发布会	RICHO 理光公司
2008 – 4 – 22	萧亚轩加盟 EMI VIRGIN 亚洲签约记者会	EMI（百代）唱片公司
2008 – 8 – 22	伦敦·七匹狼时尚之夜	七匹狼公司、"伦敦之家"
2008 – 8 – 24	英国中英风险投资联合会与中国私募股权投资联盟的圆桌会议	"伦敦之家"
2009 – 3 – 8	国宝级钢琴大师刘诗昆七十岁生日宴会	私人聚会
2010 – 1 – 9	技嘉 USB3.0 技术及 H55 新品钻石会员研讨会	技嘉科技股份有限公司
2010 – 2 – 6	中经联盟春节团拜会	中国房地产经理人联盟
2010 – 3 – 11	IDC 2010 年高管圆桌会议	IDC（国际数据公司）
2011 – 7 – 8	巴西 TAM 航空公司北京办事处成立典礼	巴西 TAM 航空公司
2010 – 3 – 6	中华文化创意产业协会与北京市西城区政府的文化交流	西城区政府
2010 – 5 – 28	2010 中国传媒投资年会	中国传媒思想库史坦国际 STANCHINA
2011 – 1 – 9	大众点评网 2010 年社区盘点（点评年会）	大众点评网
2011 – 6 – 17	什刹海之夜——西城旅游推介会	西城区旅游局

注：此表为笔者自制。

第二，场所营销（place marketing）。这是指什刹海会馆是什刹海地区旅游、消费的宣传场所。

什刹海会馆区别于其他特色餐馆、酒吧等的一个特殊之处是它结合了高档会所、高档四合院住宿、"胡同游"、水上游等多种消费项目和旅游服务。这些消费项目和旅游服务同属于一个投资和经营者——什刹海旅游开发有限公司（系西城区园林局的控股子公司），如什刹海会馆福禄四合院宾馆（包括兴华店、松树街店）、什刹海皮影文化酒店、什刹海胡同游、水上摇橹船（"什刹海水乡人家"，单船容纳16人，可接待大型团队活动，包括生日宴会、婚庆活动、商务聚会等，船上提供特色餐点、乐师演奏）、冬季滑冰场等。

什刹海旅游开发有限公司主要从事什刹海地区的旅游项目及其关联产业的开发、投资与经营，在什刹海地区已经拥有水上游、"胡同游"、四合院餐饮、四合院住宿等项目，初步实现旅游六要素（吃、住、行、游、购、娱）的战略布点布局，为未来发展奠定了坚实基础。此外，该公司还在整合什刹海旅游资源的基础上，积极协助三海投资管理中心开发烟袋斜街文化创意产业聚集区项目，使该聚集区成为"北京礼物"的原创基地。

第三，营销场所的场所（a place for place marketing）。这是指什刹海会馆从北京奥运会期间到现在一直是伦敦向中国推销自身的重要营销场所。

2008年北京奥运会期间，"伦敦之家"举行了一系列由知名企业、政界和体育界名人参与的活动，大力宣传伦敦在商业、旅游、高等教育和创意产业等方面提供的最佳服务。2008年8月7日至24日，"伦敦之家"举行了各类展览、商务座谈会等，创造合作机会。"伦敦之家"举行的重要活动包括以下方面。

8月7日　　伦敦之家预展

8月9日　　伦敦投资局联合三星举行宴会

8月10日　　伦敦电影局展示后期制作技术

8月13日　　伦敦发展署举行关于伦敦基础设施方面投资的座谈会

8月14日　　伦敦投资局联合中国网通举行座谈会

8月16～17日　　伦敦之家"开放日"展示作为旅游胜地的伦敦

8月18日　　举行伦敦格林尼治区投资座谈会

8月20日　　伦敦发展署举行关于伦敦作为科技中心的座谈会

8月20日　　留学伦敦的伦敦毕业生俱乐部

8月20日　　伦敦发展署关于"设计伦敦"座谈会

8月21日　　伦敦发展署关于奥运遗产座谈会

8月21日　　伦敦发展署关于奥运遗产的招待会

8月22日　　伦敦发展署关于伦敦活动的招待会

8月22日　　英国贸易投资署关于创意产业的座谈会

8月23日　　伦敦投资局和中国银行进行午餐会

8月24日　　交接仪式

时任伦敦市长鲍里斯·约翰逊说："作为下一届奥运会主办城市，伦敦出席北京奥运会对我们来说是借鉴经验办好2012年奥运会的重要机会，也是向全世界预先展示伦敦的重要机会。我期望来到北京，为宣传伦敦作为商业、旅游和留学目的地尽自己的一份力。当然，我还将在隆重的交接仪式上接过奥运旗帜。"伦敦发展署主席哈维·麦格拉斯说："伦敦之家是一个在世界舞台上宣传伦敦在旅游、留学和投资等方面多样性服务的独特机会。我们希望通过增加内部投资，在比如中国这样的重要新兴市场上建立我们的全球联系，使2012年奥运会给伦敦带来最大的效益。"[1]

在我们看来，什刹海会馆是一个"营销场所的场所"，通过营销其他场所从而更有力地营销了它自身（to market a place through/by marketing other places）。伦敦和北京这两个相距万里的地方/场所，彼此默契地配合着对方，而这种配合的前提是二者对于对方而言都具有某一独一无二的特性。

五 文化、资本与空间再生产

文化融入了资本再生产空间的整个过程，但在不同环节所扮演的角色是不一样的。我们可以将其概括为：①作为原材料的文化要素（载体）；②作为生产工艺的文化策略；③作为产品的文化项目（见表7-6）。

表7-6 文化在空间再生产过程中的不同形态

	作为原材料	作为生产工艺	作为产品
胡同游	胡同、四合院的建筑和空间形态；老北京人的生活方式；文物建筑：王府、寺庙等运河文化	对三轮车和车夫工装按传统风貌进行设计、包装；对四合院进行修缮，集合各种传统文化元素（如老物件、典故），融入民俗文化活动（剪纸、包饺子等）	坐三轮车游览胡同、坐船水上游、住宿四合院——体验老北京生活、了解北京历史文化
酒吧街	胡同、四合院的建筑和空间形态；西方的酒吧文化	酒吧取名、文化主题/音乐风格、现场表演、装修风格等	喝洋酒、听音乐、看演出——体验休闲生活/夜生活、西方文化或小众文化

---

① 《伦敦之家将带来奥运商机》，新浪财经，http://finance.sina.com.cn/hy/20080805/10235168284.shtml，最后访问日期：2008年8月5日。

续表

	作为原材料	作为生产工艺	作为产品
传统商业街	烟袋斜街老街	特色、新颖时尚的工艺品；强调异域、传统民俗、少数民族风情、时尚创意等文化气息	购买各种文化产品（纪念品、服饰、文创产品）
高档会所、私家餐馆	园林式四合院建筑，传统与现代风格相结合；与王府相邻的位置	收藏大量的古董和文化装饰品（雕塑、绘画等），强调管家式服务"贵族"式体验	体验精英式生活、"爷"的身份感；大公司商务活动

资料来源：此表为笔者自制。

　　资本运用文化策略对什刹海空间的重塑不可避免地改变了什刹海的原有属性。

　　第一，什刹海历史文化保护区厚重的整体文化氛围是资本对空间进行再生产和产生利润的土壤和前提。只有在历史文化传统积淀的基础上，资本才能成功地"嫁接"和"移植"一些新的文化符号和象征意义。这种文化传统积淀既包括有形的物质载体（王府、名人故居、钟鼓楼、寺庙、四合院、胡同、老街、水面环境等），也包括无形的文化信息（典故、知识、逸事、民俗）和日常的实践活动（老百姓日常生活）。它们合在一起为什刹海地区的商家提供了整体形象宣传，吸引广大消费者。从这个意义上说，资本免费使用了这些传统文化资源。但从另一个方面看，资本也为使用这些文化资源支付了一定的成本，表现在商家租用店铺不断上涨的租金和"胡同游"公司向政府支付的特许经营费等。而伴随着各类商家经营行为产生的社会成本和负面外部性则转嫁且不均匀地分布到当地居民身上。

　　第二，对于那些较为成功的商家来说，其共同之处都是运用了恰当的文化策略。"胡同游"公司针对国外游客主要宣传的是地方民俗文化；酒吧针对中产白领打造了西方文化、休闲和时尚文化（与音乐、艺术相结合）；高档会所针对高端人群塑造的是士绅/贵族文化。经过"胡同游"特许经营制度的洗牌后，剩下的胡同游公司都是规模比较大、专业化比较强同时又与地方政府有着良好关系的公司。它们致力于不断增强民俗文化的体验感，并与一些四合院家庭民俗户合作。对于酒吧街而言，酒吧数量的不断增加使该行业内部出现了两个方向的分化：一部分酒吧为了谋取利润采取不正当的经营手段，既损害了消费者的利益也严重影响了本地居民的正常生活；而另一些经营比较成功的酒吧则通过强化特定亚文化群体的文化氛围体验来为大都市中的某些特定小众文化群体提供交流聚集的场所。对于高档会所来说，这些大资本具备得天独厚的优势（优越的地理位置、与政府的良好关系等），因此在什刹海地区具有某种垄断地位，为高端消费者提供一种社会精英的身份认同感。

六　小结

关于什刹海要不要建酒吧街在 2003 年就曾引起一场"论战"，当时旅游部门的官员、经营者和文化学者表达了不同的看法。旅游部门的官员侧重于依靠民间投资满足市场需求，带动经济发展；经营者注重商机但也担忧过度开发和竞争带来的负面作用。而反对方代表、著名作家刘心武则直言"什刹海原本就是什刹海，你把它弄成秦淮河的模样就失去了它的个性，不伦不类"，如果京城唯一的一片野景区就这样从视线里消失，那不知道老北京城下次失去的是什么。

通过对"胡同游"、酒吧街和高档会所的上述分析，我们可以清楚地看到，文化在资本、空间与消费之间发挥了至关重要的作用。更准确地说，正是通过文化这一媒介，资本才能顺利地将什刹海空间形态重塑为各类消费的载体和消费对象本身，空间才更为紧密地与消费联系起来。

就地方政府与经营资本的关系而言，二者既互相促进、相互合作，又相互博弈和相互管制。在早期发展阶段，政府与商家共同致力于打造一个集旅游与消费于一体、历史感和现代感并存的文化空间。民间投资者最初发现了将什刹海特殊的空间要素转化为文化消费商品的市场潜力，而地方政府发展文化旅游的导向和场所营销策略则鼓励更多投资者踊跃加入。随着"胡同游"和酒吧街过度竞争带来的一系列负面效应（市场秩序和空间秩序混乱、交通和环境压力倍增、历史风貌遭到破坏、当地居民生活受到困扰等），政府也加大了管制和治理的力度，通过特许经营、环境整治和业态规划调整等手段试图在历史保护、商业发展和居民利益之间实现相对平衡。

第八章 什刹海的居民与消费者

> 有一点毫无疑问，那就是，单调、缺乏活力的城市只能是孕育
> 自我毁灭的种子。但是，充满活力、多样化和用途集中的城市，孕
> 育的则是自我再生的种子。[①]
>
> ——简·雅各布斯

在本章，我们将讨论什刹海空间生产过程中除了地方政府与资本之外的其他一些类型的行动者，包括本地居民、游客/消费者等等。我们不能将这些社会群体视为同一的整体，而需要进一步对其内部进行鉴别和区分，从而分析不同的行动者在这一空间转型中如何起到了不同的作用，又受到了怎样的不同影响。

一 居住在什刹海的居民

（一）居民的社会经济特征

作为北京旧城的一部分，从总体上看，什刹海本地居民的社会经济地位比较低、年龄结构相对老化、居住条件比较差，但另一方面作为传统居住区社会资本却比较丰富。

作为主要成员，笔者曾于 2003 年和 2004 年参与了在什刹海地区的两次社会调研。其中 2003 年，清华大学建筑学院和社会学系课题组对什刹海烟袋斜街地区 221 户居民的居住状况和改造意愿进行了调查。该调查发现，206 个家庭的平均月收入为 2223 元，其中最高的月收入为 2 万元，最低的没有收入。如果按照家庭人均统计，家庭人均月收入为 906元。总体上看，这种收入水平在北京属于中下水平（见表 8 - 1），并且

---

① 简·雅各布斯：《美国大城市的死与生》，金衡山译，南京：译林出版社，2005，第503 页。

居民收入水平也存在着一定的分化。

表 8 - 1　居民家庭人均月收入

单位：个，%

人均月收入分组	家庭数	百分比
299 元及以下	23	11.4
300 ~ 499 元	21	10.4
500 ~ 699 元	45	22.3
700 ~ 999 元	39	19.3
1000 ~ 1499 元	46	22.8
1500 ~ 1999 元	14	6.9
2000 元及以上	14	6.9
合计	202	100.0

这种中下的社会经济地位也可以从居民自我的评价中得到印证。在被问到对自家生活水平和别人相比处于什么水平时，自认为处于"中等偏下"水平的家庭占比最多，为 35.4%，其次为"中等"（32.5%）和"下等"（25.8%）；而只有 0.5% 和 5.7% 的家庭自认为是"上等"和"中等偏上"水平。

居住在什刹海当地的居民[①]出现人口老龄化的问题。在 2003 年底对什刹海地区的烟袋斜街、大小石碑胡同、前海东沿、地外大街进行的社会调查中，774 人的平均年龄为 41.96 岁，拥有北京市户籍的 65 岁及以上的老年人口比例达到 16.2%，远高于 7.0% 的国际标准，以及西城区老年人口 12.41% 的标准[②]。

同时，什刹海地区居民接受高等教育的比例也低于北京市的平均水平。2003 年底，什刹海烟袋斜街地区 18 岁以上的成年人中受过大专及以上教育的有 106 人，占 6 岁及以上人口的 14%。而第五次人口普查数据显示，2000 年北京市 6 岁及以上人口中，受过大专及以上教育的人口占 17.5%[③]。

[①]　即居住于什刹海地区的人群，当地的居民可能拥有什刹海地区的户口，也有可能没有。
[②]　《什刹海历史文化保护区问卷调查分析报告》，清华大学社会学系，2004 年 1 月 16 日。
[③]　《什刹海历史文化保护区问卷调查分析报告》，清华大学社会学系，2004 年 1 月 16 日。

　　职业在学术界被当作占有各种经济社会资源和使用信息的标准①，一方面，旧有的社会分层方式已经不能概括复杂的社会阶层状况了，另一方面，职业地位本身就是财富、权力以及声望的承载物，因此就有学者如仇立平力倡用职业地位作为社会分层的指示器。以职业地位反观什刹海地区的居民，什刹海居民以普通职工/职员/工人为主，在调查的253人中，70.36%的居民是普通职工，其次为一般管理人员②，占8.30%。以白米斜街为例，根据2004年9月初清华大学社会学系组织的"白米斜街地区③居民生活调查"，白米斜街地区的在职人员绝大多数为企业普通职工（占77.1%），一般管理人员与一般或初级技术人员占12.9%，中层管理人员和中级技术人员占9.2%，而单位负责人只占0.4%④。

　　在另外一项490人样本的什刹海居民调查之中，离退休人数占的比例达27.35%，商业服务业从业人员、下岗工人、工业运输业人员和失业/无业人员共同构成本地居民的主体，占总体的70.82%⑤。具体到"白米斜街地区"，在297个成年人中，退休人员占35.7%，失业/无业和下岗/买断人员共占17.9%，"其他"如没有文化或者文化程度很低，一直没有工作而从事家务劳动，也没有收入的老年人占4.4%，真正"在职"人口仅有42.1%，这些在职人员大部分在国有企业、私营企业和事业单位工作。⑥

　　由于经济实力较强或占有更多社会资源的人逐步迁出危旧住宅区，去寻求更好的居住环境，留守在市中心危旧住宅区的市民大多为占有较少社会资源的中低收入阶层，即经济食物链底层的人群。他们受自身经济条件限制，主动改善自己生活条件的能力不强，更多的是被动依赖于优越的居住地理位置以维系他们的工作和生活，如较发达的商业、教育

①　李培林、李强、孙立平：《中国社会分层》，社会科学文献出版社，2004。
②　无收入人员指：失业/无业人员、学生、家庭主妇；管理人员、干部指：事业单位管理人员、工商企业管理人员、党政机关干部、公司老板/股东；专业技术人员指：医务工作者、教育工作者、科研技术人员、新闻出版工作人员、律师、军人/警察。
③　包括白米斜街、白米北巷、乐春坊、杨俭胡同、马良胡同、前海南沿、帽局胡同、地外大街和地西大街。
④　《"白米斜街地区居民生活调查"分析报告》，清华大学社会学系，2005年1月。
⑤　《什刹海历史文化保护区问卷调查分析报告》，清华大学社会学系，2004年1月16日。
⑥　《"白米斜街地区居民生活调查"分析报告》，清华大学社会学系，2005年1月。

及医疗资源、便利的交通以及邻里之间的相互支持和帮助（见图8-1），
成为这些人生活不可缺少的因素。

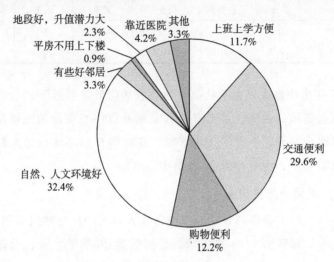

图8-1　居民认为在此居住的主要好处（排第一位）（N=213）

表8-2反映了当地居民工作地点与通勤方式，在白米斜街社区被调
查的153名有工作（或上学）的居民中，有16.4%的人工作地点（或学
校）就在什刹海地区，35.5%的居民工作在二环以内，20.4%的居民工
作在三环以内。对绝大多数居民而言，居住在此处交通便利，上班方便，
他们的通勤方式中步行占8.5%，骑自行车占41.8%，乘公交车占
41.8%。这也反映出当地居民的生活空间与居住空间的高度重合性，居
民的日常工作和生活是嵌入在当地的物质空间之中的。

表8-2　居民工作地点和通勤方式占比

单位：%

工作地点	交通方式					占总人数比例
	步行	自行车	公交车	班车	私车	
什刹海地区	40.0	40.0	20.0	0	0	16.4
二环以内	5.6	63.0	31.5	0	0	35.5
三环以内	0	41.9	48.4	3.2	6.5	20.4
四环以内	0	20.7	62.1	10.3	6.9	18.4
五环以内	0	14.3	71.4	0	14.3	4.6

工作地点	交通方式					占总人数比例
	步行	自行车	公交车	班车	私车	
五环以外	0	0	57.1	42.9	0	4.6
通勤方式占比	8.5	41.8	41.8	4.6	3.3	100

2007 年由中国人民大学社会学系"宜居指数课题组"进行的一项城市宜居调查显示,西城区什刹海街道以地处市中心便捷的地理位置、完善的生活配套服务、丰富的文化资源、良好的自然环境成为人们目前最理想的宜居场所,在所有街道/乡镇中排名第一。

(二)居民的居住状况

第五次人口普查资料显示,全市常住人口人均住房建筑面积为 21 平方米。其中:城区为 15.4 平方米,近郊区为 20.7 平方米,远郊区县为 23.7 平方米。

我们对烟袋斜街地区的调查表明,按"正式房"计算,该地区住房使用面积户均 21.5 平方米,建筑面积户均 29.4 平方米。如果加上"搭建房屋"以后,住房使用面积户均 33.4 平方米,户均搭建 11.9 平方米。按常住人口计算,正式房人均使用面积 9.1 平方米,加上搭建以后,人均使用面积 14.2 平方米。

总之,从房屋面积看,"正式房"户均使用面积 21.5 平方米,而户均搭建面积已经达到了 11.9 平方米,几乎等于正式房面积的一半。所以,搭建的面积还是相当大的。搭建的面积大,一方面说明该地居民居住空间十分拥挤,只能靠非法搭建来解决住房问题。另一方面也意味着,拆迁改造难度很大,因为,搭建往往破坏了传统"四合院"的格局,同时居民对于搭建部分也要求给予补偿,这当然会增加改造的成本。

表 8-3 对常住人口的人均使用面积分组,按正式房统计,多数居民的人均使用面积是"5 平方米以下"和"5~8 平方米"两个组。但是,加上搭建面积以后,"5 平方米以下"的比例明显降低,而"11~15 平方米"和"15 平方米及以上"的比例大大增加。这说明,居民的正式住房十分拥挤;"见缝插针"式的搭建对于当地居民十分重要,这也意味着改造的成本会增加。

表 8 – 3　烟袋斜街地区常住人口的人均住房使用面积

单位：户，%

按人均使用面积分组	正式房		加上搭建面积	
	户数	占比	户数	占比
5 平方米以下	55	31.1	9	7.0
5 ~ 8（不含 8）平方米	51	28.8	32	25.0
8 ~ 11（不含 11）平方米	26	14.7	24	18.8
11 ~ 15（不含 15）平方米	16	9.0	20	15.6
15 平方米及以上	29	16.4	43	33.6
合计	177	100	128	100.0

人均正式住房使用面积不足 5 平方米的占了近 1/3，这些住户都可以算是名副其实的居住困难户了。

人均正式住房面积在 8 平方米以下的占 59.9%。在对白米斜街 103 户居民的调查中结果也是类似的，人均正式住房面积在 8 平方米以下的也占了 57.3%。

调查还发现，大约 61.6% 的居民表示，他们存在各种住房困难。在住房困难的类型中，比较多的是"12 岁以上的子女与父母同住一室"（29.8%）、"有的床晚上架起白天拆掉"（17.7%）以及"老少三代同住一室"（11.1%）。有的家庭则是同时具有几种住房困难（见表 8 – 4）。

表 8 – 4　居民回答的有关住房的种种困难（多项选择题，N = 198）

单位：人，%

住房困难的情况	回答数	占比
12 岁以上的子女与父母同住一室	59	29.8
老少三代同住一室	22	11.1
12 岁以上的异性子女同住一室	11	5.6
有的床晚上架起白天拆掉	35	17.7
已婚子女与父母同住一室	9	4.5
住在非正式住房里	21	10.6
其他	33	16.7
没有以上困难情况	76	38.4

　　在询问居民对住房有什么特别的不满意时，居民的回答主要集中在"住房面积""环境卫生情况""院内空间拥挤状况""房屋建筑质量""公共厕所状况"等方面（见表 8 – 5）。

表 8 – 5　居民对于住房不满意的具体内容（多项选择题）

单位：人，%

住房特别不满意的情况	回答数	占比
住房面积	90	46.2
环境卫生情况	63	32.3
院内空间拥挤状况	57	29.2
房屋建筑质量	43	22.1
公共厕所状况	39	20.0
水、电、煤气、供暖设备	30	15.4
院内和胡同排水情况	18	9.2
噪声干扰情况	18	9.2

　　基础设施——什刹海地区的调研显示，旧城居民在采暖方式上有80%左右的家庭采用土暖气采暖，几乎所有的家庭都有独立使用的自来水龙头。比较突出的问题是用电，有一半左右的院落还没有实现电增容。洗澡问题：50%左右的家庭在自己家中无法淋浴，40%左右的家庭有简单的淋浴设施，10%的家庭有自己的浴室。

　　由于每家每户都尽量去扩大自己可以利用的地盘（用来存放煤球、自行车、食物等各种杂物），院子里的公共空间也变得十分拥挤，有些通道仅能供一个人通过，被形容成"羊肠小道"。对于不少院落来说，缺乏必要的基础设施（上下水、电力、采暖等），给居民的生活带来了多方面的不便。例如，除了少数住户自己进行了卫生间的改造，不少大杂院的居民都只能去院外使用胡同里的公共厕所（其中一些还是非常落后的旱厕），用居民自己的话说就是"冬天上厕所都冻屁股"（这对于腿脚不便的老人而言尤其不利）；另外电路设施老化或容量过低导致虽然空调在家庭中的普及率较高，但一到夏天用电高峰期就经常跳闸；而在寒冷的冬天，平房区的很多居民无法像现代化居住小区那样享受到统一的供暖还得靠煤球炉取暖；此外，由于水表或电表没有分户，费用分担不均造成邻里日常纠纷的也有不少。

更为危险的是，电路设施老化、一些房屋是木结构加上公共通道不畅，这些都埋下了一些安全上的隐患，一旦发生火灾等事故后果难以设想。另外，由于生活空间过于狭促，居民的个人隐私和安全也难以得到保障。不仅邻里之间缺乏必要的隐私，就是整个院落也由于开放式的格局而无法阻止外来人员随意进入。因此，经常可以看见一些院落在大门外挂着"外来人员禁止入内"或"本院谢绝参观"等标牌，派出所的防盗安全提示也随处可见，还有些住户自己在院子内部又安装了安全栅门，形成了"院中院"。对于居住状况，居民有着较为强烈的改善要求（见图8－2）。

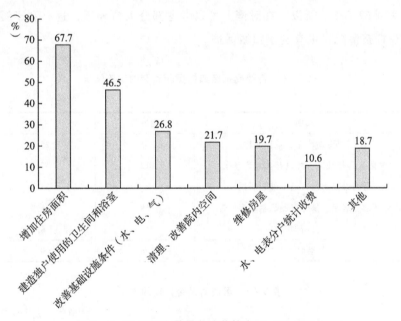

图 8－2　居民认为最需要改善的方面（N＝221）

可见，这种落后的居住状况是一种综合性、全面性的。也正因为这样，旧城居民普遍盼望危改早日进行，但拆迁补偿和外迁带来的种种问题，又使得他们存在很大的担心和顾虑。因此，"既盼危改，又怕危改"的矛盾心理成为旧城居民的真实写照。

（三）居民矛盾的改造意愿

旧城内过高的人口密度是制约改造的一个根本因素。在改善居住条件（首先是扩大居住面积）和适当外迁人口（降低人口密度）之间形成一种矛盾的关系。

在居民对于改造模式的看法上，有 36.7% 的被访者认为确实需要外迁部分居民，这比认为不外迁居民的比例（23.4%）高出了 13.3 个百分点。也有约 1/5（25.9%）的居民宁可维持现状，不进行改造。选择进行房地产开发的比例很低，只有 7.6%，这反映出居民普遍担心房地产开发式的改造。

从居民自身的角度来看，相当一部分人是不接受外迁的。数据表明，居民中有 37.9% 的人表示不能外迁或坚决不能外迁。当然，占 57.1% 的人表示"可以接受，看条件如何"，再加上希望外迁的 5.1% 的人，总比例达到 62.2%。所以，在对策上可以考虑部分人口外迁，这有利于缓解居住拥挤情况，也有利于旧城保护。

表 8 - 6　希望此地区如何更新改造的回答情况

单位：人，%

选项	回答数	占比
不需要更新改造，维持原样	41	25.9
和附近其他地区一样进行房地产开发	12	7.6
适当维修房屋，但不外迁居民	37	23.4
外迁部分居民，部分居民优惠购房回迁	58	36.7
无所谓	10	6.3
合计	158	100

表 8 - 7　居民对是否外迁的态度

单位：人，%

居民对外迁的态度	回答数	占比
坚决不能接受	26	14.7
不能接受	41	23.2
可以接受，看条件如何	101	57.1
只要按照市价补偿，就希望外迁	9	5.1
合计	177	100

从表 8 - 8 中我们可以看出，房屋产权与外迁意愿之间有着一定的关

系。在私房主群体中，"坚决不能接受外迁"的比例（26.3%）明显高于其他群体的该比例。相对而言，公房承租人和私房承租人都更容易接受外迁。

表 8-8 房屋产权与外迁意愿比较

单位：人，%

外迁意愿		坚决不能接受	不能接受	可以接受，看条件如何	只要按照市价补偿，就希望外迁	小计
产权状况	自住私房	10	8	19	1	38
	占比	26.3	21.1	50	2.6	100
	租私房	2	2	8		12
	占比	16.7	16.7	66.7	—	100
	直管公房	13	30	65	8	116
	占比	11.2	25.9	56	6.9	100
	单位房	—	1	1	—	2
	占比		50	50	—	100
	其他	1	—	7		8
	占比	12.5		87.5		100

从表 8-9 我们也可以看出，私房户更偏向于"维持原样"（25%）和"适当维修房屋，但不外迁居民"（31.8%）这两种改造模式，两者合计占总数的 56.8%，比选择这两项的直管公房户（20.6%、14.3%）高出了 21.9 个百分点，这反映了不同群体危改中的不同立场和可能的利益变化情况。

表 8-9 私房与公房家庭对改造模式的选择比较

单位：人，%

改造模式选择		不需要更新改造，维持原样	进行房地产开发，货币补偿全部外迁居民	适当维修房屋，但不外迁居民	外迁部分居民，部分居民优惠购房回迁	无所谓	其他	小计
自住私房	户数	11	2	14	7	2	8	44
	占比	25.0	4.5	31.8	15.9	4.5	18.2	100
直管公房	户数	26	8	18	46	6	22	126
	占比	20.6	6.3	14.3	36.5	4.8	17.5	100

二　作为生活空间的胡同与四合院

（一）亲自然的宜居空间

胡同和四合院是北京城市文化的重要组成，堪称"京味文化"的重要标志。从北京旧城的构成单元——胡同和四合院来看，北京旧城是世界上唯一一个完全由一层住宅构成的城市。北京的四合院，围合的堂屋厢房冬暖夏凉，居中的院子与天地相接，体现中国人"天人合一"的传统生活哲学。四合院建筑设计与院落内的生态环境结合起来，冬暖夏凉，保证了舒适度，是现代意义上的"生态建筑"。四合院以房代墙，围出每户的独立空间，良好的通风，充足的日照，绿色的树木，造就了世界上独一无二的宜居住宅。

随着北京800年的城市发展，大小四合院又构成了北京的数千条胡同。元代时期，北京的胡同与胡同之间间隔较宽，基本上都是三进大四合院的距离。后人在中间空地建院时，小胡同是出入通道，这样就在许多有名的大胡同中产生了大量无名的小胡同。因此北京有句俗话说"有名的胡同三千六，没名的胡同赛牛毛"。这些胡同长者可在一公里以上，短者则仅几十米。宽者可并行三辆汽车，窄者打不开雨伞，胡同或笔直或曲折，间或有一小块空地。胡同不仅仅是一条简单的通道，是一部微缩的城市建设史，也是一条历史文化长廊。每一间门楼都标识着住户的身份和社会地位，每一块砖雕都向人们展示着它的历史。胡同中的门联、古树、上马石、拴马桩，乃至深灰的屋顶色调、悠扬的鸽哨声或飘逸于蓝天的风筝，都是北京人的地方文化。因此，从某种意义上说，四合院代表了海德格尔所说的"诗意的栖居"，是一种有文化的居住方式。鸟瞰由平房四合院和胡同构成的北京，四合院被树荫覆盖，一片绿海，被人们称为"绿城"。灰色的民居屋顶和千顷碧树衬托着红塔黄瓦辉煌壮丽的宫殿建筑群，构成了北京城市的优美形象和独特的整体效果。

正如作家刘心武所描述的那样："什刹海毕竟是北京城里难得的一处富于天然情趣的景观。又岂止是夏日有着艳丽的面貌，春日的柳笼绿烟，秋日的枫叶曳红，以及晨光中水雾空蒙，夕照中的波漾碎金，兼以附近胡同民居的古朴景象，放飞鸽群发出的哨音，遛鸟的老人们悠然的步态，总能引出哪怕是偶一涉足者的悠悠情思，尤其会感到在波诡云谲的世态翻覆中，古老的北京城和世代的北京人总仿佛在令人惊异地维系着某种恒久的东西。"①

不仅是老北京居民，就连一些在北京工作和居住的外国人也对北京特有的四合院情有独钟，香港《文汇报》有过这样的典型报道：

> 来自荷兰的 Tom M. Wolters 的家坐落在北河沿大街钟鼓胡同 1 号，去年他和他的中国妻子李文君用 240 多万元人民币买下一座 280 平方米的四合院。小院距皇城根遗址公园不足百米，绿树成荫，向北过平安大街是著名的什刹海，碧水连天。
>
> ……"这里有最完美的生活！"谈起自己的四合院，Wolters 妙语连珠："四四方方的院子，抬头能见蓝天，既私密又开放，不像荷兰的别墅，绿地都在房外，你的生活完全一览无余！……我们睡在北京的'心脏'，安静得却只能听见猫和鸟的叫声，仿佛是睡在郊外，闹中取静，太不可思议了！"Wolters 的这番话颇能代表一些洋房东的心情。在离钟鼓胡同不远的焕新胡同，一位来自东南亚的住户用流利的中国话说：这里每一座老宅都有自己的故事，一砖一瓦都可见中国文化，这里不是豪华别墅，却胜过所有别墅！
>
> 在翻修四合院之前，Wolters 特地请来了古建专家，对诸如门墩的大小、门簪的多少及四合院的风水等专业问题进行了逐一了解。"我们翻修时把瓦一块一块从旧房上揭下来，翻盖时再盖上去，南北房的梁、柱、椽、坨、门全没有动，保存得非常好。翻修花了 40 万元，这比全部推倒重来还要昂贵得多。"②

当然，有钱的外国人居住在现代化高档四合院中与老北京居住在大杂院中不可同日而语，但两者也有相同之处，那就是对四合院生活方式的热爱。

---

① 刘心武：《冰吼》，载《刘心武散文》，长春：吉林文史出版社，2008。
② 《闹中取静：洋人恋上四合院》，香港《文汇报》2006 年 8 月 27 日，http://paper.wenweipo.com/2006/08/27/ME0608270002.htm。

（二）丰富的社会资本

北京的四合院蕴含着丰富的文化学、社会学内涵，清晰地显现出以家庭为单位凝聚一体，既能声气相通，又保持着相对的隐私性的意向。对于传统的四合院和胡同而言，人们的公共社会活动在胡同中进行，而私人生活的部分则发生在砖墙后的四合院内。由于中国传统城市中缺乏像欧洲城市那样的市民广场作为公共活动空间，因此，胡同不仅承担了交通的功能也为居民的日常交往提供了场所。

胡同网和胡同的特色在决定邻里生活的本质中起了关键作用。特别是人口增长导致原来独门独户的四合院逐渐演变成大杂院之后，院子中居住密度很高造成的院内空间不足，使居民的院内生活扩展到了现在的胡同中。胡同作为步行空间，具有闲坐、游憩、工作（如摆摊）、聊天、通行等多种功能，这些都是对社区生活的加强。有小范围的调查表明，80%的胡同居民认为胡同对他们而言是日常的公共空间，起着作为社区日常交流中心的作用，常见在胡同内玩牌、打球、下棋、聊天等交流的情景，也有一年四季春夏凉爽的树荫、秋冬温暖的阳光，因此，在胡同里没必要建大型的广场及人造绿地。此外，每个胡同内都有集市和小商店，主要顾客是胡同居民，也是居民交流的场所之一。可见，旧城社会经济网络的形成与传统居住空间组织形态密切相关。

俗话说"远亲不如近邻，近邻不如对门"。在北京城的老胡同里、四合院内，人们生于斯长于斯，正如老舍《正红旗下》中写到的北平胡同生活：平时白天男人们出外干活，女人们则在家做家务缝缝补补，老人们在胡同口的大树下纳凉下棋遛鸟斗蟋蟀，谁家炒菜缺点酱油，马上去对门借；大人有急事，托邻居照顾孩子；谁家夫妻吵架了，院子里的老太太们会来不遗余力地劝说；男孩们在胡同里踢球，女孩们则在树下跳猴皮筋，大杂院的生活琐碎而有趣。

我们可以从图8-3看到，住在胡同里的居民对于"邻居"外延的认知有所不同，从最窄的同一个院子到比较宽泛的附近胡同都有，其中把附近胡同和同一胡同范围内当作邻居的合计达到67.6%，这也从一个侧面说明了居民的日常交往空间范围。

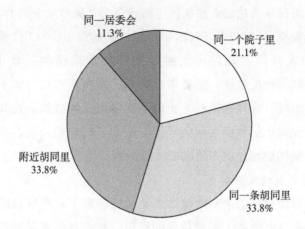

图 8 - 3　什刹海居民对"邻居"范围的认知（N = 207）

（三）空间消费与居民的双重关系

什刹海胡同游和酒吧街的兴起给作为"东道主"的社区居民带来了不同的经济和社会影响。总的来看，居民内部发生了明显的分化：受益者群体与受损者群体。换言之，什刹海旅游发展所带来的经济收益和社会成本在其居民内部的分布是不平衡的。

受益者包括：①出租房屋（私房或公房）用于酒吧或商店经营的人；②经营家庭旅馆（私房主）、酒吧或店铺的人；③获得相关的就业机会（如当导游、三轮车夫或相关服务人员）的人。

受损者包括：①被酒吧和胡同游严重干扰了日常生活的居民，特别是那些居住在酒吧或胡同游路线（包括家庭旅馆）附近的居民；②被纳入改造规划（如文物腾退或开发项目）而被迫搬迁的居民，尤其是那些虽然可能获得较高补偿但本身并不愿意离开的居民。

根据 Andre Alexander 等人在 2002 年对鼓楼地区 80 多户居民的调研，77% 的居民认为游客会喜欢参观胡同，而且传统的胡同文化会吸引更多的游客。23.6% 的居民觉得旅游业会给胡同居民带来利益，其理由是政府重视胡同旅游，会改善胡同的基础设施，给予减税等优惠政策，旅游观光者在这里的消费会带来直接的经济利益（吃、住、行等费用）。但有 65% 的居民觉得不会给自身带来经济利益，多数旅游公司、商业部门才是主要的受益者，老百姓获益少。也有些居民担心若开发成旅游热点区后，地价会高涨，现有的经济条件负担不起旅游热点区内的房价。总之，60％的居民认为旅游业和胡同生活还是会共同欣欣向荣的。

　　另外，根据我们 2003 年对烟袋斜街地区的调查，212 位受访居民中有 36.8％的人认同"现在的旅游发展干扰了居民的正常生活"，而 63.2％的人则持相反看法。需要指出的是，这次调查在时间上是酒吧街刚刚兴起的时候，在调查范围上比较小，仅限于烟袋斜街及其周边的几条胡同，由此得出的数据在很大程度上受到了时空的限制，并不能充分反映酒吧、胡同游给什刹海居民带来的影响。

　　1. 居民受益情况分析

　　什刹海旅游景区的兴起的确给当地居民带来了一些获得经济收益的机会。一些居住在临街、临湖位置的居民，在市场的吸引下将自己的住房出租给外来投资者经营，获取较为可观的租金收益。而且，2002 年以来，什刹海店铺的租金水平一直在不断提高。目前，面积上百平方米的酒吧每年房租就要上百万，三四十平方米的房子租金每年也要十几万。

　　还有一些居民将自己的房子用于经营，前提是这些居民自身的居住条件较好，而且房子的地段也适宜经营。比如烟袋斜街上的某些老住户将临街的房子开做商铺，还有少数住在胡同深处的私房主将院落加以改造用于接待游客参观或住宿，他们在奥运会期间还受到了政府的扶植和帮助，北京市政府将一些有一定知名度的经营性私人院落命名为"奥运人家"①，向国外媒体和国外游客大力宣传。

　　位于什刹海金丝套地区的某私房院就是这样的一个典型例子。该院原为三进四合院，占地约 500 平方米，建筑面积约 300 平方米，在历史上曾经是一座寺庙，自清末以来成为民居。房主 Z 先生，年龄为 60 多岁，从父母手中继承获得房产。据了解，该院曾为国民党军官所有，战乱时，房主父母在国民党撤离大陆时以 2000 银园买下。

　　2004 年笔者在什刹海地区进行调查时偶然遇到该房主，当时该院仍较为杂乱，东西厢房共住有 5 家标准租租户，院中搭建得几乎没有空地。北京市出台腾退标准租私房的政策之后，他家的房客均由政府或单位出资迁出，标准租租户虽然搬走，但房主自身无力对四合院进行改造和维

─────────

　　① 2008 年，北京市从 1118 户报名的家庭中评选出 598 户"奥运人家"，可提供客房 726 间，房价约为 50 ~ 80 美元/（间·天）。

护，偶尔接待少量游客参观。2007年笔者再次访问该院时，发现该院已经焕然一新，不仅院中搭建已经完全拆除，而且新建了南房，成为当地一个有名的民俗旅游接待户，一些从事"胡同游"的公司将此定为定点接待户。

经过与房主的攀谈，笔者了解到，原来2005年房主将东西厢房及院落委托给外来投资者进行改造翻建，后进行旅游接待，每年收取房租约10万元。房主住在北房（正房）中。据了解，院落改造、南房重建，以及东西厢房维修、基础设施（包括卫生间）建设等共花费了50万元左右。改造后每天可接待国内外游客500~1000人（分为团体和散客两种），并且可以进行家庭式旅馆住宿（拥有三间客房）。住宿的客人主要来自欧美、日本等国，国内相对较少。

2007年什刹海街道对景区内所有进行民俗接待的居民户进行入户调查和登记建档，经过调查，景区内共有41户接待户，已接待100多万人次，涉及100多个国家。

部分受益居民的情况也可以从官方的调查中得到反映。西城区旅游局在2004年对什刹海地区进行了一项抽样调查（西城区旅游局，《关于什刹海统计指标分析及发展建议》）。该调查从五个方面来评估旅游发展对当地居民的经济影响：①房产升值以及出租房屋的收入；②参与经营的经济收入（自我经营）；③作为胡同游景点的收入（对游客开放自家住宅的民居式景点）；④工资收入（被经营商户雇用）；⑤居民的年收入情况。

（1）房产升值以及出租房屋的收入

抽样调查显示，75.8%的商户租用了当地居民的房屋；75%的居民不愿迁出，如果政策要求迁出，47.8%的居民要求政府为房屋提供每平方米1万元以上的补助。

（2）参与经营的经济收入

抽样调查显示，在什刹海的商户中，35%的企业法人或者个体老板是西城区居民，其中有47.6%为什刹海居民。

（3）作为胡同游景点的收入

抽样调查显示，只有4.2%的当地居民一直对游客开放自家住宅；有87.5%的居民没有开放过自家住宅；相关的居民参与程度较低，经济收益不理想。

（4）工资收入

抽样调查显示，有 26.3% 的什刹海商户，雇用了一定数量的西城区居民作为员工，旅游给居民带来的收入不理想。

（5）居民的年收入情况

抽样调查结果显示，有 52.2% 的家庭人均年收入在 5000 元以下，人均年收入在 1 万元以上的只有 8.6%，情况不甚乐观。

该调查显示，一小部分居民的确通过上述多种方式改善了自己的经济状况，但是从整体情况来看，旅游发展对本地区居民的贡献并不明显。例如，从被调查的 41 家商户的情况看，仅有 2 家表示自家雇用了什刹海当地居民。对 36 位随机抽样的三轮车夫的调查显示，没有一位是什刹海地区的原住民。什刹海地区居民参与旅游发展的主要方式是出租房屋。

虽然居民是什刹海的"主人"，但他们却不是"消费主体"。什刹海地区的酒吧和餐馆，其目标客户是拥有较高收入、较高文化水平的"有闲阶级"，而不是什刹海的本地居民。2004 年，清华大学社会学系对什刹海地区（白米斜街社区）的 100 多户居民进行调查，数据表明，什刹海地区仅有不到 8% 的居民会比较常去附近的酒吧/饭店，大部分人（80% 以上）很少进入这些酒吧/饭店，甚至有近一半（49.5%）的居民从未走进过（见图 8-4）。

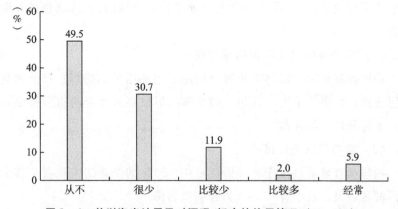

图 8-4　什刹海当地居民对酒吧/饭店的使用情况（$N = 101$）

2. 居民受损情况分析

旅游发展在给部分居民带来一定经济收益的同时，也给很多居民带来了许多负面影响，这集中体现在胡同游和酒吧街的交通、噪声扰民等问题上。此外，虽然部分居民以出租或出售住房的方式获得了较高的经济收益，但也有一些居民由于一些开发项目而被迫离开他们的长期居住地。旅游发展无疑在压挤着本地居民的生活空间，当然由于政府的重视程度提高，他们也能从基础设施的改善中受益。

胡同游在大大提高了什刹海国内外知名度的同时，人流和车流的大量涌入（特别是在旅游高峰期的节假日）也给该地区带来很大的交通压力并对居民日常生活造成了严重干扰。由于什刹海地区原有的居住人口密度比较高，以胡同为主的道路格局主要适合于行人和自行车等非机动车，因此，胡同游所带来的大量三轮车、旅游车使得该地区的交通压力骤然增加。

随着"胡同游"这一旅游项目不断升温，自1999年至今共有18家公司从事"胡同游"。在2008年实行胡同游特许经营制度之前，地方政府的资料显示总共有1500多辆三轮车，每天活跃在什刹海狭小的胡同之间。18家胡同游公司为了争得"胡同"市场份额，获取最大利益，盲目扩大规模，对三轮车数量不加以限制，少的有几十辆，多的有150多辆，再加上400多辆黑三轮及外来车辆，致使什刹海景点胡同游览秩序遭到严重破坏。在一些重点地段，大轿车、三轮车、行人共同拥挤在一条胡同，由于道路狭窄，车辆停放造成交通堵塞。特别是许多不具备运营资格的三轮车，为了多揽活，往往在胡同里横冲直撞，见胡同就钻，见地方就停，一些胡同尤其是狭窄胡同极易造成拥堵，这给周边居民带来极大的安全隐患。胡同游的无序发展使得旅游、文保、居住等矛盾日渐突出，群众反应强烈。

作为胡同游的一个组成部分，部分居民（民俗户）对游客开放自家院落获得可观的经济收益，但同时给周围邻居带来了许多干扰，引发了矛盾。该地区多个胡同都发生过当地居民与游客、导游因为扰民而争执的事件。还出现过一些居民自发地将道路截断，以此争取自己生活的安宁。根据西城区旅游局2004年的一次调查，什刹海地区民居的开放程度并不理想。在被访的当地居民中，仅有几位坚持对游客开放自家住宅，占4%；曾经开放过但最终放弃的占8%；其余的88%均表示从未开放过自家住宅，其中，还有33%的当地居民明确反对对旅游者开放自家住宅。笔者在该地区调查的过程中也经常看到在院子大门上挂着居民自制的告示牌（如"谢绝参观""请不要大声喧哗"等），一些邻近参观四合院的住户更是不胜其扰。

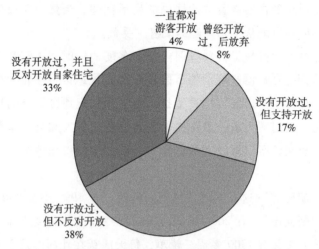

图 8-5　什刹海地区民居开放情况

　　虽然交管部门在 2009 年实行的住地居民通行证制度在一定程度上缓解了过多的社会车辆涌入什刹海地区的压力，但还是在一些地方出现了制度形同虚设的现象。在什刹海地区处处可见"交通管制，车辆绕行"的告示牌，可在这些告示牌的后方胡同内，依然停满了各类车辆，不少车辆横在住户家门口，影响了居民的正常生活。在什刹海周边的停车点，每个排队停车的队伍都能排上近百米，几乎每个地面停车场都饱和。而酒吧沿线胡同里任何一块路边空地都成为难得的临时停车位，开车人见缝插针，把汽车随意停在树下、绿地里或者人行道上，甚至有人直接把车横在居民大院门前，本来就不宽的胡同到处停着汽车。一些居民抱怨说，乱停车的问题在夏季的夜晚变得越发严重，便道被占，只剩狭窄的路可走，居民经常为躲车而与司机发生口角。胡同里腿脚不利索、行动迟缓的老人较多，老人们想出门，都先从门口探出脑袋，确定没有电瓶车开过来，才敢出门。

　　另外，从 2007 年 5 月开始，胡同游电瓶车开始在什刹海附近试运行，3 元的实惠票价与招手就近上下车的便捷方式逐渐受到了"胡同游"游客的欢迎。但不少电瓶车司机是外地人，刚开始对胡同不太熟悉，所以经常能看到"迷路"的电瓶车闯入了羊角灯胡同。时间一久，电瓶车司机们不迷路了，但是为了图方便，他们经常开着空驶的电瓶车到胡同里来掉头。一些居民只好向市非紧急救助服务中心 12345 投诉，希望有关部门能够对这些电瓶车进行限速和加以规范。

从调研结果我们可以看出，发展旅游后，绝大多数什刹海居民对社区治安情况持乐观态度。只有 13% 的当地居民认为治安环境不如以前。

另外一个扰民比较严重的来源就是酒吧一条街。酒吧营业的高峰期正是居民的休息期。又短又窄的胡同里，往往聚集了好几家酒吧。从晚上 8 点到次日凌晨 2 点，特别是晚上 8 点到 11 点是最吵最闹的时间。酒吧在经营的过程中出现噪声扰民的问题比较普遍，个别酒吧经营户更是利欲熏心，为招揽顾客在室外放置大功率专业音箱，其噪声严重影响什刹海地区和谐的自然与人文景观。

有记者曾经在酒吧生意最好的夏季夜晚对酒吧噪声进行过实地监测，在什刹海西北侧的前海北沿地区，多数居民家中夜间噪声近 70 分贝，相当于汽车在身边川流不息的声音，居民家中噪声最高 76.8 分贝，胡同老住户称"每天都像睡在歌厅里"。酒吧街街面上的噪声高达 78~95 分贝，瞬间噪声超过 100 分贝。而根据《城市区域环境噪声标准》的规定，在居住、商业、工业混杂区，白天噪声不得超过 60 分贝，夜间噪声不得超过 55 分贝。进入夏季后，酒吧歌手一般会唱到凌晨一两点，配合噪声时间，不少街坊只能选择晚睡晚起，上午补觉。碰到家中有孩子高考、有病人需要休息时，居民和酒吧经营者之间就会产生纠纷。

根据《中华人民共和国治安管理处罚法》第 58 条规定"违反关于社会生活噪声污染防治的法律规定，制造噪声干扰他人正常生活的，处警告；警告后不改正的，处二百元以上五百元以下罚款"和《北京市环境噪声污染防治办法》第五章第二十八条"禁止商业经营活动在室外使用音响器材或者采用其他发出噪声的办法招揽顾客，干扰周围生活环境"与第三十四条"使用家用电器、乐器或者进行其他室内娱乐活动的，应当控制音量或者采取其他有效措施，避免干扰周围生活环境"的规定，政府相关部门也对酒吧噪声扰民问题进行联合执法检查（涉及公安局、环保局、工商局、文化委、城管），但往往只能治标难以治本。有时针对居民的投诉，管理部门到现场劝说后，酒吧会把音响调小一些，但管理人员前脚刚走，后脚音量就跟上来了，在这样的"猫和老鼠"游戏中，吃亏的还是居民。

2007 年，在加强景区日常管理的同时，结合夏季旅游旺季晚高峰的特点，街道处级领导和科长带班，由街道干部、公安、工商、城管等部门组成整治小分队，于每日晚 7 时至凌晨 1 时对什刹海景区的酒吧噪声扰民、无照商贩尾随兜售等违法现象予以打击，经一段时间整治该地区 110 接警数量逐渐下降。

政协北京市西城区第十一届委员会第三次会议上，罗秋菊委员在第 048 号提案中提出，经过对什刹海酒吧街周围居民（50 户）的走访调研，绝大多数人（45 户）认为茶艺酒吧街破坏了原住房的旧有历史风貌，影响了居民的正常生活，建议加强对该地区的规划、管理，制订茶艺酒吧街营业规范守则，限制音响噪声分贝等。在罗秋菊委员的调研中，周围居民还反映了以下几点问题，其中包括：①酒吧街周边堵车，居民的车无法进出，若有紧急事情发生，难以实施急救，酒吧桌摆到人行道上，通行困难；②音响震天，周围居民无法入眠；③乱倒垃圾，污染周边环境；④部分胡同旅游车夫不顾国家尊严，旅游讲解信口开河，称酒吧是色情场所，等等。

官方的调查也证实了什刹海地区居民对噪声问题的不满（见图 8-6）。

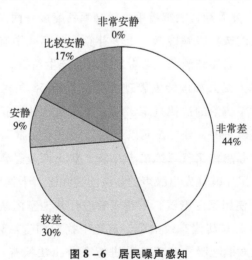

图 8-6　居民噪声感知

总的来说，居民对于酒吧和胡同游等旅游休闲项目颇有微词，认为旅游发展给正常生活带来了比较大的影响，而且夜里的歌声和吵闹声很晚才会平息。总的来说，白天什刹海附近相对于城区（什刹海以外的市区）还是安静许多的。但是在夜晚，由于酒吧数量太多，而每个酒吧或多或少都会有歌舞表演，所以比白天喧闹许多。

大部分居民（尤其是没有出租房屋的居民）没有在酒吧街、胡同游的红火上得到非常切实的经济利益，而休闲业的发展或多或少干扰了这儿的宁静生活，他们也想通过这样的民意调研将意见（即使只是在环境方面）反映给政府或主管部门，希望其能对经营中的噪声进行管制，恢复正常的安静生活。

还需要指出的是，居民的受损情况还包括精神层面的失落感。一位当地居民在接受采访时表达了自己的强烈不满和失落：

> 在我的心中，四合院是最美的，所以在 8 年前，我搬到了什刹海。但自从"非典"那年开始，酒吧突现，而且毫无规划，极大地扰乱了什刹海的正常生活。每天，酒吧的音乐都吵得人不得安宁，半夜倒酒瓶的声音更是几次把我吓醒。胡同里的车使本来就已经很狭窄的胡同变得更窄，安全隐患严重。我们旁边的一些四合院是新建起来的——将原来的房子推倒重建，卖给一些企业老板，听说每平方米 5000 美元，但那是真正的四合院吗？银锭观山，我不知道这个名字是谁起的，但我佩服他（她）的先见之明。现在的什刹海让我心痛，四合院变成了酒吧，板凳变成了沙发，二锅头变成了科罗娜，什刹海失去了最本质的东西，旧日里的万种风情全都被淹没了。①

从政府的角度来看，其对本地居民在什刹海旅游发展中作用的认识也在不断地提高。西城区旅游局的报告就曾指出"什刹海地区的居民多是在此地居住好几代的老北京居民，传承了比较正宗的北京文化，是展示古都文化的最好人群"。但同时也承认："尽管什刹海地区旅游发展对

---

① 《京城酒吧圣地什刹海的前世与今生》，《精品购物指南》2007 年 1 月 11 日，https：//fwtures. money. hexun. com/2036895. shtml，最后访问日期：2020 年 12 月 10 日。

当地的社会、经济、文化有较大的促进作用，当地居民也对什刹海有着较深的感情，但是社区参与的程度不高。这样一来，容易将什刹海的社区建设和旅游发展隔离开来，甚至还会产生矛盾。"

3. 去社区化的商业

从什刹海地区商业发展与本地区的关系来看，一个比较明显的趋势是商业的去社区化。我们用"去社区化的商业"这一术语来表明该地区的商业发展逐渐从服务于本地区居民的生活型商业转变为服务于城市白领和国内外游客的商业。这一转变主要是由于本地区居民的低购买力与新兴商业高消费之间的落差。

在西方，酒吧是非常普遍的消费场所。在近代西欧城市发展的早期，酒吧和咖啡馆往往是一种社区性、邻里性的公共空间。它们不仅仅是城市居民的消费场所，而且是提供社会交往、形成公共舆论的社会空间。因此，有的社会学家将这些既非工作场所也非家庭私人空间的地方称为"第三空间"（the third place）①。酒吧和咖啡馆不仅成为新兴中产阶级和文人讨论社会话题的"公共领域"（哈贝马斯），对于工人阶级也具有重要的意义。因为工人阶级早期的居住状况非常糟糕（面积小、环境差，对此恩格斯有非常经典的论述），空间的缺乏迫使他们大部分的社会生活只能转移到大街上。咖啡馆或酒馆在工人阶级的生活中扮演了制度、政治与社会的角色。"工人阶级的连带关系是借由咖啡馆或酒馆为中心而以邻里为基础建立起来的。"而在近代中国城市中，茶馆具有与西方的咖啡馆或酒吧类似的社会功能。王迪（2005）对成都社会生活史进行了细致的考察后指出，与欧洲近代和美国的咖啡馆、酒店和酒吧间一样，成都茶馆的社会功能远远超出了仅仅作为休闲场所的意义。从某种程度上讲，成都茶馆所扮演的社会、文化角色比西方类似空间更为复杂。它不仅是人们休闲、消遣、娱乐的地方，也是工作的场所和地方政治的舞台。在文学作品中，老舍的经典之作《茶馆》更是生动地描述了极富地方性、

---

① 社会学家 Ray Oldenburg 首先提出这一概念，指除了家（"第一场所"）和工作地点（"第二场所"）以外的一个非正式的公共聚集场所，人们经常或是偶尔来此活动（特别是交谈），它有助于社会交往、增进友谊和邻里团结。其特点包括：容易进入、友好的、舒适的、免费或不昂贵，例如咖啡馆/酒吧、小商店、社区中心、公共空间等。

平民性和民族特色的茶馆作为社会舞台的重要作用①。

然而，改革开放后在中国大城市中出现并兴起的酒吧从一开始就是一种西方消费文化的舶来品。它最初的消费者是在中国的外国人，然后是跨国公司的中国职员以及演艺界人士，接着向普通城市白领和年轻人扩散。酒吧的高消费和西方文化特征使得它从来都不是普通老百姓日常生活的一部分，在什刹海的酒吧街也是如此。什刹海酒吧的灯红酒绿与本地老百姓的生活不仅没有关系，而且带来许多负面影响（虽然给一些房屋出租者带来可观的经济收益）。实际上，地方政府也注意到酒吧与社区居民之间的脱节现象，并试图作出一些改变。比如，什刹海街道办事处就曾经提出"酒吧文化实际上是一种时尚的休闲文化，我们想通过协调，使部分酒吧在白天对居民超低价开放，引导居民走进酒吧会友聊天讲故事，感受时尚"②。但实际上，这只是一种一厢情愿的天真愿望而已。

此外，原来的老北京特色餐饮也逐渐失去了社区居民作为消费群体的基础，转向服务于潮水般涌来的国内外游客。以什刹海著名的"九门小吃"③为例，虽然这里集中了多家著名的老北京小吃店（包括：月盛斋、恩圆居、德顺斋、爆肚冯、茶汤李、年糕钱、羊头马、奶酪魏、豆脑白、小肠陈、褡裢火烧和张一元等），但其主要消费者是国内外游客，特别是团体游客。这种传统小吃集中化、加盟式的现代经营方式已经脱离了其原来的社会生态基础，脱离了原有的社区老顾客，成为在大规模城市改造和人口结构急剧变迁过程中尽量保持和传承传统地方文化的一

---

① "这里卖简单的点心与饭菜。玩鸟的人们，每天在遛够了画眉、黄鸟之后，要到这里歇歇腿，喝喝茶，并使鸟儿表演歌唱。商议事情的，说媒拉纤的，也到这里来。那年月，时常有打群架的，但是总会有朋友出头给双方调解；三五十口子打手，经调解人东说西说，便都喝碗茶、吃碗烂肉面（大茶馆特殊的食品，价钱便宜，做起来快当），就可以化干戈为玉帛了。总之，这是当日非常重要的地方，有事无事都可以来坐半天。"（老舍《茶馆》）

② 什刹海街道办事处：《迎奥运 创文明 建和谐 全力打造什刹海功能街区——什刹海街道2006年工作思路》。

③ "九门小吃"坐落于什刹海北沿，宋庆龄故居西侧，由将振兴和抢救濒临绝迹的传统小吃为己任的老北京传统小吃延续发展协会倡办，筹集启动资金1170万元。因前门改造而搬离的京城老字号中，有九家著名的京城小吃，2006年它们集合起来，搬进后海的一个近3000平方米的大四合院内，取皇城九门之意。

种无奈之举。在我们看来，"九门小吃"更像是一个以四合院为展厅、以传统小吃为展品、以四方游客为参观者/体验者、以身着传统服装的服务员为氛围烘托的餐饮博物馆，而不再是服务于老街坊，有机地存活于邻里街区之中的社区商业。这种转变虽然在一定程度上扩大了老北京小吃的社会影响，但由于什刹海地区整体商业化程度的提高也带来一些负面影响，特别是房租上涨的影响。2011 年由于房租翻倍上涨，"九门小吃"的经营方也提高了各小吃"管理费"（入场费），由此导致 8 家小吃集体退出"九门小吃"。老北京小吃多数具有家传、私营、微利的特点，没有强大的影响力，也没有强大的资金后盾，是一项需要帮助的特殊产业。老字号小吃搬进了新场所，环境改善了，小吃的价位也随之上浮。更为重要的是，老北京传统小吃原来的主要顾客都是附近的社区居民，传统小吃也是老北京人生活方式的一部分，这些老居民与小吃店之间形成了日常反复的、稳定的买卖关系和社会信任关系。一旦老字号小吃离开了原有的社区生态环境，集中搬到地租不断上涨的商业地带和旅游区，它们与新的消费者（大量的外来游客）之间的关系也就变成了一次性的买卖关系，不仅价格会水涨船高，质量也有可能下降。传统小吃难以传承"好吃不贵"的传统。

三　参与建构城市空间的当地居民

作为什刹海地区的居民，他们本身就是区域里社会肌理最重要的组成部分。正如前述，他们的社会经济背景是什刹海地区社会结构形成的基础。与此同时，什刹海地区所展示出来的社会生活画卷，就是这里的居民的日常生活场景，也是这些社会经济特征作用的结果。事实上，作为历史文化保护的一部分，他们不仅仅传承着沿着历史脉络发展至今的北京老城生活方式，他们的生活也成为当代城市文化的重要载体。这些历史文化的价值在什刹海成为体现民族文化的北京老城保护区中最大的区域后，显得特别重要。维持和传递老城居民的生活方式，才是保护了老城的社会历史文化。

除了居民的日常生活成为城市社会空间的展示物以外，什刹海地区居民参与城市空间建构的过程远远超越了"自然"的状态。事实上，什刹海在重新定位为历史文化保护区，引入经营复兴产业之后，这一地区的居民还作为行动者，直接、主动地成为什刹海城市空间建构不可或缺的一部分。

（一）政府政策制定过程中的居民

前面的讨论，一直都在强调政府在建构城市空间的过程中占据着主导地位。但是，转型时期的政府的城市政策已经与计划经济时代有着根本的不同，而居民在政策制定的过程中也成为一个重要的因素，这也是居民积极主动参与城市空间建构的宏观背景。政府引入更多的居民参与，至少有以下几个方面的考量。首先，更多的居民参与到与他们的具体生活关系密切的城市更新与改造的过程中，使得政策的合法性与合理性得到更大的提升。除去以往的城市变得更加美丽整洁以外，也可以进一步使得城市空间为居民的美好生活提供更多的便利。其次，吸收更多的居民参与政策制定的过程，正是发扬群众路线，集思广益，搜寻到更好的更新与改造城市的方案的过程。最后，将居民纳入政策制定过程，综合考虑他们的建议后纳入最终的实施方案中，有助于在更新与改造的过程中动员居民，顺利完成整个过程。这是因为，居民本身就是未来城市空间的组成部分，他们的生活过程亦即构建社会空间的过程。所以，政府有号召居民参与政策制定的动机与需求。

当地居民可以在这样的政策制定背景下，积极向政府表达自身的需求与期望。与当地政府的互动过程，往往就是当地居民参与政策制定的过程。

北京地铁 8 号线南北贯通城市中心，有大段线路经过北京老城，其中在什刹海专门设站，北接鼓楼大街，南连南锣鼓巷，使得什刹海地区的交通大为改善。这带来的一个后果是地铁设站之后，站点附近的改造与更新。早在 2013 年的报道中，就已经有了居民与市民的意见征集过程：

> 从西城区历史文化名城保护重点工程公众交流会上获悉，什刹海阜景街建设包括在地铁 8 号线什刹海站附近将恢复明清风格沿街商铺，地上空间引入高端精品酒店和开放性国际交流会所，地下空间植入时尚品牌旗舰店；毗邻火神庙和万宁桥间将打造"空中胡

同"的街区概念。

什刹海阜景街建设指挥部公布的一期试点项目预计，2015 年基本实现将区域打造成为历史文化名城保护和发展示范区的建设目标。现已完成一期试点项目的整体规划方案，在此基础上形成了北中轴线整治、地百及联大片区、鼓西项目和地铁 8 号线什刹海站织补四个专项规划方案，并具备专家评审条件。①

与这一方案相配的详细规划与设计其实早就展开，也提供了征求意见与专家评审的素材。②

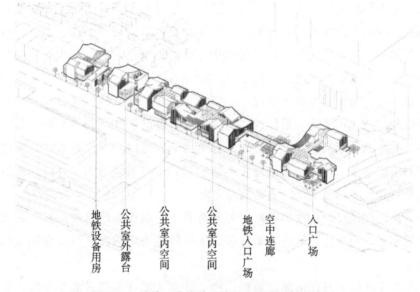

地铁设备用房　公共室外露台　公共室内空间　公共室内空间　地铁入口广场　空中连廊　入口广场

图 8-7　地铁 8 号线什刹海站织补项目功能设计

资料来源：刘磊、张铮《融入老城区的新房子——地铁 8 号线什刹海站织补工程方案设计》，《城市住宅》2015 年第 12 期，第 14 页。

说明：该图示仅提供说明，并非 2013 年公示的方案内容。

———————————

① 《什刹海地区规划设计图出炉　拟建"空中胡同"》，《北京晚报》2013 年 6 月 28 日，http://news.dzwww.com/xinwenzhuanti/2008/ggkf30zn/201409/t20140903_9753369.htm，最后访问日期：2021 年 3 月 7 日。

② 例如，可参见朱玉静《北京地铁 8 号线什刹海站建筑织补研究》，清华大学建筑学院硕士学位论文，2013；刘磊、张铮《融入老城区的新房子——地铁 8 号线什刹海站织补工程方案设计》，《城市住宅》2015 年第 12 期。

显然，这是一个较为倾向于商业化发展的方案。在一开始就引来了不同意见。一种意见以文化视角直接反击以上设计思路，认为这样的方案与北京老城的历史文化保护宗旨并不一致，并"诧异"地提出：

> ……清末、民国时期的风格，基本是单体、单层建筑。而按照西城区公布的规划设计思路，在地安门外大街两侧将建设两层商铺，商铺之间采取连廊形式，把它们链接起来，从而恢复明清时代商铺风格。这样的风格与明清时代的商铺有什么关系吗？[1]

这样的质疑带有明显的情绪色彩。

> ……将在北中轴线的重要位置即火神庙与万宁桥一带兴建"空中胡同"，在鼓楼西南角建设"下沉式胡同"，这就使人诧异，北京的胡同怎么成了变形金刚？空中胡同、下沉式胡同将和传统的北京胡同保持怎样的关系？[2]

另一份公开的反对意见则来自从小生长在此的一位居民，"空中胡同、下沉胡同，我们不是在搭影视城，也不是要建空中巴比伦"，希望整个什刹海的改造计划要"做好前期调研工作，不要急功近利"，要"广泛征求群众意见和召开听证会"，还要"发掘历史文化底蕴，打造经典街区"；原则上应该"改善为主，改造次之；修旧为主，新建次之；保护为主，开发次之"；这样的改造"商业气息太浓，这样非常不利于文化的传承"。[3]

---

① 《什刹海地区旧城保护项目的焦虑与隐忧》，《中国文化报》2013 年 8 月 21 日，http://culture. people. com. cn/n/2013/0821/c172318 - 22637348. html，最后访问日期：2021 年 3 月 7 日。

② 《什刹海地区旧城保护项目的焦虑与隐忧》，《中国文化报》2013 年 8 月 21 日，http://culture. people. com. cn/n/2013/0821/c172318 - 22637348. html，最后访问日期：2021 年 3 月 7 日。

③ 曹萍：《关于什刹海地区改造的几点看法》，北京九三学社，2013 年 7 月 9 日，http://www. bj93. gov. cn/czyz/sqmy/201307/t20130709_215718. htm，最后访问日期：2021 年 3 月 7 日。

也正是这样的征求居民与市民意见的过程与结果，使得原有的方案没有贸然推进。在《首都功能核心区控制性详细规划（街区层面）（2018 年 – 2035 年）》公布以后，西城区进一步推进该地区的更新与改造，在 2020 年 10 月 19 日发布的《关于落实加强历史文化名城保护提升城市发展品质决议的报告》公开征求意见的公告中，明确了"积极推进……地铁八号线什刹海站织补"计划①。

随着原有的商业与产业倾向在首都功能的强调下进一步退潮，新的更新改造方案显然与原有方案有较大差异。在 7 年多以后的 2021 年初，政府又一次正式发布了该区域的织补工程方案。这次是以张贴的方式进行公示的，有居民录取了视频，放到了门户网上，显然扩大了传播范围②。

（二）参与规划方案的具体制定过程

正如第二章所讨论的，随着城市建设大规模"增量时代"接近尾声，"存量时代"的任何操作必然涉及空间利益在已有的空间占领者之间的调整。因此，所有的规划设计方案都不仅仅是一个单纯的空间规划方案，它是需要各方认可的利益平衡的结果。与此同时，老城在更新改造过程中，采用了渐进式微循环的方式，这样的织补手法涉及一砖一瓦的变动与改造，与居民本身的生活与财产紧密相关，其目的也是改善提升居民的空间生活品质，将居民及其生活纳入历史文化保护的内涵当中。所有的这些都需要规划建筑师与居民在沟通中了解并在规划方案中体现出来。所以，倡导主义的规划方式成为规划建筑师的重要工作方式与过程③。倡导主义的一个重要特征，就是当地居民一定要参与规划设计的过程，他们的意见能够反映在当地空间规划设计方案中。也只有这样，

---

① 参见《关于〈关于落实加强历史文化名城保护提升城市发展品质决议的报告〉对社会公开征求意见的公告》，北京市西城区人民政府政务公开网站，https://www.bjxch.gov.cn/xxgk/xxxq/pnidpv881057.html，最后访问日期：2021 年 3 月 7 日。

② 参见《北京地铁 8 号线什刹海站织补项目方案公示，说明即将启动提升整治周边了》，https://new.qq.com/omn/20210126/20210126V0B2D800.html，最后访问日期：2021 年 3 月 7 日。

③ 保罗·达维多夫：《规划中的倡导主义和多元主义》，载理查德·勒盖茨、弗雷德里克·斯托特编《城市读本》，中文版由张庭伟、田丽主编，另外收入了多篇中文文章，北京：中国建筑工业出版社，2013，第 371 ~ 381 页。

各方事前认可的规划方案才能顺利实施。

如果说居民参与城市改造政策的制定过程是与政府部门互动的过程，那么参与具体的规划方案的制定过程则是与规划建筑师之间互动的过程。

通常来讲，以往的规划方案更多的是"自上而下"的编制过程，由政府直接提出规划目标，规划建筑师根据自身掌握的实际情况按照标准做出规划方案。这样的优势是提高了效率，但是也忽视了居民的具体需求。在合法性与有效性的驱使下，"自下而上"的规划方案编制过程被采用。只有将这两种编制结合起来，才能够找到规划目标与居民需求的结合点，才能真正提高规划方案的效果。

从什刹海地区保护规划方案的制定过程中（见图 8-8），可以看到居民的参与至少在两个大的阶段：一是在现状调查评估阶段，二是在公众参与的预审阶段。事实上，前者是居民将自身的实际情况以及意愿提供给规划建筑师，作为编制规划的背景或是起点材料。后者则包括，评价给出的初步规划方案，以及与规划建筑师来回反复沟通规划设计要求。

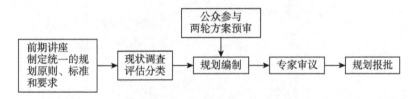

图 8-8　什刹海历史文化保护区规划编制流程

资料来源：喻涛：《北京旧城历史文化街区可持续复兴的"公共参与"对策研究》，硕士学位论文，清华大学建筑学院，2013，第 71 页。

前期的调研过程，是收集居民实际情况的过程。除了收集一系列社会经济指标以外，还要收集居民的各种更新改造意愿，同时也要收集居民当前的居住空间情况，这样才能够编制既满足居民意愿，又符合居民经济承受能力，还符合居民社会生活方式的更新改造规划方案。图 8-9 显示的是，在什刹海烟袋斜街的前期调研过程中绘制的居民居住空间草图。

在前期资料收集之后，规划建筑师开始了具体的规划编制。居民在这一阶段可以直接参与讨论，并提供更为具体的要求与意愿。在这一沟通交流的过程中，方案来来回回经过多轮次的反复修改。

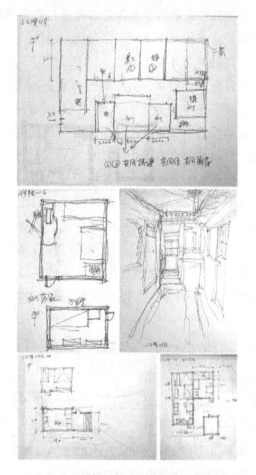

图 8 - 9 什刹海居民调研中的空间草图

资料来源：井忠杰《北京旧城保护中政府干预的实效性研究：以什刹海历史文化
保护区烟袋斜街地区为例》，硕士学位论文，清华大学建筑学院，2004，第 65 页。

在 2006 年的腾退工程试点中，大石碑胡同 12 号的更新改造就是一个很好的例子。该院落是一座典型的传统四合院，有着四合院建筑的一般特点。但是，院落破损严重，需要较大规模的修缮。同时，院落为两姐妹的私产，她们从出生就一直在此，居住了 60 余年，希望继续在此居住。

在前期的意愿调查中，姐妹两户家庭不愿搬走，因而，规划方案确定了修缮改造的目标。同时，这两位姐妹也希望参与到修缮改造的规划设计过程中，能够让她们自己以后的生活品质得到真正的提高。

在编制规划设计方案的过程中，两位姐妹的家庭希望改造成相对独立的两户家庭房产，"希望增加房屋进深以方便使用，……希望两家分别建有独立厨房与卫生间……"在多次与这两户家庭沟通交流后，最终的规划设计方案在保留院落原有格局以及传统的建筑结构的基础上，"维持了原有房屋的进深，在现在西南角的加建位置将西屋与南屋连接成 L 形以增加使用面积，同时将东屋与北屋用过道连接以形成一套独立住宅。两套住宅内都设有独立的卫生间与厨房"①。

从规划设计图中（见图 8 - 10）可以看出，整个修缮更新的结果恢复了院落的原有空间秩序。右窄边三张图形中，下图为该院落街区位置示意；中图则是原有院落建筑布局，而深色标注部分为历史上累积的加建部分，在最终改造中拆除；上图为改造前院落狭窄的空间图片。左边两张设计图中，分别为一层房型图示（左）与屋顶图示（右）。显然，

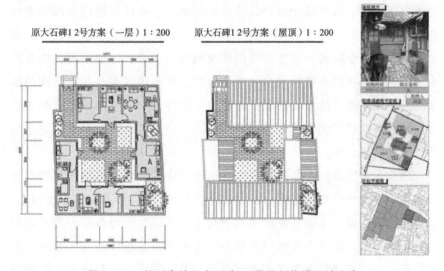

原大石碑12号方案（一层）1：200　　　原大石碑12号方案（屋顶）1：200

图 8 - 10　什刹海地区大石碑 12 号更新修缮设计方案

资料来源：井忠杰《北京旧城保护中政府干预的实效性研究：以什刹海历史文化保护区烟袋斜街地区为例》，硕士学位论文，清华大学建筑学院，2004，第 64 页。

---

① 刘蔓靓：《北京旧城传统居住街区小规模渐进式有机更新模式研究：以什刹海历史文化保护区烟袋斜街试点起步区为例》，硕士学位论文，清华大学建筑学院，2006，第 127 ~ 128 页。

这样的修缮改造使得院落更为美观开阔，两户相对独立的家庭院落生活既相互联结，又保持了各自的隐私，生活品质得到了大大提升。

更多的居民参与到规划设计的过程中，可以让规划方案更准确地反映居民的实际情况，能够更为有效地改造空间布局。当然，也能够得到更好的更新改造效果，使得居民自身的空间生活品质得到更为有效的提升。

（三）居民对私有房屋的更新改造

如果说居民参与政策制定与规划方案制定的过程，是居民在与政府以及规划建筑师的互动过程中完成社会空间的建构，那么居民本身也通过自己的更新改造行为直接参与到社会空间的建构中。

在第六章，我们讨论了吴良镛先生描述的北京四合院随着历史的发展逐步演化成"大杂院"的过程。这是一个居民自己直接改造院落居住空间分布的典型过程。原本的四合院是一个家庭户的居住空间，有着特定的空间秩序，留有活动的公共院落空间留白，构成鲜明的中国传统社会空间形式。因为城市居住空间严重不足，在收归公有的四合院中，多个家庭共享一个院落，居住在不同的房间里。随着人口的增加，四合院中逐渐出现了在原有建筑结构之外的房屋。这些房屋都是私搭乱建的结果，其占用了原本的公共院落空间留白，使得原有的空间秩序被彻底摧毁。四合院变成了拥挤不堪的"大杂院"，变成了数户人家甚至是十多户人家的居住之地。

居住在各家独立、邻里很少来往的楼房中的人们，也许难以理解这样拥挤的平房中的日常生活。在大杂院中生活，往往要共用自来水与电，有许多的不方便，比如月底缴纳水费与电费，往往因为谁家多用了水与电而争论不休。也因为居住空间狭小，各家各户几乎没有什么隐私，不同家庭发生的事情整个院落都清楚明了。另一方面，人们适应生活的能力也是巨大的，总能从日常生活中找到美好。拥挤的四合院中，通常也生发出良好的邻里互动。四合院里孩子众多，从小就有玩伴；各个家庭之间也因为相互了解，互帮互助互信互爱。城市的社会空间正是在这样独特的社会互动过程中建构与呈现出来。

"大杂院"的日常生活是老北京独特的平民文化的一个重要组成部

分。而今，很多这样的日常生活成为记忆或是文艺作品中的历史描述①。

在什刹海地区的更新改造过程中，私有房屋的产权人因为需要改善居住条件，自己出资规划更新改造原有住房。这样的改造过程涉及的空间范围较小，往往就是该户家庭的单栋建筑，改建的成本较低，改建的周期也较短。这些特征出现的一个重要原因，是这样的私人改造并不涉及市政公共设施的配套改造与建设。因此，这样的改造在提升生活品质上，成效也并不是特别显著。

事实上，有些房主的改造不仅仅是翻修了房屋，甚至改变了房屋的使用性质，将原有居住使用的房屋改建成商业使用。什刹海特定的地理位置，在街区经济兴起的过程中提供了商业创收的机会，对于急需提升收入的家庭来讲，是一种拓展收入来源的方式。一个典型的例子是2003年"非典"过后，在后海酒吧街兴起的过程中，一些私房主通过改建，将自家原来居住的房屋变成了酒吧经营的场所。后海区域的某胡同1号是私人产权的房屋，房主在2004年将整个院落租给了他人，而新的租户将院落改建成一个地中海装修风格的酒吧。原来用于居住的院落空间使用性质发生了根本变化，成为一个带有天窗的室内空间，酒吧主人在房屋的二层建了露天平台，可以容纳更多的客人。如图8-11所示，右半

图8-11　后海某出租院落被改建成经营性酒吧

资料来源：刘蔓靓《北京旧城传统居住街区小规模渐进式有机更新模式研究：以什刹海历史文化保护区烟袋斜街试点起步区为例》，硕士学位论文，清华大学建筑学院，2006，第75页，原作者绘制与拍摄。

---

① 可参阅刘维嘉《在大杂院生活的那些年》，《北京纪事》2020年第3期，第53~57页。更生动直接的了解，可观看电视剧《贫嘴张大民的幸福生活》，https://www.iqiyi.com/v_19rrn76jvs.html? vfm=2008_aldbd&fv=p_02_01，最后访问日期：2021年3月9日。

部分的图片是院落中酒吧内部的布置；左半部分是两张平面图，其中一张是改造后的院落房间分布图，而另一张则是覆盖了整个院落的二层屋顶露天平台。

从空间建构的角度来看，这样的居民改建毫无疑问直接建构了一种全新的空间秩序，也改变了这一空间的使用过程以及与此相关的社会互动过程。

（四）生活与工作于斯的居民

从一定意义上讲，上述的讨论集中在什刹海地区的居民怎样用自己行动建造特定的空间结构。从另一方面讲，除去建造空间、重新安排空间秩序，什刹海地区的居民将自己嵌入进他们所建造的空间中，形成了特定的社会空间。

1. 作为人文景观的居民生活

居民嵌入什刹海社会空间最为显著的特征，就是居民生活于此，工作于此；在这里遇到其他人，与其他人互动形成社会过程与事件；他们的所有活动又受到他们参与建造的空间结构的限制与影响，显示了与什刹海空间相连的行为特征与行为逻辑；这些居民以及他们的社会活动与行为，使什刹海社会空间的文化氛围独特。简言之，生活与工作于此的居民，其自身的活动与行为过程也是建构什刹海社会空间的过程。什刹海居民的日常生活本身就是什刹海当地文化的重要组成部分，是"老北京"四合院生活的体现，也是平民"市井生活"的直接呈现。

什刹海地区作为"4A"级文化旅游地，具有浓郁当地色彩的人文景观能够引起外地游客特别的兴趣。在"游王府、转胡同、坐三轮、品小吃"的胡同游过程中，游客既能够领略王府大院的繁华，也能够领略胡同平房的市井烟火；既能够畅想往日皇亲国戚荣华富贵的生活，也能够近距离观摩了解平民百姓的日常生活①。这些都是什刹海地区历史人文景观的构成要素，也成为游客到此旅游的收获。什刹海地区的混居民宿，其兴起的根本目的就是让游客深入四合院，通过与原有居民生活在同一院落里，亲身体验"老北京"的日常生活方式。

---

① 当然，外地游客在游历胡同、观赏特定的人文景观的同时，他们自身也成为特定时点的什刹海社会空间的一部分，他们也建构了什刹海的旅游文化空间。

　　再进一步，前面的讨论中也提到，"大杂院"的生活如今已经在慢慢消失，正在变成人们的回忆。事实上，什刹海地区的人口组成也在发生着巨大的变化，居民日常生活之间的关系也在改变。从一项2012年的邻里关系调查中，可以看出一种混杂居住与多样的邻里关系[①]。

　　　　问：咱们社区的邻里关系如何？社区气氛如何？

　　　　答1：邻里关系都还是不错的，大家住在一个院子里都很熟，平时有什么需要帮助的都会去找邻居帮忙。包括找社区居委会也能起很大的作用。

　　　　答2：整体来说，相处都不错，社区气氛挺好。不太好的就是，出租房很多，外地人很多，本地人和外地人之间的相处不是很好，偶尔有矛盾冲突。

　　　　答3：邻里关系，好的是真好，不好的是真差劲，平时最多的就是在一起聊聊天。氛围嘛，现在的社会普遍是冷淡嘛，聊天也聊表面的，深的不说。

　　　　……　……

　　在近年来的人口疏解与房屋腾退过程中，流动人口以及公房租住人员更多地搬离什刹海地区，原有的四合院内的私搭乱建被大量拆除，继续在此居住的居民的空间品质得到了大大提升。与此同时，以往的"大杂院"生活中或是融洽或是冲突的邻里关系也慢慢消失，成为记忆。

　　这些都成为什刹海社会空间的呈现。有些进入了文字性的散文小说，有些定格在记录历史的老照片里，还有一些成为再创造出来的影像作品[②]。这些关于什刹海的呈现各不相同，形成了独特的什刹海意象，吸引着众多的游客前来了解与感受什刹海。

　　2. 从事经营活动的居民

　　什刹海地区的居民老龄化较为严重，经济收入较低，文化水平不高等。一方面，这些状况驱使他们多方寻求收入来源；另一方面，又限制

---

　　①　杨君然：《什刹海历史文化街区保护规划实施评估路径研究》，硕士学位论文，清华大学建筑学院，2014，第72页。

　　②　2020年，在中央电视台播出了同名的《什刹海》电视连续剧。

着他们获取收入的方式。

寻求收入来源的什刹海当地居民，往往充分利用地理位置优势，选择服务于当地居民与游客的小规模服务性行业。在什刹海地区的规划调查中记载了某私房院落中，房主从父辈开始在此居住，已经80余年，在册登记的房屋面积为40平方米，自己加建40平方米。为了增加收入，2000年后，房主在院门处搭建了一处小卖店，这成为其主要的经济收入来源①。

前面的讨论中也提及了有一家房主将院落整体出租给了酒吧老板。在对这样的小规模产业兴起的研究中笔者发现，居民的自主意愿较为强烈，但存在着盲目开发、追求经济利益、对历史文化风貌保护不力的情况。在一项2010年的调查中，对1963家商户进行的分析显示，"中小企业活跃发展与集聚成为业态最主要的特征，其中批发和零售业是经营的主要内容，由于政府对于业态的引导和控制程度较低，出现了业态发展层次低，经营秩序不规范，业态与居民生活矛盾加剧，文化创意产业资源挖掘不足、文物保护意识欠缺等问题"②。

这些小规模的服务性产业，有的是居民自己在经营，有的是出租房屋让外来人员经营。他们的共同目的是增加自身的收入，同时服务当地居民与旅游者。同一项调查还显示，在什刹海从事文化创意产业的更多的是外来人口，而与之配套的低端形式的服务业则往往有本地居民参与③。

这样的经营性活动不论是重现了历史上什刹海的经济繁荣，还是改变了几十年来什刹海居民的生活方式，已经注定他们建构了一种新的社会空间秩序。这不仅仅带来了什刹海地区空间呈现的差异，也带来了该地区居民与消费者行动轨迹与行为方式的改变。

对这些服务性产业的空间分布进行分析，可以发现，"什刹海地区居民服务业的分布具有明显的空间差异性，集中分布在保护区的西南部，

---

① 刘蔓靓：《北京旧城传统居住街区小规模渐进式有机更新模式研究：以什刹海历史文化保护区烟袋斜街试点起步区为例》，硕士学位论文，清华大学建筑学院，2006，第75页。

② 石炀：《基于社会转型与产业发展的北京历史街区保护策略研究》，硕士学位论文，清华大学建筑学院，2011，第86页。

③ 石炀：《基于社会转型与产业发展的北京历史街区保护策略研究》，硕士学位论文，清华大学建筑学院，2011，第92页。

四环社区、籔箩仓社区和护国寺社区之中，而在保护区东南部、东北部等旅游业发达的社区中，居民服务业非常稀少；与此同时，零售业和餐饮业的分布不具有空间差异性，而是沿街道、胡同线展开"①。这样的空间分布当然会导致居民与消费者在特定的区域实施特定的消费活动，而连接这些活动的也就是他们的行动轨迹。

在新一轮的人口疏解与产业整治过程中，当地政府的介入加强。一方面，房屋腾退使得以违建作为经营场所的小店小铺无法继续经营。另一方面，当地政府引入文化创意产业以及和历史文化保护相关的产业，例如设计师、艺术家工作室以及小型博物馆，这些产业更多地服务于高端的外来游客。这些必然形成新的经营性空间秩序。

3. 互动与冲突中的居民

作为一个聚居地点的什刹海，有着各种各样的人，也有着各种各样的活动。当地居民必然要参与到各种活动中，与各种人打交道，也就产生了居民的互动行为。在特定地点之上的互动行为必然建构了特定的空间秩序。

当前的什刹海地区人口疏解是以居民自愿为基础，不存在拆迁，是以腾退安置的方式进行的。公房腾退与异地安置，政府主导委托的实施主体需要与腾退院落居民多次沟通达成一致。面对不同的公房租户，可能有不同的谈判沟通过程，也就导致院落腾退安置进度上的差异，从而展示出腾退区域空间状况的显著差异。

事实上，更多的私房主并没有报名申请腾退安置。他们当中许多人是祖辈就已经在此居住，有了家庭历史的连接，心理上也有更强的认同感与归属感，也更能体现"老北京"的生活习俗与生活方式。因此，他们选择了留在什刹海地区，通过改造修缮原有的院落，提升居住品质，也更好地达到保护历史文化的目标。他们留下来，与政府沟通并参与到院落的改建规划设计过程中，才能确保修缮过后的房屋能满足他们的要求与期望。这当然成为居民建构新的院落空间的重要过程。

更为外显的并且影响更大的互动行为发生在居民与经营者的冲突中。

---

①　石炀：《基于社会转型与产业发展的北京历史街区保护策略研究》，硕士学位论文，清华大学建筑学院，2011，第93页。

什刹海地区本身在成为历史文化保护区之前一直是拥挤的混杂居住区。2003 年"非典"之后，什刹海地区突然成为北京城最为重要的休闲消费区域，酒吧歌厅风行一时。这样的服务性场所通常从下班时间之后开始经营活动，并持续至深夜。在居住区内有这样吵闹的经营活动，必然带来居民与经营者之间巨大的冲突。

　　在 2010 年的一次调查中，居民抱怨狭窄的道路与胡同中，外来的旅游者与消费者对交通服务设施以及非经营性院落的正常生活造成了非常大的干扰。另一个居民抱怨的"不甚其扰"就是酒吧带来的各种负面影响①。

表 8－10　　经营性服务活动对什刹海居民生活的影响

单位：%

影响	非常小	比较小	一般	比较大	非常大
酒吧噪声影响情况	3.85	7.69	20.63	36.71	25.87
酒吧客人使用居民设施	5.59	14.69	34.62	20.28	14.69
酒吧占用公共空间	3.15	3.50	24.13	36.36	24.83
酒吧顾客对周围卫生的影响	2.10	2.4555	25.17	42.40	20.98
旅游人群的噪声情况	2.10	3.85	30.42	39.16	19.23
游客导致交通拥挤情况	2.45	2.45	15.03	48.95	27.62
旅游人群对周围卫生的影响	3.15	1.75	29.02	43.01	16.43
旅游人群使用居民设施	4.55	8.74	44.76	22.73	9.79

　　这样的冲突也影响着什刹海社会空间的建构过程。因为这样的经营活动，什刹海白天夜间人群不同但始终熙熙攘攘人气满满，显现出晚间吵闹白天拥堵的特点。需要特别提醒的是，这样的什刹海在网络空间有着特别的人气，也被塑造成了北京城夜晚酒吧与歌厅的最佳去处，呈现出了线下线上两个空间形象。

　　随着人口疏解房屋腾退，政府有意引入对历史文化环境更具保护性的产业，这些曾经辉煌一时并为什刹海地区带来人流与人气的服务性产业逐步退出。取而代之的文化创意产业与文化保护产业，与居民的互动与冲突要少一些，而居民在建构城市空间中的作用又进入了另一阶段，

---

① 杨君然：《什刹海历史文化街区保护规划实施评估路径研究》，硕士学位论文，清华大学建筑学院，2014，第 75 页。

采用了另一种方式。

（五）房屋产权对于旧城空间更新的影响

城市中的土地是属于国家公有的。但是，附着在土地之上的房屋则可以是公有的，也可能是私有的。历史上的各种变迁过程，使得城市房屋的所有权与使用权属变得非常复杂。当前，城市房屋的实际权益归属状况，由于产权与使用状况的交叉混合包括直管公房、自住私房、标准租私房、单位代管房、商品房等。除此之外，在大城市的内城还有大量的无产权或者不合规、不合法的"临建"与"违建"房屋。所有这些构成了北京内城，特别是在历史更为悠久的街区的重要特征。

这样的房屋归属状况（包括所有权与使用权）所导致的城市空间结果，可以用图 8-12 这张广为引用的典型的四合院变化图示来说明。在1950 年代初期，该四合院的产权明晰，建筑结构清晰，保留了传统四合院的格局。1950～1970 年代，政府通过各种政策法规以及其他方式，接管了一些四合院或者四合院的部分房屋，并将其中部分房屋分配给公职人员或者廉价租给贫困家庭。这样，四合院里不仅产权变得混杂（国家公有、单位集体公有代管、私人所有等），住户也变得五花八门。随着人口增长，特别是 1976 年唐山大地震之后，为了安置居民，政府一方面鼓励居民自己搭建抗震棚等临时建筑，另一方面也扩建临时建筑作为公房配给住户。这样的结果使得四合院内建筑结构完全遭到破坏，面目全非。到了 1980 年代，由于疏于管理，私搭乱建进一步扩展，整个四合院基本没有了院落空地，完全是一番杂乱无章、毫无结构与安排的"大杂院"。

在这样的"大杂院"院落里，居民混杂、房屋归属多样、生活设施匮乏、居住条件脏乱。房屋归属的混乱不清导致的另一个结果是，房屋的维护与修缮也无法进行。因此，内城中承载了大量人口的老旧小区，特别是文化街区之中的这样的社区，成为旧城更新改造的难点。如果说，不涉及居民居住的房屋诸如经营用房、单位办公用房等，归属状况相对简单，其拆迁安置的政策与结果安排有一定难度，那么产权与归属状况复杂的居住用房则因为涉及众多家庭与个人的切身利益，拆迁安置变得异常艰难。

作为区域最大的北京旧城历史文化街区，什刹海地区这样的情况着实不少。要完成历史文化街区的保护工作，既涉及房屋的恢复修缮，也

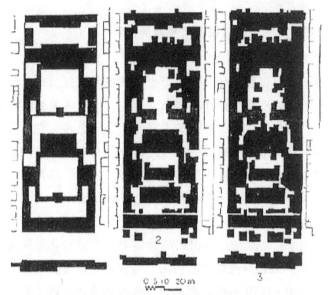

（1）1950年代初，四合院完整，共有建筑面积2440.5平方米；
（2）1970年代后期，已经成为大杂院，建筑面积增至3196.5平方米，
　　　为50年代初的131%；
（3）1987年后居住面积增至3786.5平方米，为50年代初的155%，
　　　几乎是"杂面无院"。

图 8 - 12　北京内城典型的四合院历史变迁图示

资料来源：吴良镛《北京旧城与菊儿胡同》，北京：中国建筑工业出版社，1994，
第 62 页。

涉及居住密度的降低。回到图 8 - 12 中，要从右边的 1980 年代的四合院
返回到左边的 1950 年代，需要拆除近 40 年私人及公家搭建的超过 50%
的额外建筑，并重新整理修缮；同时，还要将居住在其中的居民通过合
适的方式迁移到其他地方。随着近年来更加强调首都核心功能区，位于
核心功能区中心位置、人口密度较高的什刹海地区，人口疏散的任务变
得越来越重要。

　　直接拆除房屋迁走住户无疑是最为直接有效的方式。事实上，在第
五章什刹海湖面及湖岸的整治工作中就达到了这样的快速便捷的效果。
在所有的房屋都是由政府统一安排分配的背景下，这样的任务可以在强
有力的政府执行力下，迅速完成。随着 1980 年代末开始的住房改革，特
别是 1990 年代末期开始的商品房市场的发展与住房私有化，住房事实上
成为家庭与个人财富最为直接、最为重要的表现形式。毫无疑问，包括

拆迁在内的任何房屋形式的变化，都涉及居住于此的居民最为根本的切身利益。再加上，2003 年之后，政府禁止内城更新保护中的大拆大建，在"小循环、渐进式"的"有机更新"模式之下①，每一家每一户的更新过程，都需要在与居民的沟通协作中完成。因此，居民的更新意愿与合作行为变得至关重要。

内城中的居民，他们的居住条件较差，因此，改善居住条件的愿望较为强烈。什刹海烟袋斜街的一个试点改造地区的调查显示，总共 69 户家庭，常住人口共 145 人，住宅建筑面积总共 1552.5 平方米。其中，人均居住面积在 25~50 平方米的仅为 4 户，15~25 平方米的 2 户，10~15平方米的 0 户，10 平方米以下的 63 户（占 90% 以上）。所以，居民对于拆迁并改善居住条件的话题相当熟悉并有着浓厚的兴趣。

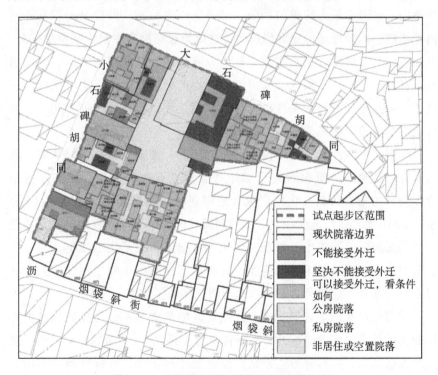

图 8-13　什刹海烟袋斜街某街区搬迁意愿

资料来源：吴昊天《北京旧城保护改造中的产权现象及其问题研究》，硕士学位论文，清华大学建筑学院，2007，第 72 页。

---

① 吴良镛：《北京旧城与菊儿胡同》，北京：中国建筑工业出版社，1994。

　　但是，他们有一个考虑，就是不仅切身利益不要受到任何损害，并且希望用较小的代价换取他们在拆迁过程中更好的居住条件。有几个外在的情况又使得这样一个考虑变得更加复杂。第一，很多居民长期居住于此，对当地社区有着非常强烈的认同感与归属感，从感情上并不愿意搬离此地。第二，内城地区交通便利，集中了众多的教育、医疗、商业资源，对于特定群体的生活有着不可替代的优势。这些优势往往在城市的新兴地区无处找寻。第三，因为居住条件较差，众多经济条件更好的年青一代早就搬离内城，留在内城的往往是无力搬迁对于经济补偿更为看重，也没有更多财产的家庭或者老年人，他们对旧城内的便利设施非常依赖。同时，他们也无力或不愿意搬迁到城市的其他地方，甚至无力修缮与改建自己的房屋。

　　由于房屋产权与使用归属状况上的不同，它们对于不同家庭的意义也不同。举两个最为简单的例子，对于私产房而言，即使是面积狭小的内城住房，因为地理位置好房价高，这成为家庭财富中最为重要的部分。对于租住公有房屋的租户来讲，他们只有使用权，没有所有权，因此房屋不可能变现，并不构成家庭财富的重要部分，如果可以用房屋的居住使用权换取更好的居住条件就已经心满意足了。因此，与前者相比，后者更容易沟通说服搬迁。

　　根据住宅的产权，可以将城市住宅分为：国家公有、集体所有、私人所有、其他经济组织所有（如中外合资企业等）四类。但实际生活中，房屋的归属状况（包括产权及使用现状）相当复杂。[①] 图 8 - 14 显示了 2007 年北京旧城区住宅房屋的归属状况。让情况更复杂的是，在包括什刹海地区的旧城中，每条胡同中都有归属状况不同的院落，每一个院落中又有归属状况不同的房屋，有时甚至在某一房屋中包含了归属状况不同的部分，这些都为旧城改造与搬迁带来了困难。

　　对前述提及的烟袋斜街试点改造地区的调查显示，房屋归属状况不同的居民对于如何改造提升居住条件意愿差异显著。"多数私房主留住此地的意愿强烈，并具有自主修缮房屋的愿望和能力；有标准租房客的私房主，希望政府尽快落实政策，迁走房客；标准租房客也寄希望于政府

[①]　更具体与详细的分类与阐释，见吴昊天《北京旧城保护改造中的产权现象及其问题研究》，硕士学位论文，清华大学建筑学院，2007，第 92~94 页，附表 2：房屋建筑产权分类。

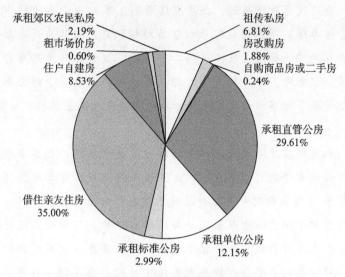

图 8 – 14 北京旧城房屋归属状况

资料来源：郭湘闽《房屋产权私有化是拯救旧城的灵丹妙药吗?》，《城市规划》2007 年第 1 期，第 9～15 页。

表 8 – 11 什刹海平房基础数据

住房产权	间数	建筑面积（平方米）
直管公产	24942	353278.87
单位自管	24113	437192.03
私产及其他	11401	166449.89
合计	60456	956920.79

资料来源：杨君然《什刹海历史文化街区保护规划实施评估路径研究》，硕士学位论文，清华大学建筑学院，2014，第 62 页。

解决居住问题；直管公房住户居住条件较差，绝大多数住户表示可以外迁，但对居住地点的就业、教育、交通条件要求较高；约有 1/2 的住户表示愿意出资改善住房条件。"[1]

结合不同的房屋归属状况，通过充分协商沟通，在什刹海地区的房屋更新与搬迁的过程中，政府给出了两类院落改造原则。

---

[1] 刘蔓靓：《北京旧城传统居住街区小规模渐进式有机更新模式研究——以什刹海历史文化保护区烟袋斜街试点起步区为例》，硕士学位论文，清华大学建筑学院，2006，第 122 页。

　　公房院落改造原则：公房院落原则上参照《北京市城市房屋拆迁管理办法》等相关规定予以货币补偿搬迁，实际为外迁居民提供了多样的外迁优惠政策：提供二手房源，提供经济适用房的现房房源等。实际中，每一家的情况都具有特殊性，换房子对每个家庭来说都是头等大事，居民反复权衡后的搬迁或改造方案都不相同。

……　……

　　私房院落改造原则：私房院落分两类来处理：在具备履行房屋保护修缮责任的前提条件下，由产权人按照市政府批准的《规划方案》和《实施细则》承担并履行保护与修缮责任；另一种，独立私房院落整个院落不能承担保护与修缮责任的，可由西城区什刹海风景区管理处对产权人进行货币补偿，对私房房屋重置成新价进行评估，同时参照直管公有住房有关规定处理。在实际工作中，有多个私房房主主动咨询规划师，准备对自己的院落进行保护修缮。①

　　在北京内城的历史发展过程中，城市空间有了巨大的变化，其中一个重要的结果就是内城拥挤的住宅房屋的归属状况变得错综复杂。而这些空间的变化往往在社会层面积累成一系列难题。这些难题与人口结构、社会经济发展状况、文化历史脉络等，一起构成内城特有的社会空间状态。在恢复历史文化街区，并完成历史文化街区的保护工作中，重新建构城市空间的过程必然涉及内城居民的切身利益。而房屋归属的复杂状况也必然会影响到这一重构城市空间的过程。

　　居住在不同归属状况的房屋中的居民，房屋对于他们的意义与价值完全不同。因此，在腾退、搬迁、修缮、更新等过程中，他们表现出来的意愿与配合程度差异显著。再加上复杂的社会经济背景，这些居民参与到什刹海历史文化街区的保护更新计划中的形式与程度就各不相同了。所以，需要针对房屋不同的归属状况、住户不同的社会经济状况，给出有针对性的方案与流程（参见图8-15）。当然，这些住户不同的应对行为，导致什刹海地区房屋保护更新的特定过程，也形成了新的城市社会

---

① 吴昊天：《北京旧城保护改造中的产权现象及其问题研究》，硕士学位论文，清华大学建筑学院，2007，第74页。

图8-15　什刹海烟袋斜街试点改造的设计图

资料来源：吴昊天《北京旧城保护改造中的产权现象及其问题研究》，硕士学位论文，清华大学建筑学院，2007，第75～76页。

说明：按产权状况分，左为现状，右为设计。

空间上的鲜明特征。

四　消费者与体验者

（一）游客/消费者的一般情况

不同类型的消费者/游客在此的参观、体验和消费活动也有所区别。在什刹海的旅游和消费活动中，不同的消费者看到和体验的是什刹海的不同侧面，他们的活动也直接影响着什刹海空间的塑造。我们可以按照消费者的来源地（source）和其在什刹海的停留时间（duration）区分出以下几种类型（见表8－12）。

表8－12　消费者/游客按来源－驻留时间分类

	国外 S_1	国内 S_2
D_1 短暂停留（1~2小时）	旅行团	旅行团、短期出差
D_2 较长时间（一天及以上）	散客/自主旅游	散客/自主旅游、短期出差
D_3 经常性	在北京居住或工作的老外	学生/青年人、城市白领

总的来说，在西方游客的心中，什刹海的胡同与四合院与"老北京"之间已经画上了等号。以胡同和四合院为空间载体的老北京人的传统居住和生活方式、民俗文化对于西方游客具有非常强的吸引力，它具有东方、传统/前现代、怀旧、富有人情味等一系列象征意味。《孤独的星球》是全球最著名的旅游指南系列书籍，在它的网站上（www.lone-lyplanet.com），"胡同"在其向旅游者推荐的五个北京首选景点（Our Top Picks For Beijing）中高居第二位，仅次于举世闻名的故宫（第三到第五位分别是：长城、颐和园和天坛）。由此可见什刹海这一旅游界的"后起之秀"在西方旅游者心目中的重要位置。

根据一项对什刹海游客的调查①，国际游客（主要是上表中的 S_1D_1 类型）主要来自与中国传统文化反差较大的远程客源市场，即西方主要发达国家。其中，从美国、加拿大来的游客最多，占34%，其次来自英

———————————

① 张凌云：《北京什刹海地区游客抽样调查及其分析》，《北京社会科学》2006年第4期。

法德三个欧洲国家（15%），以及澳大利亚、新西兰（12%），来自上述五个地区的游客占被访游客的61%。

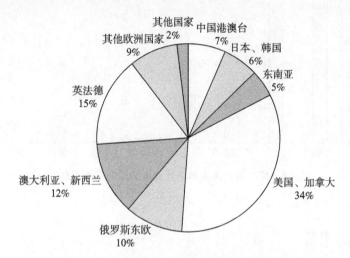

图 8－16　什刹海地区境外游客来自地区分布

该调查显示，绝大多数来什刹海的境外游客都是随旅行社组织的包价旅游团来的，这也是中国入境旅游的最主要组织形式之一。调查显示到访什刹海地区的境外游客中有64.4%是第一次来中国，有71.3%是第一次来北京。这说明什刹海地区对于境外游客还是具有较强吸引力的，大部分游客在第一次来中国，第一次到北京时就参观游览此地。大部分来什刹海的境外游客在北京的逗留时间在 3～7 天（69.8%），其中33.8%的游客在京逗留 3 天，36%逗留 4～7 天。由于来什刹海游览的境外游客以旅行社组织的团队为主，因此逗留时间较为统一，一般在 2 小时左右，在调查中回答逗留时间为 1～2 小时或 2～4 小时的人最多。

根据调查，境外游客到什刹海地区旅游的最主要动机是逛胡同（46.9%）和游王府（43.9%），详见图 8－17。

调查发现境外游客在来访前对什刹海地区的了解较少，了解最多的是该地区的胡同游，其次是整个地区的主打景点恭王府和宋庆龄故居。

境内游客到什刹海地区旅游的主要动机是参观王府（约占被访者的一半以上），其次是访问名人故居，再次是逛胡同和用膳（主要是老北京特色小吃）（见图 8－18）。

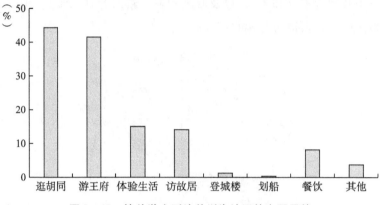

图 8 – 17　境外游客到访什刹海地区的主要目的

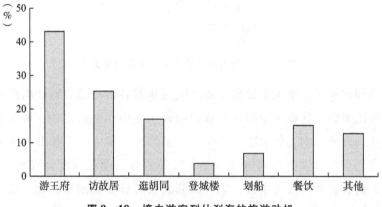

图 8 – 18　境内游客到什刹海的旅游动机

　　境外游客在什刹海景区的花费情况调查显示，游客在此地的平均消费在 200 元左右，最大部分游客的消费额在 101 ~ 200 元 (38.1%)，有 70.7% 的游客在此地的消费超过 100 元。境外游客的消费明显高于境内游客，从购买纪念品的情况调查中我们可以发现部分原因，境外游客中有 58.7% 的人在什刹海地区购买了纪念品，这个比例明显高于境内游客。由于境外游客绝大部分是参加旅行社的包价团，门票、交通费和餐费一般都已含在团费中，因此在此地的消费基本都用于纪念品购买，调查显示凡购买了纪念品的游客在当地的消费额明显处于较高水平。这说明什刹海地区销售的纪念品较多地迎合了境外游客的品位。

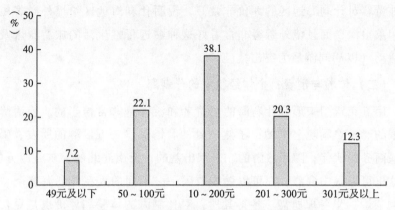

图8－19　境外游客在什刹海地区的实际花费情况

当调查到游客是否有意向重游什刹海时，47%游客表示会重游此地，这一点明显与境内游客的答案不同，说明境外游客对什刹海地区游览的整体满意度较高，因此重游意向高。另外有42.4%的游客回答"不一定"，这部分游客是景区的潜在市场，有可能被该地区的新景观或特色活动吸引回头，当然这与境外游客是否有钱有闲，并有足够强烈的愿望再次来有关。

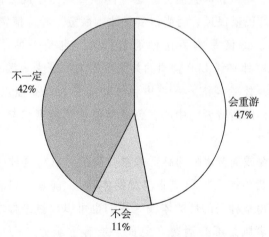

图8－20　境外游客对什刹海地区的重游意向

与上面一个问题紧密相关的是调查问卷中的最后一个问题——对什刹海地区旅游的总体感觉，境外游客对该问题的回答结果明显偏向于"好"的一侧，选择"好"或"很好"的人占被调查者的87.8%，没有人认为该景点"差"，极少有人认为"尚可"（只有1%）。整体来看，境外游客对什刹海地区的评价非常好，说明什刹海地区给境外游客留下的印象很深，而且境外游客非常看好这种贴近百姓生活的旅游景区及旅游活动（以胡同游最为突出）。

（二）体验与消费：个体经验中的什刹海

用五花八门来形容什刹海的消费者和游客是非常恰当的。爱清静白天来的、爱热闹晚上来的；孑然一身的、情侣、三五成群的朋友、喝酒洽谈商务的伙伴；随团旅游的、来京出差的；天南海北的、东方西方的，在这里可以闹中取静，亦可以静中取闹……不同的人在什刹海这个"文化大杂烩"里各取所需、各得其所，对什刹海的体验和评价也是见仁见智、褒贬不一。

我们认为，"体验"是不同人群来什刹海的共同目的，也贯穿在他们的各种活动之中。因为，无论是在什刹海漫步、赏景、就餐、购物、泡吧、坐三轮还是乘游船，这些活动都不同于一般的消费行为，都是更加注重个人的内在感受而不仅仅是商品或服务本身，更加强调这种经历带给个体难忘的、与众不同的回忆，同时也更加需要调动个体自身原有的阅历、背景、知识和审美能力。这种体验可以是不同方面的：传统文化、自然风光、民俗民风、时尚浪漫、休闲惬意、异国情调、灯红酒绿、喧闹狂欢等等。即便是购买这种消费行为，也是一种"体验经济"。1999 年美国战略地平线 LLP 公司的共同创始人约瑟夫·派恩和詹姆斯·吉尔摩撰写的《体验经济》一书中将体验定义为"企业以服务为舞台，以商品为道具，以消费者为中心，创造能够使消费者参与，值得消费者回忆的活动"。

从消费与否或消费水平的高低来看，我们可以将这种"体验"活动再区分为"消费型体验"和"非消费型体验"。前者指只有消费（或高消费）才能获得某种目的性的体验（我们也可以反过来称之为"体验式消费"），而后者则是不必消费（免费）或有意避免（高）消费（反消费）也能获得自己想要的某种体验。需要指出的是，这种划分是针对"活动"本身而不是针对"人群"做出的，这意味着同一个人可以兼有这两种体验活动。但另一方面，一种类型的体验活动也往往对应着某些特定的人群。

表 8－13　两种不同类型的体验活动

	消费型体验	非消费型体验
主要人群	特定生活方式的追随者（如各类泡吧者）、慕名而来的观光客/旅行者	惬意的"游荡者"、怀旧的忧患者、缺乏购买力者（学生、普通工薪族）
体验对象	中西糅杂的酒吧文化、特色餐饮（传统小吃/老字号、西餐等）、创意小店	自然环境、建筑风格等人文景观、人（外国人、老北京）及人的活动
体验方式	泡吧、就餐、购物、水上游	赏景、看人、闲逛、漫步
消费水平	较高或较频繁，或者偶尔高消费	低消费或尽量不消费（甚至反消费）
对商业化的态度	往往持有肯定和欣赏的态度（认为很"小资"、很有"情调"；中西合璧），但对拉客、喧闹等也颇有微词	一般持有复杂的态度或者反对、批评态度（认为已过度商业化，中西风格自相矛盾）

注："情调""小资"（或者"小资情调"连起来使用）是最为频繁地被消费者/游客用来描述什刹海的词语。

　　著名的"大众点评网"为我们提供了观察这些"体验"活动及个人主观感受和评价的一个很好的窗口（当然也有缺陷，比如缺乏这些点评人的社会属性等信息，以及不排除存在个别网友为商家当"托"的现象①）。

　　（1）消费型体验

　　"特别是夏季的夜晚，海子两边古色的建筑，在形色的灯光下，景色是那么迷人。感觉很幽静，不过当你走进酒吧，歌声、伴奏……一切都随着沸腾起来，感觉每个酒吧的歌手都不是盖的，很老到，只有你点不到的，没有人家不会唱的，很稀饭②英文歌，与舶来的酒吧昏暗的烛光很搭，浑然一体，酒没下肚人先醉了。"

　　"很惬意的地方，白天的时候可以逛逛街边小店，爱好摄影的朋友还可以照照相。傍晚的时候适合找个店吃饭，不过要做好心理准备，备足银子再来。晚上当然就是酒吧的天堂，很喜欢一家酒吧，他家喝的东西一般，但是歌手超赞，还在外面设了一块屏幕，转播歌手在里面唱歌的现况，感觉是花钱买演唱会的门票。特别推荐一

---

① 我们摘取的点评是针对什刹海（后海）的整体评价，而不是某个商家和酒吧的评价，由此可以推定存在"托"的可能性/比例会比较低。另外，描述内容是否具体和个性化也可辅助我们做出判断。

② "稀饭"是年轻人的网络用语，是"喜欢"的谐音。

条小路上有个卖臭豆腐的，超大块很香，去的朋友可以找找看。"

"和朋友们有时来这里聚会聊天，发发牢骚，这里虽然人很多，但是每家酒吧环境都还可以，比较安静，适合聊天，工作累了来这里聚聚也是一种放松，但因为价格不便宜，也只是偶尔来坐坐，整体给人的氛围不错。"

"在那里有种很放松的感觉，去年夏天去的，一到那里马上就爱上了那里！和上海的酒吧不是一种感觉，那里就是纯粹享受生活，微风徐面加上驻唱歌手的歌声简直是完美的搭配。北京人说话一口京片子的口音环绕耳边，一直很怀念那种感觉。"

"常常去北京出差，朋友介绍了这个好地方，几乎每次出差都要来这里。常去后海泡酒吧的人都晓得，晚上在后海要想寻个平静的去向，南沿那一片几乎不成了。北沿人少、路宽，相对平静得多，零星散落的几家酒吧虽然未成气候，却是怕吵闹的人的尚佳去向，桥西酒吧就是其外的一家，有驻唱，感觉很棒，特别有情调。这里不仅是酒吧较多的地方，小吃也很多，每次过来都会尝尽这里的美食，真的非常不错。"

"现在这里成了全世界人民撒欢的地方了，有各色人种。荷花市场那一溜儿消费属于中高档，烟袋斜街烤肉季那边一溜都比较便宜，洋酒套餐一般400~500，挺合适的。下午找个能看得见水的地方喝杯茶，惬意！"

"很美，主要是喜欢那个氛围，晚上的时候更美，迷离，唯美，听着酒吧里的歌手唱的歌，或低沉，或高亢，十分舒畅。后海的波光和风，围绕着你，吃着小吃就更美。"

"喜欢后海，喜欢去后海散步，喜欢后海的环境，喜欢晚上在后海划船，后海的感觉就是那么的惬意，舒服，慵懒。下午很喜欢和好朋友去后海喝下午茶。听着舒缓的音乐真是不错的选择。"

"后海酒吧一条街，感觉总体氛围还不错，去过31吧，那里有吉他弹奏弗拉门戈音乐的，还去跳了一段弗拉门戈舞，但就是场地太小、地太硬了。西班牙到处都有弗拉门戈舞蹈和吉他表演的酒吧，上座率极高，相信酒吧表演文化会在国内热起来。"

"这里的消费太黑。每次来都得一千块钱左右。但是这里的环境在北京来讲确实还不错，而且差不多家家都有乐队表演，但在冬天结束得很早，不到两点就打烊了，没什么劲。"

"后海酒吧美食街里面的夜景要比白天看起来漂亮多了，到了晚上的时候，整个街道上的灯光营造得很有气氛，五光十色让人真是有感觉啊，拍上一点夜景的话也是很漂亮的，不过要说这里的酒吧之类的就是一般般了，虽然装修得都是很漂亮的，看着也比较上档次又有气氛，不过里面的消费水平还是比较贵一些的，要是想小资一些又带着浪漫的调调的话来这里坐坐还是挺不错的。"

"后海的酒吧一条街已经出名了，很多外国人来北京都要来这里逛一逛。这里的酒吧更新换代的挺快，隔几个月来一次发现店名都不是原来的了。晚上人很多，过道上招揽客人的人也很多。酒吧里的驻唱歌手的声音很大。里面的酒水价格很贵，但是基本上里面的装潢都很好，很有情调。我跟某人的第一次约会就在这里，没有去某一个酒吧，就沿着后海走啊走，听着酒吧里传出的不怎么好听的歌声。晚上后海有划船的，可以请一个弹乐器的坐在船尾，想想就很有情调。"

（2）非消费型体验

"还是喜欢白天的什刹海　宁静的水面　飘扬的柳枝　悠闲地漫步　没有夜晚的嘈杂　酒吧揽客　只有宁静的风景　悠闲下棋的北京人　百无聊赖的游荡者～"

"很喜欢后海，在绿树葱葱的水边散步感觉真的很好，有很多沿着河岸或下棋或钓鱼的人，气氛很安逸，很喜欢这种感觉，有时间还会再去的。"

"人多老外也不少　有不少卖小玩意儿的店面　灯红酒绿　吃喝玩乐　夜晚和白天是两种不同的景致　窗外望窗里　窗里看窗外　呵呵　看看就好～"

"后海的环境真的很好，小时候每年夏天都会到那去游泳，现在有了孩子我也会带着孩子在夏天的晚上骑着车在后海溜达溜达，看看各色小店，听听酒吧里传出的吉他声或歌声。不过就是酒水和饮料太贵了，偶尔消费1～2次还可以，老去可消受不起。"

"喜欢后海的原因很多，喜欢那里的银锭桥，喜欢熙熙攘攘的人群，喜欢夏日的荷花，喜欢数不尽的美食，喜欢夜幕下倒映在水中的霓虹闪烁，喜欢各种肤色各种语言的红男绿女，喜欢提笼架鸟的老人的京腔京韵……在这里悠闲地漫步，似乎在时光隧道中穿梭，自己都恍惚了，不知是在旧时的老北京城下，还是繁华的现代都市……"

"后海经常去，每次都是围着河走一圈，尤其是在上学的时候可以选非周末的时候来，相对人少，情景好多，就和老公这样围着这条'海'走一圈，一家一家看着名字、装修都很个性的酒吧。有一年冬天还来这里滑冰，我想在后海滑冰是好多老北京人的童年吧，好多老电影里都有，呵呵。一直想在春天的时候租个自行车沿着垂柳泛绿的两岸骑上一圈……"

"发现有很多人和我的想法一样，都拿了相机，对着后海的湖面，荷花市场的楼牌，还有这里特色的各种酒吧、餐厅一阵乱拍。刚进荷花市场时，惊诧于星巴克咖啡厅里满座的人群，又惊诧于博物馆里爆满的人群，后来更是惊诧于很多店里火爆的人气，连逛荷花市场时，都是摩肩接踵的，但这种氛围我还是很喜欢的，只有这样，才有过节的气氛，往年还真没有今天的浓厚。从荷花市场出来时，看到有很多人在踢毽子，这也是老北京文化的一部分，现在像后海这样有文化底蕴的地方真是越来越少了，类似的南锣鼓巷真是跟这里比不了啊！"

"从来不想进入酒吧之类的场所，但是格外喜欢在门口溜达，看着各式各样的风情酒吧，很有意思的感觉～　非诚勿扰里葛优和舒淇的见面貌似就在这儿的某个酒吧里～"

"从小在北京长大，每年冬天都会去后海滑冰，然后到荷花市场吃个羊肉串。现在这里大变样了，失去了以前的淳朴，笼罩着太浓的商业化气息。人文色彩强烈，和以前的自然风景形成了鲜明的对比。虽然拉动了那个地区的经济，但是失去了老北京的原始气息。"

"但是这里的商业化程度太高，已经让人非常厌烦。比如我很讨厌酒吧主动招徕客人，这里的每一家酒吧都有好几个年轻小伙在门口招徕生意，任何人走过都会被他们邀请进去坐坐喝一杯，这一路走下来几百家酒吧，几百次被骚扰问候，真的受不了，再好的心情都会被搅得烦躁不安。在后海喝过几次酒，性价比太低。这里把酒吧做成产业，没什么内涵和文化，更不要提情调，是一手交钱一手拿酒的地方。商铺很多，但是里面卖的商品全国各地都买得到，淘宝网上也买得到。"

"曾几何时，这里是那样的。10年前和现在，两种样子。只有海还是那时候的海，上面的东西都被霓虹灯所取代。酒吧，已经成为这里的唯一建筑。外国人很多，国人也很多，可能在争相比着谁更有钱。我没钱，但是我知道这里的酒吧很贵，我如果天天去，肯定是消费不起的，一天花个1000，在这里是家常便饭。这里已经不是原来老百姓的休闲场所了，已经变成花天酒地、金天银地了。不知道是社会的进步，还是倒退。"

五 小结

在打造什刹海景区的过程中，无论是地方政府还是资本，无论是专家学者还是普通消费者，提到最多的字眼就是"文化"。我们可以将什刹海近十多年来的空间转型称为"文化导向的更新"（culture-led regeneration），因此就需要对"文化"本身进行分析。

在政府眼中，"文化"是推动经济增长和结构转型的一张"王牌"，也是城市的一张亮丽"名片"；在商家那里，"文化"是吸引游客和消费者眼球并且让他们心甘情愿掏出钱包的"魔法"；专家学者则将"文化"视为什刹海最为独特和珍贵的遗产，也是与历史、空间和居民密不可分的无形之物；消费者和游客则将"文化"看作对一种特定生活方式的选择和想象。就游客而言，我们指出"体验"是其核心活动，并区分了"消费型体验"和"非消费型体验"这两种不同的体验活动。他们在体验项目、体验方式、消费水平以及对商业化的态度方面均存在着一些不同。外来的"体验者"在很大程度上改变了什刹海的属性，在消费旺季（特别是夏季的夜晚），外来的消费者反而在实际上成为什刹海的"主人"。至于当地居民，"文化"则是其日常生活的一部分，他们自己对此习以为常没想到外界却对之充满好奇。

　　在本章中，我们讨论了什刹海旅游发展给本地居民带来的双重影响。这些居民原来大多是社会经济地位较低的社会群体，旅游业和文化经济的发展给少数人带来了经济收益和就业机会，但也让更多的人承担了额外的社会成本，社区内部的居民因而发生了受益和受损的分化。在有些情况下（如家庭四合院参观接待）还会造成邻里之间的纠纷和矛盾。显然，什刹海的"社区性"在旅游发展的影响下在不断地降低，什刹海的"东道主"在逐渐丧失他们对空间生产的话语权。

　　在新一轮历史文化保护和房屋腾退及人口疏解的政策下，什刹海本地居民获得了相较于以前更多的自主性和选择权。中央从社会管理向社会治理的宏观话语转变也为居民参与地方空间生产提供了更多的合法性基础。旧城不能再拆迁的刚性要求，一方面避免了大规模开发和强制拆迁所引发的社会矛盾，另一方面本地居民也面临"留"还是"走"的困难选择。不同住房产权类型、不同社会经济地位的什刹海居民以多种方式参与到与地方政府、历史文化保护者、建筑规划师、各类经营者、中外游客、外来经商务工人员的复杂互动和利益博弈之中，以争取自身利益的最大化。

第九章　科学理性与社会参与：
什刹海的规划师

> 匠人营国，方九里，旁三门，国中九经九纬，经涂九轨，左祖右社，面朝后市，市朝一夫。[①]
>
> ——《周礼·考工记·匠人篇》

政府在推动城市发展时几乎很难碰到"为什么"的压力，因为创造更好的城市是一个不用太多解释的公共目标。但很多时候，在选择"怎么建"以及决定"谁受益，谁受损"时，会受到来自各方的压力，从而使到底使用"什么样的方式"来推动城市发展变成一个公共决策的难题。这是因为，一方面，政府在推动城市发展的过程中一定有一个投入产出的理性计算，也要说服大众，让其认为自己有关城市发展的决策是理性有益的；另一方面，社会群体在决策过程中对于自身利益的表达与追逐，也促使政府必须承受这样的社会压力。[②]

通常的应对策略是使用技术理性与民众参与来达成方案选择的合法性。因此，科学理性与社会参与就变成了城市发展具体方案中的重要因素。环顾四周，能够具备这样的能力并能胜任这样的任务的，就只有城市规划建筑师群体了。这也是倡导主义规划与后现代规划理论对于规划建筑师的要求与呼唤。

什刹海地区的重建是一个相当复杂的过程。它不是在荒地上建设一个崭新的景区，而是要在已有历史沉淀的基础上，保护原有的历史风貌，同时进行修缮改建并使什刹海恢复为一个文化旅游风景区。另外，在保

[①] 摘自《周礼·考工记·匠人篇》。详细解读可参见孙诒让《周礼正义》，第14册，卷八十二，北京：中华书局，1987，第3422～3430页。

[②] 艾伦·斯考特：《社会的空间基础之论述的意义和社会根源》，蔡厚男、陈坤宏译，载夏铸九、王志弘编译《空间的文化形式与社会理论读本》，台北：明文书局，2002，第1～18页。

护与改建的同时，什刹海地区的功能也发生了根本的变化，如今已涵盖历史保护、文化展示、风景旅游以及居住生活等多项综合性功能。因此，什刹海地区修缮改建的过程并不是简单的翻新，而是要根据功能目标重新疏解与建设的过程。

什刹海地区的重建，需要改变一些土地的使用、腾退一些被占用的房屋、维修因年久失修而破败的房屋、清理修整道路、更新维修公共设施等，当然，最为重要的是重新安置生活与工作在什刹海的居民与单位人员。所有的这些工作都使什刹海地区的重建需要一个严谨的规划过程。因此，什刹海近三十年的改建过程一直都是一个不断规划、持续推进的过程。

在内城开展这样的重建工作，显然不能采用大拆大建的思路，只能采用小规模、渐进式的"有机更新"方式，使用综合整治与缝合织补的具体方法。① 这样一个持续规划的过程也是不断细化与具体的过程。整个什刹海历史街区的规划与管理推进有序，避免了常见的大规模整片拆除与改造。与此同时，规划与保护的目标在推进过程中，什刹海地区也根据实际的情况，做出了一些调整与完善。所以，直到现在，什刹海的规划都是西城区经济与社会发展规划的重要内容之一。

毫无疑问，西城区政府一直在什刹海的规划过程中起着主导作用。事实上，为了能够更好地完成什刹海地区的整治与管理工作，当地政府机构也一直在调整。从最早设置旨在整治什刹海湖区周围环境的什刹海整治工作指挥部办公室，到完成初步整治工作之后的什刹海景区管理处，再到2011年将横跨两个行政街道的什刹海景区管理处撤销，进而将新街口街道与厂桥街道合并为什刹海街道，这种调整既体现了什刹海地区涉及的地理范围不断扩大的过程，也体现了从专项任务向综合建设任务的转变。

但是，政府在整个过程当中，更多的是给出规划的目标与纲要，而实际的什刹海改造工程的规划则是由规划专家来完成的。清华大学建筑学院城市规划的师生们从20世纪80年代早期就投入什刹海的保护与改

---

① 事实上，直到现在还有很多人认为，荷花市场的整体拆除重建而形成的全新仿古建筑群并不是一个成功的工程。

造规划。在之后近三十年的规划过程中，其他学科的专家也加入进来，增加了规划的内容，完善了基本方法，也拓展了规划所涉及的社会经济生活范畴，这反映了什刹海地区保护与改造工作的复杂。

本章描述由西城区基层政府主导的什刹海地区重建更新工作过程，特别是以规划建筑师的工作为主线，通过分析他们的主要工作目标、行动策略和取得的成果，来讨论在城市空间构建过程中规划建筑师的重要作用以及影响。

一 20世纪80年代早期的什刹海整治工作

（一）什刹海整治工作开展之前的状况

自20世纪60年代中期开始，直到70年代末，什刹海地区的景区维护工作几乎停滞，绿地被侵占，湖岸被毁坏，沿湖景观凋零，湖区淤泥堆积，杂草丛生，成为一个破败的公共公园，完全没有纳兰性德当年在渌水亭所描绘的优美风景，也几乎让人忘记了这里曾经是全北京最大的游泳场，只是有些克制不住的游泳爱好者趁人不注意野泳的地方。在经历了多年的衰落之后，什刹海又重新进入人们的视野。在1983年北京城市规划出台之后，西城区政府决定借助这个机会重新整治什刹海地区。

在整治工作开展之前，什刹海景区的问题较多，主要包括以下几个方面：

◆用地不合理，使用功能混乱，景区内机关与工厂较多；

◆文物古迹没有得到较好的保护，大多被占用，损害较严重；

◆人口密集，房屋陈旧，居住环境较差；

◆公共绿地被侵占，水质较差；

◆交通系统陈旧，堵塞严重；

◆缺乏规划与管理。①

---

① 张敏：《北京什刹海地区规划建设的回顾与论述》，硕士学位论文，清华大学建筑学院，1992。

从这些问题的简单列举中可以看到，当时的什刹海从物理空间状况到人们对于空间的使用与维护，到公共设施的供给，到此中的人员承载，到社会活动空间，都存在较大的问题。要彻底改变这样的情形，就必须从根本上的规划与管理入手，使之有一个翻天覆地的变化。

需要特别指出的是，20 世纪 80 年代早期，城市建设成为社会经济发展的重要内容。这时候，农村改革已经如火如荼地推进，城市改革正蓄势待发。城市基础建设大规模开展，整治诸如什刹海这样的公共场所的工作也被提上了议事日程。在这样的历史背景下，什刹海的整治工作毫无疑问地带有强烈的行政性质与社会动员性质，从整治工作的发起到最终成果的检验与评估都是如此。

（二）整治工作的发起与目标

1983 年 7 月，《北京城市建设总体规划方案》得到了中共中央与国务院的肯定与批复。以此为基础，西城区政府将整治什刹海、重现什刹海风貌作为贯彻落实这一批复与总体规划的具体内容之一，制定了《什刹海风景区第一期整治方案》。这一想法与具体方案得到了北京市政府的大力支持，且北京市政府希望整个整治工作能够尽快完成。

显然，这次整治工作是在北京市整体建设规划之下的一项任务，符合在规划制定与实施过程中，先有总体规划再逐级细分的逻辑过程。同时，整个工作的发起过程明显有一个从上到下地沿着行政体系运作的流程。

由于当时的什刹海整体环境较为破败，最早整治工作的目标，仅仅局限于还原什刹海环湖区域的原有公园风貌——将占用什刹海景区的建筑拆除并恢复什刹海的绿地湖泊景观。因此，整个整治工作的目标与任务较为简单明了，包括三个方面：一是亮出水面，打通水景视线，确保环水道路畅通；二是增加绿化面积与景点建筑，提高绿化率，初步恢复景区景观；三是充分利用水面，增加水景，开展多种水上活动。为了达到这些目标，整治工作分为四个步骤：第一，召开整治什刹海风景区动员大会；第二，在整治范围内所有违章建筑一律限期拆除，按期腾退绿地；第三，尽快完成什刹海风景区的近期规划与设计工作；第四，准备园林景点建筑施工，转入正常的建设工作。①

可以看出，这一整治工作还没有涉及整个什刹海区域，更多的是环湖周围的湖岸、道路、绿地等。整治的目标也是将这些公共空间的公园景区还原，完成新中国成立以来什刹海所定位的人民公园建设。

为了顺利开展整治工作，为了在北京市政府设置的八个月之内完成整治工作，西城区政府决定设立一个专门的机构来完成这一工作。在由主要区领导挂帅的什刹海整治工作指挥部之下，设置了整治工作办公室，从西城区政府的各个机关抽调了25名干部，办公地点就设在什刹海的后海南岸。② 整治工作办公室中设置了四个小组——秘书组、规划设计组、拆迁组以及施工组，各司其职，分工负责。

这是一个专设机构，就是为了此次整治工作而设。因而，它并不是一个常设机构，会随着整治工作的结束而自然结束。所以说，这次整治工作是一个专项任务。但是，从后续的发展来看，整个什刹海的恢复改造过程也是从此展开并逐步扩大的。

另外，从整治工作办公室所设置的几个工作小组可以看出，规划工作从一开始就是什刹海改造建设的重要内容。但是，从这次整治工作的时间紧迫性来看，规划设计不可能得到充分论证与征求各方意见。因此，规划工作进行得较为匆忙，也比较简单。

整治工作办公室还设置了一个拆迁组。可见在整治工作中，拆除占用原有景区绿地或是道路的建筑是一个重要的工作，也反映出整治工作中简单快速的改造逻辑。对于占用了原有景区用地的建筑，主要使用拆除的手段，而不是使用后来改造过程中的迁移与疏解的方式。一方面，这样做使整个整治工作可以快速推进；另一方面，这样做也不可避免地带来各种困难与抵触。如果说在20世纪80年代早期这样的政治动员可以使各方利益受损的单位与个人自身承担由此带来的损失，那么随着改革开放的推进，这样简洁快速的方法推行起来的难度就逐步增大了。

----

① 北京市城区人民政府：《西城区人民政府关于什刹海风景区第一期整治方案》，1983，http://www.beijing.gov.cn/zhengce/zfwj/zfwj/szfwj/201905/t20190523_70972.html，最后访问日期：2021年2月16日。

② 这个整治工作指挥部下的整治工作办公室在整治工作全部完成之后，转入了新成立的什刹海景区管理处。

（三）整治工作中的社会动员

前面已经提到了，这次整治工作的时间期限较短。1983 年 11 月，西城区政府着手整治工作的机构设置问题，而北京市政府给出的完工日期是 1984 年 6 月 1 日。因此，要在不到 7 个月的时间内，完成所有的整治工作。要在短时间内达成整治工作的目标，就必须有高效的动员能力。因此，在整治工作的过程中，社会动员是至关重要的策略。

从整个整治工作的社会动员过程可以清晰地看到，整治工作指挥部充分利用了当时的社会政治环境、组织结构、话语体系以及媒体等各个方面的资源，以便于有效完成整治工作。

第一，西城区政府倡导的这一整治工作得到了中央与北京市委市政府大力支持。同时，改革开放，除旧迎新，也正好符合广大城市居民的迫切希望。进而，城市基础设施的建设也可为已经充分推进的农村改革之后的城市改革打下基础。因此，从上到下、从政治环境到经济建设，什刹海的整治工作都是符合社会各界要求的。西城区政府充分认识到了这一点，适时提出了整治什刹海的计划，因而得到从上到下的大力支持也就是顺理成章的事了。

第二，整治工作指挥部在社会动员上充分利用已有的优势，着力从单位入手，来完成动员过程。什刹海周围机关单位众多，既有中央直属的机关，也有军队所属机关，还有市属机关，除此之外，还有一系列的企事业单位。这些单位或多或少占用了什刹海景区的用地或是建筑。得到这些单位的支持，不仅可以在说服拆除腾退工作中得到事半功倍的效果，也可以从这些单位中动员可以参加义务劳动的劳动者。在整个整治工作过程中，无处不见高效的组织机构的动员力量。在不到 7 个月的整治工作中，参与的单位共超过了 200 个，参加整治工作的个人超过了84000 人次。①

第三，整治工作还充分发挥了新闻传媒等的作用，让整治工作的缘由、过程、意义等得以广泛地为人民群众所知晓，并动员他们参与。整治工作指挥部在成立后不久，即 1983 年 11 月 25 日，就在什刹海湖边张

① 什刹海研究会、什刹海景区管理处编《什刹海志》，北京：北京出版社，2003，第354 页。

贴了《北京市西城区人民政府通告》，正式向什刹海周边居民宣布整治工作的开始。与此同时，电台、电视台、报纸等各种媒体也广泛刊登与此相关的报道，既有政府公告，也有人物专访，还有学术讨论，从各个角度将什刹海整治工作宣传出去。这既是一个告知的过程，也是一个动员的过程。

第四，整治工作还用不同角度的话语体系，将整治工作的合理性体现出来，并吸引各方人士积极支持与参与。从行政体系的角度讲，本次整治工作得到了上至中央、下到西城区政府的大力支持，这也是城市基础建设的重要内容，因此是一项充满了政治性的光荣任务。从学术的角度讲，清华大学建筑学院的朱自煊教授也详细讲解了整治什刹海景区的必要，而带领学生对于什刹海景区的调查早已开展，也曾经畅想过规划整治什刹海，如今西城区政府启动什刹海整治工作对于景区建设与保护来说是十分必要的。从当地普通居民的角度来讲，什刹海曾经是一个热闹的地方，是各阶层人士来往娱乐的地方。新中国成立后，什刹海整治一新，成为人民公园。但在"文革"期间，维护不力，绿地建筑被占用，整个环境变得较差。整治工作可以恢复什刹海往日的景观，可以重新唤起早年记忆中的繁华，增强周围居民的归属感。所有的这些话语体系——政治的、学术的以及个人生活的，都大大增强了整治工作在社会动员过程中的凝聚力。

整个社会动员的高效可以用 1984 年 2 月 26 日召开的"首都军民共建什刹海风景区开工典礼"来生动地予以说明。当天，出席开工动员大会的有党和国家领导人、有解放军各总部的领导同志、有附近中央与国家机关的领导同志、有北京市各方面的领导同志以及其他社会各界代表与居民，共计超过 8000 人参加了大会。① 当天的开工典礼之后，道路土石整治工作随即开展。当天的劳动场面规模宏大，热火朝天，呈现了一幅典型的 20 世纪七八十年代的劳动生产场面。

　　　　当天参加劳动的有 36 个单位，8275 人。设立了 13 个饮水点，

① 什刹海研究会、什刹海景区管理处编《什刹海志》，北京：北京出版社，2003，第353 页。

四个文艺演出队和一个鼓号队。沿海悬挂了 31 副横标，391 面彩旗，出动了 32 辆汽车，翻整土地 6975 平方米，清运渣土 975 立方米，清淤 2000 立方米。

1680 名解放军指战员参加破冰清淤。

800 多名中直机关干部在前海挖翻土地，……

市属单位 13 个民兵连，1600 名民兵，按连分地段破冰清淤，展开了劳动竞赛。……

教育局领导带领 1600 多民师生，加入了劳动大军的洪流。……

区人防办、房管局、西建公司干部职工，连续 6 天 6 夜在前海抽水，……

厂桥、新街口的街道组织居民，在沿岸设饮水站。……

区工会、文化局的工地演出队，表演精彩节日为劳动大军鼓舞士气。①

以上描写的现场情形充分显示了什刹海整治工作中通过各个单位进行行政动员的力量与效率。也许这样的劳动场面在现实生活中再也难以重现。需要特别强调的是，这些参加劳动的人都是自愿的，除去不用在当天上班以外，没有任何劳动报酬。

（四）整治工作的改造过程

在设立了专门的什刹海整治工作指挥部之后，整治工作旋即展开。首先需要完成的是对什刹海沿湖占用景区道路与绿地的建筑进行拆除。从 1983 年的 11 月底开始，整个拆除腾退工作要在 1984 年 2 月底之前完成。

这一工作具有相当的难度。因为沿湖 26 个单位各不相同，占用景区用地的建筑也各有用途。有的是机关办公用房，有的是企业商业网点，有的是院落的围墙，也有的是居民的住宅等。要在两三个月内完成腾退，并安置迁移的居民、办公及经营人员，时间紧、任务重。也正是由于有前面所讲的通过行政组织结构的强大的社会动员力量，这一拆除腾退工作才能按时完成。

---

① 罗省：《整治什刹海一期工程回顾》，《北京党史》2001 年第 6 期，第 41～43 页。

到 1984 年 2 月底，拆除了被用作宿舍、商店、旅馆、办公用房、民居、车棚与仓库的沿湖建筑 260 间、大棚 16 处、围墙 265 米。另外，还有占用的绿地 26000 多平方米。① 这些数字和成绩一方面表明当时的工作成效显著，另一方面说明整治之前什刹海周围空间利用的混乱无序。

在拆除腾退工作初步完成以后，剩下的工作就是湖泊的清淤、道路修建、土地平整以及绿化美化工作。这些工作需要投入大量的人力、物力，但当时工程机械不足，大多数工作由人工完成，可以想象当时人们不计报酬与不计艰辛的劳动热情。

经过短短的三个月，道路土石以及绿化工作基本完成。整个工作中投入人力 84000 余人次，破冰清淤达 2 万余立方米，翻整土地 8000 平方米，同时，还整修了驳岸、荷花池回填泥土、修建道路与栏杆、安装路椅与石桌石凳、种植花草树木等。② 1984 年 5 月 25 日，什刹海的整治工作基本完成并通过了验收；6 月 12 日，西城区政府召开了整治工程表彰大会。至此，整个整治工作全部完成，为下一步什刹海的正式改造奠定了坚实的基础。

整治工作使什刹海的湖水重新变得清澈见底，沿岸绿草绿树掩映，道路变得畅通无阻。这不仅给附近的居民创造了较好的生活环境，也为旅游的人们提供了一个舒适的开放公园。

更为重要的是，这次整治工作为接下来的什刹海历史文化保护区的设立与改造打下了坚实的基础。

（五）整治工作中政府、居民与规划建筑师的作用

在整个什刹海整治工作过程中，西城区政府是强有力的主导力量。从根据中共中央与国务院的批复提出整治设想，到具体的实施过程，都可以看到西城区政府及什刹海整治工作办公室的主导角色。整治工作办公室是暂时性的专设机构，是为了完成什刹海整治工作在现有政府部门之外单独设立的机构。这也是行政动员与社会动员工作方式的一种具体而又富有特色的体现形式。在完成专项整治工作之后，整治工作办公室

---

① 什刹海研究会、什刹海景区管理处编《什刹海志》，北京：北京出版社，2003，第353 页。

② 罗省：《整治什刹海一期工程回顾》，《北京党史》2001 年第 6 期，第 41～43 页。

顺理成章地转变为维护并推进未来工作的什刹海景区管理处。①

另外，社会动员在整治工作中具有重要作用。正是由于有高效的社会动员，整治工作才得到了最为广泛的支持，也得到了大量的人力与物力支援。正是高度的社会动员与社会整合，才使涉及广泛的社会群体与机构根本利益的整个整治工作，没有遇到任何阻碍并得以顺利迅速地完成。所以，当地居民、机构及周围相关的主体都积极参与了什刹海的整治工作。

除了参与的各个群体的目标高度一致之外，在什刹海的整治工作中，我们也看到了规划建筑师的身影。他们参与了早期整治工作的理论准备与话语建设，将科学整治、合理使用城市空间等话语，作为社会动员与工作计划的重要部分。从这个意义上讲，规划建筑师及其代表的科学理性，被当成社会动员"工具箱"中的重要部分，但其本身则没有直接参与动员的全过程。

由于时间紧、任务重，整治工作的规划设计显得较为匆忙。当然整治工作的目的是恢复原有的什刹海景区的风貌，因而目标任务也较为明确。即使如此，整个整治工作也不可避免地产生了一些困难。虽然，这些困难最终都快速地为各个单位和个人在政治动员的背景下消化了，但仍然给这些单位与个人带来了大量的不便与损害。例如，房屋腾退之后的人员与机构的安置等。

因此，一方面，整个整治工作十分高效、成果卓著；另一方面，在规划过程中也存在因时间匆忙带来的弊端。即使广大的民众在整治过程中因为社会动员而热情地参与到劳动中来，但是他们在之前的规划设计中，并没有完整的声音。因此，他们的参与也是不完全的。

现代社会政府在推行城市社会工程时会面临技术理性与社会集团利益的双重压力。因此，可以想象，随着中国城市治理的推进，城市建设过程中政府主导的规划必然要加入科学与参与这两个必不可少的因素，以应对这样的压力。

什刹海的规划与建设工作也不例外，也必然要兼顾科学理性与社会

---

① 在后来持续的西城区的行政区划调整过程中，什刹海地区一直有着单独的行政管理机构。直到2004年在撤并原来的福绥境街道、新街口街道、厂桥街道过程后，成立了新的什刹海街道办事处。至此，原有的什刹海景区管理处才完成使命并入什刹海街道。

参与两个方面。

二 什刹海地区的规划历史

历史文化名城的保护工作在中国全面开始，是从国务院在 1982 年公布全国首批国家级历史文化名城开始的。而在此之前的城市保护，更多地局限在对城市当中留下来的文物或是遗址的保护与维护，对于整个古城的文化价值没有一个充分的认识，也没有相应的保护管理规划与制度。从某种角度来讲，从这样的前后变化也可以看出社会各界对于"文化"概念理解的变化。事实上，在 20 世纪 80 年代有了文化名城保护的概念之后，社会各界在对历史文化名城的保护、利用以及发展思路上也有相应的变化。这也是可以理解的，对于任何一个概念的理解和观念的变化都不可能立即完成。这一点在下面分析的什刹海景区的总体规划中反映得相当明显。

政府在保护历史文化名城或是景区的过程中，最为重要的手段就是制定保护规划。这是因为，保护规划的制定决定了历史文化景的改造、发展与利用，也决定了景区的管理与维护。这是因为一旦保护规划得以制定，并通过行政和法定的程序确定下来，就成为法律与制度安排，就成为不可突破的有关城市空间建设与使用的底线，其后的一切建设工作都是在这样的规划的基础之上开展的。

什刹海景区成为北京城内重要的历史文化保护区域，西城区政府对于什刹海地区的规划编制也经历了相当长的时间，也征询了各个相关群体和机构的意见，最终形成了大致的总体规划方案。当然，根据经济社会背景的变化，这一总体规划方案在后来的实际工作中得到了不断调整。

（一）什刹海景区的总体规划思路

在什刹海整治工作完成之后，什刹海景区的规划工作紧接着展开了。在 1984 年夏天整治工作刚刚完成时，西城区政府就委托清华大学建筑学院来编制什刹海周边地区的总体规划。项目由朱自煊与郑光中两位教授负责。他们带领学生在接下来的几年中，在后来成立的什刹海景区管理处以及什刹海研究会的配合下，编制了多个版本的总体规划，先后两次将规划上报给北京市政府，并最终定稿，前后历时八年。事实上，之后也一直有各种城市建设思想与什刹海历史文化区定位思想的变化，总体规划也一直处于调整与完善过程中。

1. 景区名称

鉴于什刹海地区与北京城市发源兴起，与北京城市的政治、经济、社会、文化以及城市建设有着深厚的历史渊源，积累了大量的历史文化资源，又由于什刹海处于内城的水域环境中，形成了文化积淀深厚、风景优美的景观，最早的景区名称被定为"什刹海历史文化风景区"。这显然是取义于在一个风景优美的地点，保护丰富的历史文化资源。①

在1992年上报北京市政府审批总体规划方案时，景区名称被改为"北京什刹海历史文化旅游风景区"。这样的改动显然强调了两个因素。一是强调什刹海的地理位置在北京市，二是强调什刹海的一个功能是旅游景区。从一定意义上讲，这样的改动更多的是为了吸引北京市内外的旅游人群。因此，这样的名称的最后确定，至少有着两点考虑。一是丰富的历史文化风景资源是需要开放的、共享的，是属于更多的人甚至是全国人民的；二是城市发展的一个重要动力是能够产生更多的经济资源，优质的历史文化资源能发展为旅游资源，也可以吸引更多的外地人群，为北京的发展注入更多的经济活力。

2. 景区的规划原则

规划制定之初就已经将指导思想确定：把什刹海地区"与整个北京旧城的中轴线和古城格局的保护加以综合考虑，统一规划，力求体现完整、有活力的古城风貌，坚持保护、整治、开发与管理相结合的方针"。②

以此为基础，提出了规划的四项原则。一是继承优良传统，充实活动内容；二是保护文物古迹，展现古都风貌；三是近期现实可行，远期理想美好；四是全面综合规划，讲求实际效益。在后来的专家座谈讨论中，大家的意见是要强调什刹海作为人民公园的特色，因此增加了"坚持市井民俗，再现城市园林"这一原则，并将其放在了第三条的位置。

---

① 什刹海研究会、什刹海景区管理处编《什刹海志》，北京：北京出版社，2003。
② 张敏：《北京什刹海地区规划建设的回顾与论述》，硕士学位论文，清华大学建筑学院，1992。

最后规划原则变成了一共五条。①

最后增加的这一条原则非常重要，至少有以下四个方面的意义与启示。首先，这样的原则性思考，是对历史文化的一种更为深刻的理解。卫华的含义并不仅仅是历史的和高雅的，还应当包括日常生活中的"烟火气"与"本真性"。这是接地气的民间生活方式，与前面第二章中讨论过的雅可布斯以及佐金关于城市文化的概念是非常相似与接近的。这也体现了在关注民生的视野下，不同的学术与社会传统背景，可以得到如此相似的关于社会文化的看法，虽有些不可思议，但也揭示了文化包容的逻辑与意义。

其次，这样的原则性思考，在城市改建的过程中保持原有城市社会肌理，延续原有城市社会空间的出发点，非常有利于缓解社会矛盾，有助于改建工程的推进，也有助于后文所要详细讨论的社会参与。

再次，这样的原则性思考，与我们一再提及并且还将多次提及的内城"有机更新"的城市更新模式是一致的。

最后，这样的原则性思考，体现了一种开放与包容的态度。即使在建设目标是再造一个为旅游经济奠定基础的历史文化城市园林的规划方案中，也给"市井民俗"留下了生存与延续的空间。或许当时专家们的考量是历史性的、社会性的或文化性的，但是这样思考的结果即使是在30多年之后的现在也并不过时，体现的正是倡导多文化差异性的后现代多元主义的规划思想。不得不说，这又是一个经得起时间检验的、完美的未来主义思考的巧合。

3. 规划内容

总体规划方案包括了"市政建设"、"道路系统"、"第三产业布局"、"传统四合院住宅的保护、完善与改造"、"水系规划"、"功能区规划"、"文物古迹游览区规划"及"园林绿化规划"等。每个方面的规划内容都纷繁复杂，需分类划片。除此之外，在规划方案的附件中还包括环境影响评估报告、迁出景区单位名单以及部分建设项目的资金投入估算及实施意见。②

---

① 什刹海研究会、什刹海景区管理处编《什刹海志》，北京：北京出版社，2003。
② 什刹海研究会、什刹海景区管理处编《什刹海志》，北京：北京出版社，2003。

（二）20世纪80年代什刹海景区的规划

清华大学建筑学院提交给西城区政府的什刹海总体规划历时八年，共有5个版本，每个版本都有多次的修改补充。例如，1989年的版本成型后，经过了多次修改，直到1992年才最终报批北京市政府。

这5个版本的总体规划，前后差异明显。其中最为重要的是，什刹海景区根本性功能定位的变化。正是这一功能定位持续不断的变化，才使总体规划出现差异。从这一过程可以看出来，"文化"作为一个学科外来的概念，是如何在城市规划中得到认识与体现的。同时，也可以从更大的社会发展背景中提炼出，文化是如何在现代社会中逐渐渗透到科学规划体系与日常社会生活当中的。①

1. 1984年的规划

最早的什刹海总体规划沿用了北京市总体规划，将什刹海定位为"以文物古迹为主的、群众性的文化娱乐及休息公园"②。因此，总体规划将什刹海作为未来建成的城市绿地，除了保留已经定级的文物古迹以及少量的质量较好的四合院以外，其余所有民居等建筑物均将被拆除。

这一版本的规划与第一次什刹海的整治工作一脉相承，都是以根本改造为基本手段，也体现了当时保护文化古城所采用的基本手法。在对于城市文化的理解上，这样的规划思想显然将历史文化狭隘地理解为流传下来的历史文物古迹。同时，进入规划保护的还仅仅是那些国家文物部门定级的著名的文物古迹，其余的没有定级的则不被当成文物古迹，也无法估计历史文化价值。

2. 1986年的规划

1986年的新版规划对于什刹海做了新的定位，"自然风景、民俗文化、市井生活保护游览区"。③ 与此相应的，此次规划对用地布局做了较大的调整。最主要的有两个变化，一个变化是扩大了商业用地的比例，

---

① 在后面的21世纪的规划的讨论中，更为准确的说法应该是如何在后现代社会的发展中渗透的。

② 张敏：《北京什刹海地区规划建设的回顾与论述》，硕士学位论文，清华大学建筑学院，1992。

③ 张敏：《北京什刹海地区规划建设的回顾与论述》，硕士学位论文，清华大学建筑学院，1992。

规划建设了一系列的商业区及商业网点，恢复荷花市场商业街，甚至还在地安门外大街规划建设商业步行街。另一个变化是扩大了四合院的保护范围。在鸦儿胡同、金丝套地区、西海西沿等地区以及钟鼓楼两侧的质量较好的四合院都将得以保留。因为增加了这两类建设与保护用地，原来规划的公园绿地的面积将缩小（见图 9 - 1）。

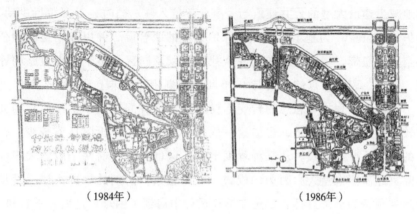

（1984年）　　　　　　　　　　（1986年）

图 9 - 1　什刹海总体规划

资料来源：张敏《北京什刹海地区规划建设的回顾与论述》，硕士学位论文，清华大学建筑学院，1992，第 10 页（1984 年），第 11 页（1986 年）。

这里在园林景观之外，也强调了居民生活作为城市文化的重要组成部分。因此，要更多地保留作为民居的四合院，并达到成片保护的规模。同时，为了方便居民生活，再现历史上的居民生活片段，大规模建设新的商业区，并将这样的生活空间作为城市文化的象征，展示给更多的游客观看欣赏。这样的设想已经将人本主义的思想加入进来。

另一个考量的因素显然是经济。建设商业区与开放游览景区，目的在于能够在改建以后获得持续的经济收入。联想到当时正是改革开放的起始时期，整个社会转向以经济建设为中心，原有的文化休息公园部分转变成为带有"粗浅理解的"以"文化"带动经济的生活商业区与游览商业区建设也就不足为奇了。后来的事实证明这样的理解太过简单与狭隘，不仅没有带来预期中巨大的经济收益，也没有成为大众所接受的对历史文化的解读与再现。但是，由于物质空间建成之后的持久影响作用，有些地方呈现了"鸡肋"似的改建结果。

3. 1987 年的规划

到了 1987 年，对总体规划的出发点做出了根本性的调整，彻底改变了过去几年规划中希望"改变旧貌"的思想，确定了"保护性更新"的思路。这样就将设想中的规划与现实中的可行性较好地结合起来。因此，此次规划方案在土地使用上，将绿地与居住放到同等重要的位置，尽可能地减少建设大型的公共建筑与企事业单位入驻。同时，以"少拆少动、保护传统风貌"为基本出发点，保留大量的四合院，并以环湖道路的公共空间为纽带，加强湖区周围各个社区间以及湖区与整个城市道路的连接。但是，商业网点的布局与 1986 年的规划相比基本上没有什么变化。①

这样的规划指导思想的转变不仅可以将现有的充满了生活气息的社区较为完整地保留下来，也使这一规划方案成为一个拆除任务较少、较轻的切实可行的方案。从某种程度上讲，这也改变了前两个版本大规模拆除重建需要大量人力财力的模式。可以想象，前期的大拆大建一是没有达到预期的经济目标，二是在拆迁过程中遇到了困难，进展并不顺利。

这一规划也体现了一种全新的对文化的理解。城市的历史文化并不是从历史记录中重建出来的，其实从现存的空间中就可以体现出来。加强对现有文化空间的保护就是对于历史文化的保护，并非一定要拆除看起来并不符合历史记录的建筑。相反，拆除与重建的过程，可能是一个破坏城市历史文化的过程。

另外，这一版本与 1986 年的规划方案一样，对于城市历史文化的理解具有"地方性"（locality）与"本真性"（authenticity）。具体来讲，这样的规划所要呈现并要加以保护的历史文化是当地的历史文物、园林风光及居民生活的文化。即使规划指导思想中也加入了想要将什刹海景区建成一个游览景区，吸引区域之外甚至北京之外的游客的内容，但是这些游客到什刹海来仅仅是为了作为客体观赏与游览，而非投身其中的活动。因此，这样的规划导致的文化是什刹海及其周围居民构建的文化。因此，这一文化具有强烈的地方性，因为其构建过程中的参与者并不包含其余的游客与消费者，自然也不呈现其他文化色彩了。

---

① 原图见张敏《北京什刹海地区规划建设的回顾与论述》，硕士学位论文，清华大学建筑学院，1992，第 26 页。

4. 1988 年的规划

这一次规划基本上沿用了前一个版本的思路。但在思路上进一步明确了什刹海将要被建成一个"多功能、多层次、开放型的综合性历史文化风景区"。[1] 因此，此次规划更多的是在前一个版本的基础上做了一些局部调整。首先是放弃了部分对于景观破坏性较大、工程较大且昂贵的道路规划方案。其次是延续 1987 年中成片集中保护大批四合院的内容。再次是适当增加了湖边的绿地。最后是将商业街的功能分区规划得更为明确，烟袋斜街与白米斜街则与周围的四合院相互配合，构成既有商业又有居民生活的街巷环境（见图 9 - 2）。

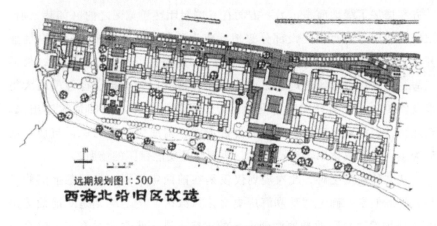

图 9 - 2　西海北沿规划新建四合院

资料来源：张敏：《北京什刹海地区规划建设的回顾与论述》，硕士学位论文，清华大学建筑学院，1992。

显然，此次规划充分肯定了 1987 年规划的思路，并进一步将"保护性更新"作为什刹海改造的基本指导方针。这也是对于城市历史文化最为自然的理解与维护，既是在保护历史文化与现实生活实践之间的折中与平衡，也是理想规划与具体实施之间的有效结合。从多种角度来看，这样的规划思路的转变是符合各种目标与需求的。

需要注意的是，1987 年和 1988 年的规划都强调了商业街的建设。这一方面是为了什刹海当地居民生活得更为便利，另一方面是为旅游开发

---

[1]　张敏：《北京什刹海地区规划建设的回顾与论述》，硕士学位论文，清华大学建筑学院，1992。

做好铺垫。这显然是一个将城市文化与消费经济有效结合的设想。

5. 1989 年的规划

这是上报北京市政府批复什刹海总体规划之前的最后一个版本。①
此次规划正式确定该地区的名称为"什刹海历史文化风景区"。该景区
是具有"人民性及地方民俗特点的传统文化与传统风貌区",建成之后,
既要保持原有的传统风格,又要适应现代生活的需求。② 因此,1989 年
的规划继续进行前两次大规模相对集中、成街成片地保留传统四合院,
并配以完善设施的改造。同时,这些保留的四合院与绿地开放游览区相
互隔离,互不干扰,形成功能上的区分。而在绿地的规划上也有所调整:
一方面增加了绿地面积,另一方面在一些封闭性游览区之内(如恭王府、
宋庆龄故居等)保留建设部分绿地,成为游览区域的有机部分。在商业
开发上,本次规划也有了进一步强调:一是拓展了水上游览线路,贯通
三海;二是更为细致地规划了商业点,在地安门外大街、德胜门内大街
以及新街口北大街分别完善商业网点,并将荷花市场按旧址改建出来。
至此,什刹海地理空间上的功能分区形成:前海以热闹的民俗与商业活
动为主,后海以休闲与游览为主,西海则是安静赋闲的场所。

从某种程度上讲,此次规划仅仅是在前两年规划方案基础上的修订
与完善。但是,确定"什刹海历史文化风景区"的名称则是对前面提出
的"保护性更新"改造原则理论上的肯定,进一步强化并夯实了整个改
造工作的基调。从后来北京市政府的肯定性批复以及后来二十多年来具
体改造工作的实践来看,这样的规划无疑是成功的。

从对文化的理解来讲,"保护性更新"凸显了其本身所蕴含的历史
与现实的传承与连接,也强调了具体操作中的可行性。因此,这是一个
对文化的实用主义的解读与阐释。

本次规划进一步强调了旅游开发,而商业网点的规划也与 1986 年和
1987 年的规划有所不同。前面的规划更多的是为了居民生活方便而设置
百货店(也有白米斜街的小吃店与烟袋斜街的工艺品店),而此次规划

---

① 在此版本的规划提交北京市政府之后,几经补充完善,直到 1992 年 9 月才最终获得
　批复。
② 张敏:《北京什刹海地区规划建设的回顾与论述》,硕士学位论文,清华大学建筑学院,
　1992。

则明确了为游览服务的旅游商业网点。至此，以历史文化带动的旅游与商业经济已经呼之欲出。也许，规划时设想的民俗文化与传统风貌是整个什刹海地区的重点，但是这样的地方性在商业经济的搅拌下，必然能更多地吸引外来游客的消费（甚至后来的居住），因而消费文化与经济跨越地方性，成为一个全球性的文化点。要真正走向这一步，当然是以文化为吸引力的消费成熟起来之后才可能的事情。这也是到21世纪初之后才慢慢显现出来。

另外，非常值得一提的是，本版本的规划在划分功能区、隔离保护的四合院与公共绿地等方面的工作，则为未来什刹海文化空间上的分割与分层埋下了不可预知的伏笔。1988年的规划强调要将什刹海建成一个开放型的历史文化风景区，同时，也引入了商业开发。当文化与商业紧紧地勾连在一起之后，一个必然的结果就是文化必定将被分层以吸引不同的商业需求。什刹海这样一个充满了历史文化人文气息的社会空间，特别是那些封闭的四合院，也注定要走上将历史文化带入商业消费的高端阶层的道路。这不得不说，这样的保留性规划带来了与起始目标不完全一致的结果。从这一点上讲，规划工作可以保护历史文化，但由此而生长出来的新的文化空间则是规划工作无法预测和规划的。

6. 讨论：文化、规划与商业经济

什刹海景区的总体规划前后历时八年，清华大学建筑学院的师生们为此付出了大量的精力与心血，编制了5个不同的规划方案且每个方案都经历了多次补充与修订，最终得到了一个为各界肯定与接受的总体规划。这一严谨的风格为后来什刹海具体的保护与更新工作奠定了坚实的基础。同时，也应当看到，随着社会经济的发展，即使是作为什刹海未来改造与更新的总体规划也必将发生变化。

从什刹海总体规划的多个版本中，也可以看到对于文化的理解与文化呈现的变化过程。最早的规划保护的是那些国家认定的文物古迹，而对于什刹海周围的其他建筑则绝大多数选择了拆除。显然，这是一个对文化在考古历史意义上狭隘的理解。后来，对于文化的理解逐渐走向了一个更为强调自然历史与居民生活的方向（当然也有经济与建设上的可行性的考量），认识到对于当前什刹海居民生活状态的保护也是对于文化的保护。因此，后来的规划逐渐加大了对四合院的保留以及对民俗文化的保护。与此同时，这样的文化保护又必须与经济发展相结合。因此，以文化为向导的对于旅游经济的开发也成为规划的重要内容。

在保护什刹海历史文化与民俗文化的过程中，地方性是一个重要的因素。亦即，越是与什刹海历史与民俗联系紧密的文化形态，越是具有地方性的。但是，这样的地方性在文化与商业结盟的背景下，可以轻易地变成全球化的文化。这也就是"越是地方性的，就越是国际化的"说法的写照。

在什刹海总体规划中，对于商业与旅游经济的规划也有一个变化的过程。最早的商业规划仅仅包括了为了服务于当地居民日常生活的百货店以及其他便民的商业网点，后来逐渐加大了旅游商业的规划。直到最终版本，旅游开发才得到了进一步的强调，什刹海周围的商业在更大程度上是为了吸引各种消费人群。这样的商业经济必然会与历史文化结合起来（这也是后现代城市的重要特征之一），并能够快速发展。这在前面的第七章中已经有了较为充分的讨论。

1989 年的最终版本将多个保护对象进行了空间分隔，互不干扰。这样的分隔必然带来社会文化空间上的分割。特别是在开发之后，这样的空间分隔又叠加了商业的成分，使空间上的分割与消费分层合二为一。这也就形成了因消费而产生的隔离，完全有可能在什刹海这样一个商业化的历史文化空间里得到淋漓尽致的体现。

在 20 世纪 80 年代的什刹海规划过程中，可以看到每一次规划都有征询意见的阶段，包括征求部分当地居民的意见，更多的是征求专家学者的意见。从一定意义上讲，这一时期的规划制定过程，比较集中地体现了科学理性的考量，除了邀请清华大学建筑学院规划专业的老师与学生制定规划方案之外，还全面征求历史学家、文化学者、地理学者、民俗学者等的意见。但是，在社会参与上做得不够深入，显然不如在综合整治工作中动员群众与凝聚共识方面做的全面。这里面固然有时代变化、群众利益很难一一满足的原因，更多的是整个规划过程在工作思路上没有充分考虑如何在规划目标不断调整的情况下，了解整理并有效纳入当地居民的意见。这在后来的规划工作中得到了重视。

什刹海地区是历史文化保护区，总体规划也是要保护传承下来的历史文化。我们看到，规划选择怎样的保护方式，对于历史文化的影响是相当巨大的。如果说当初采用了1984年的大规模拆迁非历史文物古迹建筑的规划版本，那么现在的什刹海所呈现出来的历史文化必定是另外一种形态。同样的，整个规划的过程也显示了文化对于规划的决定性作用：如何理解历史文化，决定了总体规划的基本指导思想。随着商业化的开发，消费经济在21世纪成为什刹海地区重要的社会生活内容，而由此生长出来的什刹海文化，一方面是当初的总体规划奠定了物理空间的基础，另一方面是当初的总体规划所无法预测的多重社会力量构建的结果。

因此，什刹海的规划决定着未来什刹海历史文化所能保留传承下去的形式与内容。同时，对于历史文化的理解又决定着整个规划的基本思路。呈现出来的什刹海文化是规划不出来的，而是由多重社会经济力量在规划所奠定的空间布局中相互作用并构建出来的。①

（三）20世纪90年代的规划

在完成了什刹海总体规划之后，什刹海的改造更新面临一个更为有利的外部环境：一是什刹海在政府、学界以及普通老百姓的心目中的地位越来越高，慢慢成了北京城市中心的重要景区，改造什刹海的外部舆论环境已经形成；二是经过了城市改革的开启，大力进行城市建设已经被提到了议事日程；三是随着国民经济的好转，政府财政已经可以承担大规模的城市改造的资金压力。与此同时，负责什刹海管理与开发的单位的结构和制度也进一步完善，成立了什刹海经济建设开发公司。所有的这些都为什刹海的进一步更新改造提供了有利条件。

因此，这一阶段的规划更多的是一些重点区域的详细改造规划。在《什刹海历史文化风景区"八五"规划方案》中，列出的主要工作包括：

◆什刹海景区内的危旧房改造规划，重点在湖边的六个住宅区；

◆加快绿地建设与美化工作，尽快回收湖边被占绿地；

◆加快旅游开发，完善景点建筑的旅游服务，开通三海水上航线；

◆完成后海半岛望海楼的开发建设，开发后海旅游资源；

---

① 当然，我们在本章后面的讨论中，也将看到规划本身就是多重社会经济力量相互作用的结果。

◆调整管理机构，加强管理与开发建设。①

在综合考虑规划方案与实际操作的可行性之后，西城区政府将什刹海景区建设的重点放在了西海北沿、望海楼以及前海东沿。选择这三个区域是有特殊考虑的。什刹海的水面与城市街道因为周边的密集建筑，相互隔离。这三个区域处于西海、后海与前海的重点位置，经过周密规划，将景区风光向街道敞开，使什刹海的自然水面与城市的街道天然地结合起来。②

这三个区域的规划功能各不相同，分别是居住街巷、重点景观建筑以及商业网点。其中，西海北沿由于其相对独立的位置与环境，最后的规划选择是全部拆除，重新修建高档四合院住宅区。而望海楼的规划则是使之成为后海景观中的点睛之笔，是集旅游、休闲与餐饮为一体的高级旅游项目。前海东沿则是根据不同的路段（北、中、南分别对应了机构、商业与火神庙）做出相应的规划。

除景区建设性的规划以外，什刹海景区还进行了其他类型的一些规划，包括：

◆什刹海景区控制性详细规划——将景区土地分成八类并分类制定了各自详细的文物保护、绿化、交通、市政控制指标；

◆修建性详细规划——包括西海北沿的高档四合院、后海鸦儿胡同高档四合院、后海望海楼景区、白米斜街改造、荷花市场重建等项目；

◆什刹海旅游规划。③

（四）2000 年的规划

1999 年，北京市公布了整个城市中的 25 片历史文化保护区，什刹海

---

① 张敏：《北京什刹海地区规划建设的回顾与论述》，硕士学位论文，清华大学建筑学院，1992。

② 张敏：《北京什刹海地区规划建设的回顾与论述》，硕士学位论文，清华大学建筑学院，1992。

③ 参见什刹海研究会、什刹海景区管理处编《什刹海志》，北京：北京出版社，2003，第347～352 页。

不仅位列其中，并且是其中面积最大的一片保护区。

新一轮什刹海的保护规划又在北京市城市规划委员会的主持下展开了。

1. 深入调研

在这次保护规划之前，依据统一的调研标准，对什刹海地区的现状做了较为充分的调研。[①] 在物质环境方面，调查发现，大多数用地布局符合历史文化保护区的性质，但也有部分用地用于办公、工业、仓储等；由于受到湖泊及胡同宽度的影响，整个交通状况较差，缺乏停车设施；区内的排水、供水、供电、取暖、卫生等基础设施比较落后，亟待改善；学校、商业网点、文化娱乐等设施较为完善。

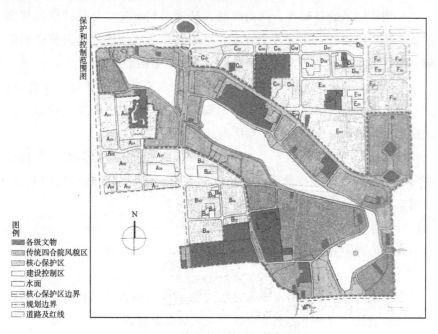

图 9-3　什刹海保护区保护与规划

资料来源：北京市规划委员会编、单霁翔主编《北京旧城 25 片历史文化保护区保护规划》，北京：北京燕山出版社，2002。

建筑分类中，具有文物价值或是与历史文化保护要求相符合的建筑

———————————

① 参见李慧轩《北京历史文化保护区保护规划研究——以什刹海历史文化保护区保护规划为例》，硕士学位论文，清华大学建筑学院，2001。

占绝大多数，只有少数建筑存在与保护要求不符的情况。部分办公、工厂建筑高度超出了区内其他历史性建筑，破坏了整体景观。超过 1/5 的建筑在质量与维护方面都存在较大的问题，亟待保护与整治。景区内的许多地块的院落空间都遭到了不同程度的破坏，存在大量的违章建筑；景区内人口密度过大，居民整体社会经济地位较低。旅游项目的开发仍然集中于"胡同游"及水上项目，其他餐饮、商业等项目也有长足进展。景区居民对于保护整治的方案有各种反应：占最高比例的是希望建单元楼改善居住环境，少部分人希望留居原地或是建立保护区之后自己翻修住宅。

2. 规划思路

在调研结果的基础上，规划编制人员考虑到历史文化保护区的规划涉及社会、历史及人文等各个方面，也受到社会政治环境以及资金的影响，所以在保护对象、方法与手段上做了深刻全面的考量。

首先确定的保护对象包括：文物古迹；具有历史意义的场所地点；具有历史风格的传统民居；什刹海的湖泊水系；具有历史文化价值的景观视廊；景区内的道路格局；景区内的社会人文结构。[①]

编制规划的原则包括五个方面：保持历史文化保护区风貌；保持什刹海的地区特色；提高景区内居民生活水平；保证景区内居民的利益；规划具有现实的实施性。[②]

3. 保护规划

具体的保护规划编制包括以下主要内容。

◆严格保护区内文物古迹。将保护区划分为核心保护区域和环境协调区，对单个建筑分类分等级采取保护措施。

◆清理占用文物古迹用地状况，采用置换的方式，将办公、工业以及仓储用地置换为居住、绿化以及服务设施用地。部分服务设施用于兴建停车场。在景区东面、北面临街区域开发一定的商业设

---

① 清华大学建筑学院：《北京 25 片历史文化保护区保护规划——什刹海历史文化保护区分报告》，2000。

② 清华大学建筑学院：《北京 25 片历史文化保护区保护规划——什刹海历史文化保护区分报告》，2000。

施以满足居民生活需要及带动景区经济发展。

　　◆拓宽周边道路，疏导区内交通，兴建停车场，并再次提出地下穿海隧道的建议。

　　◆适当加大绿地面积，在重要区域开辟小规模绿地，并在院落内部种植树木培育绿地。

　　◆多方面拓展旅游开发，但也要注重环境容量，保护区内历史文化资源以及居民的日常生活。

　　由此确立的具体的规划要求包括，在重点保护区内，"一般不拓宽街巷、胡同尺度，允许零星、渐次的维修翻建，但限高 3 至 6 米（一或二层），容积率与密度也有较为严格的限制。所有翻建从体量组合到外观样式，必须遵照传统型制……进行维修翻建时必须注意对原来有价值的构件的保护，尽量在原位置使用，或有机地结合于新建筑之中，以有利于不改变翻建后的建筑的历史文化艺术价值和保护历史街区的真实性"。[1]在建设控制区内，"除文物建筑和保护类建筑以外，该部分允许小规模的成片改造……尽量采用合院制或类四合院式，避免行列式排列……"[2]

　　4. 规划思路的转变

　　与前面的规划方案相比，处于 21 世纪开始的什刹海规划工作面临的外部环境有了较大的改变——政治政策、经济实力以及居民生活水平都有了变化。首先，国家与政府财政能力有了大幅度提升，城市建设作为推动经济发展的重要手段已经成为共识，因而怎样规划城市发展成为经济建设中心任务中的重要抓手。另外，多年的发展使城市居民的生活水平也有了大幅提升，并且居民对于房产以及其他自身利益有了更深刻的认识与保护意识。在规划过程中，政府愿意投入更多，在保护历史文化的同时提升什刹海当地的环境品质；同时，当地居民也必须得到更多的保护与收益。

　　同时，2000 年的规划方案在坚持人文主义上更加明确，秉持"保护

---

①　清华大学建筑学院：《北京 25 片历史文化保护区保护规划——什刹海历史文化保护区分报告》，2000。

②　清华大学建筑学院：《北京 25 片历史文化保护区保护规划——什刹海历史文化保护区分报告》，2000。

性更新"的总体思路。历史文化保护区的价值更多地存在于保护区的整体风貌——包括历史文物、生活习俗及社会结构等。换言之，整体风貌就是由历史与当前、环境与民众所构建出来的社会空间，也包括与此空间相关的象征体系与话语再现。

也正如前文所述，规划设计的进程以此出发，也必将根本性地影响未来社会空间构建的路径。

（五）后续的开发规划：从历史文化保护区到人文生态保护区

西城区政府认为什刹海景区是北京城内旧城风貌保存最为完好、历史文化资源也最为集中的区域。因此，西城区政府一直以来都是把什刹海作为北京城的重要"名片"，作为西城区的重要形象代表来建设的。西城区在每个"五年"计划或规划中，都将什刹海的建设开发列为重要的任务之一。

在《北京市西城区国民经济和社会发展第十个五年计划纲要》中，决定深度开发什刹海历史文化旅游风景区，"按照'统一规划、合理开发、严格保护、可持续发展'的原则，重点发展紧邻平安大街的前海一带。……建设荷花市场、停车场。组建股份制公司，加快旅游资源的开发，推进旅游业的发展。继续促进胡同游、水上游等旅游项目的发展。……逐步把景区建设成为以文化文物古迹为基础、以湖光水色为基调、以民俗文化为特色的文化旅游区"。[①]

在（"十一五"）期间，什刹海景区"以'居民区、旅游区、传统风貌保护区'为基本定位，努力建设自然风光与人文景观相辉映、古都风韵与时尚生活相融合的传统风貌旅游区，彰显文化魅力。……2008年前，以整治环湖公共空间为重点、拆除违法建设为突破口，完成环湖景观整治工程，全面提升景区环境魅力。全面改造市政设施，通过更新改造市政管线，完善基础设施，集中解决居民的采暖、燃气、供水供电等问题，实现改善居民生活质量的目标。……继续举办好什刹海文化旅游节"。[②]

----

① 北京市西城区人民政府：《北京市西城区国民经济和社会发展第十个五年计划纲要》，2001。

② 什刹海管理处：《"十一五"时期什刹海历史文化旅游风景区发展规划》，2006。

在《北京市西城区国民经济和社会发展第十二个五年规划纲要》中，什刹海成为西城区空间布局发展中与金融街并列的重要一环，明确提出什刹海历史文化保护区的建设目标是"重点加强风貌保护和生态保护，改善人居环境，建成集文化旅游、特色商业、传统风貌展示、历史文化传承等功能为一体的人文生态风景区"，[①] 并成为西城区"文化兴区"的重要内容。具体的保护发展规划涉及环境整治、房屋保护修缮、生态保护、基础设施建设、文物保护和利用、商业旅游业态调整、长效管理机制、文明社区建设等八个方面。

在《北京市西城区国民经济和社会发展第十三个五年规划纲要》中，对于历史街区，强调"以'政府主导、专家指导、居民参与、社会协同'为原则，坚持整体保护，保持传统特色，坚持从旧城整体风貌、历史文化街区、文物三个层次开展全面保护，织补历史景观，再现旧城独特风貌"。[②] 对于什刹海地区，除了上述任务以外，重点还有"结合核心区人口疏解和功能优化，推动……民生改善、环境整治和基础设施建设，实现有机更新和再生"，同时，还要"深入推进什刹海阜景街……地区特色商业旅游和文化创意产业发展"。[③]

在讨论西城区国民经济和社会发展第十四个五年规划纲要时，在对于包括什刹海在内的老城区"整体保护与复兴"的工作规划中，提到了"加强老城格局与风貌保护，统筹文物保护利用，加快中轴线申遗保护，以及强化公共空间建设"四项任务。

（六）其他实施性规划与调研

上面的规划更多的是纲要性的发展规划。除此之外，什刹海景区还编制了一系列实施性的规划。在景区内重点区域的更新改造工作中，烟袋斜街、鸦儿胡同等区域的整治、保护以及改造规划都在 2000 年后编制完成。其余的专项改造规划包括《什刹海地区市政总体规划》、《什刹海

---

① 北京市西城区人民政府：《北京市西城区国民经济和社会发展第十二个五年规划纲要》，2011。

② 北京市西城区人民政府：《北京市西城区国民经济和社会发展第十三个五年规划纲要》，2016。

③ 北京市西城区人民政府：《北京市西城区国民经济和社会发展第十三个五年规划纲要》，2016。

地区近期交通整治方案》、《什刹海地区夜景照明规划》、《市场化地区业态调整方案》和《什刹海历史文化保护区"人文奥运"三年综合整治规划（2005—2008）》等也在2005年以后逐步完成。这些规划的具体实施，为2008年奥运会期间什刹海作为北京市的历史文化形象代表接待世界各地的游客奠定了基础。

需要指出的是，在2009年开始的讨论中，"人文生态保护区"的概念逐渐浮出水面，表明对于文化概念的认识又有了新的发展。随着人文生态保护区概念的提出，2010年西城区又提出充分利用什刹海丰富的历史文化与人文底蕴，"着重打造集历史传承、文化旅游、商业休闲、特色演艺、创意企业集聚"的"什刹海创意产业集聚区"。

在2014年，什刹海街道办事处结合西城区"十三五"规划，编制了《什刹海街道发展建设三年行动计划（2014—2017）》。这已经从物理空间、社会生活等方面的规划转向了综合社会发展的规划。如今，已经有了呼声，编制未来的"什刹海街区治理规划"[①]，将空间治理与社会治理统筹起来，形成真正的城市社会空间整体治理格局。

特别值得一提的是，政府在编制规划的过程中，越来越注重调研。在早期的规划工作中，也有大量的实地调查。但是，综合来看，早期的调查更多地局限在用地、建筑、基础设施等物质环境的调查。随着规划工作中人文主义色彩的增强，其他社会经济的调查也成为规划工作开展的重要基础。

例如，西城区旅游局为了掌握什刹海景区旅游情况，专门制定了《西城区什刹海地区旅游监测统计调查方案》，从2011年4月开始，分四次调查什刹海景区各个景点的游客的基本背景、旅游消费、基础建设、服务设施等多个方面的情况。这样的调查提供的结果成为规划的重要依据。下面节选了调查任务书的部分内容。

……　……

二、调查对象

调查对象为进入什刹海旅游风景区的游客。

---

① 连玉明主编《北京街道发展报告：什刹海篇2》，北京：社会科学文献出版社，2018，第19页。

三、调查内容

西城区什刹海风景区内游客对该景区的整体印象、评价、建议等方面内容。

四、调查时间和有效期限

第一次调查时间为 2011 年 4 月 1 日至 6 月 30 日；

第二次调查时间为 2011 年 7 月 1 日至 9 月 30 日；

第三次调查时间为 2011 年 10 月 1 日至 12 月 31 日；

第四次调查时间为 2012 年 1 月 1 日至 3 月 31 日；

有效期限至 2012 年 6 月 30 日止。

五、调查频率

本调查为一次性调查。

六、调查方法

采取抽样调查方法。每季度从西城区什刹海旅游风景区内随机抽取 100 名游客，每个季度抽取一次，共抽取 4 个季度，调查共涉及 400 人。

七、调查方式

调查方式为调查员即时询问情况，即时填写。

…… ……①

在社会治理进入基层社区，成为基层社会发展的重要任务之后，这样的收集基本数据的社会调查越来越多，也为制定综合的国民经济与社会发展规划以及其他专项治理规划提供了基本的数据与状况分析。例如，什刹海街道办事处在 2015 年与 2017 年连续两次开展了辖区内工作人员与社区居民对于地区公共服务状况的问卷调查，旨在为提升当地综合社会治理水平提供基础数据。②

---

① 北京市西城区旅游局：《西城区什刹海地区旅游监测统计调查方案》，2011。

② 对于这两次调查的具体调查结果分析，可以参见连玉明主编《北京街道发展报告：什刹海篇1》，北京：社会科学文献出版社，2016，第 43 ~ 72 页；连玉明主编《北京街道发展报告：什刹海篇2》，北京：社会科学文献出版社，2018，第 22 ~ 62 页。

三　什刹海规划工作中的规划师

（一）旧城保护中的专业规划师

当代城市的历史文化保护工作从一开始就十分依赖专业技术人员的专业知识与技术。从为什么要保护旧城到采用什么样的方式来保护旧城，都离不开规划师、建筑师。

这样的结果至少有着技术与政治双重原因。首先，现代城市已经成为人类历史上迄今为止最为复杂的人造系统。城市的改造与保护过程涉及从基础设施改造到物理空间设计，到地面建筑兴建，再到社会结构维护与历史文化传承等复杂的过程，所有的这些都涉及现代科学技术的最新成果与思想的应用。因此，旧城的保护与更新的顺利推进，必然需要理解城市发展机制的技术人员。

其次，旧城保护的区域往往处于城市的中心，有着极大的经济利益，社会各方均牵涉其中。任何单方推动的更新与改造都可能直接损害到其他方的利益。这时候，借助现代科技的技术理性，由规划师等技术人员充当"技术上合理的仲裁人"，并适当地卷入社会参与成为旧城保护中化解社会压力的解决之道。

在对旧城的历史文化保护工作开展较早且业已成熟的英国，专业技术人员在其文化遗产的保护工作中发挥着重要作用。[1] 在国家的官方保护机构中，实行了"保护官员"制度。这些"保护官员"的职责在于协调中央政府与地方政府、地方政府与民众之间的矛盾。这些"保护官员"并非真正的政府雇员，而是拥有官方权力与职责的建筑师、设计师及规划师等专业技术人员。他们对于历史文化环境的保护所提出的专门意见成为政府与公众最为重要的参考。此外，半官方的由专业技术人员组成的学术机构（例如皇家城镇规划学院、不列颠皇家建筑师学院等），旨在提供权威的咨询与顾问工作。

同样的，在日本的传统文化保护区的保护工作中，专家、学者也起

---

[1] 李慧轩：《北京历史文化保护区保护规划研究——以什刹海历史文化保护区保护规划为例》，硕士学位论文，清华大学建筑学院，2001，第 7～8 页。

着重要的作用。① 首先，保护区的划定由专家、学者与当地居民一起共同调查与申请来完成，并提交地方政府最终确定。其次，历史文化遗产保护的行政工作由城市规划管理部门主持，但是日常的咨询顾问工作则是由"审议会"来承担的。而这个"审议会"则是由城市建设、土木建设、历史、美术、经济学等各界专家组成，其功能是为政府决策提供技术与监督等各个方面的参考意见。

清华大学建筑学院与北京旧城的保护有着深厚的历史渊源。

早在新中国成立后不久的1950年2月，作为清华大学建筑系创系主任的梁思成就与陈占祥一道，向中央政府提交了《关于中央人民政府行政中心区位置的建议》，建议将北京旧城作为古都及历史文化名城整体保护下来，而在旧城的西部另行兴建中央政府的行政中心。②

虽然"梁陈方案"当时并没有被中央政府接受，但是梁思成保护旧城的信念一直十分强烈。他最早提出了将北京旧城整体保护的思想。但是，随着社会主义城市改造的推进，北京城内开始了大规模的拆除旧城古建筑的过程，拆城墙，拆城楼，拆牌坊……在竭尽自己所能也无济于事之后，梁思成悲愤地说："拆掉一座城楼，就像挖去我一块肉；剥去城墙的城砖，就像剥去我一层皮。"③

自梁思成以来，清华大学建筑学院的师生们对于北京城内的旧城保护与更新就有不可割舍的情结。一方面，他们大力呼吁对于北京旧城的保护；另一方面，他们积极参与政府保护历史文化名城的规划与建设工作，并探索现代化改造过程中保护历史文化的多种形式与方法。

吴良镛在菊儿胡同的住宅改造中，积极探索"类四合院"的新的建筑空间形式，将传统的四合院居住空间形态用一种创新性的新形式表现出来，既保留了传统四合院合围院落的布局手法和传统居住街区的邻里生活方式，又使用两三层"四合楼"的建筑形式，从而解决了回迁居民对于更大的居住空间的要求（见图9-4）。这一创新性思想受到了广泛

---

① 李慧轩：《北京历史文化保护区保护规划研究——以什刹海历史文化保护区保护规划为例》，硕士学位论文，清华大学建筑学院，2001，第10页。

② 梁思成、陈占祥：《关于中央人民政府行政中心区位置的建议》，载左川、郑光中编《北京城市规划研究论文集（1946—1996）》，北京：中国建筑工业出版社，1996。

③ 秦佑国：《梁思成与北京旧城保护》，清华大学人文与社会科学学院讲座整理稿，2010。

赞誉，获得了 1992 年的联合国"世界人居奖"。吴良镛这样整理总结在北京旧城改造过程中广泛使用的"有机更新"的思想：

> ……采用适当规模、适当尺度，依据改造的内容和要求，妥善处理目前和将来的关系：不断提高规划设计质量，使每一片的发展达到相对的完整性，这样集无数相对完整性之和，即能促进北京旧城整体的环境得到改善，达到有机更新的目的。①

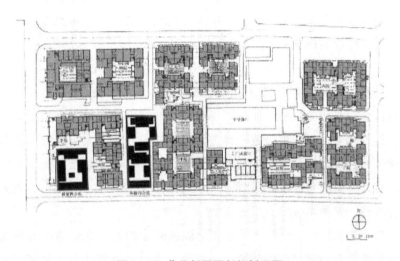

图 9-4　菊儿胡同更新规划平面

　　　资料来源：吴良镛《北京旧城与菊儿胡同》，北京：中国建筑工业出版社，1994，第 135 页。

　　可以说，这是一种从梁思成先生开创的清华建筑系的建筑精神的传承，也是一种建筑责任的担当。在这样的建筑精神中，开放、包容是核心内容：作为城市物质空间的体现，规划与建筑要包容历史文化在现代社会的体现，要包容各种学科知识与研究范式，要包容各个社会阶层，最终要包容各种社会空间的呈现。我们还可以看到，在这样的过程中，科学理性与社会文化是一直在其中的两股文脉。

---

① 吴良镛：《北京旧城与菊儿胡同》，北京：中国建筑工业出版社，1994，第 68 页。

（二）什刹海的规划设计者

目前，我国城市的历史文化保护工作分为国家与地方两级，前者包括住房和城乡建设部与国家文物局负责统筹管理工作，后者则由地方文化、城建或规划部门承担具体的管理工作。总的来讲，城市的历史文化保护工作人员，大多为专业技术人员，包括文物管理与城市规划的技术人员。同时，高校建筑与规划专业的师生积极参与城市历史文化保护的规划工作。

1. 参与规划设计的清华大学师生

什刹海的规划工作是由北京市政府以及西城区政府发起并组织的，但是具体规划工作则主要是由清华大学建筑学院的师生们来完成的。

从 20 世纪 70 年代末开始，梁思成创办清华大学建筑系的第一届毕业生、后任清华大学建筑学院教授的朱自煊就将自己的研究关注点转移到了城市保护的问题上。这也是这一时期城市建设快速发展所带来的迫切需要解决的城市问题之一。在与国外学者交流之后，朱自煊开始了对北京旧城历史文化保护研究与规划设计的实践。他选择的北京旧城区之一就是什刹海景区。

早在 1983 年什刹海整治工作开始之前，朱自煊与周维权就带领他们的学生开始了对于什刹海区域的调查，并思考过重新改造什刹海区域并保护什刹海周边的历史文化。在什刹海的整治工作过程中，清华大学建筑学院的师生们积极参与了规划设计。因此，在整治工作甫一完成，西城区政府就委托朱自煊着手组织编制什刹海总体规划。这是什刹海的第一个规划方案，清华大学建筑学院的师生们投入了极大的热情，花费了大量的精力，前后历时八年，经过了五个版本，几易其稿，最终圆满完成了总体规划。[①]

---

① 参加 20 世纪 90 年代初之前什刹海总体规划编制工作的清华大学建筑学院教师包括朱自煊、郑光中、朱钧珍、黄常山、胡宝哲，学生包括陈李健、王燕、王引、刘燕、杨正茂、肖连望、朱子瑜、石向阳、苏兆容（以上为建筑学专业 1979 级学生），丁泰、陈凌、陈松、袁建平、王珑、马晓东（以上为建筑学专业 1980 级学生），王毅、张大力、杜立群、沈振江、姜权、郑小明、张琪、张敏、胡海占（以上为建筑学专业 1981 级学生）（参见清华大学建筑学院学生名单，1987 年）。

自朱自煊以来，参与什刹海规划——包括总体规划、实施性规划、专项规划以及与开发建设公司合作的开发规划——的清华大学建筑学院的师生们一代一代薪火相传，郑光中、边兰春及他们带领的学生们成为什刹海历史文化保护区规划设计的核心。

什刹海景区的建设与更新是一个持续的过程。在过去的近四十年中，清华大学建筑学院的师生们一直参与其中；相信在未来，他们也将继承由他们的学科开创人所坚持的保护北京旧城的夙愿，在什刹海的更新改造中继续发挥重要作用。

2. 参与规划工作的其他专家、学者

除了参与规划编制的清华大学建筑学院的广大师生以外，什刹海的规划工作还吸收了其他一些专家、学者。他们在规划编制过程中的任务更多的是咨询、顾问与座谈。这些专家、学者包括侯仁之、单士元、张开济、周汝昌、罗哲文、周永源、王东、董光器、赵光华等。[①] 这些专家、学者在 1990 年后成立了一个专门为什刹海景区提供咨询与顾问并开展研究的半官方学术机构——什刹海研究会，继续为什刹海的建设与管理献计献策。

（三）清华大学建筑学院参与的什刹海规划编制工作

什刹海地区因为有水面景区，所以历史上传承下来的道路网络与地面建筑呈现的结构极其复杂凌乱；同时，内城人口也是历代累积沉淀下来的，社会结构与生活形态同样纷繁复杂；再加上我国的历史文化名城的保护工作在 20 世纪 80 年代以后才真正开始，所有这些都给什刹海的规划编制带来了相当的难度。

但是，清华大学建筑学院的师生们耐心细致，奉献出了一个又一个规划精品。众多规划方案不仅获得了西城区政府与什刹海管理处的好评，也在实施过程中使居民与商家的利益得到了保护。在学术界，什刹海的规划工作一直是教科书式的案例，也在各种评奖过程中取得了很好的成绩。

在 20 世纪 80 年代编制什刹海总体规划的过程中，朱自煊与郑光中两位教师前后带领三届学生，利用这一有利的教学实践机会，在细致调

---

① 什刹海研究会、什刹海景区管理处编《什刹海志》，北京：北京出版社，2003。

研的基础上，结合学生的毕业设计，完成了什刹海总体规划、近期建设规划、景点城市设计和其他若干个专题研究，使什刹海的规划从北京旧城的整体出发，成为北京历史文化名城保护的一个重要的有机组成部分。在整个规划过程中，清华大学的师生们完成各类规划设计图纸 200 余张。这也成为什刹海景区建设史上的重要文献财富。

从总体规划开始，清华大学建筑学院的师生们持续地参与什刹海历史文化保护区长期保护的规划编制工作。从早期 20 世纪 80 年代的环湖核心区与公共空间的整治，到 20 世纪 90 年代延续至今的历史文化特色突出的片区改造，再到 21 世纪初开始并将一直持续下去的什刹海周边地区的风貌保护与文化传承，什刹海景区的规划工作经历了一个规划区域不断扩大，规划内容更加丰富复杂的过程。

在一篇总结反思的文章中，边兰春总结了截至北京奥运会之前的 2007 年，清华大学建筑学院在什刹海地区持续开展的规划设计工作，并将它们简要地分成三个类型。

第一，从 20 世纪 80 年代开始陆续完成的什刹海历史文化保护区的总体规划工作。

● 1984 年什刹海历史文化风景区总体规划

● 1986 年什刹海历史文化风景区总体规划

● 1987 年什刹海历史文化风景区总体规划

● 1988 年什刹海历史文化风景区总体规划

● 1989 年什刹海历史文化风景区总体规划

● 1999 年什刹海历史文化保护区旅游事业发展规划

● 2000 年北京 25 片历史文化保护区——什刹海历史文化保护区总体规划

第二，从 90 年代开始对一些重要地区开展的详细规划和研究工作。

● 1992 年西海北沿旧区改造规划设计

● 1992 年前海东沿旧区发行规划设计

● 1993 年白米斜街改造规划方案

● 1999 年什刹海历史文化保护区金丝套地区保护规划

- 2001 年什刹海烟袋斜街的保护、整治规划
- 2002 年什刹海历史文化保护区鸦儿胡同保护规划
- 2004 年什刹海烟袋斜街试点片区起步区详细规划阶段
- 2005 年什刹海历史文化保护区三年保护与整治规划纲要
- 2006 年什刹海历史文化保护区三年环境综合保护整治方案
- 2007 年什刹海烟袋斜街特色商业街区改造规划

第三，从 80 年代开始陆续完成的部分节点地区的详细规划与设计。

荷花市场、望海楼、汇通祠、银锭桥改造、烤肉季饭庄、马凯餐厅、鼓楼电器商店、地安门百货商场、鑫园浴池、什刹海景区管理处办公楼、帅府饭庄、地百商场削层改造、前海广场、火神庙周边地区。①

所有这些规划任务都成为清华大学建筑规划的师生们 30 多年来奋力完成的工作。可以说，经过数代师生坚持不懈的探索与努力，什刹海地区的保护规划工作成为他们智慧与心血的凝结。

需要特别指出的是，吴良镛"有机更新"的旧城更新的思想就是在 1979 年参与什刹海地区规划研究的过程中提出来的。② 只不过，这一思想是在 20 世纪 90 年代初的菊儿胡同的更新改造过程中才得以具体实施落实的。

四　以烟袋斜街地区保护规划为例

为了更为详细地说明清华大学建筑学院师生们参与什刹海规划的具体工作，以下以烟袋斜街的保护规划为例，讨论整个规划过程的规划前调研、规划目标设定、规划思想的探索、商业街的试点改造过程、改造

---

① 边兰春：《什刹海·烟袋斜街》，《北京规划建设》2007 年第 5 期，第 131~136 页。
② 吴良镛：《"菊儿胡同"试验后的新探索——为〈当代北京旧城更新调查研究探索〉一书作序》，《华中建筑》2000 年第 3 期，第 104 页。

的结果等。①

同时，规划师在整个烟袋斜街保护规划设计的过程中也与西城区的政府部门、投资开发商、文化保护人士以及因规划设计影响到的当地居民有着频繁的接触与沟通。所有的这些都影响到了规划师的规划思路与设计方案。

（一）烟袋斜街保护规划简介

1. 烟袋斜街的概况

烟袋斜街地区保护规划的研究范围总面积约 6.9 公顷，地段位于什刹海历史文化保护区的核心保护区内，地段东邻北京旧城重要的商业街——地安门大街，这里是北京旧城中轴线北段的起始部分，其中的国家重点文物保护单位钟鼓楼也是北京城的重要历史地标；地段的西侧紧邻前海，自然环境独特；地段内的烟袋斜街、广福观、火神庙、烤肉季等都是该地区重要的历史文化资源。② 2001 年，在 25 片历史文化保护区保护规划完成之后，作为什刹海历史文化保护区的重点地段之一的烟袋斜街地区，由清华大学建筑学院继续进行保护规划的研究。③ 清华大学边兰春带领着多届研究生对烟袋斜街地区的现状和问题进行了调研、梳理和总结，在此基

---

① 以下主要内容参见范嗣斌、边兰春《烟袋斜街地区院落整治更新初探》，《北京规划建设》2002 年第 1 期，第 23 ~ 27 页；范嗣斌《什刹海烟袋斜街地区的保护与更新：北京历史文化街区小规模整治与更新的一次实践》，硕士学位论文，清华大学建筑学院，2002；王亮《北京历史文化保护区规划中"居民参与"的理论与实践研究》，硕士学位论文，清华大学建筑学院，2003；井忠杰《北京旧城保护中政府干预的实效性研究：以什刹海历史文化保护区烟袋斜街地区为例》，硕士学位论文，清华大学建筑学院，2004；边兰春、井忠杰《历史街区保护规划的探索和思考——以什刹海烟袋斜街地区保护规划为例》，《城市规划》2005 年第 9 期；刘蔓靓《北京旧城传统居住街区小规模渐进式有机更新模式研究：以什刹海历史文化保护区烟袋斜街试点起步区为例》，硕士学位论文，清华大学建筑学院，2006；边兰春《什刹海·烟袋斜街》，《北京规划建设》2007 年第 5 期，第 131 ~ 136 页；吴昊天《北京旧城保护改造中的产权现象及其问题研究：以什刹海历史文化保护区烟袋斜街试点起步区为例》，硕士学位论文，清华大学建筑学院，2007；喻涛《北京旧城历史文化街区可持续复兴的"公共参与"对策研究》，硕士学位论文，清华大学建筑学院，2013；杨君然《什刹海历史文化街区保护规划实施评估路径研究》，硕士学位论文，清华大学建筑学院，2014；凌大鹏《北京历史文化街区保护更新实施路径研究》，硕士学位论文，清华大学建筑学院，2017。

② 井忠杰：《北京旧城保护中政府干预的实效性研究：以什刹海历史文化保护区烟袋斜街地区为例》，硕士学位论文，清华大学建筑学院，2004。

③ 边兰春、井忠杰：《历史街区保护规划的探索和思考——以什刹海烟袋斜街地区保护规划为例》，《城市规划》2005 年第 9 期。

础上制定了保护规划并对部分地区进行了具体的改造、整治和保护实践。

2. 烟袋斜街地区的现状和问题

当时，烟袋斜街地区面临的问题相当突出与严重，整个街区完全没有历史上曾有的繁华，呈现凋敝破败的状况。作为什刹海地区重要的商住混合区域，没有商业活力，居民生活的实际环境也较差，道路照明等基础设施也极为落后。概括来说，烟袋斜街改造前呈现的现状和问题，与当时北京历史文化保护区的问题基本一致，包括房屋质量较差、生活设施匮乏、历史风貌渐失、院落公共空间大量被占、居住拥挤五个方面。① 烟袋斜街沿街状况如图9－5所示。从改造重建的角度来讲，就是四个"亟待"，即传统风貌亟待保护、居住条件亟待改善、传统商业亟待复兴以及保护意识亟待倡导。②

2002年7月，西城区政府委托清华大学建筑学院与社会学系进一步研究，将社区研究方法引入历史文化保护区，用了半年的时间对相关地区进行了较为全面的调查，对街区建筑环境以及居民的居住状况、社会经济状况以及对保护更新的意愿等方面进行了详细的调查。在历史文化保护区规划中采用社会调查方法等社会学研究方法，体现出现代的历史文化保护规划不仅强调对具体的文物等文化遗迹的保护，也强调对于包括民俗、生活方式等在内的更广泛意义上的文化的保护以及对当地居民的社会经济利益的保护。

作为烟袋斜街试点起步区的大小石碑胡同居住改造试点片区总户数为69户，常住人口145人，居民住宅总建筑面积1552.5平方米。根据调查数据，人均建筑面积10平方米以下的有132人，63户，占总人口数量的91%；总建筑面积1149.4平方米人均建筑面积15～25平方米的有5人，2户，占总人口数量的3.5%，总建筑面积98.3平方米；人均建筑面积25～50平方米的有8人，4户，占总人口数量的5.5%，总建筑面积304.8平方米。③ 从调查结果可以看出，当地居民居住条件亟待改善，

---

① 王亮：《北京历史文化保护区规划中"居民参与"的理论与实践研究》，硕士学位论文，清华大学建筑学院，2003。
② 边兰春、井忠杰：《历史街区保护规划的探索和思考——以什刹海烟袋斜街地区保护规划为例》，《城市规划》2005年第9期。
③ 刘蔓靓：《北京旧城传统居住街区小规模渐进式有机更新模式研究——以什刹海历史文化保护区烟袋斜街试点起步区为例》，硕士学位论文，清华大学建筑学院，2006。

图 9 - 5 烟袋斜街沿街状况

资料来源：井忠杰《北京旧城保护中政府干预的实效性研究：以什刹海历史文化
保护区烟袋斜街地区为例》，硕士学位论文，清华大学建筑学院，2004。

这也成为试点区改造工作的重中之重。同时，对于房屋产权和居民意愿
的调查结果也对改造过程中的搬迁策略制定起到了重要作用。

3. 保护规划的目标设定

根据初步分析、调查结果，并考虑到当时的经济和动员能力，边兰
春等规划人员制定的保护规划的技术目标如下。①

① 边兰春、井忠杰：《历史街区保护规划的探索和思考——以什刹海烟袋斜街地区保护规
划为例》，《城市规划》2005 年第 9 期。

第一，积极保护。保护烟袋斜街地区的历史文化传统；强化传统商业、民俗居住街区意象，塑造宜人的特色公共空间环境。整个保护规划要放到"北京—旧城—市街—胡同—院落"分层次的空间环境结构之中来统一考量。

第二，注重发展。在强调积极保护的同时，还应不断改善居住品质、振兴街市商业活力、发掘特色旅游价值。这也是与时俱进、社会发展的必然要求。

第三，便于操作。历史文化保护区的保护发展既需要科学完善的保护规划，也需要便于实施、切实可行的操作模式。保护规划应该与政策框架、经济运作和操作过程良好结合。只有这样，才能使保护规划能够真正付诸实践，才能真正起到保护什刹海历史文化的作用。

4. 主要的规划探索①

（1）建立分级保护框架。保护框架不仅仅是保护街区内的建筑物，包括物质层面的要素和非物质层面的要素。保护框架的结构包括"点、线、面"三个层次，以及它们之间相互关系构成的整体景观特色。"点"是指人们感觉识别空间的个体参照物，包括各级文物保护单位；被指定的有一定价值的建筑物或构筑物；院落、胡同中的树木等。"线"是指重要的视觉走廊，各个重要景观节点之间的视觉联系通道；传统风貌街巷天际轮廓线，人们组织生活的道路和游客参观的路线；环湖风景线，自然水体与人工环境的交界。"面"是指有某种共同特征的地段或街区（见图 9-6）。

（2）实行分区保护整治。根据烟袋斜街地区区位性质等的不同将其分为三个片区：前海东沿及地安门外大街西侧的传统商业文化游览区；烟袋斜街特色民俗商业区；大石碑胡同及鼓楼下的商业与传统居住混合区（见图 9-7）。根据不同的保护规划目标，对不同的片区分别实施不同的规划指导思想和制定不同的可操作措施。②

---

① 更多具体内容参见井忠杰《北京旧城保护中政府干预的实效性研究：以什刹海历史文化保护区烟袋斜街地区为例》，硕士学位论文，清华大学建筑学院，2004；边兰春、井忠杰《历史街区保护规划的探索和思考——以什刹海烟袋斜街地区保护规划为例》，《城市规划》2005 年第 9 期。

② 边兰春、井忠杰：《历史街区保护规划的探索和思考——以什刹海烟袋斜街地区保护规划为例》，《城市规划》2005 年第 9 期。

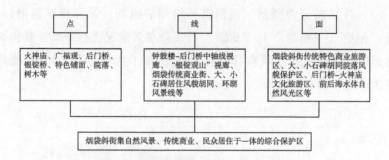

图 9 - 6　烟袋斜街地区传统特色构成结构

资料来源：井忠杰《北京旧城保护中政府干预的实效性研究：以什刹海历史文化保护区烟袋斜街地区为例》，硕士学位论文，清华大学建筑学院，2004，第 45 页。

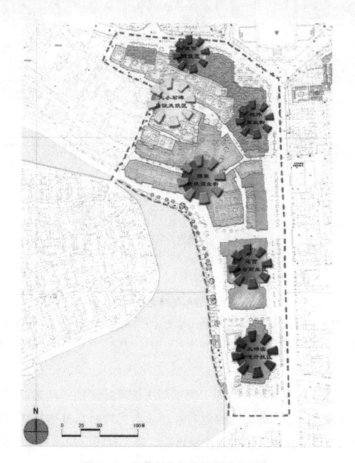

图 9 - 7　烟袋斜街保护规划分区示意

资料来源：井忠杰《北京旧城保护中政府干预的实效性研究：以什刹海历史文化保护区烟袋斜街地区为例》，硕士学位论文，清华大学建筑学院，2004，第 45 页。

（3）外立面分类整治。根据整体协调的原则，结合建筑整治标准，按照"保护"、"整治"和"更新"对现外立面情况进行分类，并提供烟袋斜街传统的店铺外立面模式引导沿街居民自主改建。① 烟袋斜街外立面整改示意如图9－8所示。

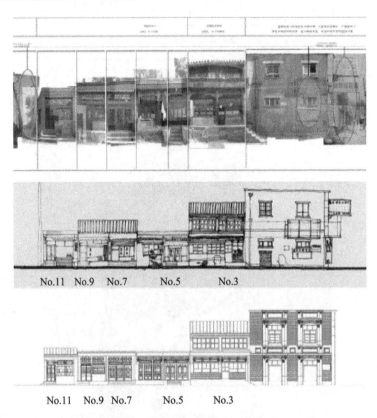

图9－8　烟袋斜街外立面整改示意

资料来源：刘蔓靓《北京旧城传统居住街区小规模渐进式有机更新模式研究——以什刹海历史文化保护区烟袋斜街试点起步区为例》，硕士学位论文，清华大学建筑学院，2006，第89页。

（4）建立院落数据库。为了便于历史街区持续的、动态的保护与更新，以及便于规划实施中的控制和管理，本次规划在整体规划控制原则下，给每个院落都建立了规划控制档案。随着时间的推移和建设的进行，

---

① 边兰春、井忠杰：《历史街区保护规划的探索和思考——以什刹海烟袋斜街地区保护规划为例》，《城市规划》2005年第9期。

档案内容不断更新。档案内容分为三大部分：用法说明、烟袋斜街综合分析、院落规划控制档案。①

（5）分类整治院落。什刹海历史文化保护区内房屋产权、人口居住及房屋基本格局等均是以院落来组织划分的，院内情况复杂，院外情况差异明显。因此，结合以前的研究经验，烟袋斜街地区保护规划将院落作为小规模、渐进式的保护与更新的基本单位，在此基础上进行调研、分析和研究，分院落来规划整治。居住院落整治遵循小规模、渐进式的原则，在保护四合院风貌的前提下，根据院落现状，充分考虑现状产权条件与可操作性，将居住院落分为保护、综合整治、更新三大类，采取不同的保护整治、人口迁出、经济平衡措施②。

分院落来建立数据档案，并据此调研结果，分类规划，采用不同的整治改造措施（见图9-9、图9-10）。即使是对同一院落的不同家庭住户，根据实际产权与可操作性采用不同的疏散措施，是一项具有创新性的做法，比以往的规划工作更加深入、具体、细致。

5. 烟袋斜街商业街区小规模改造试点③

（1）烟袋斜街历史与现状。烟袋斜街在历史上是老北京人经营文物、古玩、日杂、小吃的著名商业街，旧时被称为"小琉璃"。在1956年公私合营前，烟袋斜街约有五六十家铺面，其中很多是北京的老字号。区域内还有建于明代有着400多年历史的广福观、1848年开业的百年老店"烤肉季"和燕京小八景"银锭观山"。1956年公私合营后，商业网点急剧减少，到1984年只剩13家，只有一家烤肉季知名度较高。根据清华大学组织的调查，2001年烟袋斜街的商业基本上是由发廊和杂货店构成的小商业形态。④ 烟袋斜街商业对比如图9-11所示。

---

① 边兰春、井忠杰：《历史街区保护规划的探索和思考——以什刹海烟袋斜街地区保护规划为例》，《城市规划》2005年第9期。
② 边兰春、井忠杰：《历史街区保护规划的探索和思考——以什刹海烟袋斜街地区保护规划为例》，《城市规划》2005年第9期。
③ 更多详细的内容，参见井忠杰《北京旧城保护中政府干预的实效性研究：以什刹海历史文化保护区烟袋斜街地区为例》，硕士学位论文，清华大学建筑学院，2004。
④ 井忠杰：《北京旧城保护中政府干预的实效性研究：以什刹海历史文化保护区烟袋斜街地区为例》，硕士学位论文，清华大学建筑学院，2004，第51页。

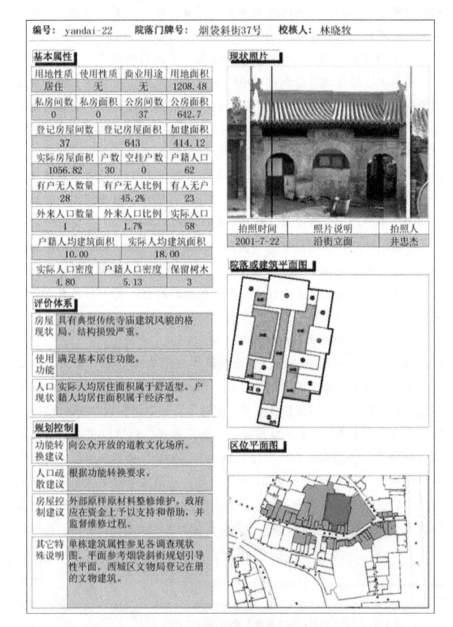

| 编号：yandai-22 | 院落门牌号：烟袋斜街37号 | 校核人：林晓牧 |

基本属性

用地性质	使用性质	商业用途	用地面积
居住	无	无	1208.48
私房间数	私房面积	公房间数	公房面积
0	0	37	642.7
登记房屋间数	登记房屋面积		加建面积
37	643		414.12
实际房屋面积	户数	空挂户数	户籍人口
1056.82	30	0	62
有户无人数量	有户无人比例		有人无户
28	45.2%		23
外来人口数量	外来人口比例		实际人口
1	1.7%		58
户籍人均建筑面积		实际人均建筑面积	
10.00		18.00	
实际人口密度	户籍人口密度		保留树木
4.80	5.13		3

评价体系

房屋现状	具有典型传统寺庙建筑风貌的格局。结构损毁严重。
使用功能	满足基本居住功能。
人口现状	实际人均居住面积属于舒适型。户籍人均居住面积属于经济型。

规划控制

功能转换建议	向公众开放的道教文化场所。
人口疏散建议	根据功能转换要求。
房屋控制建议	外部原样原材料整修维护。政府应在资金上予以支持和帮助，并监督维修过程。
其它特殊说明	单栋建筑属性参见各调查现状图。平面参考烟袋斜街规划引导性平面。西城区文物局登记在册的文物建筑。

现状照片

拍照时间	照片说明	拍照人
2001-7-22	沿街立面	井忠杰

院落或建筑平面图

区位平面图

图 9-9 烟袋斜街沿街院落数据库

资料来源：井忠杰《北京旧城保护中政府干预的实效性研究：以什刹海历史文化保护区烟袋斜街地区为例》，硕士学位论文，清华大学建筑学院，2004，第 47 页。

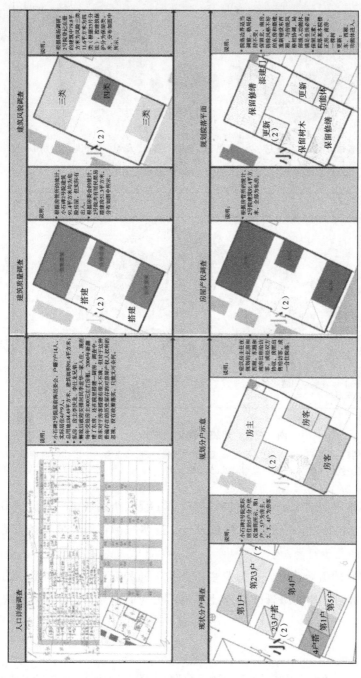

图 9-10 针对不同产权的住宅与院落环境改造方案

资料来源：井忠杰《北京旧城保护中政府干预的实效性研究：以什刹海历史文化保护区烟袋斜街地区为例》，硕士学位论文，清华大学建筑学院，2004，第49页。

餐饮（餐馆、酒吧、小吃店）　　服务（澡堂、修车、修鞋、配钥匙、诊所）
食品（零食、饮料）　　　　　　工艺品（烟具、特色商品等）
服装（裁缝店、成品特色服装　　其他（网吧、残疾人用品等）
销售）

现状业态分类

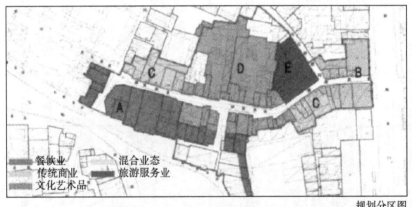

餐饮业　　　　　混合业态
传统商业　　　　旅游服务业
文化艺术品

规划分区图

图 9 – 11　烟袋斜街商业对比

资料来源：边兰春、井忠杰《历史街区保护规划的探索和思考——以什刹海烟袋
斜街地区保护规划为例》，《城市规划》2005 年第 9 期。

（2）烟袋斜街改造定位。烟袋斜街改造工程在市政设施已经完成到位的基础上，根据对街道的城市意象设计，逐步把街道恢复成一条具有传统特色的商业步行街。①

（3）政府的引导策略。根据业主条件的不同和需求，作为改造工作的具体实施部门，什刹海景区管理处采用了不同的引导措施，以达到规

---

① 井忠杰：《北京旧城保护中政府干预的实效性研究：以什刹海历史文化保护区烟袋斜街地区为例》，硕士学位论文，清华大学建筑学院，2004，第 52 页。

划的预期改造目标。①

第一，提倡有条件的居民自主改造，即把对城市规划的要求、对建筑结构的要求向居民讲清楚，鼓励居民按照政府的统一要求修缮房屋。

第二，对于没有经济条件或改造能力的人也不强行拆迁，而是政府帮助联系协调，居民自行协商，将房屋出售给愿意在此居住并能够接受改造条件的人。

第三，对于坚决不走，也不进行改造，严重影响社区发展的居民，就需要做动员工作。

（4）改造的效果。总的来讲，烟袋斜街的改造效果较好。在后来对烟袋斜街周边地区进行调研时，有超过90%的居民表示对烟袋斜街试点地区保护修缮项目有一定了解。住在公有住房的受访人中，支持类似改造项目的比例高达80%。住在私有住房的受访人对改善区域环境的工作也十分期盼。②

以商业经营在改造前后的比较为例。根据2001年改造之前的调查，当时的烟袋斜街共有34家店铺，其中只有烤肉季、鑫园澡堂两家国营大商家以及两家网吧自我声明经营状况较好。而34家商铺中，有3家甚至没有开张，另有14家称经营状况不好。34家商铺中，有10家商铺是外地人开的简易发廊，但经营状况都不太好。另外，还有一些网吧、小食品店、VCD租售店等小商户，商业服务的顾客主要是周围的居民和流动人口。

在规划改造基本完成之后的2003年对烟袋斜街个体商户的不完全调查中，接受调查的19家商户，有12家表示很满意或基本满意，只有3家表示不满意。表示不满意的商家中，有一家是原来的简易发廊改成的工艺品小店，有一家是原来的经贸商店改成的酒吧。原有的10家发廊只剩下3家，但是酒吧增加了11家。原有的两家网吧都改成了酒吧，店主对经营状况表示满意，并表示希望扩大营业规模。③

---

① 井忠杰：《北京旧城保护中政府干预的实效性研究：以什刹海历史文化保护区烟袋斜街地区为例》，硕士学位论文，清华大学建筑学院，2004，第52~53页。

② 吴昊天：《北京旧城保护改造中的产权现象及其问题研究》，硕士学位论文，清华大学建筑学院，2007。

③ 井忠杰：《北京旧城保护中政府干预的实效性研究：以什刹海历史文化保护区烟袋斜街地区为例》，硕士学位论文，清华大学建筑学院，2004，第56页。

经过规划改造之后，烟袋斜街整个商业街区的面貌焕然一新，街区景象恢复了传统商业街的模样。居民与原业主的产业升值，还带动了民间资本对于该街区的积极投资，商家商业收入也有大幅度的提升。因此，从政府、居民以及商户的调查结果来看，规划改造取得了三方获益、三方满意的效果。烟袋斜街商业街区的改造规划是一次成功的规划工作。

（二）规划思想与规划方法的讨论

在烟袋斜街的保护规划编制过程中，在规划思想、调研方法以及规划编制等方面有一系列值得讨论的地方。

1. 院落微循环规划思路

在规划的思路上，烟袋斜街的规划与以往的北京旧城改造有重要的不同。从20世纪80年代开始，北京就进行旧城区域的危旧房改造，到90年代有进一步的扩展，成为大规模成片拆迁开发的运动。市场利用这次机会，重新占用城市中心的区域，拆除旧房，兴建商住高楼，谋取利润。到2002年，整个北京旧城范围内完成了25万平方公里的改建，占到了整个旧城面积的40%。① 旧城中除去划定的保护区，大片的胡同与四合院被夷为平地。虽然旧城改造改善了环境，但大批公共资源与文化资产就此永远地消失了。

烟袋斜街的规划从一开始就确立了政府主导、保护为主的思路，远离市场。整个规划采用了基础设施改造先行、商住建筑改造随后的过程，在政府投入改造升级基础设施、产业升值之后再启动规划设计。这样的过程增强了街区居民自我更新的动力与能力。在规划设计过程中，采用院落微循环的方式，避免了整体性改造；根据院落的不同情况，在保护四合院风貌的前提下，采取分类保护、整治或是更新的措施。这样的"小循环、渐进式"的保护改造既使历史文脉得以传承延续，也保持了原有的胡同院落肌理，还切实改善了居民的商住环境。

这样的规划改造思路事实上是吴良镛对菊儿胡同改造的延伸。借用生物学的观念，吴良镛认为"一个城市是千百万人生活和工作的有机的

---

① 边兰春、文爱平：《旧城永远是北京城市发展的根基》，《北京规划建设》2009年第6期，第183～187页。

载体（living organism），构成城市组织的城市细胞总是经常不断地代谢的"。① 因此，在城市保护改造的过程中，绝对不能大拆大建，而是要通过循序渐进式的有机更新的方式完成城市新旧建筑的"新陈代谢"。旧建筑应当适当再利用，新建筑穿插其中，新旧建筑的更替在有机和谐的过程中完成。这样才能真正地保护旧城原有风貌，延续历史文化。

2. 规划过程

烟袋斜街的规划编制过程呈现了一个完整的工作流程。规划设计的过程可以分为以下三个部分。

第一，背景研究。讲述所研究街区的历史沿革，挖掘街区区位及历史特色，为街区再发展提供功能与角色定位的建议。

第二，现状调研。通过现场调研、居民访谈、资料收集等研究方法，细致了解街区内的建筑状况、人口结构、道路交通与市政基础设施等方面情况，并归纳出现状的问题，包括：评估现状院落及房屋质量风貌、总结街区人口结构特征、总结道路交通与市政基础设施问题、分析居民意愿等。

第三，规划编制。该阶段的核心工作是根据对院落、房屋处理方式的分类编制单位院落控制图。同时，这一阶段的工作还包括人口容量估算、道路交通与市政基础设施的改善方案等。②

值得一提的是，在现状调研过程中，以院落为单位建立了基础数据库，对院落中每一间房屋的面积、产权性质、用途、居住人数、户籍状况、房屋建筑状况等都做了详细的登记。特别是这一调研过程与社会调查同步进行（见下面的讨论），收集到的数据还包括院落人口的社会经济状况等信息。

---

① 吴良镛：《北京旧城与菊儿胡同》，北京：中国建筑工业出版社，1994，第 63 页。
② 刘蔓靓：《北京旧城传统居住街区小规模渐进式有机更新模式研究——以什刹海历史文化保护区烟袋斜街试点起步区为例》，硕士学位论文，清华大学建筑学院，2006，第 44 页。

这一院落数据库的建立是相当重要的。它不仅为此次保护规划的设档管理提供了重要的原始资料，也为后续更新规划提供了历史文献，还为什刹海景区管理部门提供了辖区内社会空间普查、管理、控制、规划的重要数据。这是一次方法上的创新性飞跃。

3. 引入社会学并采用社会调查的方法与结果

在寻求规划设计方案的过程中，社会学的调查方法也被运用到数据收集的过程中。在对5个胡同74座不同类型的院落的调查中，采用社会调查方法访谈完成了221份问卷。通过这些问卷收集的数据成为规划调查中数据的一个重要组成部分。事实上，在调查过程中，清华大学建筑学院与社会学系的学生一起进行院落调查，对同一院落分别收集建筑与社会两方面的信息，院落社会经济信息表与院落建筑空间信息表配对，才构成一份院落的完整调查资料。

显然，社会调查发挥了其学科优势，获得了关于房屋的产权、居住状况和人户分离情况、居民的经济能力和改造意愿等方面的丰富数据。对这些数据的分析，不仅是了解居民基本情况的重要步骤，也是实现以尊重产权为基础、保护居民权利的有机更新规划的必要前提与重要步骤。

城市历史文化保护区规划改造所要面对的重要问题就是，居民生活在其中。这些当地居民的生活方式与民俗文化本身就是历史文化保护区的一个极其重要的元素，是历史文化保护的对象。失去了这种生活方式与民俗文化，历史文化保护区也就失去了其活力的源泉。如何在历史文化保护区规划改造过程中妥善处理好居民搬迁、民房修整等问题是规划师们面临的巨大挑战。

社会学的研究方法能够让规划师在进行规划和改造实践之前详细地了解居民等利益相关者的现状、利益所在、诉求和底线，社会调研也能让规划师在实践之后了解实践的结果以及居民等利益相关者对于改造是否成功的看法。通过对社会调查数据的分析，规划师更能了解社会经济因素对于保护和改造实践的影响，以及实践中可能面临的阻力以及可以采取的措施等。因此，社会学在历史文化保护区规划和改造实践中的应用越来越广泛，甚至在普通的城市规划中也得到越来越广泛的应用。

五　规划师的多重角色

毫无疑问，在当前的社会政治背景下，政府在北京旧城的保护规划与建设中扮演着最为重要的发起者与推动者的角色。从某种程度上讲，政府改造旧城的动机、态度以及实施方式基本上决定了旧城改造的命运。

从 20 世纪 80 年代开始的北京旧城改造历程被边兰春等划分为五个阶段，一是最早开始的由政府补贴，结合危改搞房改，重点改造危积漏地区；二是 90 年代的成片改造阶段，向旧城渗透的商业区、商业街建设；三是 2000 年划定 25 片历史文化保护区之后的保护区之外的大规模危房改造，成片拆除了大片危旧房；四是 2003 年确立政府主导、保护为主的"微循环"思想阶段，采用院落微循环的旧城整体保护的方式保护修缮；五是 2007 年以后采用"政府主导、财政投入、居民自愿、专家指导、社会监督"的方式，进行旧城的修缮与整治，达到"修缮、改善、疏散"的目标。① 显然，第五阶段一直持续到现在，并且因为新的北京城市"四个中心"的定位而变得更加急迫与重要。

在这五个阶段中，正是政府对于北京旧城的历史文化价值理解的不同、改造的目标不同以及采用的方式不同，才造成了不同的改造结果。例如，20 世纪 90 年代提出的大规模旧城改造，设定了一个"计划经济时代的系列指标"的五年计划，将旧城中成片的老建筑推毁，兴建商住用房，给旧城保护带来了灾难性的后果。最后不得不被叫停。

在政府的推动过程中，投资开发商、当地居民以及规划建筑师一直处于被动的角色。政府根据不同的目标选择合作的对象。在以建设为主导的改造中，开发商成为主要的合作对象；在以保护为主导的改造中，文化保护人士、当地居民与规划师又成为主要的合作对象。同时，在同一个项目的不同推进阶段，政府的角色也时有调整。在规划研究阶段，政府作为主导力量同规划师合作完成保护更新街区的规划编制；编制过程应充分研究现状与居民意愿，结合居民对规划的意见；在实施操作阶

① 边兰春、文爱平：《旧城永远是北京城市发展的根基》，《北京规划建设》2009 年第 6 期，第 183~187 页。

段，政府的作用逐渐由主导转变为引导，寻求与更多社会力量的合作机会，将多渠道资金引入传统街区更新中，并创造通过多种操作方式产生的政策环境，尽量为居民提供多样化参与方式。[①]

和国家与政府、投资开发商、文化保护人士及当地居民相比，规划师在旧城改造的过程中没有直接的利益，往往处于一个利益超脱的地位。同时，他们的专业知识与技能又使他们成为掌握现代社会科技理性的群体——这一群体还具有较高的进入门槛与独享性。因此，他们往往成为旧城改造过程中的咨询与顾问的对象，成为政府、开发商以及当地居民争相争取的对象。规划师的作用从烟袋斜街规划工作流程中即可看出（见图9-12）。

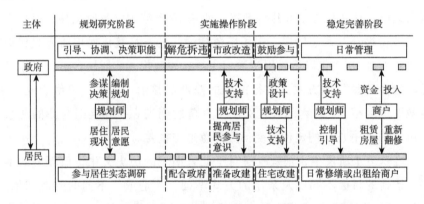

图9-12 眼袋斜街规划工作流程

资料来源：刘蔓靓《北京旧城传统居住街区小规模渐进式有机更新模式研究——以什刹海历史文化保护区烟袋斜街试点起步区为例》，硕士学位论文，清华大学建筑学院，2006，第89页。

规划师是实施计划的编制者，这决定了他们往往需要在政府、开发商以及居民之间平衡各方利益，成为谈判博弈过程中的中间人。当然，规划师也有自己的理想抱负与现实考量。但他们的目标更多的是在平衡各方利益的基础上，留下更有历史文化价值的建筑，让自己的理想能够物化成社会上实实在在的地理空间上的标志。

① 刘蔓靓：《北京旧城传统居住街区小规模渐进式有机更新模式研究——以什刹海历史文化保护区烟袋斜街试点起步区为例》，硕士学位论文，清华大学建筑学院，2006，第110页。

（一）规划师与政府：烟袋斜街保护规划中的调研工作①

制定保护规划是政府将规划师纳入北京旧城保护过程的重要方式。

政府在什刹海的保护改造过程中，面对现代科技理性与社会群体利益的双重压力。前者涉及使用什么样的方式完成复杂的保护改造工程；后者涉及怎样在平衡社会群体利益的背景下平稳推进改造工程。在这两个过程中，规划师都起到了重要的作用。

从最初的什刹海总体规划的编制，到后来众多实施性规划方案的编制，西城区政府都与清华大学建筑学院密切合作。而这两者之间的合作机制，可以从烟袋斜街保护改造中调研工作阶段清华大学与西城区政府各个部门间的会议纪要中清晰地体现出来。

整个烟袋斜街的规划编制工作一直都是在"会议＋行动"的循环过程中完成的。②在此过程中，西城区政府频繁密集地召集政府部门与专家、学者讨论问题，统一认识，然后分头行动。

1. 调研工作的引入

在烟袋斜街地区保护规划起始阶段，西城区政府明确提出了需要进行有效的调研工作，目的就是要获得一个多方满意的规划方案。

> 这次会议上，政府提出要吸取南池子的教训，说明政府对南池子的模式并不认可。政府希望形成一种长期的制度在历史文化保护区内运行，通过政策激励居民实施自助更新，不依赖政府，尤其是针对居民大杂院，解决组织上如何推动（主体与方式），资金上如何落实的问题（投入与产出）。（2002年8月1日会议）

> 居民的意愿出现分化导致事情难以顺利进行。南池子问题主要问题不在于老百姓，主要是媒体和专家的反应，吸取南池子的教训，我们是否可以给出更好的解决办法。（2002年11月29日会议）

---

① 本小节引文部分内容全部摘自井忠杰《北京旧城保护中政府干预的实效性研究：以什刹海历史文化保护区烟袋斜街地区为例》，硕士学位论文，清华大学建筑学院，2004。

② 井忠杰：《北京旧城保护中政府干预的实效性研究：以什刹海历史文化保护区烟袋斜街地区为例》，硕士学位论文，清华大学建筑学院，2004，第88页。

其中，提到的避免重蹈"南池子"改造工程的覆辙，就是要化解政府强势介入，开发商运营可能导致的强烈的社会矛盾。南池子地区更新改造项目由东城区政府制定详细的保护开发措施，再交由与政府合作的开发商进行开发运作。整个过程中，政府在部分居民不同意的情况下，采取了强制拆迁的方式，最后导致了居民的不满，造成了一定的负面影响。① 规划师的调研工作应当充分考虑到这一点；同时，西城区政府对于规划师也寄予厚望。

西城区政府对于调研的内容也有要求，说明规划师的工作并不是完全自主自由的。

> 区领导提出四点调研要求：①居民意愿；②数据的综合、修偏、取舍；③数据分析、座谈会（主题性要强，主导作用）；④在普查基础上，强调针对性和个性。（2002 年 8 月 9 日会议）

> 关于调研数据，首先是人口问题，应对人户分离情况细化，政府应解决的是常住居民的居住问题，改善当地居民的住房条件，对于户在人不在的情况应或多或少给予适当考虑。其次是住房问题，尤其是搭建部分，要延伸和比较数据，如有无加建条件下的平均面积，应再翔实一些，分出不同标准所占的比例，确定居住困难的居民的实际条件和所占比例。最后是经济情况，注重与全市的比较，考虑居民能承受多少钱进行改造。（2002 年 10 月 28 日会议）

2. 调研的目的是获得有效的政策建议

正是由于前有"南池子"改造工程的教训，西城区政府在整个调研工作中十分强调是否能够找到很好的政策建议。这个任务又落到了规划师的肩上。

> 从北京市旧城保护工作、人文奥运的形势、南池子的改造等情

---

① 井忠杰：《北京旧城保护中政府干预的实效性研究：以什刹海历史文化保护区烟袋斜街地区为例》，硕士学位论文，清华大学建筑学院，2004，第 29 页。

况开始，说明现在历史文化保护区工作区里重视，但还没有找到保护与改善两全其美的办法，所以以什刹海为试点进行探索。

…… ……

前期调研的目的是了解实际情况，然后分析、探索出一种工作思路，寻求各方面能接受、可操作的方案，之后再进一步推广。不是简单从拆迁建设考虑问题，而是借助高校科研力量，从整个发展的角度进行研究。(2002年9月11日会议)

调研报告应该结论明确，与北京市的人口、年龄、收入等指标进行横向比较。对人户分离和搭建情况应该进行细化，这对于改造政策很重要。分析数据应与占地面积结合计算。

试调研对数据处理和分析可以就此告一段落，其目的是为正式调查提供依据，确定框架与思路。

…… ……

这次调查要帮政府想办法，但也应在学术上进行探索创新。主要包括：提出改造理念，并影响决策者；如何使其具有可操作性。(2002年10月14日会议)

李强老师：最后可能是一个多元的模式，几种政策框架都适合。在实施上通过调查找到试点院落，做设计，实施改造。(2002年11月15日会议)

3. 规划师的政策建议与政府的考量与选择

规划师在根据详细的调研结果提出政策建议与规划方案之后，政府通常并不是全盘接受。更多的时候，政府需要规划师提出多个政策选项；同时，政府对于最终的规划设计方案还有众多的修改与补充。在一定程度上讲，最终实施的规划设计方案通常与规划师呈交给政府的方案有较大出入。这也是规划师时常遇到的矛盾：理想思考与妥协感慨共存。

清华边老师所提的是完全不同的思路，基础设施先改善，居住条件逐步改善，也是未尝不可的思路。未必一下子就要达到户均

50~60平方米。但这需要调研内容的支持，要看居民意愿。(2002年10月14日会议)

现在改造的大思路已经确定，采取渐进更新的方式，可以肯定的原则是：不会进行大拆大建，居民不要期待87号令式的补偿；会在外围地区提供可选择的经济适用房；政府对保护区会有投入，包括市政设施和环境等；居民有回迁的机会，但不可能是无条件的，需要居民有所投入，但标准待定。在这些原则的基础上再进行意愿调研。(2002年10月28日会议)

对于外迁，是按照87号文，还是我们自己定一个标准？对于回迁，需要确定多大的比例，需要考虑用什么价格，考虑多大的成本，再结合居住的情况和回迁房屋的建设情况制定政策。

从工作的研究性上看，在一定的假设条件下，根据工作基础，设计不同的方案，结合成本的计算，寻求资金平衡的点。

……　……

区建委提出下一步工作安排：

1. 清华的方案需要加大拆迁力度，考虑40%为适宜；设计方案与调研结果和拆迁挂钩。

……　……

4. 配合清华做拆迁管理的模型，根据现有政策和市里的文件，考虑市政投入，搭建清除等。范围是院内，外迁政策可以考虑87号文；也可以考虑避开87，通过成本测算来取值。(2002年11月29日会议)

4. 政府与居民沟通的桥梁

规划师的调研工作，在一定程度上成为政府与居民之间的沟通渠道：向下，将政府保护规划的目标要求向居民传达；向上，将居民的情况与意愿反映给政府。

这样的角色扮演似乎超出了规划师的职业与专业技能的覆盖范围。但是，在目前的社会政治背景下，这一模式有其合理性。这是因为规划师所代表的科学理性成为利益相关方共同承认的特质，也成为利益相关方谈判妥协的平台。

特别是，当建筑学院的师生们联合社会学系的师生们将调研工作变成一个既包括土地建筑情况，又包括社会经济特征的调查之后，他们的技能与职业范围都大大地扩展了，可以胜任这样的任务。

> 区建委领导明确表态，认为改造应明确主要目的，多元化目标不易实现，可在调查中逐步明确目标所在；在调查中可以让居民提出要求政府做的工作，现在政府心里没底，居民的需求和经济接受程度到底如何。（2002 年 9 月 6 日会议）

> 清华师生先简要介绍了试调研的情况和遇到的问题，并提出需要明确政府可以肯定的承诺，以便于回答居民的提问。

> 对此，区建委领导表明了政府的意向：从观念上可以明确政府和百姓各出一部分资金进行改造，要动员居民参与，了解居民的经济能力对于决策很关键。可以确定向居民交底的内容包括：在保护区政府肯定会有投入（但投入多少还不确定）；政府承诺改造胡同里的市政设施，入户部分资金要由居民承担；政府可以组织房源鼓励居民外迁，包括廉租房、经济适用房，可以对保护区居民倾斜使用（但地点和数量不能确定）；产权改革要结合改造做，改造完成后一定会私有化。保护与改造的政策应逐渐完善，在改造过程中必然要伤害一部分人的利益，这是不可避免的。（2002 年 9 月 16 日会议）

（二）规划师与开发商

从一定意义上讲，规划师与开发商在什刹海保护改造上有着天然的不可调和的矛盾。规划师的首要目标是尽可能完好如初地保护保留历史传承下来的地貌建筑。开发商对于旧城所在的城中心的土地经济价值有着本能的追逐，实现这些经济价值的最佳途径就是全面拆除原有的地面建筑，重新修建现代化的高楼大厦。而这样的开发建设不可避免地全面摧毁旧城的历史文化要素，将历史野蛮地转换成现代。

另外，鉴于现代城市的复杂程度，开发商在旧城改造中必须雇用规划师规划设计建设方案。因此，在开发商的建设框架中，规划师可以利用自己占据的有利位置，劝解说服开发商为旧城保护做出贡献。

但在实际情况中，开发商往往将规划师撇在一边，而与利润紧紧地站在一起。

在西海鸦儿胡同高档四合院的改造建设中，清华大学建筑学院作为该项目的规划设计方，为开发商设计了建设方案。但最初的开发商由于管理层的变更，停止了建设进程。后来另一家开发商接手并继续开工建设。专家提出建议，应当保留位于该地段的中国地学会遗址。但开发商最终没有采纳专家意见。相似的情形多次出现，多处具有历史意义的原有建筑被成片拆除。①

同样的，规划师有时也可以选择与居民、政府站在一起，共同阻止开发商对于历史文化建筑的破坏。

在西海北沿高档四合院的开发建设过程中，开发商一度要拆除西城区文物保护单位"三官庙"，以增加四合院的建筑与销售面积（见图9-13）。这是典型的为了经济价值，将旧城原有建筑拆毁、改造翻新的思路。但是，在侯仁之、单士元、吴良镛等7位专家联名上书北京市政府，建议保留"三官庙"之后，这一设想被制止，文物得以保留。②

特别的，当规划师得到了政府的大力支持，摆脱没有保护改造资金的困境之后，他们对于开发商的依赖就大大降低了。烟袋斜街地区的改造过程得到了西城区政府的全力支持。因此，清华大学建筑学院的师生们可以在此地区无忧地探索保护规划方案，排除了开发商进入保护项目中。

> 刚着手做烟袋斜街规划时，就有开发公司和我们联系，想将其建成仿古一条街，前面开发成商业街，后面开发成高档四合院。不同的规划思路决定你会采取不同的改造方法。当时改造的大环境是将建筑简单地推倒重来，可是我希望能另辟蹊径，换一种规划改造

① 什刹海研究会、什刹海景区管理处编《什刹海志》，北京：北京出版社，2003，第349页。

② 什刹海研究会、什刹海景区管理处编《什刹海志》，北京：北京出版社，2003，第348页。

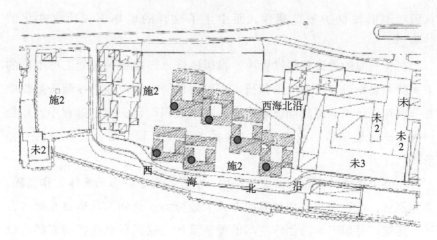

图 9 - 13　西海北沿高档四合院建设

资料来源：引自刘蔓靓《北京旧城传统居住街区小规模渐进式有机更新模式研究——以什刹海历史文化保护区烟袋斜街试点起步区为例》，硕士学位论文，清华大学建筑学院，2006，第 69 页。

方式，即改善基础设施，让斜街自我更新。①

（三）规划师与居民

历史文化景区保护的一个重要内容就是保留景区社会结构，维持景区人文生态。因此，居民成为其中重要的一环。如何保护居民利益，如何保障居民参与，一直是旧城保护过程中的难点。由于规划师有着保护历史文化的目标，他们与居民有着天然的亲近感。因此，在更多的时候他们充当了政府与居民之间的沟通桥梁。而规划师所拥有的专业技术技能，也容易博取居民的信任。与此相对应的是，当地居民既由于自身的切身利益在旧城改造中将有巨大的变化，也由于他们居住在当地有着天然的地理优势，因此他们有积极参与当地旧城改造的潜在动力。

在 20 世纪 90 年代初期开始的北京旧城大规模拆除改建过程中，正是专家、学者的强烈呼吁以及社会民众的强烈反映产生的合力，让政府

---

① 边兰春、文爱平：《旧城永远是北京城市发展的根基》，《北京规划建设》2009 年第 6 期，第 183～187 页。

认识到了旧城保护的重要性，而中止了这样的破坏旧城历史文化的行为。①

在什刹海的改造规划过程中，将居民带入旧城保护规划工作中来的方式就是规划设计过程中的调研工作。居民的参与由他们在调研过程中充分表达自己的意愿就能体现出来。在烟袋斜街保护规划过程中，社会调查阶段就是学者、政府和当地居民的互动过程，是公众参与的一种形式。

在整个规划的编制与实施过程中，居民参与了许多的具体工作流程。具体而言，居民参与规划过程的方式大致分为：规划师与居民互动式设计、建筑产品留有居民创作空间的弹性设计、仅供居民选择的多样化设计、居民参与居住实态调查、建筑评论和评估活动。② 上述排列的方式体现了居民参与程度的由强到弱。毫无疑问，这样的一些方式，与第三章所讨论的规划师在规划中所践行的倡导主义相契合。

六　小结

在什刹海的保护改造过程中，政府是最为有力的发起者与推动者。从20世纪80年代初的整治工作开始，西城区政府正式启动了改造什刹海的工作。在这次整治工作中，通过行政单位进行的系统的、高效的社会动员起到了重要作用，不仅完成了整治工作，也为接下来的什刹海景区的规划设计工作打下了良好的基础。

在什刹海整治工作完成之后，西城区政府随即委托清华大学建筑学院编制什刹海景区的总体规划。从此，清华大学的师生与什刹海景区的规划工作结下近四十年的不解之缘，一直持续到今天。最早始于20世纪80年代的什刹海景区的总体规划前后历时8年，出现过5个不同版本的规划方案。在编制规划的过程中，规划师们对于文化的理解与呈现也显示了一个变化过程。最早的规划保护重点在文物古迹。后来逐渐加强了

---

① 边兰春、文爱平：《旧城永远是北京城市发展的根基》，《北京规划建设》2009年第6期，第183～187页。

② 王亮：《北京历史文化保护区规划中"居民参与"的理论与实践研究》，硕士学位论文，清华大学建筑学院，2003。

对于四合院的保留以及民俗文化的保护。与此同时，对于以文化为向导的旅游经济的开发也成为规划的重要内容。清华大学建筑学院参与的什刹海景区规划还有很多，不一而足。这些规划方案都是他们智慧与心血的结晶。在 2000 年之后，北京公布了 25 片历史文化保护区，什刹海位列其中，清华大学建筑学院又受托编制了新的什刹海历史文化保护区保护规划。

而在历次西城区政府的经济与社会发展五年规划纲要中，什刹海的保护与发展都是重要内容之一。什刹海景区的保护、改造与开发在持续进行。什刹海景区已经成为北京西城区重要的文化名片。如今，什刹海地区更是要建设成为"历史文化保护区"、"城市居住区"、"旅游风景区"和充满活力的"商业区"。

烟袋斜街的保护规划是清华大学建筑学院主导的什刹海景区实施性规划工作。在规划思路上延伸了吴良镛关于旧城改造的"新陈代谢"的思想，采用了"小循环、渐进式"以院落为单位的整体保护规划方案。在规划方案的制定过程中，规划建筑师还引入了社会学的调查方法，将住户社会经济背景情况、改造意愿与房屋产权、居住状况等调研数据一并收集，以院落为单位建立了数据库，为规划方案的编制提供了更为全面的经验材料支持。

规划建筑师一直是什刹海景区保护改造的重要参与者。他们与推动城市变迁的另外四个行动者——政府、开发商与民众——之间有着千丝万缕的联系。正如约翰·福雷斯特所说，"地方规划师经常需承担复杂而矛盾的责任。他们有可能会同时服务于政府部门、法律委托部门、专业部门以及有特殊需求的市民团体"。[1] 规划建筑师掌握了现代城市建设中所需的技术与知识，掌握了科学理性的话语权。同时，他们与其他四方相比，在城市建设与更新上没有直接相关利益。因此，他们通常成为另外四方争相联合的对象。同时，他们也利用自身有利的策略位置，拓展自身的职业覆盖范围，成为各方共同交流的中间人，也为各方谈判、博弈、协调与合作搭建平台。

---

① 约翰·福雷斯特：《面对冲突的规划》，载理查德·勒盖茨、弗雷德里克·斯托特编《城市读本》，中文版由张庭伟、田丽主编，并另外收入了多篇中文文章，北京：中国建筑工业出版社，2013，第 464～479 页。

　　正是由于规划建筑师身处社会结构中的特殊位置，从某种意义上讲，最终出台的规划方案也是一个社会构建的产物，是规划建筑师在多维设计目标、多种规划思想以及多派社会力量互动博弈的基础上对于空间的重新塑造与呈现。而这一空间的再现，又是人们生活实践的社会文化空间。因此，在这种意义上讲，规划建筑师在一定的社会文化结构之中着手自己的规划工作，同时他们又在构建新的社会文化结构。他们是城市社会空间的重要节点。

第十章　结论与讨论

　　如果说，时间带来变迁机会，以及（正如有些人所认为）死亡的恐惧；那么，空间则赋予最广泛的社会含义：关于我们本质性相互关联的疑虑与挑战。[①]

—— 多琳·马西

　　从元朝建都于大都开始，什刹海就以特定的地理位置与环境资源，在历史发展的累积过程中，成就了其独一无二的特殊地位。它地处皇城的西北方向。在水系上，往南延伸为皇城水域，往东相连运河漕运，往西往北则承接京西水源。正是这样的独特位置与资源，什刹海地区才逐步集聚了皇亲国戚与平民百姓、文人骚客与贩夫走卒；建成了高宅大院与平房巷屋、庙堂寺院与商铺摊位；汇聚了繁文缛节的王府仪式、熙熙攘攘的商贸交易、喧嚣灿烂的庙会戏曲，还有简单普通的日常烟火；成为风景秀美、交通便利、人潮拥挤、居住适宜的地方；传承了完整的社会空间肌理结构；展示着深刻的历史文化变迁脉络。简言之，什刹海的历史映射出的是典型的城市变迁过程。

　　白云苍狗，时移事迁。在今天，什刹海正在被重新建设成为饱含非凡璀璨历史文化的底蕴老城。这显然是在回归什刹海的历史发展轨迹，意味着当代城市发展承接历史并推进历史的进程，也展示着在全球化时代背景中，我们对于人地关系的城市社会空间的重新发现、诚意认同、自然归属与坚定自信。

　　本书旨在通过描述在过去近四十年中（特别是 2000 年之后），什刹海地区如何从一个拥挤甚至破败的居住区，快速转变成一个旅游区和文化消费的空间，近年来又在首都功能核心区的建设中，成为城市民族历史文化展示"名片"的过程，分析城市变迁的内在动力机制，试图回答

[①]　Doreen Massey, *For Space* (London: Sage, 2005), p.195.

在第一章就提出的城市社会学的基本问题：谁在建设城市，又是在为谁建设城市，建成一个怎样的城市。用更具体的语言来表述，本书还进一步探讨在这样的城市变迁的过程中，这一转变所映射出来的理论内涵和后果影响是什么：是什么力量与行为在塑造着转型时期的城市空间？如此建构出来的城市空间呈现什么样的特征？在此过程中，社会结构与社会关系如何施以影响？同时，城市中的人们又将如何受之影响？

一　城市空间中的行动与呈现

毋庸讳言，中国城市化进程已经在相当一段时期处于突飞猛进的状态，中国的农村人口随着工业化的进程大量涌入城市，这一史诗性的人口迁移还将继续一段时间。针对这一宏大的历史变迁，无论是在政治治理、经济发展，还是在社会重构等各个方面，研究者都可以有纷繁多样的经验分析和理论概括。这是社会科学学术发展的历史性契机，也是社会科学从业者需要直面的挑战与使命。

在分析策略选择上，本书将以往分析中常见的城市变迁宏大叙述的因素（包括经济发展、全球化趋势、人口迁移、制度重建、文化变迁等）放入研究背景之中，特别地下沉到实践层次，深入分析直接参与到推动城市变迁的多元行动者主体（国家与政府、开发投资商、规划建筑师、文化保护人士及当地居民），讨论他们的利益目标与策略行为，分析他们的互动影响与竞争协调的过程如何构建了一个转型时期城市空间变迁的动力解释框架。我们相信，虽然这些行动者的行为与相互作用是微观层次的具体过程，但是他们行动的结果以及在宏观层次的呈现，则毫无疑问是城市空间的变迁过程。这种涌现机制可以并且能够连接微观层次的行为过程与宏观层次的结构呈现。

在理论提炼的结果上，本书特别强调以下两个基本观点。

第一，本书认为，在给定的政治、社会与经济发展背景下，参与推动中国城市变迁的多元行动主体力量包括国家与政府、开发投资商、当地居民、文化保护人士以及规划建筑师，他们之间的关系是一个商讨合作、冲突竞争、博弈妥协以及协作共进的过程，他们运用制度、资本、舆论、政治机会、话语优势以及科学技术等策略与方法，共同建构与塑造特定的城市地点。在转型时期，这样的复杂关系与行为模式在同一地点的不同时段以及在不同地点的同一时段里，可以表现出完全不同并且变化迅速的特征。

第二，本研究展示的转型时期的城市空间呈现的是多元因素的"拼凑的镶嵌画"特征。各个多元主体力量及其相互作用的过程，都可以在同一城市空间中找到自身的表达形式，也能够找到各自的成就感与归属感，从而重新建构城市社会空间。这与以往描述的多种城市空间模式完全不同，不仅仅是不同的城市有着不同的城市变迁的轨迹，细究互动动力过程，在同一城市内部的不同区域也差异显著。

（一）城市变迁的背景环境

当前的城市化进程，与中国当前的社会转型携手共进，或者说是中国社会转型的重要组成部分。因此，城市化的背景环境正是这样的社会转型的宏观过程。

首先，转型时期的各种制度逐渐建立，各种政策法规也得以逐步实施完善，整个社会面对的是一个不断建设完善过程中的制度空间。例如，中国城市土地制度由最早的划拨到后来的出让，再到后来的挂牌招标等，都是一个制度不断完善的过程。当然也应该认识到，这一过程中利用不同方式取得土地而得到的开发使用都会使同一地区的城市空间产生改变。在什刹海，早期有开发商通过划拨获得了在后海前沿开发居住用的四合院以及商用的望海楼的权利。到了现在，通过这样的方式获得开发性土地的可能性已经没有了。也就是说，当时那种情势下开发出来的四合院，已经无法再开发了。但是，已经开发的四合院将成为什刹海区域空间的组成部分，也必将影响到现在人们的活动。

其次，开发投资商的力量正在逐步增强。二十多年来城市房地产业的发展为城市建设贡献了资本力量，也形成了该行业在国民经济和社会中的巨大影响力。与此同时，在城市的发展过程中，利用文化消费促进城市经济发展也成为众多城市建设与拓展的重要策略。什刹海地区本身也经历了不同时期产业发展的过程。

再次，中国社会开始走出单位制度。过去几十年里，城市基层社会治理一直处于探索治理体系与治理模式的过程。城市居民除了开始积累以房产作为重要方式的家庭财富以外，也更为积极地参与社区与区域的公共事务的治理过程，逐步建立了各种社会组织与社会团体，并能够在事关自身利益的事务中发表建议并构建话语体系。

又次，社会的转型也带动了文化、价值观念的转变。人们在认识到保护历史文化的前提下，也开始了对于文化概念的理解的推进。最早人们显然认为物质性的单个历史遗址遗迹是文化保护的对象，慢慢地开始认识到历史文化保护需要保护区域整体的氛围，所以城市更新改造摒弃了大拆大建的模式。再后来人们进一步认识到社会结构肌理以及日常社会生活也是历史文化变迁与传承的重要部分，如今在全球化与民族复兴的背景下更是认识到历史文化保护是展示民族文明进程的重要方式。

最后，中国的发展正好赶上了全球化的浪潮。这样的趋势既为中国提供了发展的机会，也深刻地影响了中国社会。中国城市也不可能置身于全球化之外。在城市变迁的过程中外来因素的引入与本土因素的维护必然是纠缠在一起无法避免的议题。

（二）城市空间变迁的社会建构

在前面的分析中，我们已经指明并详细地讨论了政府、开发投资商、文化保护人士、当地居民以及规划建筑师是转型时期中国城市变迁过程中的重要力量，他们的行动以及相互作用过程成为城市空间变迁的动力机制。

那么，他们又是以一种怎样的互动过程造就了现在的城市空间结构呢？

首先，在转型时期的政治、社会与经济背景设定之下，中国的城市空间的变迁过程是由多元主体参与其中并相互作用形成的。如果说在计划体制时期，政府具有绝对的主导作用，为了特定的计划目标，可以完成划拨土地、拆迁、规划方案、修建楼宇等各个过程。但是在转型时期，政府放弃了大包大揽，这为其他社会力量进入城市建设提供了空间与条件。开发投资商携带资本进入显然加快了城市建设的进程，但是他们也有自己特定的目标——获取利润，城市建设也仅是他们获取利润的过程与结果。无论是受到开发或是更新影响涉及拆迁或是腾退的当地居民，还是前来购买住宅或是享受商业服务的消费者，都可以在搬迁过程中或是购买消费过程中根据自身的筹码（土地的使用、占有或是持有的货币）讨价还价。文化保护人士则可以在历史文化保护的旗帜下，利用自身在观念与话语上的优势，在城市更新的过程中对特定区域提供特定的建设与改造的建议，从而改变或是优化可能的更新改造的过程。规划建筑师则在高速的城市建设中成为炙手可热的科技与艺术的代言人，中国城市也成为他们练手的绝佳地方，在满足政府或是开发投资商的目标之外，留下带有自己个人印记的"传世之作"。

显然，转型时期的中国城市的变迁并不是任何一个或者两个行动主体可以独立促成的，而是上述多元行动者合力打造出来的。没有任何一方能够忽略其他各方而以一己之力独自支撑也许是人类历史上最大规模的城市化进程。城市变迁过程中的多元主体的相互影响的过程，并没有呈现"不是东风压倒西风，就是西风压倒东风"的情形。政府的主导作用依然存在，但在具体的城市空间建设的过程中，则需要更多的行动者参与进来。一方面，城市建设涉及的资源广泛，激发各种社会建设力量加入进来可以减轻政府的负担从而加快建设的进程；另一方面，城市建设与更新涉及多方面的利益调整，这些社会力量的加入有利于增加建设与改造的合法性，保护更广泛居民与其他相关者的利益。

其次，在城市变迁的整个过程中，多元行动主体之间的互动过程显示了复杂多样、变化多端的特征。由国家与政府、开发投资商、当地居民、文化保护人士和规划建筑师等组成的多元城市行动主体，有不同的利益目标，对城市空间的改造可能有不同的理想与期望方案，也使用不同的策略与行为，当然对最终形成的城市空间也起到了不同的作用，导致了不同的结果。在具体的互动过程中，各方既有冲突竞争，也有融洽合作；既有零和对立，也有协作共赢；既有精准算计，也有妥协退让；既有付诸舆论，也有闭门商讨；既有各自为政，也有牵线结盟；既有直接对话，也有多方论坛。各个参与主体之间的互动是一个多元力量相互合作冲突、相互博弈妥协的过程。

这样的过程首先是一个政治过程，是一个各行动主体使用对自身有利的策略，朝着自己特定目标竞争的过程。

这样的过程也是一个社会构建的过程，正是各行动主体的相互影响作用，才造就了新的转型时期的城市空间。他们相互影响的行动过程，其实就是城市空间形成的过程。因此，这一空间具有鲜明的转型时期的社会构建特征。

这样的过程显然不是一个"自然选择"的过程，与人类生态学中的"级差地价"这一超级动力所筛选剥离出来的城市空间结构全然不同。社会构建出来的城市空间结构与"同心圆"的城市结构要复杂得多。

这一过程也不是城市政治经济学中的"增长机器"所显示出来的某一联盟可以共谋、可以克服其他阻碍，在城市变迁过程中尽情展示自身力量与实现自身意志的过程。转型时期城市空间变迁的"经济逻辑"在不同的时期与不同的地点可能显示出不同的作用。当政府以历史文化保护作为老城更新的主题时，其他各行动主体行动的主题也随之改变，城市变迁的动力与"增长机器"没有关联。

（三）城市空间呈现："拼凑的镶嵌画"

正是由于推动城市变迁的各个行动主体的行为与相互影响的作用，在过去近四十年来，什刹海地区的社会空间转型显示了鲜明的特征，由多种力量所共同塑造的什刹海更像是一个"拼凑的镶嵌画"，呈现一种高度混合和矛盾并存的社会空间特征：历史与现代、传统怀旧与时尚前卫、东方与西方、生活与商业、平民化与贵族化、地方化与全球化等都在此碰撞沉淀，并且各自占据特定的空间位置，显示特定的空间形态，有时甚至相互交错。与此相应的是，社会的各种力量与各个群体在此交汇互动，形成了什刹海城市社会空间的"万花筒"（kaleidoscope）——不同的空间与社会过程的组合显示出色彩斑斓的构建组合。所有的这些，都在什刹海这一特定的城市地点一一显现出来，组成转型时期的什刹海城市空间，展现出拼接、混杂、有反差、有纵深，有时甚至是杂乱无序的特征。同时，什刹海的城市社会空间也显示了富有生机、充满活力、丰富多彩的一面。

这样的"拼凑的镶嵌画"的空间平台，可以呈现什刹海地区作为历史文化保护区、城市居住区、产业商业区以及风景旅游区的空间的重要特征。

首先，什刹海地区显示了更多地方化的历史文化内涵（代表"老北京"），由胡同和传统四合院组成的什刹海地区成为老北京传统风貌和民俗的象征。毫无疑问，所有的这些都应该被妥善保护与维护。在中国快速发展的背景下，历史文化保护还担负着展示民族文明成就、提升民族自信的使命。从某种意义上讲，这也是历史文化保护的根本目标——延续文明的脉络。

其次，对于众多的当地居民而言，什刹海仍然是他们居住、生活的地方，因此，必然有与之相配的生活服务设施与公共服务设施。历史累积导致了内城居住环境的破败衰落，又因为历史保护的原因不能大拆大建使更新改造进度缓慢，什刹海地区的居民房屋显示了巨大的差异，从年久失修的破落大杂院到更新修缮的普通平房，再到精心规划设计的新型四合院等同时存在于什刹海地区。值得特别强调的是，在提升什刹海居民生活宜居程度的同时，它们也成为历史文化保护的一部分，成为展示社会肌理的一部分。普通居民的日常生活已经成为观光旅游必不可少的组成部分。

再次，产业商业的兴起是区域活力的重要因素，对什刹海来说也不例外。除了针对居民生活的服务性商业以外，产业资本与地方政府意在引进更多更能产生利润的产业。在历史文化保护的同时，地方政府尝试将"文化创意产业"打造出来。而更灵活的产业资本则更多地关注酒吧街休闲以及各种文化创意产业及产品。在此过程中，什刹海的某些场所逐渐呈现高档化，一批高端会所、私家菜馆、高档四合院宾馆和用于居住的高档四合院兴起与蔓延。这些产业商业的兴起，带来了相应的消费，使什刹海地区成为城市白领和年轻人时尚消费的朝圣之地。

最后，什刹海的特定地理位置与历史文化资源，又成为展示首都形象的窗口。对于中外游客而言，什刹海地区是游览、观赏与体验历史文化的地方，他们游历的不仅仅是历史上繁花似锦的王府，也是曲折蜿蜒的街区小巷，还是体验老百姓日常生活的市井烟火的地方；他们既要体验丰富的传统历史文化，也要消费现代酒吧与文创产品。在什刹海地区旅游，也是一种复合的体验。

因此，转型时期的城市空间显示出来的不是人类生态学中的"同心圆"，没有一个"自然演化"的单一动力机制，而是可以将城市空间"有规律"地"刻画"出来；也不是"扇形"或是"多中心"的城市空间结构，而是更为复杂细致的同一地点的"拼凑镶嵌"。这样的城市空间也不是城市政治经济学中所讨论的，城市区域在某些行动者的合谋下的恣意扩张。这是因为，转型时期的城市空间中的政治与社会领域依然是一个争夺的空间，其中的博弈还远远没有接近尾声，各方力量都参与其中，都能够相互制约与限制。也正因此，在这样一个拼凑的城市空间中，多元主体行动者都能找到自己利益与目标的表达形式，也都能在其中感受到构建过程中的成就感与城市空间带来的归属感。

我们相信，这正是各方能够在城市空间变迁的过程中达成妥协合作的原因。从某种意义上讲，这也是中国城市变迁如此充满活力、发展高速迅猛的原因。

（四）关于城市空间变迁理论的拓展

正如在前面的方法讨论中所言，行动呈现理论更多地将城市变迁宏观过程相关的因素与分析当作背景，因而没有进入本书的分析之中。除了通过涌现机制，微观层次的行动者互动行为的空间呈现显示了宏观层次的结构特征以外，本书所提炼的转型时期城市空间行动呈现理论，可以推论出关于城市空间变迁的宏观层次上理论的拓展。

在城市变迁的过程中，我们经常遇见对于城市之于乡村生活的跨越与隔离、城市生活的陌生孤单与缺少人情味和归属感的抱怨。这样的抱怨，既弥漫在普通平民的闲谈对话之中，也多见于城市学者的学术著述与口头报告之中。只不过，前者的抱怨更多的是情感情绪的宣泄，而后者则有着更为严谨的演绎推导与理论阐释。大多抱怨者认为，城市的发展与扩张，将人们与自然之间的距离进一步拉大，也使人与人之间的关系变得更为生疏。

在讨论城市的发展历史过程中，汤因比认为当前这一轮人类城市规模的扩张过程仅有 200 年的历史，与工业革命以来的科技发展的曲线形态高度吻合。[①] 在他看来，这一轮"机械化城市"的扩张，带来了无穷无尽的灾难性的后果，在发掘自然创造大量物质财富的同时，人们并没有成功控制物质世界，反而为自己所创造的物质成就所困，就如同韦伯所讲的工业化理性构成了"理性铁笼"一样。

在科技理性推动下的城市变迁，毫无疑问体现了科技理性的逻辑：城市的生产更为高效，城市空间的安排也按照理性规划来建造，城市公共事务的管理与运转更为有效，人们的工作与生活节奏也更为紧凑，由

---

① 参见阿诺德·汤因比《变动的城市》，倪凯译，上海：上海人民出版社，2021，第九章"机械化城市"。该书英文版出版于 1970 年。

此生成的各种政治、社会与经济结构及制度也保障着这样的理性效率的实现。

从行动呈现理论出发，我们也许会赞成宏观城市变迁轨迹上的理性有效，但并不一定赞成因为这样的变迁过程带来的对于城市生活的抱怨。在我们看来，城市内部的行为与活动以及城市内部的特定地点的空间特征其实相当丰富多彩。

结合城市变迁在工业化理性推动下的变迁过程，我们的行动呈现理论可以推导出两个悖论。一是工业化城市的发展过程需要更严密、更有效、更清晰的建造过程的安排，只有这样才能更便捷地实施更标准化的建造方案，使城市的建造与管理都更有效率。然而，与此相悖的却是，在构建城市空间过程中的政策制定、规划设计、实施实践等流程中，越来越多地显示了多个行动主体互动作用下混沌、多元、多维的互构特征。二是工业化理性的推动使城市之间显示了更多的一致性、标准性的单调整齐的特征，因为城市的发展必须在竞争中保持理性有效的竞争力。但是，在具体地点之上的城市空间则显示了更多的混杂、多样、变化的镶嵌性特征，这是在具体城市空间的建构过程中，多元行动主体的互动必然导致的结果。

因此，在我们看来，城市变得更加开放和包容，城市空间也充满了活力，城市生活相当丰富多彩。对于城市生活隔离孤单的抱怨也许情有可原、理有可据，但更有可能的是城市生活中的人们相互连接的方式完全不同，产生归属感与人情味的方式发生了根本的变化。对这一点的强调与拓展，也许需要我们重新思考人类生活中对于时间与地点的意义，重新构建新的人地关系。[①] 而这样的努力也注定因为网络社会空间的崛起而变得更为复杂而难以预料。

二　形塑什刹海空间的力量

在本书中，我们详细分析了国家与政府、开发投资商、规划建筑师、文化保护人士、消费者与本地居民等不同群体力量在什刹海空间转型中

---

① 可参见多琳·马西《保卫空间》，王爱松译，南京：江苏凤凰教育出版社，2017。

的作用。什刹海这一混合了各种空间特质的"马赛克"社会空间形态，也正是在这些不同利益和价值取向的社会力量的竞争与合作中形成的。

（一）国家与政府

国家与政府在打造新什刹海的过程中扮演了至关重要的主导角色。只有在国家政策有了变化之后，什刹海社会空间才有了启动转型的可能。与此同时，国家与政府不仅是什刹海空间转型的直接开启者，也是平衡各方利益的协调者。就其与市场/资本的关系来看，在最开始的阶段，地方政府的脚步明显落后于有着敏锐嗅觉的资本，最早的什刹海商业服务的开展有着明显的资本力量的推动特征。但很快地方政府就后来居上，开始直接投资（基础设施或具体开发项目）或是扶植/限制某些资本，同时，为整个地区市场的发展营造良好的氛围以及进行整体营销和宣传。

在20世纪90年代实施分税制改革之后，税收减少而负担加重的地方政府越来越倚重土地财政和房地产经济（主要表现为征收土地出让金、房地产税收和相关行业的营业税）。因此，地方政府几乎无一例外地走向了"经营城市"的道路。在城市国有土地商品化和市场化改革的进程中，中心城区土地不断升值的趋势给原有的物质空间和社会结构带来了巨大的压力。对于旧城而言，一方面，旧城中大量用于居住和低效益用途（如仓储、工业）的土地在地方政府看来是一种资源的严重浪费；另一方面，旧城作为历史文化保护区又对土地利用和容积率等提出越来越严格的要求。如果说，大规模拆除平房新建购物商场、写字楼和商品住房是地方政府在经营城市的有形资产方面，那么将历史文化资源转化为旅游业和文化产业则更多的是在经营城市的无形资产。在什刹海的案例中，地方政府通过"恢复"和"再现"所谓的历史风貌，举办旅游节、申报"中国历史文化名街"与"国家AAAA级旅游景区"、参与"北京中轴线世界文化遗产"申报等措施，不仅将区域的整体空间商品化了，而且将历史商品化了。在这一空间和历史商品化的过程中，什刹海的名气已经不再限于国内，而是已经扩散到国际。这对于地方政府而言构成了一种直接经济收益之外的"政治光环"效应。然而，地方政府并不仅仅满足于名气的提升，还试图通过制定新的规划和进行业态调整来实现该地区更大的潜在经济效益，这主要是通过鼓励发展文化创意产业和深化旅游产品来实现的。近年来，随着建设首都功能核心区的中心城市建设工作的推进，在民族复兴的背景下的历史文化保护与国家首都形象展示成为什刹海的建设目标。与此政策调整相应的规划设计、人口疏解、平房腾退、居民安置、产业升级、空间织补、修缮更新、文化保护等工作都成为政府牵头主导的建设任务。

地方政府在鼓励胡同旅游业和酒吧街发展的同时也看到了市场与社会之间的紧张关系，并试图在推动消费经济和保护居民利益之间做出平衡，比如：协调什刹海风景区管理处和街道办事处之间的关系、出台胡同游特许经营政策、规范胡同游路线/整顿交通秩序、对酒吧的总量限制和严格审批（实际效果很有限）、对扰民商家的行政处罚等。但对政府而言，有时悖论正是产生于政府自身的行为：越是加大打造和宣传文化旅游区的力度，越是加重了它所承担的社会责任砝码的分量。当然，现在随着历史文化保护中心任务的强调，这样的矛盾与悖论更容易得到解决。

（二）开发投资商

相对而言，资本的作用比较复杂。从构成上看，可以从本地/外来、规模大小、与政府关系的密切程度以及与文化的关系等方面对资本做出类型区分。应该说，资本运营者是最先发现什刹海市场价值潜力的行动主体。无论是胡同游创始人还是酒吧鼻祖，他们最初的投资目的并不能简单被视为商人赚钱，而应被视为一种个人兴趣爱好的伴生物，带有自然而然的文化气息。一旦该地区的商业价值被更多的人认识到，蜂拥而至的各种资本就已经明显地是为了尽快谋取最大化的利润了，各种短期行为和不顾社区利益的做法也越发普遍，出现了擅自搭建违章建筑扩大经营面积、占用道路摆摊、服务生路边拉客、用震耳欲聋的音乐招揽顾客、提高酒水价格宰客，甚至出现雇用年轻女性作为"吧托"诱惑网友来酒吧强迫高消费的恶劣现象。只有那些有文化的资本才能在竞争中依然保持自己的风格和品位，通过文化氛围吸引着某些稳定的消费群体。相对于投资酒吧的资本而言，投资于商业和高档四合院开发/四合院宾馆、胡同游/水上游、高档餐饮/会所等的资本在规模上则大得多，而且往往需要与政府有密切的联系。因为，资本此时为了获得相应的空间资源就不能仅仅靠与私人房东的自发交易，而是需要借助政府背书支持实施规划和拆迁、需要获得特许经营审批或是直接租用公有产权的房产等。

有的旅游开发公司（如什刹海旅游开发有限公司）还是直接由政府部门投资成立的（如园林局、管理处），或是私人资本与国有资本的联合，因此在经营竞争上具有明显的优势，能够更好地整合各种空间旅游资源，甚至占据了某种垄断地位。

在首都功能核心区的建设中，包括什刹海在内的北京老城区被定位为历史文化名城保护的重点地区与国家首都形象展示的重要窗口。[①] 在此规划发布之前的政策变化，已经带来了什刹海地区的产业调整。一方面，与此两个建设目标不相符合的产业将被调整出什刹海地区，例如绝大部分酒吧、餐饮以及一系列摊贩经营的服务业；另一方面，政府培育引进与两个建设目标吻合的产业，例如文化创意产业、文化博物馆以及"老北京"体验式民宿等。与此同时，政府也强化了文化标识的使用控制，对于"老北京"的标牌使用的标准有了清晰明确的限制。所有的这些，都是政策调整带来的资本市场的响应变化，也充分体现了国家与政府的主导地位。

（三）规划建筑师

学院派的规划建筑师作为相对独立的社会力量也在什刹海的转型中起到了重要作用。从 20 世纪 80 年代开始，以清华大学建筑学院为代表的规划者就积极参与了历次的什刹海保护规划制定和修改工作。一些颇有社会影响力的规划建筑师通过长期的呼吁和建言献策不仅对于什刹海历史文化保护区，而且对于整个北京旧城的保护都发挥了积极的作用。最开始的阶段，他们更多的是关注历史文化价值（特别是传统建筑、城市节点、胡同机理和整体风貌等）本身的保护，反对市场力量对传统文化的无情破坏。在 2000 年之后，规划建筑师逐渐开始注重与其他领域学者（特别是社会学者）之间的交流与密切合作，更多地关注地方文化和社区居民利益的保护。同时，他们也开始强调如何引导市场力量对保护工作发挥积极作用（例如烟袋斜街地区的保护与开发）。在接受政府委托制定保护规划的过程中，规划建筑师逐渐变成政府、资本、社区居民

---

① 北京市规划与自然资源委员会：《首都功能核心区控制性详细规划（街区层面）（2018年 – 2035 年）》，http://www.beijing.gov.cn/zhengce/zhengcefagui/202008/t20200 828＿1992592.html，最后访问日期：2021 年 3 月 13 日。

以及历史文化等各种不同价值之间的协调者。

　　事实上，规划建筑师的工作是一个呈现城市空间的过程，并且连接城市社会空间的呈现与未来建设任务的具体实施（见图10-1）。他们往往要理解特定空间中的社会结构与社会关系以及由此产生的社会活动，并且要使用空间布局的话语将这样的社会过程以及各个群体的期望与利益表达出来。比较图10-1与图3-4，其中的差异正是由规划建筑师完成的中层规划图示。如果说上层的社会结构与社会活动的空间表达，正是在中层图示中呈现出来的，那么下层的图示是中层规划建筑师的呈现的最终物质化建成的结果。所以，在我们的行动呈现解释框架中，规划建筑师有着承接社会结构与社会行动，开启城市物质空间建设的重要作

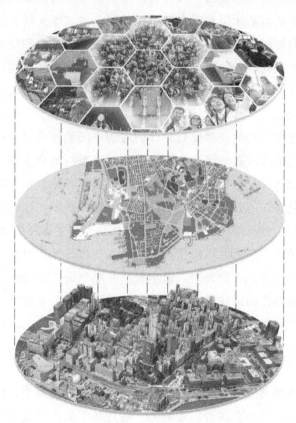

图10-1　城市中的规划设计与空间形成

资料来源：图示设计王天夫，图示制作炜文。中层图示来自香港特区政府规划署，下层图形资料来源于谷歌地图（中国香港九龙半岛局部）。

用。他们对于城市空间建构过程，有着不可忽视的重要作用。我们坚信，一个有解释力的、完整的城市空间变迁的理论，必然应该将规划建筑师作为独立的推动城市变迁的行动者。

（四）消费者、文化保护人士与当地居民

消费者通过自己的价值观念和消费行为来间接影响什刹海的空间生产。外国人是首先对什刹海平民文化、地方文化产生浓厚兴趣的群体。在改革开放之后，出于文化和社会体制的差异，来到中国的外国游客不仅对代表皇权的历史遗产（故宫、天坛）有兴趣，而且更对普通中国人，尤其是"老北京"的日常生活状态产生了浓厚的兴趣。同时，对于在北京工作和生活的那些西方人而言，酒吧则为给他们提供了与其文化背景保持亲和关系的休闲和消费场所。外国人的浓厚兴趣和消费行为一方面促使什刹海的本土历史文化价值得到进一步的反思和挖掘，另一方面促使什刹海融入了各种西方元素，从而使之从地方性空间向更为国际化的空间转变。城市白领和年轻人给什刹海带来了更多的时尚元素。他们将自身对音乐、美食、建筑、创意手工艺品、夜生活、西方文化乃至爱情的各种想象和理解全都投射到什刹海的空间载体之上。在很大程度上，资本和地方政府在按照这些消费者的口味重新塑造什刹海。需要指出的是，当地居民从来都不是什刹海的消费者。随着近几年对于什刹海地区历史文化保护与首都形象展示的建设目标的强调，什刹海地区的产业结构将会进一步获得调整，而消费者群体也会发生不可避免的变化。

文化保护人士与当地居民在各种形塑什刹海的社会力量中相对而言是比较被动的主体。文化保护人士本身只有对于历史文化保护的话语权以及发动社会舆论的潜在能力，没有太多其他资源。通常他们只能通过呼吁政府、发动社区居民、联合专家学者等策略与方式，来推动实现历史文化保护的使命。近年来，他们的目标被纳入政府的规划方案与中心工作目标之中，他们的声音自然而然也就变得更加微弱了。

一部分居民通过出租房屋参与到空间商品化的过程中，少数有条件的住户则自己投资经营四合院或酒吧。在近几年的人口疏解过程中，一部分居民被安置搬迁到老城之外甚至是郊区的小区，留下的居民在房屋修缮更新之后则被纳入了历史文化的展示过程之中，成为社会空间结构中社会肌理的组成部分。大多数普通居民则一方面由于什刹海知名度的

提高而感到自豪并期待能从土地升值中获得更多的直接利益，另一方面无奈地承受着由此带来的各种社会成本与经济成本，并因此产生不适应和失落感。这些居民中有相当一部分仍然在为基本的生计和保障而奔波，老北京的优越感、对于什刹海的认同感与归属感、福利分房体制下的被忽视与不平等感、市场浪潮中的企盼与担忧、对于未来生活质量提升的憧憬，所有的这些感受五味杂陈地涌上他们的心头。

三　什刹海社会空间的建构

在上述行动者的推动下，什刹海社会空间转化的具体过程又是怎样的？这样的空间建构出来之后，反过来对于身处其中的行动者又有什么样的影响作用，又导致了什么样的社会后果？

（一）转化中的社会空间

什刹海的空间转型主要表现在保护和开发这两个相辅相成的方面。什刹海的历史文化地位由来已久，只是在 1949 年之后三十年间的城市发展中累积了众多问题，超出了什刹海空间承载的能力，沉淀为一个破败衰落的内城居住区。通过 20 世纪 80 年代早期的整治过程，什刹海地区逐步重现了人民公园的风貌，人们也逐渐认识到历史文化之于社会发展与城市建设的重要。因而，什刹海的更新改造形成了保护与开发两大主题。在这两者之间，保护是第一位的。但是，即使仅仅是保护的主题也需要资金与资源，通过开发获取城市建设的资源又成为保护的重要策略。什刹海的空间转化就是在保护与开发的两大主题间此消彼长的过程中蜿蜒前行的，在某些时期某些地点保护占据主导，在另一些时期另一些地点开发又占据主导，成就了什刹海空间转化的不同呈现形式。

就保护而言，什刹海地区是北京市第一批 25 片历史文化保护区中最大也最为完整的一个，该区域中的大量历史建筑（文物级和传统民居）在 21 世纪最初几年中的大规模、疾风骤雨式的城市改造中得以幸免于难。这不能不说是一种幸运，其中部分原因在于对金融街等地区（毫无疑问，能够带来更多收益）的强力开发客观上缓解了拆建保护区的压力。也正是由于没有经历大拆大建的过程，什刹海地区作为普通民众居住区的功能并没有发生根本转变，也没有出现国外大规模旧城改造那样中产阶级和富裕群体取代低收入居民的"士绅化"现象。

即使是很早就成为历史文化保护区，并且躲过了大拆大建，但什刹海地区在过去四十多年间的空间变化也是非常显著的，而且至今仍然处于持续的转变过程之中。这一转变至少包括以下几个方面。

首先，虽然什刹海仍然是一个以居住为主的场所，但这种"居住"已经不再是"自然状态"或"诗意的栖居"，而是一种在"他者目光注视下的居住"，普通居民的日常生活已经成为观光旅游必不可少的组成部分。换言之，当地居民自觉或不自觉地都参与到空间消费的生产过程之中，成为城市历史文化旅游舞台剧上的一个重要角色的扮演者。相应地，他们的居住环境也围绕着重新塑造"历史风貌"的需要而发生变化（有时可能是一种积极的变化，如政府出资完善基础设施；有时则可能是一种损失，比如被要求拆除违章搭建）。因此，他们的居住空间和生活领域成为满足旅游者猎奇心理的"舞台化了的（展示的）"后台——这成为"注意力经济"和"符号经济"在城市空间上的一种具体表现。这也是什刹海地区体验式旅游经济的重要内容。

其次，随着空间商业化的发展，一些原先的居民通过主动或被动的方式离开这一地区并搬迁到其他地方居住，居民区取而代之的是酒吧、商店、餐馆、会所等消费场所。主动方式，是指在土地不断升值的趋势下，部分居民为了获得交换价值，通过市场协商将自己居住的房屋出租或出售给外来的经营者；被动方式，则是在政府的重新规划和开发下（也包括为保护文物而腾退原住居民——如广福观，但这种保护仍然是以开发为导向的），部分居民被迫离开居住地，即使是获得了相对满意的货币补偿。因此，什刹海地区也在经历着一种由消费而带动的"士绅化"过程。

再次，什刹海地区的商业化进程也分为不同的发展阶段，即：一方面，从服务于当地居民的社区商业逐步发展为服务于游客和城市白领的外向型商业；另一方面，从一些普通水平的消费场所逐步转向高档化的消费场所并且更为紧密地与各种"文化"要素相结合，商业和服务业的业态不断"升级"和"文化化"（culturalization）。从更为宏观的视野上看，这属于整个后工业社会"消费审美化"的一部分，我们称之为"文化导向的更新"（culture-led regeneration）。这种值得注意的新趋势在学理上与苏贾所说的"城市政治经济学的文化转向"相呼应，需要我们建立一种新的分析范式。

又次，什刹海地区的某些地方在一段时期内甚至出现过"过度商业化"的趋势，当地居民的生活空间和生活品质被侵蚀（特别是噪声、交通拥堵等），围绕着场所的交换价值和场所的使用价值之间的矛盾日益加深。这不仅出现新马克思主义城市社会学所关注的资本与居民围绕着空间产生的矛盾，而且带来了居民内部受益者与受损者之间的分化。

最后，由多种力量所共同塑造的什刹海呈现一种高度混合和矛盾并存的社会－空间特征，我们或许可以称之为一种"马赛克空间"（Mosaic Space）。这种高度混合和矛盾并存使什刹海地区成为北京独一无二的社会空间，这也正是什刹海的魅力所在，吸引力所在，活力所在。

（二）空间的生产与营销

这一空间转型不仅是作为居住空间的什刹海向消费空间的转变，而且是从空间中的消费向空间本身的消费转变。后者的一个显著特点就是消费活动与象征符号和文化密切联系，或者说空间变成了一种文化体验商品。同时，这种空间转型也与社会转型密切交织、互相影响——包括大众消费和大众旅游的兴起、社会阶层分化及其生活方式区隔、全球化影响的日益加深、地方政府的角色转型等。

我们发现，以什刹海这一特定空间为依托的各种独特的历史文化资源被转换成全球化背景下地方政府和资本联手"生产"和"营销"场所的要素，在此过程中一些新的象征意义被赋予了这一场所。

首先，原先的知名景点（如故宫、长城、天坛）都是整个"中国"（更准确地说是"中华帝国"）的象征，相比之下，什刹海地区则更为地方化（代表"老北京"），由胡同和传统四合院组成的什刹海地区成为老北京传统风貌和民俗的象征，"胡同游"的迅速发展吸引着大量国内外游客的光临，什刹海俨然成为来北京旅游的必去之处。

其次，酒吧街在什刹海的兴起使其成为城市白领和年轻人心目中一个充满时尚感和富有"情调"的地方。由于酒吧本身是一个西方舶来品，加上许多酒吧结合了乐队表演等文化元素，因此这种"情调"同时还带有某种异域文化的色彩。"后海"更是成为某种生活方式的代名词，往往与"小资""浪漫"等词语联系在一起，成为时尚消费者的朝圣之地。

再次，什刹海的某些场所逐渐高档化和"贵族化"，这主要体现在高端会所、私家菜馆、高档四合院宾馆和高档四合院等方面。这些"贵族化"场所既区别于大众旅游（如胡同游），也区别于时尚消费（酒吧街和购物街），而是致力于塑造一种神秘感和私密性、专享和排他性以及高品质的形象：并不是凡勃伦所揭示的"炫耀性消费"（往往是私人消费品），而是一种"低调奢华"。借助中国传统社会的一些权力和财富等级符号（传统建筑语言和装饰物品）和西方社会的贵族形象，这些场所成功地为城市精英阶层提供了"小圈子"的消费空间和社交/商务场所，从而有助于塑造该阶层内部的身份认同，并使其自身从文化资本和生活（消费）方式上与其他社会阶层区隔开来。

最后，地方政府试图将"文化创意产业聚集区"的新标签贴到什刹海的身上，而不仅仅将其视为单纯的"历史文化保护区"。这种历史街区与文化创意产业的"联姻"更为符合"后工业化"北京的城市功能定位，更能体现所谓的"先进生产力的发展方向"。因此"文化兴区"也就自然而然地被地方政府定为发展战略之一。地方政府不再将历史文化保护视为一种沉重负担（对于追求经济增长来说）。相反，它发现从中可以获得相当可观的经济效益、社会效益乃至政治效益（如为当地居民改善居住条件），有时后两种效益或许更为可观，明显超过前者（直接税收并不多）。

为此，地方政府更为积极地投身到空间生产的一系列环节之中，并采取多种策略来打造新的什刹海，这包括：调整空间管理机构、制定发展规划（空间规划、产业规划等）、塑造形象（场所的"神圣化"，如申报国家 AAAA 级景区、申报"中国历史文化名街"）、场所品牌化、场所营销、改善基础设施和整治环境、保护/修缮文物建筑、开发新旅游项目、完善旅游开发和管理制度、直接投资于某些具体开发项目等。

在首都核心功能区的建设中，什刹海作为中轴线西翼文化带的重要组成部分，成为北京历史文化保护建设中的重点区域之一。什刹海的发展不仅仅是当地社区或者是北京市的任务，而是关乎整个北京老城所展示出来的首都风貌以及民族历史文化的国家形象。在新的发展时期，什刹海在保护、整治、修缮、织补和复兴的过程中，被定义成"走进什刹海，感受老北京"的展示历史文化与社会风情的"金名片"，成为文化保护区为主的、辅助叠加城市居住区、产业商业区和风景旅游区的重要区域。

（三）什刹海空间转型中的阶层关系

在北京旧城 30 多年来的大规模改造过程中，随着城市中心土地的不断升值，包括"老北京"在内的数十万旧城居民外迁到城市的边缘地带（四环、五环之外），取而代之的是中产阶层和富裕人群；同时，传统的胡同和四合院也被新型商品房小区或是商业中心、写字楼所取代。这里发生的是类似于西方城市中的"士绅化"现象，不同的是地方政府在其中扮演了更为积极的角色，它是危旧房改造的发起者和推动者。

作为北京面积最大的历史文化保护区，什刹海地区避免了被大规模拆迁和再开发的命运，但是它在市场化和"经营城市"的大潮中也注定不可能是一座孤岛，这里的社会阶层结构变得更为复杂和不稳定。在计划经济时代，除了少数居住在大四合院的高级官员外，绝大多数的什刹海居民是社会经济地位比较低的人群，他们之中有的所在的单位级别低、效益差，或是在市场转型中倒闭破产或重组；有的则是长期从事非正规经济行当或是自我雇佣劳动。从自身结构上看，这些居民的受教育水平相对较低、缺乏专业性技能，大多从事体力劳动和一般性工作；此外，该地区人口的年龄结构老化，残疾人和边缘人群（如两劳释放人员）的比例也比较高。相当一部分经济条件较好的居民已经通过单位分房或市场购房等方式离开该地区。

什刹海的商业和旅游开发带来了社区居民的内部分化。一部分居民以出租房屋、自主经营和获得与旅游相关的工作机会等方式获得经济收益，但大多数居民并没有这样幸运，反而要承受旅游发展所带来的各种社会成本，主要是对其正常生活秩序的种种干扰。在一些住户开放自家四合院供游客参观之后，邻里之间的纠纷也因此时常发生。用那些受到干扰的居民的话来说就是"他们挣钱了，我们倒霉了"。还有一些居民因为房地产开发项目（特别是高档四合院）而搬离这一地区，有些是为了获得交换价值，有些则是迫于无奈。另外，旅游业、酒吧、餐饮业的迅速发展也将大量流动人口带至什刹海，他们在本地区和附近地区租房居住，一方面给部分社区居民带来出租收益，另一方面也增加了该地区的人口压力。

　　什刹海旅游业和酒吧街的兴起为城市中产阶层、年轻白领以及国内外游客提供了休闲和消费的空间。特别是新兴中产阶层在经济上更有能力支撑酒吧、餐饮等消费，在文化上也更倾向于接受带有异域情调和文化气息（音乐、历史等）的休闲方式。这些消费群体在特定时段（旅游高峰和夏日晚间）如潮水般涌入，给社区居民带来了噪声、交通、环境等各方面的问题。同时，他们对什刹海文化特色的重新界定（异域的、时尚的）也让部分本地居民感到不适应甚至是失落。

　　随着传统四合院成为越来越少的城市稀缺资源，它的文化价值和商业价值也重新被社会和市场所发现和认识。有钱的外国人和真正的富人把居住在绿茵围绕、天人合一的四合院当作一种"诗意的栖居"，因此购买四合院并对之进行现代化设施的改造。相应地，以传统四合院为对象的交易中介机构也在近年来得以蓬勃发展。此外，一些地产资本也看中了这一风水宝地，进行旧房拆迁和开发新的高档四合院。四合院对于富裕阶层而言已经成为一种非常理想的"地位商品"（positional good）。①从文化的角度来看，它比郊区的豪华别墅都更为直接地表达了其拥有者渴望展示的优越身份和地位。因为，旧城的四合院天然地处于传统文化的厚重积淀之上，这种文化/符号资本绝不是房地产市场的力量在短期内可以凭空建构起来的。同时，一些高档会所的出现也为富裕阶层提供了俱乐部性质的消费场所，借助有形的和无形的文化符号，这些消费场所起到了帮助新富阶层塑造集体认同并与其他社会阶层相区隔的作用（如神秘感、尊贵感）。这种区隔不仅是空间上的和消费水平上的，也是文化资本和品位上的。

（四）什刹海空间转型中的时空悖论

　　在什刹海的空间转型过程中，我们看到的不仅仅是不同具体行动者（地方政府、投资者、居民、消费者等）的权力、策略和博弈，也是他们行为所导致的空间结果的呈现。而这些空间结果往往表现为一系列的时空悖论。通过分析这些时空悖论，我们还可以发现蕴藏其中的一些更为根本的社会含义。

---

　　①　反过来看，拥挤不堪的大杂院也成为反映城市下层人群身份的另一种"地位商品"。

首先，什刹海旅游发展具有明显的时间特征。胡同旅游和酒吧消费在时间上集中于旅游旺季（尤其是夏天）、节假日和夜晚。对于各类商家（特别是酒吧）而言，不断上涨的租金成本需要用短暂的旺季和节假日（如黄金周）的收入来平衡，而酒吧本身的经营时间也主要集中在夜晚，对这些时段的最大化利用就成为资本的必然选择。而对社区居民而言，周末和夜晚恰恰又是其休息的主要时间。城市中不断壮大的中产阶层越发重视休闲生活，而这种中产消费者来到什刹海享受"休闲"恰恰又与什刹海本地居民的日常"休闲"在时空上重合因而产生矛盾。两者的区别在于，前者是可以带动经济增长的"休闲产业"，而后者只是属于非经济性的生活领域（虽然它是劳动力再生产的一部分）。在"宜居"的概念受到官方和社会高度重视的今天，什刹海独特而稀缺的自然环境和人文景观成为吸引广大消费者来此休闲的魅力场所，什刹海的"社区性"与"地方性"以及"公共性"与"全球性"之间不可避免地产生内在矛盾，而且这种矛盾会长期持续下去。

其次，在对什刹海空间的利用上，地方政府与资本之间也有着不同的理解。地方政府将什刹海确定为历史文化保护区，因此通过制定规划和实施修缮工程来突出其老北京传统风貌的特点，注重的是"统一性"；而以西方文化为卖点的酒吧经营者则更希望张扬自身的个性和标新立异，其对传统民居的现代化改造就被政府视为一种对传统风貌的破坏。这种矛盾其实是将（分散而相互竞争的）资本引入传统文化保护区所存在的一种内在张力。此外，不断上涨的租金压力和短暂的旺季消费特点也迫使酒吧经营者通过搭建/扩建来增加经营面积和收入，而这种违章建设也被政府视为对传统风貌的破坏，两者之间不断进行着搭建和拆违的拉锯战。

最后，什刹海这一特殊的空间承载了众多时空悖论。总结起来，这些时空悖论蕴含着对比鲜明而又影响深刻的社会意义（见表10-1）。这些成对出现的社会意义更为根本地体现了现代社会的一些结构性特征。

什刹海空间所蕴含的现代内涵直接与其所蕴含的历史文化内涵相对立。需要特别指出的是，这里的历史文化内涵往往又与后现代的内涵相勾连与重叠，使这些时空悖论所导致的对立变得更为鲜明且更富张力。

表 10 - 1　什刹海空间所承载的一系列对比鲜明的社会意义

主题	现代内涵	历史文化内涵
主题意象	现代的/现代化的/成年的	历史的/传统的/儿时的
全球化	全球扩张的、侵略性的	本土传承的、濒危的/被保护的
城市化	人造的（高楼大厦/"水泥森林"） 喧嚣的 异质的/冷漠的（匿名的）	自然的（水面、树木、"野趣"） 宁静的 淳朴的/亲密的（传统街坊邻里）
工业化	大量复制的	独特个性的
市场化	工作的、快节奏的 封闭的（收费公园）	休闲的、慢生活的 开放的（免费景区）
自主性	受控制的（工作场所）	自主的（消费领域）
理性化	单一功能分区（城市规划）	综合功能的、多样化的

　　也正是这样的张力体现了什刹海地区社会空间的层次模糊、混杂交错与复杂多样，才使什刹海地区具有巨大的社会文化价值和商业价值，具有无限的生机与活力，具有未来的潜力与动力。也正是这样的张力，才使什刹海地区的生活与消费生机勃勃，才使什刹海地区充满开放、包容与创新。

四　反思与展望

　　前面的讨论充分显示了什刹海社会空间的建构过程与呈现结果。但是，作为建立解释转型时期城市空间变迁的理论框架的尝试，整个研究也有着种种不足，并为未来提供了进一步提升的潜在可能。

（一）关于方法和理论的反思

　　本书提出的理论解释框架本身就是专注于探讨转型时期城市中的行动主体的行为以及他们之间的互动。由此，带来一个理论上的问题。在解释作为结构的城市的变迁过程中，为什么在结构 - 行动（structure-agency）争论中选择行动的立场？除了我们在第三章在方法上的讨论以外，到现在我们还可以回顾，在整个什刹海空间变迁的描述中，我们显然模糊处理了结构因素，而使用了个体（或者行动者主体）自然能动的角度来叙述事件与过程。在我们看来，这样的叙述与我们田野工作收集的资料更相吻合，也更接近实际情形。同时，我们还认为转型时期的社会制度还在完善过程中，社会结构还在建构过程中，而这其中正是行动促成了制度与结构的定型。即使有这样的考量，我们也认为行动是在特定的结构背景下展开的，同时，我们也并没有进一步通过描述行动进而分析作为结果的结构。我们坚信，这些微观层次的行为过程，通过科尔曼所揭示的涌现机制，事实上建构了宏观层次的结构。

任何理论都会遇到普适性问题的挑战。本书提出的理论解释框架至少会有两个方面的疑问。第一，什刹海作为中国城市转型中的特例，由此归纳提炼的理论逻辑是否可以适用于其他城市地点。的确，什刹海无论是在历史上还是在当前都是一个独一无二的城市地点，有着其他城市区域不可能相同的特征。事实上，任何两个城市地点都不尽相同。我们希望说明的有以下三点。首先，在行动呈现理论框架中讨论的行动者也是各个城市变迁动力机制中包含的行动者；其次，这些行动者的具体行动在其他城市或者地点都有着相同形式与相似内容的翻版；最后，与其他城市地点相比，什刹海的特殊性带来的，可能是其面临更复杂更多样的事件与过程。因此，尽管有各种不同的特征，以什刹海作为研究对象的抽象理论解释框架应该具有更为广阔的理论适用性。另外，由单个案例归纳出来的理论逻辑是否有效。这一问题放在紧接下来的小节中专门讨论。

理论普适度的另一个维度，就是解释框架对于同一地点能否有跨越时间的解释力。[①] 事实上，整个行动呈现理论的经验材料基础是什刹海地区四十多年的变迁过程，其本身就是一个动态的解释框架，能够解释不同时期不同时段什刹海社会空间的建构过程。从更具抽象意义的角度来讲，什刹海在过去四十多年中，保护与开发是其最重要的两大主题，其社会空间的变迁与建构就是围绕这两个主题展开的，而行动主体的行为与互动也是因此而发动的。实际上也可以观察到，两个主题间主导地位的此消彼长，在不同的时期有着不同的显现。因此，据此归纳的行动呈现理论可以解释对于不同时期的城市空间的变迁。当然，如果什刹海

---

① 普适度的两个维度可以这样来理解，一个是在空间上的拓展，另一个是在时间上的拓展。

地区保护与开发的两大主题发生了根本性的变化，那么本书的结论可能在解释过程中需要做出调整。

所有的理论在提供一个知识积累上的尝试以外，都会遇到这一理论到底会带来哪些更具意义的结果，亦即那又怎样（So What?）的问题。毫无疑问，本研究对于转型时期城市空间变迁的描述与分析，提醒各个行动主体在互动中应该理解到对方的目标、立场、利益、策略等，应该理解互动的结果是一个合作妥协的过程，并不是一定要满足自身原来的期望。对于国家与政府，可以在这样的过程中纳入多方参与，提升政策的合法性以降低政策实施的动员成本；对于规划建筑师，倡导主义的规划应该越来越占据重要的位置，而交叉学科理性也必须纳入规划过程；对于当地居民，即使坚守自己的利益，也要懂得通过何种方式表达自身的要求，还要懂得何时需要妥协以寻求共同的解决之道。在更为宏观的理论层次上，本研究希望提供的不是个案研究抽象出来的结论，而是一个更广泛的理论分析框架，这又回到了上述理论的普适性问题的讨论。

本研究最重要的理论意义可能在于，通过分析过程与结论，我们希望重新发掘城市社会学研究中生机勃勃和开放包容的特质，这样的特质对于早期的城市社会学的发展以及城市空间的发展都发挥了积极的推动作用。如今，发达社会中发展出来的城市社会学，对于城市内在的发展进程更多地采用揭露与批判的视角，得出了更多消极甚至是悲观的结论。我们认为，我们的解释框架给出了更多的行动者的能动性，分析了构建城市社会空间的动力机制，也展示了更为开放包容的城市社会空间，还揭示了转型时期的中国城市空间有更多的多样性与创新性。

（二）关于个案与行动者行为

从某种角度上讲，本书只是选取了什刹海地区这一个中国城市的地点作为研究对象。但是，如果我们深入本书的分析过程可以发现，整个分析框架与分析策略事实上支持也支撑了比较分析的方法。在各个不同的行动者之间，在什刹海变迁过程延伸到四十多年的时期内，在分析的不同事件和不同变迁过程中，行动者本身以及行动者之间的行为都不尽相同，而这些有差异的行为导致的事件的结果以及对于城市空间的最后呈现的影响作用也并不相同。从方法论的角度来看，所有的这些差异都拓展了分析中的"个案"数量，可以被当作不同的"个案"加以比较分析并得出结论。因此，从这个意义上讲，本研究的资料收集与分析过程都符合个案研究的基本原则要求。

当然，即使是这样，以上的分析也带来一个更有理论意义的问题，即这些行动者推动的城市空间变迁过程，跳出什刹海这一特定的地点，又会是怎样的。

对这一问题的回答，需要向外推演。事实上，中国城市以及城市内部的特定的地点都有多种多样的形态。就特定的城市区域而言，可以找到逼仄喧闹的城中村、繁忙拥挤的商务区、整齐规则的新兴住宅小区、大片平整开阔的开发区以及在城市中越来越常见的造型独特新奇的现代建筑体等。所有的这些也都是城市空间不同的呈现形式，推动这些空间形式形成的行动者行为与互动过程当然也各不相同。

以城中村为例。其位置通常坐落在原来仅是农村或是城乡接合部的地方，如今因为城市的扩张，早已为周围新兴的城市建筑与道路所包围，地价已经上涨许多。对于政府而言，城中村也许在未来必然成为改造建设的对象，但当前的建设任务中，城中村还没有被提上议事日程。因此，政府还没有出台建设方案主导城中村的改造。资本也许早就关注城中村的位置与土地资源，但是没有便利的开发政策与开发利润，拆除建设无利可图，也就没有进一步关注的必要了。因为还没有开始真正的开发改建，规划建筑师还没有真正开始他们的工作。城中村也许有历史，但是没有太多文化内涵，所以文化保护人士对于城中村也没有太多兴趣。唯一真正关心城中村的是当地的居民，他们坐拥地价高企的土地使用权却无法变现，他们居住在破败的房屋里，生活设施远未完善，生活品质也较低。但是，除了呼吁提升居民生活品质的话语较有可能说服他人以外，正如前面所言，当地居民的行为更多的是较为被动的。他们更多所能企及的行为也许只能是等待政策改变之后的拆迁的到来。

不同的城市空间形态对应着不同的行动者行为模式。开发区显然是政府主导建设，并作为产业引进的前提条件优先完成的；新兴的住宅小区更多的是开发投资商主导推进，并以循环建设的方式加快获取开发利润；风格独特的巨大建筑显然凝结了规划建筑师的奇思妙想，并期盼着它们成为城市地标与个人杰作。当然，其他形态的城市空间的建构过程也有多个行动者联合主导的模式。

所以，行动者的行为模式对应的也就必然是，转型时期城市空间呈现出来的"拼凑的镶嵌画"。而对于本身就是一个巨大的建设工地的中国城市来说，也许可以将其看成一张巨幅的"镶嵌画"。

（三）关于建筑工地的农民工

谈及转型时期的中国城市的建设，也许劳动付出最多、最直接的应该是建筑业的农民工群体。他们是直接将钢筋水泥转变成为柱子楼面的人，也是铺建道路桥梁的人。所有的高楼大厦的每级台阶、每寸外墙立面、每段管道、每个灯泡以及每片玻璃的建成安装都是建筑农民工的劳动达成的。这也是为什么福柯会强调"工程师"与"建造者"是"构想空间的人"。

在我们的行动呈现理论解释框架中，没有将建筑农民工纳入其中成为行动主体中的一员。在第二章提到过的，理论的提炼很难深入如此具体与直接的层次。如果真的如此，则理论的建构将变得细节充盈、杂乱无章且毫无头绪。事实上，正如上面讨论的，我们解释框架中的 5 个行动主体的行为对于最终城市空间的形成结果也有不同的影响。任意一个解释框架都有要素的取舍，任意一个影响作用都有测量刻度的截取。没有进入理论解释框架的建筑农民工，其对于城市建设的付出不能够被抹杀。

事实上，正如图 10-1 所示，中层的规划设计图展示的是规划建筑师对于未来建成的城市空间的规划语言的表达，而从中层规划设计图转化成下层实际的城市空间的呈现图示的过程，就是建筑农民工劳动的凝结过程。从这个意义上讲，我们的城市空间变迁的解释框架中，蕴含了对于建筑农民工劳动的肯定，他们的劳动是具体化规划建筑师设计思想的过程。换言之，任何行动者的行为或者是行动者之间的互动过程，最终物质化成为城市空间的过程都需要建筑农民工的参与。

当然，对于农民工的研究议题极为广泛，涉及社会生活的众多领域。其中一个议题就是农民工融入城市生活的可能性。对于建筑农民工而言，这是一个社会空间生产与消费之间断裂的悖论：因为难以融入城市生活，建筑农民工对于城市空间本来就没有认同感与归属感，但是他们的劳动直接具体化为城市的建筑与道路，是他们完成了城市物质空间的生产。然而，他们自身并不在自己生产的城市物质空间之中工作与生活。完全可以想象得到，走在城市中的建筑农民工，内心的感受显然与本雅明或是德·塞托在城市中漫游的悠闲感受完全不同。也许，他们更多地感受到的是一种熟悉与陌生糅杂在一起的异样感觉。

因此，我们认为，关于建筑农民工的研究，应该成为城市社会学的重要内容之一。同时，生活在城市里的人们应该向所有的农民工致敬。我们坚信，随着中国的进一步发展，城市化的程度将进一步提升，建筑农民工终将作为"新市民"定居在他们自身建成的城市里。如果这是一个更为漫长的时期，我们衷心地期望，他们的子女能够赶上这一城市化的浪潮，能够在城市里学习、工作、生活，并且在此结婚生子，组建家庭，一代一代繁衍下去。

（四）关于"镶嵌画"的意象

在讨论城市空间的呈现时，我们使用了"拼凑的镶嵌画"的比喻。这一意象既揭示了各个行动主体之间互动过程的纠缠交错，也类比了城市空间呈现出来的混杂搭配。使用这样的意象，旨在展示一种独特的境况，它有别于当前城市社会学中老生常谈的空间隔离与居住分异。

汤因比在谈论城市变迁的宏大历史时，讨论了城墙的功用，而这一功用由于工业化带来的科学技术而变得失效。诚如斯言，当今的城市是一个跨越了城墙、延伸到原来的农业生产腹地的庞然大物。曾经是城墙所在地的地点，如今都成为城市的中心区域，例如，纽约的华尔街（Wall Street，"墙街"）、伦敦的伦敦街（London Street）与巴比肯街（Barbican Street，"城市外堡街"），以及巴黎的城市大道（Boulevards）。[①]

显然，这样的历史进程是一个城市逐步扩展且更加开放包容的过程。汤因比讨论的过程是城市冲破了城墙物理的限制，而使用的工具与策略是科学技术及其产品。但是，这些使城市更加开放包容的过程，在改变如今的城市中的空间隔离方面却变得无能为力，有时甚至是"助纣为虐"而使状况更加恶化。例如，汽车的推广，扩大了城市的交通范围，使原来仅能使用马车或者徒步往返通勤的速度得到了极大的提升。然而，也正是汽车的出现，使富裕或是中产阶层逃离城区，居住在无力购买汽车的城市贫民无法企及的遥远郊区，形成更为明确的阶层隔离。

---

① 阿诺德·汤因比：《变动的城市》，倪凯译，上海：上海人民出版社，2021，第10页。

　　所以，当前发达社会中城市中的空间隔离与居住分异，更根本的不是物理空间距离上的隔离，而是社会关系的隔离。如果说，汤因比讨论的城市开放包容，是由科技理性来拓展城市空间的，那么，现在如果要打破社会关系藩篱以增加城市的开放包容，则需要从社会文化的角度来拓展城市社会空间的深度。

　　在我们看来，这样的社会关系的开放包容在"拼凑的镶嵌画"中体现得较为明确与充分。更进一步，要达到这样的结果，则需要在构建城市社会空间的过程中，纳入更多的社会行动主体。正是通过"镶嵌画"的意象，本研究企图提醒城市社会学研究理应旨在解释城市社会空间中的多样性与复杂性，旨在帮助构建更为开放包容、更具创新性与发展潜力的城市社会空间，旨在让城市居民生活得更加美好。

（五）关于社会治理的启示

　　当前众多社会力量对社会治理进行着诸多有益的探索。这些探索更多聚焦在公共事务上，重新梳理人与人、群体与群体之间的组织协作关系，搜寻更为有效的解决公共事务难题的方式与方法。在此过程中，理解城市社会空间的概念与建构过程将是十分有益的。

　　首先，人们总是聚居在特定的地点，由此才产生公共事务。其次，人们对于聚居的地点有着有别于其他地点的认同感与归属感，这可以成为动员组织的基础。再次，在构建城市社会空间过程中，各种行动主体已经有了互动模式，这也可以成为重新梳理组织协作关系的基础。最后，"拼凑的镶嵌画"展示的社会空间关系，预示着社会治理的过程也必将是混杂多元、包容开放的。

※　　※　　※

　　在《看不见的城市》的文末，马可·波罗与忽必烈的对话中，卡尔维诺写下了未来城市的悲观景象和潜在的生存之道。在此之前，卡尔维诺借马可·波罗之口阐述了自己所理解的城市：

　　　　……有时候，在一种协调的景色中打开的一个小口，在浓雾中闪烁的一点光线，来往行进中相逢的两个路人的一段对话，都能成为出发点，一点一点拼凑出一座完美的城市，它们是用剩余的混合碎片、间歇隔开的瞬间和不知谁是接受者的信号建成的。如果我说，我要登程走访的城市在空间和时间上并不是连续的，时疏时密，你不能认为就可以停止对这座城市的寻找。也许就在我们如此谈论的时候，它已经在你的帝国疆域内散乱地显露出来；你不妨追寻它，但是要用我告诉你的方法。①

也许卡尔维诺对于城市的扩张有着不可抑制的厌恶，也许他后现代的叙述难以让人理解。但是上面的这一段文字清晰地显示出：城市空间是由各种物和人的行为的互动关系共同建构出来的，也是流动变化混合拼凑出来的，同时需要通过人们的搜寻与漫游才能够理解的，并存在人们的记忆之中。

这其实也可以作为我们对于城市空间的理解的总结。

---

① 伊塔洛·卡尔维诺：《看不见的城市》，张密译，南京：译林出版社，2019，第 165 ~ 166 页。

图书在版编目（CIP）数据

转型时期的城市空间 / 王天夫，肖林著. -- 北京：
社会科学文献出版社，2021.4（2023.1 重印）
国家社科基金后期资助项目
ISBN 978 - 7 - 5201 - 8255 - 3

Ⅰ.①转… Ⅱ.①王… ②肖… Ⅲ.①城市空间 - 研
究 Ⅳ.①TU984.11

中国版本图书馆 CIP 数据核字（2021）第 067395 号

国家社科基金后期资助项目
转型时期的城市空间

著 者 / 王天夫 肖 林

出 版 人 / 王利民
责任编辑 / 谢蕊芬 胡庆英 张小菲 赵 娜 孟宁宁
责任印制 / 王京美

出 版 / 社会科学文献出版社·群学出版分社（010）59366453
 地址：北京市北三环中路甲29号院华龙大厦 邮编：100029
 网址：www.ssap.com.cn
发 行 / 社会科学文献出版社（010）59367028
印 装 / 北京虎彩文化传播有限公司

规 格 / 开 本：787mm × 1092mm 1/16
 印 张：31.5 字 数：495 千字
版 次 / 2021 年 4 月第 1 版 2023 年 1 月第 3 次印刷
书 号 / ISBN 978 - 7 - 5201 - 8255 - 3
定 价 / 168.00 元

读者服务电话：4008918866